VOM STERNENSTAUB
ZUM MENSCHEN

KATRIN UND
ALEXANDER LAATSCH

VOM STERNENSTAUB
ZUM MENSCHEN

EINE KURZE GESCHICHTE DES LEBENS

Reader's
Digest

WOHER KENNEN WIR DIE GESCHICHTE DES LEBENS?

Die in diesem Buch erzählte Geschichte, die beim Sternenstaub startet und (vorläufig) beim Menschen endet, umfasst etwa fünf Milliarden (5 000 Millionen) Jahre. Was wir Menschen üblicherweise „Geschichte" nennen, umfasst nur ein Millionstel dieser Zeitspanne, nämlich die Geschehnisse im Umfeld des Menschen, seit es mit der Entwicklung der Schrift eine schriftliche Überlieferung gibt.

Warum wissen wir überhaupt etwas von Vorgängen, die so viel weiter zurückliegen? Mit welchen Methoden lassen sich Ereignisse und Entwicklungen rekonstruieren, die zu ihrer Zeit oft unübersehbar, manchmal aber auch schon damals kaum wahrnehmbar

waren? Die Naturwissenschaften sind zur Beantwortung der vielen Fragen an die Vergangenheit auf die Spurensuche angewiesen. Aus vielen Hinweisen ergeben sich Vorstellungen, was passiert sein könnte, damit die entdeckten Spuren genau so entstanden sind, wie sie heute vorgefunden werden. Dabei ist es nicht vermeidbar, dass ein neuer Befund über Jahrzehnte entwickelte und verfeinerte Ideen hinfällig macht. Dies geschieht besonders oft, wenn ganz neue Untersuchungsmethoden entwickelt werden.

Ein relativ aktuelles Beispiel ist die molekularbiologische Untersuchung der Gene heutiger Organismen. Die Erbinformation ist wie ein dickes Buch, in dem der Aufbau

Zirkonkristalle (hier bräunlich) geben Aufschluss über das Alter und die Entstehungsumstände des Gesteins, in dem sie gefunden werden. Sie sind extrem widerstandsfähig gegen Verwitterung und Aufschmelzen in Magma. Da sie überdies zu den ersten auf der Erde gebildeten Kristallen gehören, enthalten einige von ihnen Informationen aus der Zeit der Entstehung der Erde vor mehr als vier Milliarden Jahren.

eines Lebewesens beschrieben ist. Dieses Buch wird von Generation zu Generation immer wieder abgeschrieben. Dabei entstehen wie in den Schreibstuben mittelalterlicher Mönche immer wieder einzelne Fehler. Diese Abweichungen werden nur an die Nachfahren des Individuums weitergegeben, bei dem der Fehler passierte – in anderen Entwicklungslinien treten andere Fehler auf. Da sich abschätzen lässt, wie oft sich solche Fehler ereignen, lässt sich beim Vergleich zweier Bücher, also beispielsweise der Erbinformation des Menschen und des Schimpansen, zurückrechnen, wann sie zum letzten Mal identisch waren – die Zeit des letzten gemeinsamen Vorfahrens ist gefunden.

Das Erb-„Buch" eines Menschen unterscheidet sich kaum von dem eines Schimpansen, da wir relativ eng verwandt sind und uns nur wenige Millionen Jahre trennen. Anders sieht es beim Vergleich mit einem Regenwurm, einer Maispflanze oder einem Champignon aus: Die Millionen Jahre der Trennung werden in diesen Fällen drei- und vierstellig.

Die Ergebnisse dieser „molekularen Uhr", der Spurensuche in der Erbinformation, stimmen häufig nicht mit dem Alter der gefundenen Fossilien überein. Meist zeigt die Molekularbiologie weiter in die Vergangenheit. Stimmt die Berechnung nicht? Sind die Fossilien falsch datiert? Oder sind die ältesten Fossilien nur noch nicht gefunden worden? Nach oft jahrelanger Arbeit stellt sich meist heraus, dass nach sorgsamer Überprüfung und Verbesserung aller Untersuchungsmethoden ein neues, genaueres Ergebnis bestätigt wird.

In der Forschungsgeschichte gibt es viele derartige Beispiele und Untersuchungsmethoden, die auf den ersten Blick abenteuerlich, wenn nicht irrwitzig anmuten: Unterschiede in den Atomkernen, aus denen mikroskopisch kleine Zirkon-Minerale aufgebaut sind, geben Hinweise auf Kontinente vor mehr als vier Milliarden Jahren. Ähnliche Untersuchungen am Zahnschmelz fossiler Säugetiere zeigen, wie lange das Individuum Muttermilch trank. Es ist möglich, an chemischen Substanzen abzulesen, wie hoch die Temperaturen oder der Sauerstoff- und Kohlendioxidgehalt der Atmosphäre vor Millionen von Jahren waren. „Chemische Fossilien", also uralte Moleküle, verraten, ob ein bestimmtes Fossil von einem Tier stammt, auch wenn es mehr als 500 Millionen Jahre alt ist und wir sonst nicht viel darüber wissen. Kürzlich wurde für die ältesten jemals gefundenen Einzeller ebenfalls durch chemische Analysen festgestellt, zu welchen heute noch existierenden Entwicklungslinien jede einzelne der verschiedenen Zellen gehörte. Das Ganze wird ergänzt durch die geologische Verfolgung von Gesteinsschichten über Kontinentgrenzen hinweg, die Identifikation und entwicklungsgeschichtliche Einordnung von Fossilienbruchstücken anhand kleinster Details und vieles Anderes mehr. Das dafür erforderliche Wissen, die Erfahrung und die immer häufiger extrem aufwendige Technik machen viele Fragestellungen zu Feldern für absolute Spezialisten. Sie stehen über Fachgrenzen hinweg in einem offenen, wissenschaftlichen Austausch – nicht nur, um die Fragen zu unserer Vergangenheit zu beantworten, sondern auch um dadurch gleichzeitig und immer nachdrücklicher auch Perspektiven für unsere Zukunft auszuloten. Besonders die Entwicklung des Klimas und die Folgen auf das Leben auf der Erde sind aktuell von großem Interesse.

Wir hoffen, Ihnen einige der wichtigsten und spannendsten Erkenntnisse dieser Detektivarbeit verständlich zusammengetragen zu haben, um aus interessanten Blickwinkeln die Geschichte vom Sternenstaub zum Menschen zu erzählen. Sie werden feststellen, dass uns die Spuren der Vergangenheit noch heute überall umgeben. Machen Sie sich gerne gedankliche Notizen für den nächsten Besuch im Zoo, Botanischen Garten oder im Naturkundemuseum oder für den nächsten Naturspaziergang – achten Sie überall auf lebende Fossilien und stellen Sie sich vor, wie die Welt einmal ausgesehen hat!

Katrin und Alexander Laatsch,
im Mai 2019

13 800 BIS 4 000 MILLIONEN JAHRE VOR HEUTE

WIE ALLES BEGANN

Physikalische Vorgänge bestimmten die Entstehung des Universums und der Materie. Chemische Prozesse kamen bei der Entstehung der Welten hinzu und bestimmten deren Eigenschaften. Mindestens auf unserer Welt, der Erde, konnte Leben entstehen und begann, sich nach den Regeln der Biologie zu entfalten. Nun versuchen wir Menschen, 13,8 Milliarden Jahre nach dem Urknall, diese Geschichte zu verstehen.

EINE WIEGE AUS STERNENSTAUB

Ist das Leben im Universum nur ein einziges Mal entstanden? War nur die Erde dazu geeignet? Wir wissen es nicht. Noch nicht. Trotz großer Fortschritte in der Erforschung des Lebens und seiner Ursprünge sind bislang weder das „Wie?" noch das „Wo?" oder das „Wie oft?" hinreichend sicher geklärt.

Lediglich für das „Warum?" scheint sich eine Antwort herauszukristallisieren. Sie klingt naturwissenschaftlich sehr nüchtern: Die Regeln des Universums begünstigen vermutlich ab einem bestimmten Punkt in der Entwicklung eines Planeten, dass sich Materie in Form von biologischen Systemen – den Lebewesen – organisiert, aus denen sich Ökosysteme bilden. Bis es allerdings dazu kommen kann – ob auf der Erde oder einem anderen Himmelskörper –, ist viel Zeit notwendig, in der die Voraussetzungen für das Leben geschaffen werden müssen.

Betrachtet man das Universum als Wiege des Lebens, dann gab es keine unterschiedlichen Ausgangsbedingungen. Alles begann mit seiner Entstehung vor 13,8 Milliarden Jahren. Nach etwa fünf Minuten hatte sich das chemische Ausgangsmaterial gebildet, das von nun an zum Aufbau des Universums zur Verfügung stand. Betrachtet man die damals vorhandenen chemischen Bausteine, bestand

Noch heute liefert die sogenannte „kosmische Mikrowellenhintergrundstrahlung" ein Bild aus der Zeit kurz nach dem Urknall vor etwa 13,77 Milliarden Jahren. Die Farbflecken auf dieser Aufnahme des gesamten Himmels stammen von den Materieansammlungen, aus denen die ersten Sterne entstanden.

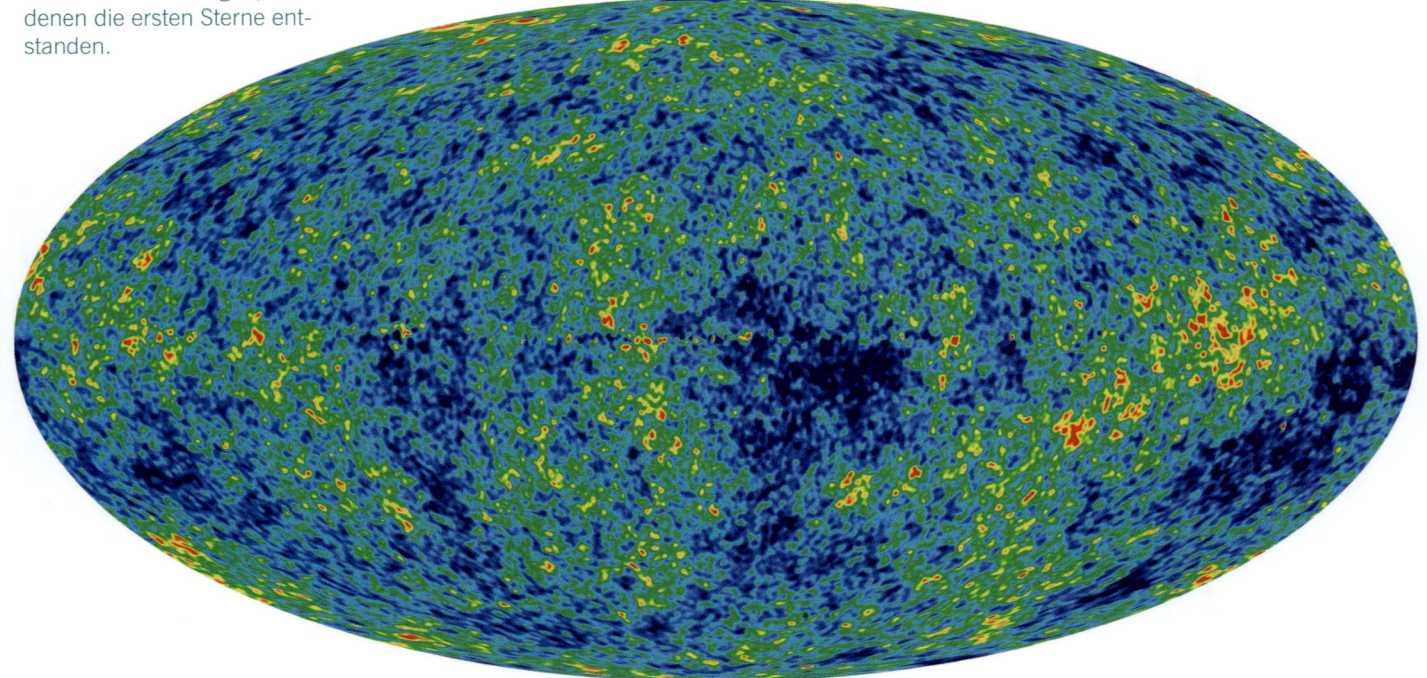

CHEMIE: DER BAUSATZ DER WELT

Chemiker betrachten die Welt um uns herum als eine Ansammlung chemischer Stoffe. Wenn diese in Kontakt kommen, können sie miteinander reagieren, d. h. sich zu neuen chemischen Stoffen umwandeln. Dies geschieht, indem sich die kleinsten Einheiten, aus denen die chemischen Stoffe zusammengesetzt sind, umsortieren. Die kleinsten Einheiten sind Atome, aus chemischer Sicht unteilbare, kugelförmig vorstellbare Bausteine. Es gibt unterschiedliche Atome mit unterschiedlichen Eigenschaften, die jeweils als chemisches Element bezeichnet werden. Chemische Elemente sind die Grundbausteine der Chemie, aus ihnen können alle chemischen Stoffe zusammengesetzt werden. Auf der Erde kommen knapp 100 chemische Elemente natürlich vor, deutlich weniger als 50 davon sind für Lebewesen relevant.

Ein Hauptziel der Chemie als Wissenschaft ist es, die Gesetzmäßigkeiten zu verstehen und zu nutzen, nach denen chemische Stoffe aus den Elementen aufgebaut sind. Die organische Chemie interessiert sich dabei vor allem für Stoffe, in denen das Element Kohlenstoff enthalten ist. Diese Stoffe gehören meist zur Gruppe der Moleküle, und kohlenstoffhaltige Moleküle sind neben Wasser die Grundsubstanzen, aus denen Lebewesen aufgebaut sind. Im Gegensatz dazu beschäftigt sich die anorganische Chemie mit eher mineralischen Stoffen, die vorwiegend in der unbelebten Natur vorkommen. Den Regeln zum Aufbau chemischer Verbindungen unterliegen auch die evolutiven Prozesse, die ausgehend

von dem auf der Erde zur Verfügung stehenden Baumaterial und seinen Eigenschaften die Körper der Lebewesen geformt haben.

Jedes Atom besteht aus einem Kern und einer Hülle. Der Aufbau des Atomkerns legt die Zugehörigkeit zu einem chemischen Element fest und bestimmt über die zugehörige Hülle die

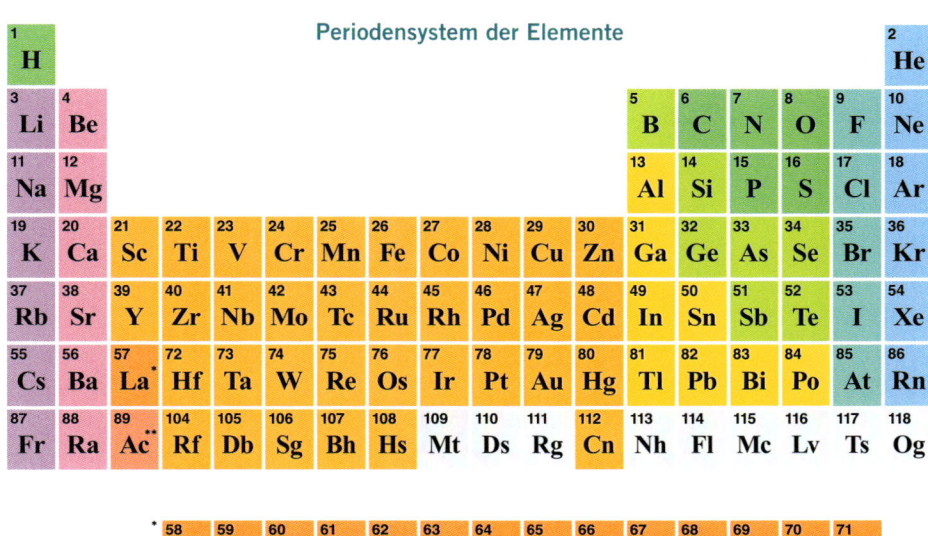

Periodensystem der Elemente

Im Periodensystem der Elemente sind alle bekannten chemischen Grundbausteine des Universums aufgelistet. Die gut 100 Einträge sind mit den in der Chemie gebräuchlichen Abkürzungen der Elemente beschriftet und ihrem atomaren Aufbau entsprechend nummeriert. Die warmen Farben (lila bis gelb) kennzeichnen verschiedene Gruppen von Metallen, Halbmetalle sind gelbgrün unterlegt, und die kalten Farben symbolisieren Nichtmetalle. Die grün eingefärbten Elemente sind für den Aufbau von Biomasse von zentraler Bedeutung, Halogene sind türkis, Edelgase blau dargestellt.

chemischen Eigenschaften eines Atoms, zum Beispiel ob, wann und wie es sich mit anderen Atomen zusammenlagert. Chemische Prozesse betreffen nicht den Atomkern. Elemente können daher nur über kernphysikalische Prozesse wie Atomspaltung oder Kernfusion ineinander umgewandelt werden, was auf der Erde mit Ausnahme des radioaktiven Zerfalls üblicherweise nicht vorkommt.

das frühe Universum zu rund drei Vierteln aus Wasserstoff und zu rund einem Viertel aus Helium. Alle anderen chemischen Elemente, aus denen das Leben und die Erde selbst bestehen,

Nach dem Urknall gab es im Universum nur Wasserstoff und Helium.

existierten bestenfalls in geringsten Mengen. Sie entstanden viel später, über Jahrmilliarden lange Zeiträume im unvorstellbar heißen und turbulenten Inneren der Sterne. Die erste Sternengeneration bildete sich jedoch erst nach mehr als 300 000 Jahren allmählich, als das Universum so weit abgekühlt war, dass sich die Materie zu kugelförmigen Klumpen zusammenziehen konnte, ohne sofort wieder auseinandergerissen zu werden.

Sterne und die Entstehung der chemischen Bausteine

Die für einen Stern typische Hitze und seine Strahlung entstehen durch Kernfusionen in seinem Inneren, bei denen Energie freigesetzt

wird. Bei einer Kernfusion verschmelzen Atomkerne leichter chemischer Elemente unter hohem Druck und hoher Temperatur zu größeren Atomkernen und bilden dadurch neue, schwerere chemische Elemente. Ein junger Stern besteht überwiegend aus Wasserstoff. Dieser fusioniert ab – nach Sternenmaßstäben – relativ geringen Temperaturen von nur einigen Millionen Grad Celsius zu Helium. Diese Temperaturen sind so hoch, dass es kein Material für einen Behälter gibt, in dem man solche nach astronomischen Maßstäben

Plasma aus dem Inneren eines Sternes ist so heiß, dass kein bekanntes Material widerstandsfähig genug wäre, ihm standzuhalten.

einfachen Kernfusionen als Energiequelle in Reaktoren ablaufen lassen könnte. Um diesen Prozess dennoch nutzen zu können, lässt man hier auf der Erde den Wasserstoff in einem Fusionsreaktor ohne Kontakt zu anderem Material im Vakuum schweben und imitiert damit auf gewisse Weise einen Stern

Im runden Reaktorraum eines Fusionsreaktors wird Plasma auf mehr als 100 Millionen Grad Celsius erhitzt. Damit es die Wände nicht berührt und zerstört, wird es durch starke Magnetkräfte in der Schwebe gehalten und bildet einen Ring um die zentrale Säule.

im Weltall. Unser Stern, die Sonne, befindet sich aktuell und noch für die kommenden knapp fünf Milliarden Jahre in diesem ersten Stadium des Wasserstoffbrennens und erzeugt so seine Leuchtkraft.

Sind die Wasserstoffvorräte eines Sternes erschöpft und ist er groß genug, beginnt er mit dem Heliumbrennen. Die Fusion von Heliumatomen findet oberhalb von 100 Millionen Grad Celsius statt. Sie führt zu Kohlenstoff, dem Grundelement der organischen Chemie, zu der praktisch alle Moleküle gehören, aus denen Lebewesen aufgebaut sind. Kohlenstoff selbst verbrennt in ausreichend großen Sternen unter anderem zu Sauerstoff. So folgen bei immer höheren Temperaturen immer neue Fusionsreaktionen aufeinander – in immer kürzeren Abständen, die gegen Ende nur noch wenige Jahre bis Minuten dauern, bis der Stern schließlich erlischt oder als Supernova explodiert.

Durch die Kernfusionen können alle chemischen Elemente bis zum Eisen entstehen. Noch schwerere Elemente, von denen das Leben einige als Spurenelemente verwendet, benötigen für ihre Bildung Supernova-Explosionen. So stammt jedes Gold-, Silber-, Kupfer- und Platinatom – und damit das Material jedes Schmuckstückes aus Edelmetall – aus einer Supernova.

Jeder Stein, die Körper aller Lebewesen, die Luft – alles auf der Erde mit Ausnahme von Wasserstoff ist der Staub längst vergangener Sternengenerationen. Diese haben über viele Milliarden Jahre den ursprünglichen Wasserstoff in den Kernfusionsreaktionen in

Wir und alles, was uns auf der Erde umgibt, ist aus Sternenstaub gemacht.

ihrem Inneren zu immer schwereren Elementen zusammengefügt. Aus den Überresten dieser Sterne bildeten sich immer wieder neue Sterne.

Das Sonnensystem und die Erde

Eines der unzähligen Sternensysteme ist unser Sonnensystem. Es entstand vor etwa 4,6 Milliarden Jahren aus einer riesigen Molekülwolke, die überwiegend Wasserstoff und Helium enthielt sowie etwas Sternenstaub. Möglicherweise ausgelöst durch nahe Supernova-Explosionen verdichtete sich diese Wolke, wobei der Großteil der Materie ins Zentrum stürzte. Dadurch erhöhte sich die Drehgeschwindigkeit der Wolke, und sie flachte sich zu einer Scheibe ab. Als der Gravitationsdruck im Zentrum der Scheibe groß genug geworden war, zündete die Kernfusion von Wasserstoff – ein neuer Stern, die Sonne, war entstanden. Die Staubpartikel in den weiter außen liegenden Bereichen der Scheibe verdichteten sich durch ihre eigene Schwerkraft und bildeten schließlich die Planeten. Da alle Planeten aus der ursprünglichen Staubscheibe hervorgingen, kreisen sie in nahezu einer Ebene in der gleichen Richtung um die Sonne.

Die Schwerkraft der relativ kleinen Erde reichte nicht aus, um Wasserstoff und Helium festzuhalten, sodass diese beiden leichten Gase in den Weltraum entwichen. Die schwereren Anteile der Uratmosphäre wie vermutlich Methan und Ammoniak gingen ebenfalls verloren. Ein Grund dafür war die große Hitze

Explodiert ein Stern als Supernova, hinterlässt er leuchtende Trümmer, die sich kugelförmig um das Explosionszentrum ausbreiten und schließlich von anderen Sternsystemen aufgenommen werden. War der Stern sehr massereich, bleibt im Zentrum ein schwarzes Loch zurück.

Merkur Venus   Erde   Mars   Jupiter   Saturn   Uranus   Neptun

Die Planeten des Sonnensystems sind gemeinsam mit der
Sonne aus einer sich drehen-
den Gas- und Staubscheibe
entstanden. Die Größen- und
Entfernungsverhältnisse der
Darstellung sind nicht maß-
stäblich.

der noch jungen Erde, die sich durch die
beständigen Einschläge größerer und kleinerer Brocken immer wieder verstärkte. Eine
weitere Ursache war der extreme Sonnenwind
der zündenden Kernfusion der Sonne, dessen
energiegeladene Teilchen die Atmosphäre in

die Weiten des Sonnensystems rissen. In ihrer
Frühzeit bestand die Erde daher im Wesent-
lichen aus Gestein, der sogenannten Lithosphäre unseres Planeten. Das Gestein war
zunächst flüssig und wurde durch die Energie
des Trommelfeuers unzähliger kosmischer
Einschläge immer wieder aufgeschmolzen.
Diese apokalyptisch anmutende Phase, die
dennoch nicht den Untergang, sondern die
Entstehung unseres Planeten markiert, wird
in Anlehnung an Hades, den griechischen
Gott der Unterwelt, als Hadaikum bezeichnet.
Das Hadaikum ist das erste der bislang vier
Äonen der Erdgeschichte. Es begann vor etwa
4,6 Milliarden Jahren und endete vor etwa
vier Milliarden Jahren. Vor allem die Untersuchung des Mondgesteins, das im Rahmen der
Apollo- und Luna-Missionen in den späten
1960er- und 1970er-Jahren zur Erde gebracht
wurde, führte zu einer jahrzehntelang verbreiteten Annahme: Ihr zufolge endete das
Hadaikum in einem plötzlichen und kurzen,
nur etwa 50 Millionen Jahre andauernden
Inferno aus Asteroideneinschlägen. Es verflüs-
sigte noch einmal die gesamte Erdkruste, alles

Vermutlich entstand der
Erdmond durch eine Kollision
eines ungefähr marsgroßen,
jungen Planeten mit der
ebenfalls jungen Erde. Bis
heute gelangt immer wieder
durch Einschläge auf dem
Mond abgesprengtes Mond-
gestein auf die Erde zurück
wie dieses etwa drei Millimeter große Fragment.

GEOCHRONOLOGIE: DIE STRUKTUR DER ERDGESCHICHTE

D as Ziel der Geochronologie ist es, Ereignisse der Erdgeschichte absolut zu datieren. Im Gegensatz zu einer relativen Datierung, die lediglich die zeitliche Abfolge von Ereignissen angibt, versucht die absolute Datierung, möglichst genau anzugeben, vor wie vielen Jahren ein erdgeschichtliches Ereignis in der Vergangenheit stattgefunden hat. Häufig werden dazu die Abfolgen verschiedener, zu bestimmten Zeiten abgelagerter Gesteine herangezogen, die unter anderem Fossilien enthalten. Hinzu kommen immer ausgefeiltere Datierungsmethoden, die auf der Untersuchung verschiedener radioaktiver Elemente beruhen, die mit unterschiedlichen Geschwindigkeiten zerfallen und deren Mengenverhältnisse zeitliche Rückschlüsse zulassen.

Zur besseren zeitlichen Orientierung wird die 4,6 Milliarden Jahre lange Erdgeschichte in verschiedenen Genauigkeitsstufen in unterschiedliche Abschnitte unterteilt, deren Grenzen durch bestimmte erdgeschichtliche Ereignisse definiert werden. Das gröbste Raster sind die vier Äonen, beginnend mit dem Hadaikum (bis ca. 4 000 Millionen Jahre, Erstarren der Erdkruste), gefolgt vom Archaikum (bis 2 500 Millionen Jahre, Beginn der Sauerstofffreisetzung) und dem Proterozoikum (bis ca. 541 Millionen Jahre, Kambrische Explosion) bis zum heutigen Phanerozoikum. Die drei Äonen ab dem Archaikum können in insgesamt zehn Ären unterteilt werden (in nebenstehender Tabelle nicht gezeigt). Ab dem Proterozoikum werden aktuell 22 Perioden definiert, bei denen es sich um die landläufigen „Erdzeitalter" handelt, beispielsweise das Kambrium, die Trias oder die Kreide. Diese können ihrerseits weiter in zunächst Epochen und dann Alter untergliedert werden.

Äonen	Perioden	Beginn
		Mio. Jahre vor heute
Phanerozoikum Dauer: 541 Mio. Jahre	Quartär	2,6
	Neogen	23
	Paläogen	66
	Kreide	145
	Jura	201,3
	Trias	251,9
	Perm	298,9
	Karbon	358,9
	Devon	419,2
	Silur	443,8
	Ordovizium	485,4
	Kambrium	541
Proterozoikum Dauer: 1959 Mio. Jahre	Ediacarium	635
	Cryogenium	720
	Tonium	1 000
	Stenium	1 200
	Ectasium	1 400
	Calymmium	1 600
	Statherium	1 800
	Orosirium	2 050
	Rhyacium	2 300
	Siderium	2 500
Archaikum Dauer: 1 500 Mio. Jahre		4 000
Hadaikum Dauer: 600 Mio. Jahre		4 600

Die Erdgeschichte wird in verschiedene Phasen eingeteilt. Äonen sind in diesem System die gröbste Einteilung. Am bekanntesten sind die Perioden, zu denen die Kreide und das Kambrium zählen. Das System ist nicht starr, sondern wird gelegentlich aufgrund neuer Erkenntnisse zu wichtigen erdgeschichtlichen Ereignissen oder deren Datierung angepasst: Das vielen bekannte Tertiär wurde beispielsweise ins Paläogen und Neogen aufgeteilt und das Ediacarium erst im Jahr 2004 eingeführt. Der Beginn des Cryogeniums wurde vor wenigen Jahren um 130 Millionen Jahre nach vorne verlegt, und für die Zeit davor wird aktuell eine komplett neue Einteilung diskutiert.

Nicht alle Einschlagskrater von Meteoriten sind auf der Erde so gut zu erkennen wie der einen Kilometer breite Barringer-Krater in Arizona, der vor etwa 50 000 Jahren entstand. In Deutschland gibt es das Nördlinger Ries, das noch heute, fast 15 Millionen Jahre nach seiner Entstehung, als runde, 24 Kilometer durchmessende Ebene die Schwäbische von der Fränkischen Alb trennt.

Wasser verdampfte und alles möglicherweise schon existierende Leben wurde vernichtet. Dieses sogenannte Große Bombardement hat es neueren Erkenntnissen zufolge vermutlich in dieser Form nicht gegeben. Stattdessen ist eher von einer mehr oder weniger kontinuierlichen Abnahme der Einschläge ab dem Zeitpunkt auszugehen, als vor rund 4,5 Milliarden Jahren ein etwa marsgroßer Körper – vermutlich einer der vielen damaligen Jungplaneten – die junge Erde streifte und aus dieser Kollision der Mond hervorging.

Die Atmosphäre, die sich in dieser Zeit gebildet hatte, nachdem die eigentliche Uratmosphäre ins All verloren gegangen war, entsprach der vulkanischen Natur der damaligen Erdoberfläche. Sie bestand überwiegend aus Kohlendioxid, dem von seinem Geruch nach faulen Eiern bekannten Schwefelwasserstoff sowie dem heute dominierenden Stickstoff. Den für uns und die meisten anderen heutigen Organismen lebensnotwendigen freien Sauerstoff gab es noch nicht. Hinzu kam eine große Menge Wasserdampf, dessen Herkunft nicht zweifelsfrei geklärt ist. Ver-

schiedene Quellen sind denkbar, von vulkanischen Gesteinsausgasungen über Wasser, das bereits im Staub der sich bildenden Planeten enthalten war, bis hin zu den Asteroiden, die viele Millionen Jahre lang als Meteoriten auf der jungen Erde einschlugen und sie auf

---

Das Wasser auf der Erde kommt ursprünglich vermutlich von Asteroiden.

---

diesem Weg mit ihrem Wasser anreicherten. Vieles spricht dafür, dass mehr als 95 Prozent des Wassers auf der Erde tatsächlich von Asteroiden stammt und der Großteil der verbleibenden Menge von Beginn an zum staubigen Baumaterial unseres Planeten gehörte.

Nachdem die Zahl der Meteoriteneinschläge so weit zurückgegangen war, dass die Erdoberfläche weitgehend erstarrt und kühl genug war, um flüssiges Wasser nicht sofort wieder zu verdampfen, setzte ein vermutlich mehrere zehntausend Jahre dauernder Regen ein, an dessen Ende der Wasserdampfgehalt der Atmosphäre dramatisch gesunken und nahezu die gesamte Erdoberfläche mit einem Ozean bedeckt war. Nach der Lithosphäre, dem steinernen Grundkörper der Erde, und der gasförmigen Atmosphäre hatte sich dazwischen die flüssige Hydrosphäre gebildet. Zur Entstehungszeit des Lebens, der Bildung der Biosphäre, lässt sich die Erde als eine Wasserwelt vorstellen – allerdings nicht blau und ruhig wie heute, sondern schmutzig, wild und aus der Sicht nahezu aller heutigen Organismen in höchstem Maße lebensfeindlich. In den darauffolgenden etwa vier Milliarden Jahren verlor die Erde kontinuierlich immer mehr Wasser, sodass der Anteil der Landmasse – sieht man von kurzfristigeren, beispielsweise klimatisch bedingten Schwankungen einmal ab – immer weiter zunahm. Parallel dazu veränderten sich die Atmosphäre und auch die Lithosphäre tiefgreifend durch den Einfluss der sich immer weiter entwickelnden Biosphäre.

Forschung und Forscher auf neuen Wegen

In den letzten Jahrzehnten hat es in der Erforschung der Erdgeschichte und des Einflusses der belebten Natur auf das Schicksal unseres Planeten atemberaubende Fortschritte gegeben. Was früher in Einzeldisziplinen wie der Paläontologie, der Chemie oder der Geologie mehr oder weniger unabhängig voneinander erforscht wurde, wird mittlerweile weltweit in interdisziplinären Forschungsprojekten bearbeitet. Die beteiligten Wissenschaftsfelder nutzen viele bahnbrechende neue Methoden, die vor dreißig oder vierzig Jahren oft noch für niemanden vorstellbar waren. Sogar eine neue Wissenschaft ist seitdem entstanden: die Erdsystemforschung. Heute arbeiten an der Rekonstruktion der Geschichte des Lebens auf unserem Planeten neben Biologen, Paläontologen, Geologen und anderen schon länger mit diesen Fragestellungen befassten Forschern auch Mathematiker, Chemiker, Physiker, Informatiker, Biochemiker, Planetologen, Klimatologen und Genetiker, um nur einige zu nennen. Sie unternehmen Expeditionen zu spektakulären Ausgrabungsstellen, unscheinbaren Gesteinsformationen, in die Tiefsee und ins ewige Eis und erforschen das Sonnensystem mit Raumsonden. Sie sitzen am Schreibtisch und entwickeln Modelle von der Entstehung des Sonnensystems, zu Klima-

---

Gar nicht mehr „verstaubt" – die Geschichte der Erde wird mit modernsten Mitteln von vielen Forschern durchleuchtet.

---

veränderungen bis hin zur Bewegungsfähigkeit von Tieren längst vergangener Epochen sowie die mathematischen Regeln von Ökosystemen. Die Ergebnisse ihrer Berechnungen und andere Theorien werden von wiederum anderen Forschern im Labor in ausgeklügelten Versuchen oder direkt in der Natur überprüft. Die Resultate daraus fließen wieder zurück und sind die Grundlagen für neues, hoffentlich immer besser werdendes Wissen, das nicht nur die Neugier des Menschen befriedigt, sondern ihm auch hilft, nachhaltige Entscheidungen für die Zukunft zu treffen.

Die Geologie ist eine Kernwissenschaft der Erforschung der Erdgeschichte. Zeugnisse aus der Vergangenheit liegen in den Gesteinsschichten, die daher möglichst genau datiert und über die Kontinente hinweg zugeordnet werden müssen.

Trotz der rasanten Fortschritte der letzten Jahrzehnte sind die wissenschaftlichen Ergebnisse immer nur eine Momentaufnahme des aktuellen Wissens, das sich jederzeit erweitern oder revidieren kann. Insbesondere je weiter man in die Vergangenheit zurückblickt, erschweren immer häufigere und größere Wissenslücken die klare Sicht, und nur bislang unbewiesene Hypothesen füllen diese Flecken. Um ein nachvollziehbares Gesamtbild zu zeigen und letztlich auch, um zumindest Teile der wissenschaftlichen Diskussionen zu diesen Punkten wiederzugeben, werden auch in diesem Buch Hypothesen vorgestellt, die noch mit größeren Unsicherheiten behaftet sind. Im Interesse der Lesbarkeit wird jedoch nicht immer auf alle möglichen Vorbehalte hingewiesen. Dies gilt umso mehr, je größer der wissenschaftliche Konsens jeweils ist.

Die Evolution

Mit dem Beginn des Lebens setzte sehr bald der Prozess der Evolution ein. Im Detail sehr kompliziert und in einzelnen Aspekten kontrovers, besagt das dahinterstehende Konzept, dass Organismen sich weiterentwickeln, in-

BIOLOGISCHE SYSTEMATIK: WIE MAN EIN LEBEWESEN BENENNT

Organismen, die innerhalb des Abstammungsbaumes noch nahe benachbart stehen, werden in der biologischen Systematik in verwandtschaftlichen Gruppen zusammengefasst. Der geringste Unterschied besteht zwischen den Gruppen, die als „Arten" bezeichnet werden und ihrerseits in einer gemeinsamen „Gattung" zusammengefasst werden. Auf der höchsten Hierarchieebene innerhalb der Tiere befinden sich die Gruppen, die als „Stämme" bezeichnet werden. Sie entsprechen den Hauptästen innerhalb des Tierreiches (Details ab S. 65).

Die wissenschaftliche Bezeichnung eines Lebewesens ist sein (lateinischer) Artname, der aus der Gattung und einem Zusatz für die Art zusammengesetzt ist, beim modernen Menschen *Homo sapiens*. Soweit gebräuchlich, werden in diesem Buch zum besseren Verständnis statt der lateinischen Artnamen die deutschen Entsprechungen verwendet, die jedoch nicht immer eindeutig sind. Idealerweise bildet sich der deutsche Name ebenso zweiteilig wie der lateinische, allerdings steht im Deutschen die Gattungsbezeichnung hinten, z. B. *Loxodonta africana* = Afrikanischer Elefant.

Heute leben noch drei Arten der Elefanten. Die beiden afrikanischen Arten sind eng miteinander verwandt, sie gehören daher beide zur Gattung *Loxodonta* und werden durch den zweiten Teil des Artnamens unterschieden: *L. africana*, Afrikanischer Elefant (links) und *L. cyclotis*, Waldelefant (Mitte). Der Asiatische Elefant, *Elephas maximus* (rechts), ist evolutiv weiter entfernt und gehört daher zu einer anderen Gattung *(Elephas)*. Er ist unter anderem durch seine kleineren Ohren zu erkennen.

dem zufällige Änderungen in ihrem Erbgut zu Veränderungen in der Überlebens- bzw. Fortpflanzungsfähigkeit führen, sodass es zu einer natürlichen Selektion der Organismen in ihrer Umwelt kommt. Dadurch entwickeln sich anfangs gleiche Organismen auseinander und es entsteht ein verzweigter Abstammungsbaum, der alle Lebewesen miteinander verbindet und auf einen gemeinsamen Vorfahren zurückführt. Ein berühmtes, viel zitiertes Beispiel sind die Darwinfinken auf den Galapagos-Inseln, bei denen sich in Abhängigkeit von der Beschaffenheit der genutzten Nahrungsquelle unterschiedliche Schnabelformen entwickelt haben.

Durch Aussterbeereignisse kann die Weiterentwicklung einzelner Äste des Stammbaumes abbrechen. In der Geschichte des Lebens ist es in Phasen tiefgreifender Umweltveränderungen mehrfach zu weitreichenden Aussterbewellen gekommen.

Zunächst einmal musste das Leben jedoch überhaupt Einzug auf der Erde halten, auf dem noch jungen, etwa 500 Millionen Jahre nach seiner Entstehung noch unruhigen, hitzigen und chemisch kraftstrotzenden Planeten. Und hier beginnt sie, die für uns Menschen und alle Lebewesen, die wir kennen, ganz persönliche Geschichte des Lebens. Die Geschichte, die unsere Vorfahren durch alle Katastrophen der Erdgeschichte geführt hat und die der Schlüssel ist zu dem, was jeder von uns heute ist.

Die Evolution der (Wirbel-)Tiere und Pflanzen ist hier auf einer Spirale dargestellt. Zunächst entwickelten sich im Zentrum der Spirale die Tiere im Wasser, dann begannen die Pflanzen ihre Evolution an Land. Während sich die ersten Wälder bildeten, verließen verschiedene Tiergruppen das Wasser. In feuchter Umgebung verbreiteten sich die Amphibien, bis trockeneres Klima die Entwicklung der Reptilien beförderte. Bald dominierten die Dinosaurier, nach denen sich die Säugetiere zu großer Vielfalt entwickelten.

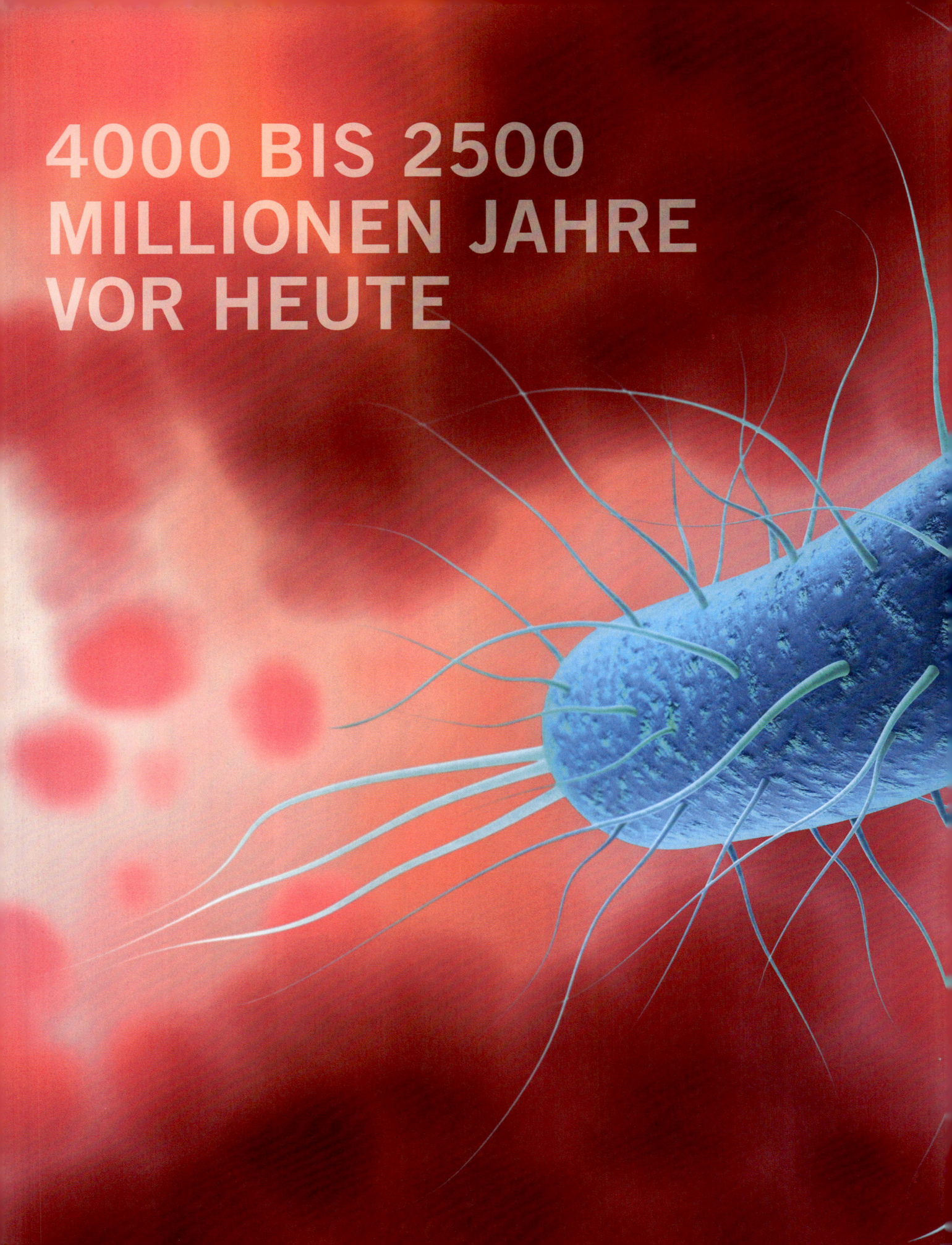

4000 BIS 2500 MILLIONEN JAHRE VOR HEUTE

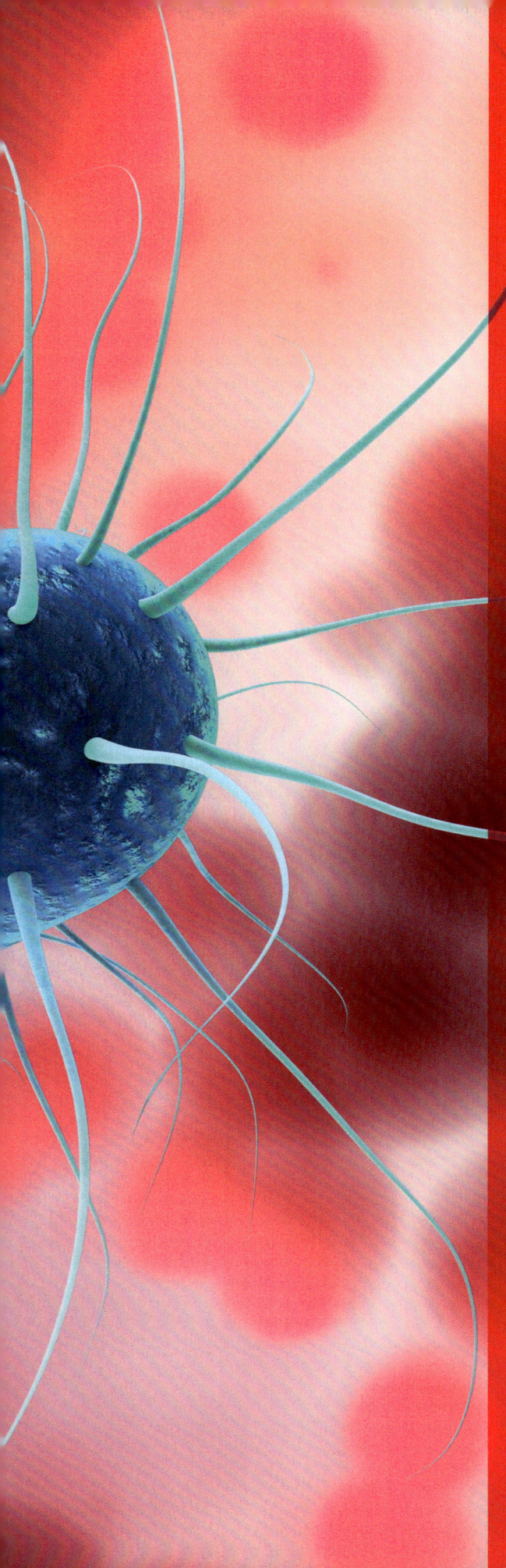

DIE ENTSTEHUNG DES LEBENS: EINZELLER

Schon sehr früh beginnt das Leben auf der Erde. Einzeller entwickeln im Urozean eine große Bandbreite an Stoffwechselfähigkeiten. Dazu gehört die Fotosynthese. Als mit ihrer Hilfe plötzlich größere Mengen Sauerstoff entstehen, steuert das Leben auf eine erste Katastrophe zu, aus der es jedoch gestärkt hervorgeht und mit einem neuen Zelltyp die Grundlage für komplexe Vielzeller legt.

DIE URZELLE: WIE ALLES BEGANN

Niemand weiß, wo genau das Leben auf der jungen Erde entstanden ist oder ob es vielleicht sogar mehrfach passierte. Es gibt jedoch recht gute Vorstellungen davon, wie dieser Ort möglicherweise ausgesehen hat, denn das heutige Leben trägt die Spuren seiner Kindheit noch immer in sich.

Schon der Blick in unseren eigenen Körper verrät einiges: Wir bestehen aus einer unvorstellbar großen Anzahl an mikroskopisch kleinen Zellen, den mit einer dünnen Membranhülle umschlossenen, kleinsten Einheiten des Lebens. Jede davon ist für sich allein prinzipiell lebensfähig. Vor allem ist eine Zelle in der Lage, sich in Tochterzellen zu teilen und so neue Zellen und neues Leben zu erschaffen. Das Leben verbreitet und entwickelt sich daher immer

weiter aus sich selbst heraus in einem riesigen Abstammungsbaum, in dem Zellen aus Zellen hervorgehen. Wo aber ist die erste Zelle entstanden, die Urzelle, die als einzige keinen lebenden Vorläufer hat?

Ein erster Hinweis ist, dass unser Körper letztlich ein „wandelndes Aquarium" darstellt, bei dem alle trockenen Oberflächen aus totem Material bestehen – praktisch unser gesamtes Äußeres ist eine Hülle aus der toten, obersten Hautschicht. Im Inneren dieses größtenteils mit Wasser gefüllten Aquariums leben unsere Zellen, die offenbar wie alles Leben auf Wasser angewiesen sind. Es liegt daher nahe zu vermuten, dass die erste Zelle im Wasser entstanden ist. In der Flüssigkeit, die unsere Körperzellen umgibt, sind verschiedene Salze gelöst. Ihre biologisch wichtigen Mengenverhältnisse, die auch medizinisch eine erhebliche Rolle spielen, entsprechen denen im Meerwasser. Dies spricht für den Urozean und gegen vereinzelte Süßwasseransammlungen auf der Urerde als Entstehungsort der ersten Zelle.

Zellen bestehen im Wesentlichen aus sogenannten organischen Molekülen, insbesondere Proteinen, Kohlenhydraten und Nukleinsäuren, die von Nährwerttabellen auf Lebensmittelverpackungen bzw. als genetisches Material bekannt sind. Bis ins 19. Jahrhundert glaubte man, diese könnten nur von lebenden Organismen gebildet werden.

Seit dem 20. Jahrhundert kann in Laborexperimenten immer besser demonstriert

Zellen sind mit bloßem Auge meist nicht zu erkennen, ihre typische Größe reicht von einem Tausendstel bis zu einem Zehntel Millimeter. Sie vermehren sich durch Teilung in zwei Tochterzellen.

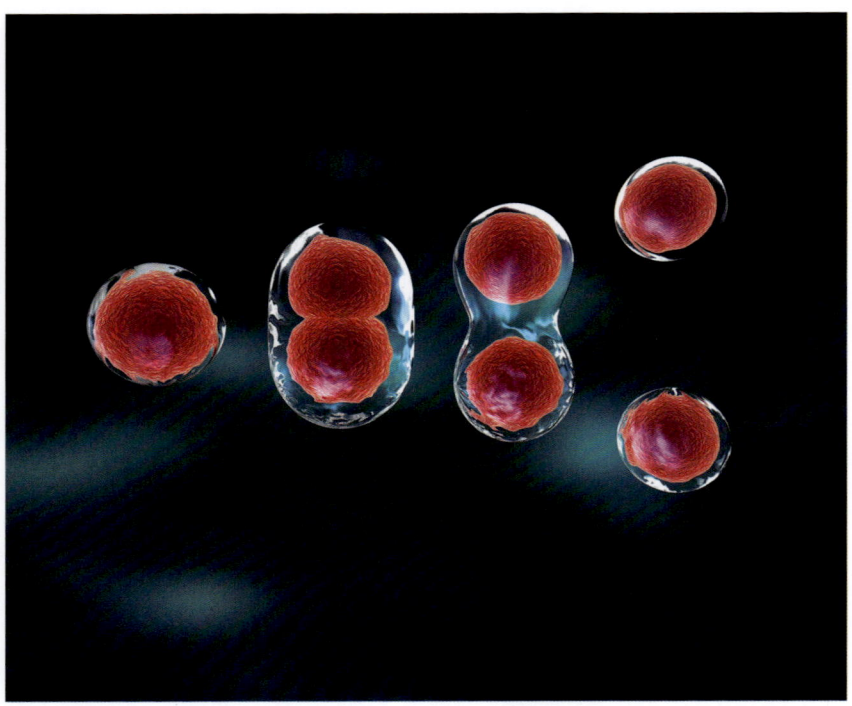

werden, wie sich diese Substanzen schon vor
der Entstehung des Lebens unter den Bedingungen auf der „anorganischen" Urerde
formen konnten. Viele dieser Moleküle haben
die spezielle geometrische Eigenschaft, nicht
mit ihrem Spiegelbild identisch zu sein. Dies
entspricht unseren Händen, bei denen linke
und rechte Hand spiegelbildlich, aber nicht
identisch sind, was daran deutlich wird, dass
ein Handschlag mit der eigenen rechten Hand
nur mit der rechten Hand des Gegenübers
„passt", aber nicht mit dessen linker Hand
(im Gegensatz zu einem Kochtopf, dessen
Spiegelbild sich optisch und in seiner Nutz-

**Linksdrehende Joghurtkulturen
wurden nicht speziell gerührt,
sondern ihre Milchsäurebakterien
haben sich für eine bestimmte
Molekülsorte „entschieden".**

---

barkeit nicht vom Original unterscheidet).
Entsprechende Moleküle werden als „links-"
oder „rechtsdrehend" bezeichnet, wie es auf
vielen Joghurtbechern für die darin enthaltene Milchsäure angegeben ist. In Lebewesen
kommen alle genannten Stoffgruppen nur in
jeweils einer der beiden möglichen Formen
vor, was zunächst sehr erstaunlich ist, denn
wie linke und rechte Hände entstehen die
beiden Molekülformen normalerweise immer
in gleicher Anzahl. Lässt man alternative
Theorien z. B. bezüglich spezieller kosmischer
Strahlung außen vor, lässt dies den Schluss zu,
dass zumindest das Leben, das wir heute auf
der Erde kennen, vermutlich auf nur einen
Entstehungsort zurückgeht: Zwei linke Hände
passen beim Handschlag genauso perfekt
zueinander wie ihre Spiegelbilder, zwei rechte
Hände. Daher würden Zellen aus komplett
spiegelbildlichen Molekülen ebenfalls gleich
gut funktionieren, und keine hätte einen
evolutiven Vorteil. Sollte das Leben mehrfach
entstanden sein, wäre zu erwarten, dass es
in der Hälfte der Fälle in der linken Version
entstanden ist und in der anderen Hälfte in

Der Chemiker Friedrich
Wöhler stellte im 19. Jahrhundert organische Sub-
stanzen im Reagenzglas her.
Damit begann die bis dahin
vertretene Auffassung ins
Wanken zu geraten, dass
organische Moleküle zu ihrer
Erzeugung einer besonderen
„Lebenskraft" bedürften,
die nur von lebenden Zellen
ausginge.

der rechten. Da jedoch alle bekannten Zellen
diesbezüglich identisch sind, spricht dies für
eine einmalige Entstehung.

Wo entstand das Leben?

Proteine und Nukleinsäuren sind sehr große
Moleküle, für deren Bildung einige Energie
erforderlich ist. Nachdem zunächst lange angenommen wurde, dass diese aus Blitzen der
jungen Uratmosphäre oder aus ultravioletter
Strahlung stammte, wird heute überwiegend
davon ausgegangen, dass das Leben in der
strahlungsgeschützten Tiefsee entstand, und
zwar an hydrothermalen Quellen. Von diesen
gibt es zwei verschiedene Arten: schwarze und
weiße Raucher. Beide kommen auch heute
noch am Meeresboden vor, waren früher aber
vermutlich sehr viel häufiger.

Aus schwarzen Rauchern tritt Wasser mit
Temperaturen von teilweise mehr als 400 °C
aus. Während der Vermischung mit dem kalten Meerwasser bilden sich schwarze Schwa-
den aus Eisen-Schwefel-Mineralien wie das
als „Katzengold" auch an Land zu findende
Pyrit. Diese sind in der Lage, organische Moleküle zu binden und Energie für die Bildung

komplexerer Strukturen zu liefern. Während man nach der Entdeckung der schwarzen Raucher Ende der 1970er-Jahre zunächst davon ausging, den möglichen Entstehungsort des Lebens auf der Erde gefunden zu haben, sind nach neueren Ideen weiße Raucher die plausibleren Kandidaten. Sie sind insgesamt lebensfreundlicher und weisen moderatere Temperaturen von meist unter 100 °C auf. Ihr mit weniger Druck ausströmendes Wasser ist nicht stark sauer wie bei schwarzen Rauchern, und sie sind offenbar über längere geologische Zeiten stabil, sodass für die Entwicklung des Lebens genug Zeit zur Verfügung stand. Die im Meerwasser von den schwarzen Rauchern stammenden Eisen-Schwefel-Minerale wären in diesem Szenario ebenfalls zur Bildung organischer Biomoleküle nutzbar gewesen,

ALTERNATIVE THEORIEN ZUR ENTSTEHUNG DES LEBENS AUF DER ERDE

Die Frage nach dem Ursprung des Lebens hat den Menschen schon immer fasziniert – nicht nur, weil es um einen entscheidenden Punkt in unserer eigenen Geschichte geht, sondern weil dieser Moment so unvorstellbar weit in der Vergangenheit liegt, dass er unsere Geschichte mit der des Universums verbindet. Gleichzeitig stellt sich die Frage, ob die damaligen Vorgänge auf der Erde im Universum einzigartig oder zumindest selten sind. Es verwundert daher nicht, dass es im Laufe der wissenschaftlichen Auseinandersetzung eine große Spannbreite an Hypothesen zu diesen Fragen gegeben hat und noch immer gibt.

Einfache organische Moleküle sind im Weltraum offenbar weit verbreitet. Ein 1969 eingeschlagener Meteorit, der vielleicht sogar älter als die Sonne ist, enthält sogar mindestens viele Tausend verschiedene solcher Moleküle. Dies bestärkt die Spekulation, das Leben oder zumindest die dafür benötigten Bausteine könnten mit Meteoriten oder auf anderen Wegen, etwa vom Mars oder der Venus, aus dem All auf die Erde gekommen sein. Diese Panspermie-Hypothese versucht vor allem zu erklären, wie sich offenbar so schnell aus einfachsten Molekülen komplexes Leben entwickelt hat. Neben einer Reihe inhaltlicher Schwierigkeiten bleibt jedoch vor allem unbefriedigend, dass die Hypothese die grundsätzliche Entstehung des Lebens nur räumlich und zeitlich verschiebt, aber nicht erklärt – mit vielleicht einer Ausnahme: Nukleinsäuren, die heutigen Informationsspeicher lebender Zellen, die schon früh entstanden sein müssen, bilden sich aus unbelebter Materie vermutlich sehr viel besser in kleineren Seen in einer ansonsten trockenen Umgebung als auf der vor etwa vier Milliarden Jahren praktisch vollständig von einem Ozean bedeckten Erde. Einige Argumente sprechen dafür, dass dies auf dem Mars geschehen sein könnte und das möglicherweise dort entstandene Leben mit

Marsmeteoriten treffen regelmäßig die Erde, nachdem sie durch Meteoriteneinschläge auf dem Mars ins Weltall geschleudert wurden. So gelangte vermutlich auch der Shergottit, zu dem dieses Bruchstück gehört, auf die Erde.

Meteoriten, die den Mars aufgrund seiner geringen Schwerkraft regelmäßig verlassen, auf unseren Planeten gelangt ist.

Zumindest heutige, irdische Bakteriensporen können eine solche, gegebenenfalls Hunderttausende oder Millionen Jahre lange, strapaziöse Reise inklusive Start und Landung offenbar überstehen. So könnte das Leben auf der Erde innerhalb kürzester Zeit Fuß gefasst haben, nachdem sich hier lebensfreundliche Bedingungen eingestellt hatten.

die durch die erhöhten Wassertemperaturen beschleunigt entstanden wären. Zusätzlich stoßen weiße Raucher einfache organische Moleküle selbst aus. Eine vielversprechende Möglichkeit ist, dass diese ersten Biomoleküle sich in der mikroskopisch feinen, mineralischen Struktur der weißen Raucher anreichern konnten, die gleichzeitig gute Voraussetzungen dafür bietet, dass sich ein erster einfacher Stoffwechsel entwickeln konnte. Kleine Hohlräume im anorganischen Material der weißen Raucher hätten vermutlich verhindert, dass die ersten zukünftigen Zellbestandteile im riesigen Ozean verloren gingen, bis eine dieser anorganischen Zellen schließlich durch die Bildung von biologischen Membranen selbstständig werden konnte und nicht mehr auf den mineralischen Hohlraum

Stanley Miller führte 1953 das berühmte, nach ihm und seinem Doktorvater benannte Miller-Urey-Experiment durch, bei dem aus einer hypothetischen Uratmosphäre Bausteine des Lebens entstanden.

Eine nach aktuellem Forschungsstand noch der Spekulation zuzuordnende Hypothese beruht auf der recht jungen Erkenntnis, dass die heutige Erdatmosphäre bis in viele Kilometer Höhe in bislang nicht für möglich gehaltenem Ausmaß von Mikroben bevölkert ist. Das Leben könnte daher genau dort entstanden sein – weit über und in sicherem Abstand von der vor mehr als vier Milliarden Jahren noch viel zu heißen, zeitweise geschmolzenen Erdoberfläche. Einige chemische Rahmenbedingungen wären dort günstiger gewesen als im Urozean. Die feinen Wassertröpfchen der verdampften Ozeane mit darin enthaltenen Staubpartikeln hätten vielleicht als Vorläufer der ersten Zellen gedient, die regelmäßig vom Himmel fielen. Sobald die Ozeane bewohnbar waren, hätten sie sich dort erfolgreich vermehren können.

Ist das Leben einzigartig?

In den letzten Jahrzehnten ist von vielen namhaften Wissenschaftlern die Entstehung des Lebens als ein ungeheurer, sehr unwahrscheinlicher Zufall angesehen worden, bei dem durch eine glückliche Fügung alle erforderlichen Komponenten in der „Ursuppe" richtig zusammenkamen. Die für das Leben erforderliche, wohlgeordnete Komplexität und damit das Leben selbst wäre demnach ein im Universum vielleicht einmaliges, mindestens jedoch extrem seltenes Zufallsprodukt.

Seit einigen Jahren mehren sich jedoch die Hinweise aus systematischen, interdisziplinären Überlegungen, Computersimulationen, beständig weiterentwickelten mathematischen Modellen und ersten gezielten Laborversuchen, dass die Entstehung von Leben vermutlich kein Zufall ist. Experimente aus dem 20. Jahrhundert, die auf verschiedene Weisen zu „Ursuppen" aus einfachen Biomolekülen führten, sind offenbar keine ausreichende Erklärungsgrundlage, denn mittlerweile kann selbst das Vorkommen organischer Moleküle in Marsmeteoriten in Übereinstimmung mit Bodenproben, die vom Marsrover Curiosity untersucht wurden, ohne die Annahme von Lebewesen erklärt werden. Trotzdem, oder gerade aufbauend auf diesen vor-biologischen Prozessen, scheint die Entstehung von Leben ein planetarer Prozess zu sein, der zwangsläufig stattfindet, wenn bestimmte Rahmenbedingungen gegeben sind. In dieser Sichtweise ist Leben bzw. die Biosphäre ein notwendiger und vorhersagbarer Schritt in der Entwicklung eines entsprechenden Planeten. Die belebte Biosphäre bildet sich demnach aus letztlich vergleichbaren Gründen wie die Atmosphäre, Litosphäre und Hydrosphäre eines Planeten. Sie besteht aus sich beständig verändernden biologischen Arten, die Ökosysteme bilden, welche die Grundlage der Stabilität der Biosphäre sind. Astronomische Beobachtungen der letzten Jahre zeigen, dass das Universum offenbar eine unübersehbare Zahl von Exoplaneten beherbergt – es scheint realistisch zu sein anzunehmen, dass viele davon belebt sind.

Pyrit, auch Katzengold, Schwefel- oder Eisenkies genannt, ist ein auch heute noch sehr häufiges Mineral aus Eisen und Schwefel. Es hat bei der Entstehung des Lebens vermutlich eine wichtige Rolle gespielt.

angewiesen war – die erste Zelle war entstanden. Sie teilte sich und bevölkerte die Erde mit ihren Nachfahren. Währenddessen veränderten diese sich ständig und haben bis heute immer mehr unterschiedliche Lebewesen hervorgebracht.

Rechnet man die Entwicklung der Genome der heute existierenden Lebewesen auf das Genom der Urzelle zurück, so ergibt sich für diese ein Alter von ungefähr vier Milliarden Jahren – das Alter der Erde selbst ist mit etwa 4,6 Milliarden Jahren nur wenig älter. Das Leben entstand offenbar direkt nachdem sich das zuvor flüssige Gestein der Urerde so weit abgekühlt hatte, dass flüssiges Wasser nicht sofort verdampfte. Kürzlich wurden die ältesten Spuren, die Lebewesen zugeschrieben werden, in grönländischem Gestein gefunden. Sie sind 3,7 Milliarden Jahre alt. Chemische Hinweise auf Leben existieren sogar aus der Zeit vor 4,1 Milliarden Jahren. Es wäre demnach bereits im späten Hadaikum (bis vor vier Milliarden Jahren) entstanden, dem ersten Äon der Erdgeschichte.

Noch heute leben an den verbliebenen Hydrothermalquellen Vertreter der vermutlich ersten Nachfahren der ursprünglichsten, einzelligen Organismen: die Archaeen. Sie ähneln dem ersten Augenschein nach Bakterien und wurden früher mit ihnen gleichgesetzt.

Die im ausströmenden Wasser gelösten Mineralien bestimmen die Farbe der „Fahnen" und die Beschaffenheit der Schlote unterschiedlicher Hydrothermalquellen am Meeresboden.

ARCHAEEN UND BAKTERIEN: EXTREMLEISTUNGEN DES LEBENDIGEN

Organismen, die unter extremen Umweltbedingungen wie großer Hitze oder Kälte oder hohen Säure- oder Salzgehalten leben können oder diese sogar benötigen, werden als „Extremophile" bezeichnet. Viele von ihnen gehören zu den Archaeen. Einige von ihnen wachsen noch bei Temperaturen von mehr als 120 °C in heißen Quellen oder in gesättigten Kochsalzlösungen, deren Salzgehalt dem Zehnfachen von Meerwasser entspricht. Beispielsweise sind fast alle Mikroorganismen im Toten Meer Archaeen.

Auch ihre Stoffwechselleistungen sind beachtlich, keine anderen Organismen sind in der Lage, Methan (der Hauptbestandteil von Erdgas und gleichzeitig Treibhausgas) zu produzieren. Sie tun dies unter anderem bei der Kompostierung von organischem Material, in Biogasanlagen, im Verdauungstrakt von Wiederkäuern und in sehr nassen Böden wie Reisfeldern. Noch vielseitiger sind jedoch die Bakterien: Es gibt bis hin zu Kunststoff kaum eine Substanz, die nicht von irgendeinem Bakterium abgebaut und verwertet werden kann, und sie halten mittlerweile im Ökosystem der Erde die Kreisläufe der Elemente Stickstoff, Schwefel und in Teilen Kohlenstoff und Phosphor aufrecht.

Biotechnologisch werden Bakterien nicht nur zur Reinigung von Haushalts- und der Entgiftung von Industrieabwässern eingesetzt, sondern auch zur Produktion verschiedenster Substanzen wie Biokunststoffen, Medikamenten, Industriechemikalien oder Nahrungsmitteln. Einige Arten widerstehen starker radioaktiver Strahlung, andere wurden noch kilometertief unter dem Ozeanboden gefunden, wieder andere wachsen bei -20 °C und zeigen sogar bei -200 °C noch immer Stoffwechselaktivität.

Nur wenige Lebewesen können in unverdünnten Bereichen des extrem salzhaltigen Toten Meeres leben. Es sind ausschließlich Einzeller, die überwiegend zur evolutiv sehr alten Gruppe der Archaeen gehören, von denen viele auf Extremlebensräume spezialisiert sind.

Die ältesten Lebensspuren finden sich in Stromatolithen, Gesteinen, in denen sich die Ablagerungen von Mikrobenmatten erhalten haben, die im Anschnitt als ringförmige Linien sichtbar werden. Der gezeigte Stromatolith stammt aus der Kreide.

des Lebens am Meeresboden, der chemisch aktiven Grenzregion zwischen Erdmantel und Hydrosphäre, mitgenommen, sodass auch wir dieses Erbe noch immer in uns tragen. Weitere Entsprechungen der heutigen Archaeen zu den Bedingungen am vermuteten Ort der

---

Die ersten Lebewesen vertrugen keinen Sauerstoff, benötigten kein Sonnenlicht und liebten es heiß.

Mittlerweile werden sie jedoch in Abgrenzung zu den „echten Bakterien" als eine eigene von drei Domänen des Lebens betrachtet, die die höchste Ebene der biologischen Systematik für alle Lebewesen bilden (siehe Stammbaum, S. 292). Archaeen beinhalten besonders viele Proteine, die nur in Verbindung mit einem winzigen Eisen-Schwefel-Anteil funktionieren, und auch menschliche Zellen als ihre entfernten Verwandten benötigen solche Proteine noch. Diese haben damit quasi einen Teil der Minerale aus der Entstehungszeit

Entstehung des Lebens sind, dass sie meist keinen Sauerstoff vertragen, der auf der Urerde als Gas noch nicht vorhanden war, kein Sonnenlicht benötigen, und dass zu ihnen die einzigen Lebewesen zählen, die dauerhaft bei sehr hohen Temperaturen um 100 °C leben und sich vermehren können.

Die ersten echten Bakterien entwickelten sich vermutlich ebenfalls zu dieser Zeit oder kurz danach. Sie stellen eine Schwestergruppe oder eine Seitenlinie der Archaeen dar und haben sich mit der Zeit in etwas weniger extremen Lebensräumen zu einer großen Gruppe von Einzellern entwickelt, deren Vertreter zu einer Vielzahl erstaunlicher Stoffwechselleistungen in der Lage sind.

Im Gegensatz zu diesen stäbchenförmigen Legionellen, die Infektionserkrankungen hervorrufen können, ist die überwiegende Mehrzahl der Bakterien für den Menschen nicht nur harmlos, sondern in vielen Fällen sogar nützlich.

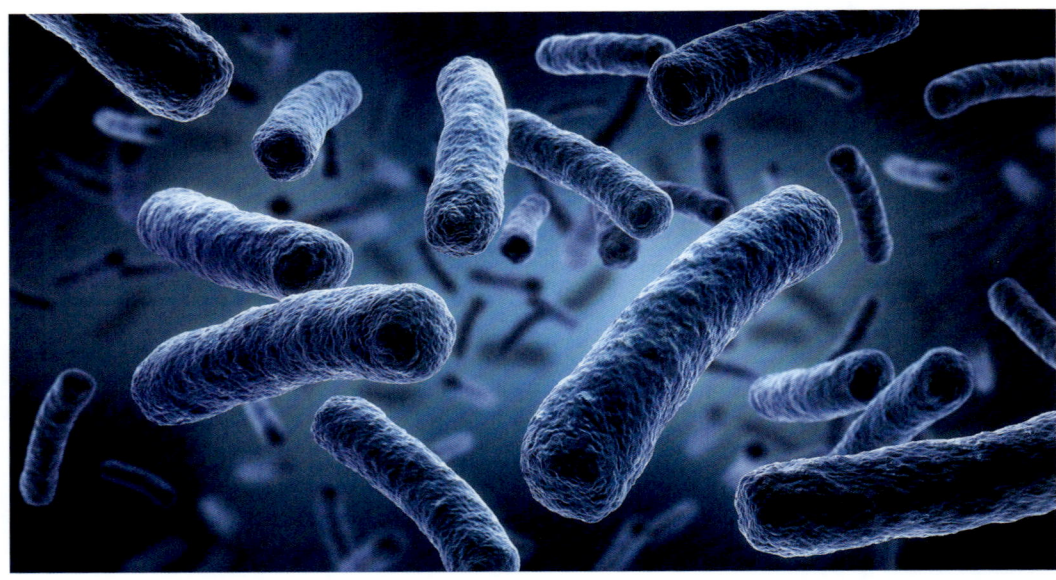

NUTZUNG DES SONNENLICHTS: DIE ERSTEN SOLARANLAGEN

Die ersten Organismen deckten ihren Energiebedarf durch die Verwertung energiereicher Substanzen, die sie als Nahrung aus ihrer Umgebung aufnahmen. Damit unterschieden sie sich in ihrem grundlegenden Stoffwechsel kaum von vielen heutigen Zellen, inklusive der menschlichen.

Allerdings ernährten sich die damaligen Zellen überwiegend von anorganischen Substanzen aus der Erdkruste statt von anderem organischen Material. Diese Nahrungsgrundlage ist auf Dauer nicht nachhaltig, weil sie nicht „nachwächst". Doch schon bald nach dem Beginn des zweiten Äons der Erdgeschichte, dem Archaikum, vor knapp vier Milliarden Jahren, begann sich unter den Bakterien ein gänzlich neues Stoffwechselkonzept zu entwickeln, das dramatische Auswirkungen auf die weitere Entwicklung des Lebens haben sollte: Mehrere verschiedene Bakterien tauschten Teile ihrer genetischen Informationen untereinander aus und trugen

Es gibt heute eine ganze Reihe recht ähnlich aussehender Chlorophyll-Moleküle in verschiedenen Organismen. Alle Mitglieder dieser Molekülfamilie haben gemeinsam, dass sie Sonnenlicht auffangen und in chemisch nutzbare Energie umwandeln können.

„Solarzellen" sind eine sehr alte Erfindung der Natur – Bakterien nutzen die Sonnenenergie schon seit fast vier Milliarden Jahren.

so am Ende alle Komponenten zusammen, mit denen sie die „erneuerbare" Energie des Sonnenlichtes nutzen konnten.

Eine solche „Solaranlage" mit dem grün erscheinenden Molekül Chlorophyll im Zentrum kann von einer Zelle sowohl zur reinen Energiegewinnung genutzt werden als auch zum Aufbau von energiereichen Zuckern, die ihrerseits das ansonsten biochemisch kaum noch verwertbare Kohlendioxid zur Grund-

lage haben. Deshalb wird der gesamte Prozess der lichtgetriebenen Zuckersynthese „Fotosynthese" genannt. Er ist entscheidend, um einen im Archaikum begonnenen Kreislauf aufrechtzuerhalten, der heute besonders augenfällig zwischen den Fotosynthese betreibenden Pflanzen auf der einen Seite und auf der anderen Seite den Tieren abläuft, die dies nicht tun: Pflanzen nutzen das Sonnenlicht, um durch die Fotosynthese energiereiche Substanzen aufzubauen, die wie eine Batterie die Energie des Sonnenlichtes speichern. Tiere ernähren sich als Pflanzenfresser direkt, als Fleischfresser indirekt von diesen energierei-

Auf der Erde besteht ein Stoffkreislauf, der Sonnenenergie zwischen nahezu allen Lebewesen verteilt. Organismen wie Pflanzen stellen mithilfe von Sonnenlicht aus Kohlendioxid energiehaltige Substanzen wie Zucker her. Organismen wie Tiere, einschließlich des Menschen, benötigen diese Stoffe als Energiequelle und stellen Kohlendioxid als Abbauprodukt den Pflanzen wieder zur Verfügung.

chen Verbindungen und bauen sie ab, um die darin gespeicherte Energie für sich zu nutzen. Da es sich um einen Kreislauf handelt, sind die Tiere nicht nur Nutznießer der Pflanzen, sondern auch die Pflanzen hängen von den Tieren ab, denn diese produzieren beim Abbau des Pflanzenmaterials das energiearme Endprodukt Kohlendioxid, das die Pflanzen wiederum als Ausgangsstoff für ihre Fotosynthese benötigen. Dadurch schließt sich der Kreislauf, der nur dann störungsfrei ablaufen kann, wenn beide Hälften in einem ausgewogenen Verhältnis zueinander stehen. Sind sie nicht miteinander im Gleichgewicht, ist der Zusammenbruch des dominierenden Prozesses durch einen Mangel an Ausgangsstoffen beziehungsweise Nahrungsmitteln vorprogrammiert. In der Frühphase des Lebens auf der Erde hatten fotosynthetisierende Bakterien die spätere Rolle der Pflanzen inne und nicht-fotosynthetisierende Einzeller nahmen den Platz ein, den sie später mit Tieren und einigen anderen komplexeren Organismen teilen mussten.

Jeder Organismus, insbesondere unter den Bakterien, optimiert seine Fotosynthesemaschinerie in Abhängigkeit von den Gegebenheiten seines Lebensraumes. So nutzen unterschiedliche Organismen unterschiedliche Farbanteile des insgesamt weißen Sonnenlichtes, sodass ebenso unterschiedliche Farben übrig bleiben, in denen sie dann gefärbt sind. Dadurch ergeben sich

Tiere und Pflanzen können nur gemeinsam überleben, alleine verhungern sie.

beispielsweise an sonnenbeschienenen Teichufern übereinanderliegende Schichtungen verschiedenfarbiger Bakterienarten, wobei die tieferliegenden diejenigen Lichtfarben für ihre Fotosynthese verwenden, die die darüber liegenden übrig gelassen haben. Je tiefer ein Organismus im Wasser lebt, desto stärker ist er auf die Nutzung von Licht angewiesen, dessen Farbe sich auf der blauen Seite eines Regenbogens befindet. Wie jeder erleben kann, der in die „blauen Tiefen" des Meeres blickt, liegt dies daran, dass Wasser Lichtfarben immer stärker herausfiltert, je näher diese der roten Seite des Regenbogens stehen. In die Tiefsee gelangt gar kein Sonnenlicht, aber selbst dort haben Fotosynthese betreibende Bakterien einen Ort zum Leben gefunden, und zwar wieder an heißen Quellen: Sie besitzen einen so lichtempfindlichen Fotosyntheseapparat, dass sie das schwache, für menschliche Augen nicht sichtbare Infrarotlicht nutzen können, das von der heißen Quelle abgegeben wird.

Arten der Fotosynthese

Ebenso wie es unterschiedliche Techniken der Fotosynthese gibt, existieren auch heute noch viele Varianten der Fotosynthese in den unterschiedlichen Abstammungslinien der Organismen, die diese einsetzen. Allen frühen Formen der Fotosynthese ist gemeinsam, dass sie entgegen der heute verbreitetsten und bekanntesten keinen Sauerstoff produzieren. Die Urerde blieb daher zunächst ein Ort, an dem freier Sauerstoff allenfalls in geringen Mengen aus der Spaltung von Wasser durch ultraviolette Strahlung aus dem All vorkam. Statt Sauerstoff freizusetzen, entsteht im Rahmen der sauerstofffreien Fotosynthese meistens Schwefel oder Sulfat aus dem für uns hochgiftigen Schwefelwasserstoff (bekannt als der Geruch von faulen Eiern). In einigen Fällen wird Wasserstoffgas benötigt, in anderen Eisensalze. Diese für uns heute sehr lebensfeindlich erscheinenden Substanzen erinnern sehr an die Bedingungen auf der frühen Erde und lassen eine frühe Entstehung dieser Formen der Fotosynthese selbst ohne die Berücksichtigung der entsprechenden genetischen Hinweise plausibel erscheinen. Dieses von Schwefel, Wasserstoff und Eisen abhängige bakterielle Leben existiert auch heute noch auf der Erde, und zwar nicht nur an ausgesuchten Tiefseeschloten oder Schwefelquellen in vulkanischen Gebieten. Man findet es nahezu überall dort, wo auch heute kein oder sehr wenig Sauerstoff vorkommt, wie am Grund vieler Gewässer, in überschwemmten Böden, Faulschlamm oder dem Verdauungstrakt verschiedenster Tiere.

Bei einigen Archaeen hat sich im Gegensatz zu den Bakterien eine besondere Form der Lichtenergienutzung entwickelt. Sie betreiben keine Fotosynthese im engeren Sinne, weil sie nicht in der Lage sind, mithilfe des Lichtes neue Moleküle aus Kohlendioxid herzustellen. Stattdessen nutzen sie es rein zur Energiegewinnung, indem sie eine licht-

---

Im Gegensatz zu heutigen Pflanzen produziert die Fotosynthesemaschinerie von Bakterien, die in der Frühzeit der Evolution entstanden sind, noch keinen Sauerstoff.

---

betriebene Pumpe entwickelt haben, die in Kombination mit einer molekularen Turbine in ihrer Zellmembran chemisch verwertbare Energie produziert. Bemerkenswerterweise ähneln die dreidimensionale Struktur und die Funktionsweise dieser lichtbetriebenen

Am Abfluss einer Quelle sind unterschiedlich gefärbte, Fotosynthese betreibende Mikroben zu sehen.

Pumpe der Archaeen dem Sehpigment in den verschiedenen Augentypen der Tiere inklusive der lichtempfindlichen Komponente im menschlichen Auge. Man geht daher davon

---

Der lichtempfindliche Mechanismus in unseren Augen wird von evolutiv sehr alten Einzellern bereits zur Energiegewinnung genutzt.

---

aus, dass alle diese Strukturen auf einen schon sehr früh in der Entwicklung des Lebens entstandenen Vorläufer zurückgehen. Die Vertre-

ter der Archaeen, die zu dieser Lichtnutzung befähigt sind, sind salzliebend und verraten ihre besondere Fähigkeit der Lichtnutzung ebenfalls durch eine intensive Färbung.

Nach dieser Phase der ersten Lichtenergienutzung durch vergleichsweise einfache Fotosynthese-Mechanismen war auf der frühen Erde ein langfristig stabiler Stoff- und Energiekreislauf etabliert: Fotosynthetisch aktive Organismen bauen mithilfe des Sonnenlichtes energiereiche Biomasse aus Kohlendioxid auf. Andere Organismen verwenden diese als Nahrung, nutzen die enthaltene Energie und setzen Kohlendioxid wieder frei. Er kann so lange aktiv bleiben, wie Licht von der Sonne die Erde erreicht.

Die hohen Salzkonzentrationen in den Trocknungsbecken für die Meersalzgewinnung sind ideale Lebensräume für salzliebende Archaeen sowie einige andere salztolerante Einzeller, die alle intensiv gefärbt sind.

SAUERSTOFF ALS GIFTIGES ABGAS: FLUCH UND SEGEN

Vor grob 2,7 Milliarden Jahren, die Datierung ist unsicher, entwickelten die Vorfahren der heutigen Cyanobakterien eine revolutionär neue Form der Fotosynthese: Die Kombination von zwei Fotoreaktionszentren ermöglichte ihnen die Nutzung des Sonnenlichtes zur Spaltung von Wasser.

Durch diesen biochemischen Trick konnten sie unabhängig von den bisher verwendeten, selteneren Ausgangsstoffen wie Schwefel, Schwefelwasserstoff oder bestimmten Metallen Energie aus Sonnenlicht gewinnen und damit neue Zellbestandteile aufbauen. Neben dem erwünschten Wasserstoff, der für diesen Aufbau neuer Biomasse genutzt wurde, entstand als Abfallprodukt der Wasserspaltung gasförmiger Sauerstoff. Dieser ist chemisch sehr aggressiv – Metalle oxidieren (z. B. rostendes Eisen), organische Substanzen verbrennen (je nach Temperatur mehr oder weniger schnell) und noch heute werden wir deshalb nicht zuletzt in der Werbung regelmäßig auf die Gefahren „reaktiven Sauerstoffes" hingewiesen, der zur Zellalterung beiträgt und durch Schädigung des Erbguts Tumore hervorrufen kann.

Im Gegensatz zu heute, nach mehr als zwei Milliarden Jahren evolutiver Anpassung an eine sauerstoffhaltige Atmosphäre, traf das erstmalige Auftreten größerer Mengen an freiem Sauerstoff die meisten Lebewesen damals völlig unvorbereitet. Es kam vermutlich zum größten Massensterben der Erdgeschichte, dem ein Großteil der damaligen Organismen zum Opfer fiel, denn der Sauerstoff ließ die empfindlichen Eisen-Schwefel-Strukturen im wahrsten Sinne des Wortes verrosten, und giftige Peroxide, die heute u. a. als Desinfektions- und Bleichmittel eingesetzt werden, zerstörten weitere Komponenten der Zellen. Nur einigen wenigen Zellen gelang es, rechtzeitig

Schutzmechanismen zu entwickeln, die noch heute in allen ihren Nachfahren vorhanden sind, nämlich den Lebewesen, die dauerhaft Sauerstoff ausgesetzt sind. Dazu gehört auch

---

Das erste Auftreten von molekularem Sauerstoff löste vor 2,3 Milliarden Jahren ein Massensterben aus, denn Sauerstoff war für die damaligen Organismen ein tödliches Gift.

---

der Mensch, dessen Sauerstoff transportierende rote Blutkörperchen beispielsweise besonders geschützt sind.

Die wenigen der damals schon widerstandsfähigen Organismen überstanden mit-

Viel Chlorophyll – beim bekannten Nahrungsergänzungsmittel „Spirulina" handelt es sich eigentlich um getrocknete und dann zu Tabletten gepresste Cyanobakterien, die manchmal auch „Blaualgen" genannt werden. Dieser Organismengruppe gelang es, jene Form der Fotosynthese zu entwickeln, bei der Wasser gespalten und Sauerstoff freigesetzt wird.

hilfe der von ihnen erfundenen chemischen Sauerstoff- und Peroxidabwehr die vermutlich größte Krise in der Geschichte des Lebens, die sich vor wenig mehr als 2,3 Milliarden Jahren abspielte und heute „Große Sauerstoffkatastrophe" genannt wird.

Was genau geschah in dieser Zeit? Direkt nach der ersten Sauerstoffproduktion durch die Cyanobakterien begann eine Phase der Ruhe vor dem Sturm, in der der entstehende Sauerstoff sofort verbraucht wurde, sodass er sich im Wasser und in der Atmosphäre nicht ansammeln konnte: Ein wichtiger, Sauerstoff verbrauchender Prozess war das Verrosten

---

Der erstmalig frei auftretende Sauerstoff führte zur Bildung der weltweit größten Eisenerzvorräte.

---

von Eisen, das in großer Menge im Ozean gelöst war. Es lagerte sich schichtweise ab und bildete Bändereisenerz, das heute zu den wichtigsten Eisenerzen weltweit zählt. Eisen gelangte vor allem durch Vulkanismus ins Wasser. Die Schichtung entstand vermutlich dadurch, dass der kontinuierlich entstehende Sauerstoff vom vorhandenen Eisen zunächst gebunden wurde. Als dieser Eisenvorrat

„verbraucht" war, stieg die Sauerstoffkonzentration wieder und tötete die noch sauerstoffempfindlichen, frühen Cyanobakterien ab, sodass die Sauerstoffproduktion stark zurückging. Durch das langsam nachgelieferte Eisen wurde der verbliebene Sauerstoff allmählich verbraucht, sodass sich die Population der Cyanobakterien schließlich wieder erholte. Währenddessen lagerte sich eine siliziumhaltige Zwischenschicht auf den Eisensedimenten ab, bis der Zyklus erneut begann. Der Höhepunkt dieser Ablagerungen lag im danach benannten Siderium (vor 2,5 bis 2,3 Milliarden Jahren; abgeleitet von gr. *sideros* für Eisen).

Ein zweiter Prozess, durch den Sauerstoff gebunden wurde, fand überwiegend in der Atmosphäre statt: Die vor UV-Licht schützende Ozonschicht war damals noch nicht vorhanden. So konnte Methan, das aus dem Stoffwechsel der frühen Archaeen stammte, unter dem Einfluss der UV-Strahlung mit Sauerstoff zu Kohlendioxid und Wasser reagieren. Methan wirkt im Vergleich zu Kohlendioxid wesentlich stärker als Treibhausgas, sodass sein allmähliches Verschwinden zur sogenannten Huronischen Eiszeit führte. Sie begann vor etwa 2,4 Milliarden Jahren, kurz vor der Großen Sauerstoffkatastrophe, nachdem bereits relevante Mengen Sauerstoff den Ozean verlassen konnten, und dauerte gut

Das typische Linienmuster dieses gebänderten Eisenerzes aus Kanada entstand durch die Ablagerung eisenhaltiger Sedimente.

300 Millionen Jahre. Sie war vermutlich die längste und umfangreichste Vereisung der Erdgeschichte, vielleicht sogar eine vollständige. Das Leben wurde dadurch auf eine weitere Probe gestellt, denn eine globale Vereisung der Ozeane blockiert nicht zuletzt das Sonnenlicht, sodass die Cyanobakterien vermutlich nur in kleinen, eisfreien Regionen in der Nähe vulkanischer Quellen überleben konnten. Schmelzende Gletscher setzen jedoch große Mengen Dünger aus Gesteinsabrieb frei, sodass anzunehmen ist, dass sich die Cyanobakterien nach dem Ende der Eiszeit massenhaft vermehrten und immer größere Sauerstoffmengen freisetzten.

Sauerstoff setzt sich durch

Schließlich waren alle Stoffe, die sich mit Sauerstoff verbinden und ihn dadurch unschädlich machen konnten, im Wesentlichen verbraucht, sodass dieser begann, sich im Wasser und in der Atmosphäre anzureichern.

Die Ozonschicht ist das Ergebnis biologischer Aktivität.

Die Auswirkungen des Sauerstoffes hinterließen überall ihre Spuren, denn auch die Gesteine der Erdoberfläche veränderten sich grundlegend durch die Einwirkung des erstmals vorhandenen Gases. So entstanden mehr als zweitausend verschiedene Mineralien neu, und als der Sauerstoff hoch in die Atmosphäre vordrang, begann sich dort die Ozonschicht zu bilden, die das Leben seither vor zu intensiver UV-Strahlung schützt. Trotz ihrer einerseits verheerenden Wirkung schuf die Große Sauerstoffkatastrophe, die beinahe alles Leben vernichtete, daher mit der Ozonschicht letztlich eine wichtige Rahmenbedingung, die Landleben, wie wir es kennen, überhaupt erst möglich machte (bis zu dem jedoch noch fast zwei Milliarden weitere Jahre vergehen sollten).

Mehr als die Hälfte der etwa 4500 bekannten Mineralien auf der Erde entstanden erst durch die Sauerstofffreisetzung der Cyanobakterien. Dazu gehört der als Schmuckstein genutzte Türkis.

Aber auch die damaligen Lebewesen selber wussten aus der Not eine Tugend zu machen und begannen bald, die Vorteile zu nutzen, die das Vorhandensein von Sauerstoff bot. Mit Sauerstoff lassen sich Verbrennungen durchführen, die sehr viel mehr Energie freisetzen als die chemischen Prozesse, die von Zellen bislang zur Energiegewinnung genutzt worden waren. Am Ende der Verbrennung von Nahrungsmolekülen stehen wie bei jedem Kaminfeuer Kohlendioxid und Wasser. Der Luftsauerstoff wird dabei in einem aufwendigen Prozess an der Hüllmembran der Bakterienzelle letztlich mit Wasserstoff zu Wasser verbrannt. Dies entspricht der in Schulen oft und gerne durchgeführten, explosiven „Knallgasreaktion". Die große Menge an freigesetzter Energie (der Grund für die Namensgebung) wird mit einer damals neu genutzten, molekularen Maschinerie von der Zelle aufgefangen und für den eigenen Stoffwechsel verwendet. Klassische Brennstoffzellen, etwa in Autos mit Wasserstoffantrieb, nutzen den gleichen Verbrennungsprozess. Diese Bildung von Wasser aus Wasserstoff und Sauerstoff schließt den Kreislauf, den

In Biogasanlagen werden biologische Materialien durch anaerobe Mikroorganismen vergärt. Archaeen sind im letzten Schritt für die Produktion des Methans verantwortlich, das brennbar ist und der Hauptkomponente von Erdgas entspricht.

die Fotosynthese der Cyanobakterien mit der Spaltung von Wasser in ebendiese Stoffe begonnen hat.

Organismen, die diese neue Form der Energiegewinnung mit Sauerstoff verwenden, werden als Aerobier bezeichnet. Vermutlich hat erst diese neue, auf Sauerstoff beruhende Energiequelle dazu geführt, dass sich später komplexe Vielzeller entwickeln konnten, die deutlich mehr Energie brauchen als ihre einfachen Vorfahren. Bis zu deren Auftreten vergingen nach derzeitigem Kenntnisstand vermutlich jedoch noch mehr als eine Milliarde Jahre. Dazu passt, dass bis heute erst drei vielzellige Organismen bekannt sind, die ihr gesamtes Leben ohne Sauerstoff verbringen – es handelt sich um drei winzige, unter einen Millimeter große Arten der Korsetttierchen, die im Jahr 2010 in einem sauerstofffreien Sediment des L'Atalante-Beckens im Mittelmeer, westlich von Kreta, gefunden wurden. Sie gehören damit zu den Anaerobiern, die wie die frühesten Lebewesen keinen Sauerstoff verwenden. Allerdings haben sie sich vermut-

lich erst vergleichsweise kürzlich aus aeroben Vorfahren entwickelt und diesem besonderen Lebensraum angepasst. Die Mehrheit der heutigen Anaerobier sind Archaeen und Bakterien, von denen sehr viele nach wie vor durch Sauerstoff vergiftet werden und absterben. Ihr Lebensraum beschränkt sich daher heute auf Gewässerregionen, Sedimente und Böden, die sauerstofffrei sind, sowie einige weitere mehr oder weniger häufige ökologische Nischen, in die ihre Vorfahren damals vor dem Sauerstoff flüchteten. Trotzdem nutzte die Sauerstoffkatastrophe auch den Anaerobiern, denn der Sauerstoff führte zur Bildung größerer Mengen vieler neuer chemischer Verbindungen, die die Anaerobier zu ihrem Vorteil zu nutzen wussten, indem auch sie ihre Stoffwechselfähigkeiten erheblich erweiterten. Viele neue Organismenarten entstanden vermutlich erst dadurch. Dazu gehörte auch eine Kooperation zwischen einer anaeroben Archaeenzelle und einem aeroben Bakterium, die die Voraussetzung für die Entwicklung komplexen Lebens einschließlich des Menschen war.

ENDOSYMBIONTEN – DIE SUBUNTERNEHMER DER ZELLE

Vermutlich haben sich schon sehr früh in der Entwicklung des Lebens Symbiosen zwischen verschiedenen Organismen ausgebildet. Ein symbiotisches Zusammenleben unterschiedlicher Organismen bedeutet, dass diese Partnerschaft für beide vorteilhaft ist.

So beschützen etwa viele Ameisenarten bereits seit Millionen von Jahren Blattläuse vor Fressfeinden und erhalten von diesen im Gegenzug Honigtau als Nahrung. Der Abtransport des klebrigen Ausscheidungsprodukts der Läuse hilft diesen wiederum, weil sie sonst daran selbst ersticken könnten. Hierbei handelt es sich um eine sehr lockere Symbiose, denn beide Organismen bleiben körperlich getrennt und überleben auch ohne den jeweiligen Symbiosepartner. Blattschneiderameisen hingegen sind

Eine Symbiose ist das Zusammenleben von Organismen zu gegenseitigem Nutzen.

ebenfalls bereits vor Millionen von Jahren eine sehr viel engere Bindung mit Pilzen als Symbiosepartner eingegangen: Jede Kolonie kultiviert mit großer Sorgfalt einen Pilz in unterirdischen Bruthöhlen auf Blattstücken, die sie für den Pilz ernten und in ihr Nest transportieren. Die Ameisen schützen den Pilz vor Fraßfeinden und fremden Mikroorganismen. Dazu gehen einige Arten eine weitere Symbiose mit Bakterien auf ihrer Körperoberfläche ein, die dafür geeignete Antibiotika erzeugen. Beide Partner sind in der Symbiose auf den jeweils anderen angewiesen: Der Pilz dient den Ameisen als Nahrungsquelle, sie könnten sich ohne ihn nicht ausreichend er-

nähren. Für den Pilz ist die Symbiose ähnlich eng, denn er kann sich nicht mehr eigenständig fortpflanzen.

Noch einen Schritt weiter gehen Symbiosen, in denen ein Symbiosepartner im Inneren des anderen Partners lebt. Diese sogenannten Endosymbiosen sind ebenfalls sehr verbreitet, es gibt sie zum Beispiel bei Wiederkäuern, die in ihrem Verdauungstrakt

Gelungene Symbiose: Eine Ameise melkt eine Blattlaus. Die ersten Symbiosen zwischen einzelnen Zellen begannen aber weit vor dem Auftreten der Ameisen auf der Bühne des Lebens.

Die teilweise sehr intensiven Färbungen von Korallen werden durch die Fotosynthesepigmente bestimmter Algen hervorgerufen. Die Algen leben symbiotisch im Gewebe der Korallen und versorgen diese mit Nährstoffen, während die Koralle für einen geschützten „Platz an der Sonne" sorgt.

der Korallen aufgrund erhöhter Wassertemperaturen oder anderer Umwelteinflüsse zeigt das Absterben der symbiotischen Algen an und zieht den Tod der Korallen nach sich.

Symbiosen dienen nicht notwendigerweise der Ernährung der Partner, aber dies war in der Frühzeit des Lebens vermutlich der Grund für die ersten dieser Partnerschaften.

Korallen sind Tiere, die mithilfe von Algen Fotosynthese betreiben können.

Es wird angenommen, dass der – zunächst zufällige – Austausch verschiedener Schwefelverbindungen oder von Methan und Wasserstoff zwischen zwei unterschiedlichen Arten früher Zellen recht verbreitet war. Sehr effektiv war dieser Prozess, wenn die eine Zelle Endprodukte des Stoffwechsels der anderen Zelle benötigte und umgekehrt. Beide hatten in einer Symbiose direkten Zugriff auf die von ihnen benötigten Stoffe und liefen nicht Gefahr, sich mit ihren eigenen „Abfallprodukten" zu vergiften. Es liegt nahe anzunehmen, dass solche Partner einen erheblichen Evolutionsvorteil gegenüber „Einzelkämpfern" hatten, sich im Laufe der Zeit durchsetzten und dadurch die symbiotische Lebensweise verbreiteten.

Zellen innig vereint

Was mit einer losen Assoziation zweier Zellen begann, wurde in einigen dieser Symbiosen irgendwann so eng, dass sich eine Endosymbiose entwickelte, ein Partner also im Körper des anderen lebte. Bei den in der Frühzeit des Lebens ausschließlich einzelligen Organismen bedeutete dies, dass eine Zelle im Inneren der anderen leben musste. Wie konnte sie dorthin gelangen?

Wenn eine Zelle einen größeren Partikel, etwa als Nahrung, aufnehmen möchte, steht sie vor dem Problem, ihre Zellmembran dafür nicht öffnen zu können, da dies unweigerlich zum Auslaufen des Zellinneren und damit zum Tod führen würde. Die Zellmembran

Bakterien beherbergen, mit deren Hilfe sie in der Lage sind, die Zellulose zu verdauen, die der Hauptbestandteil ihrer pflanzlichen Nahrung ist. Ein anderes Beispiel sind Korallen, in denen endosymbiontische Algen leben, die ihnen nicht nur ein buntes Aussehen verleihen, sondern vor allem Fotosynthese betreiben und damit einen wichtigen Beitrag zur Ernährung der Korallen liefern. Das aktuell in vielen Riffen zu beobachtende Ausbleichen

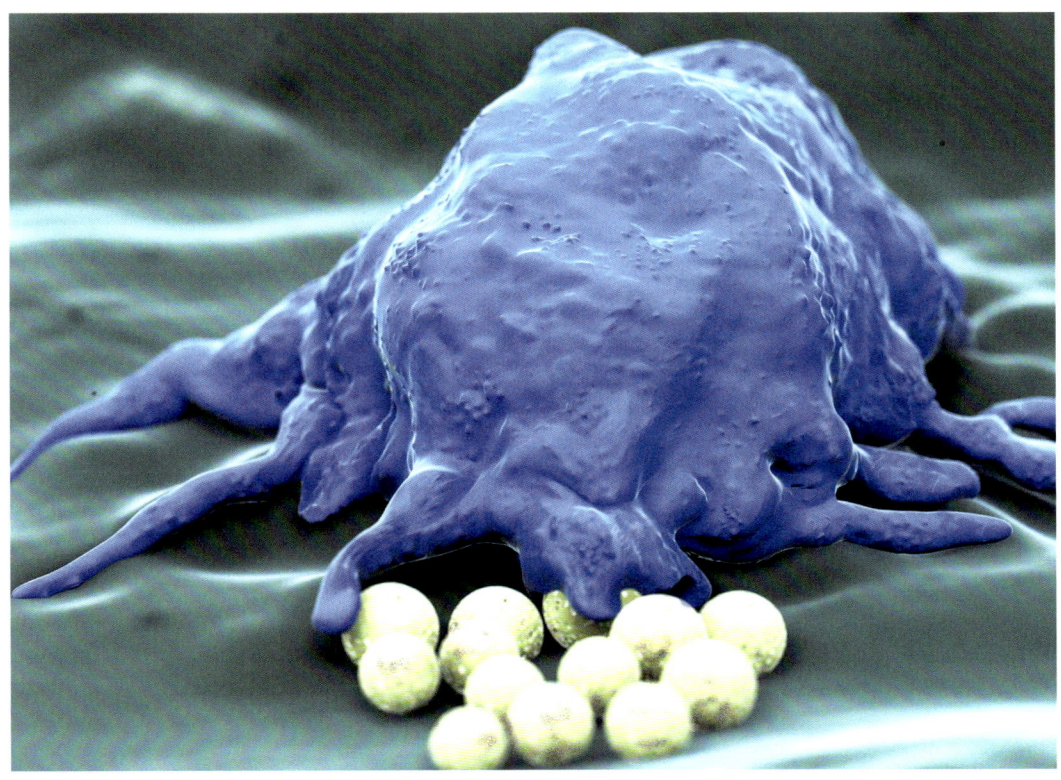

Die Fresszellen unseres Immunsystems bewegen sich fließend fort wie Amöben. Sie umfließen und fressen auf diese Weise auch Fremdkörper, beispielsweise Bakterien, wie in dieser Computerrekonstruktion dargestellt.

muss daher bei der Aufnahme jeglicher Substanz von Außen intakt bleiben, denn sie hält die chemischen Substanzen des Lebens zusammen und bewahrt sie vor der Verdünnung im Ozean. Dies gelingt bei größeren Partikeln durch einen Trick: Die Zelle wölbt den Membranbereich unter dem aufzunehmenden Objekt nach innen, sodass dieses in eine dadurch gebildete Membrantasche sinkt, die sich immer weiter von der Umgebung abschnürt. Am Ende dieses Prozesses schnürt sich die Tasche samt Inhalt als membranumhülltes Bläschen ins Zellinnere ab. Diese Technik wurde später von einzelligen Amöben zu einer Jagdtechnik weiterentwickelt: Die Amöbe bildet sogenannte Scheinfüßchen aus, umfließt damit die Beute so lange, bis diese ganz eingeschlossen ist und dann ins Zellinnere befördert werden kann. Im menschlichen Körper machen bestimmte weiße Blutkörperchen, die Fresszellen, mit dieser Methode Jagd auf Krankheitserreger.

Bei der Bildung einer Endosymbiose zwischen Einzellern wird also einer der Symbiosepartner vom anderen auf die beschriebene Weise aufgenommen. Er wird jedoch nicht verdaut, sondern lebt in dem Membranbläschen im Inneren der sogenannten Wirts-

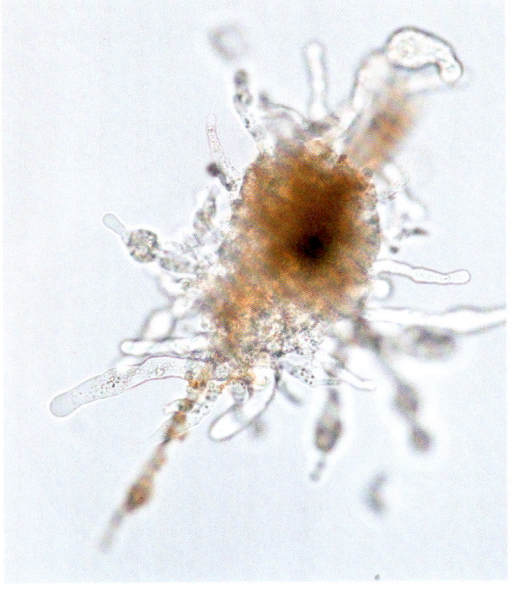

Mitunter ist beim Anblick einer Amöbe unklar, was sie als Nächstes tun wird. Die typischerweise zwischen einem Zehntel und knapp einem Millimeter großen Einzeller können eine Vielzahl von Scheinfüßchen ausstülpen, von denen nur manche genutzt werden. Auf diese Weise erhöhen sich sowohl der Jagderfolg als auch die Fluchtmöglichkeiten.

zelle weiter und pflanzt sich dort auch fort. In der Geschichte des Lebens fanden und finden derartige Endosymbiosen vielfach statt. Einige davon sind dauerhaft bis heute stabil geblieben, zum Beispiel die Aufnahme eines aeroben Bakteriums, das Sauerstoff zur Energiegewinnung nutzen kann, durch eine anaerobe Archaeenzelle. Diese symbiotische Gemeinschaft bildete sich im Proterozoikum vermutlich irgendwann vor etwas weniger als zwei Milliarden Jahren, also einige Zeit nach der Großen Sauerstoffkatastrophe. Sie stattete die Archaeenzelle zusätzlich mit den Stoffwechselleistungen eines Bakteriums aus, allen voran der Fähigkeit, große Energiemengen aus der Nutzung von Sauerstoff zu beziehen. Gemeinsam waren sie in der Lage, sich im Laufe der Jahrmillionen in eine Vielzahl unterschiedlichster Organismen weiterzuentwickeln: Sie waren der gemeinsame Urahn aller Tiere, Pflanzen und Pilze sowie vieler weiterer, zum Teil sehr kompliziert aufgebauter Einzeller wie Amöben, Pantoffeltierchen und verschiedenen Algen, aber auch des Erregers der Malaria oder der Kartoffelfäule, die Mitte des 19. Jahrhunderts eine der schwersten Hungersnöte in Europa auslöste.

Die Bedeutung der Stoffwechselleistung des Endosymbiosepartners für diese Organismen wird durch die Giftigkeit von Cyanid deutlich. Cyanid ist das Gift in den berüchtigten Zyankali-Kap-

seln, ist aber auch in geringeren Mengen beispielsweise in Aprikosenkernen und einigen unverarbeiteten Lebensmitteln enthalten, wodurch es bei Unwissenheit gelegentlich zu tödlichen Unfällen kommt. Bereits relativ geringe Cyanidmengen dringen über die Zellmembran in die Zelle ein und reichen aus, um die Sauerstoffverwertung durch den Symbiosepartner komplett zum Erliegen zu bringen. Dies führt daher nicht nur beim Menschen innerhalb weniger Sekunden zum Tod.

Die beiden Symbiosepartner verbanden sich so eng miteinander, dass das endosymbiontische Bakterium sein Genom extrem verkleinerte – viele Gene waren für das geschützte Leben in der Wirtszelle nicht mehr erforderlich, andere wurden in das Genom der Wirtszelle übertragen, die sie entweder für sich selbst nutzte oder mit ihrer Hilfe den Symbionten versorgte. Der Symbiont wird heute als „Mitochondrium" bezeichnet, oftmals versehen mit der Erklärung, dass es sich dabei um „die Kraftwerke der Zelle" handelt. Dies verweist auf eine der Aufgaben eines Mitochondriums, die Gewinnung großer

---

Turbinen zur Energieumwandlung gehörten vermutlich zu den frühesten Erfindungen des Lebens.

Energiemengen mithilfe von Sauerstoff über molekulare Turbinen, die den menschengemachten Turbinen in Kraftwerken verblüffend ähneln. Seine Geschichte und Herkunft ist noch heute unter anderem daran ablesbar, dass das Mitochondrium im Gegensatz zu anderen Komponenten in der Zelle von einer doppelten Membran umgeben ist, nämlich der inneren, die auch heute noch chemisch der eines Bakteriums entspricht, und der äußeren Membran, die – wie jahrzehntelang angenommen – der Wirtsmembran entsprechen könnte, die bei der ursprünglichen Aufnahme des Symbionten abgeschnürt wurde. Neue Analysen legen jedoch nahe, dass auch die äußere Membran vom symbiotischen Bakterium

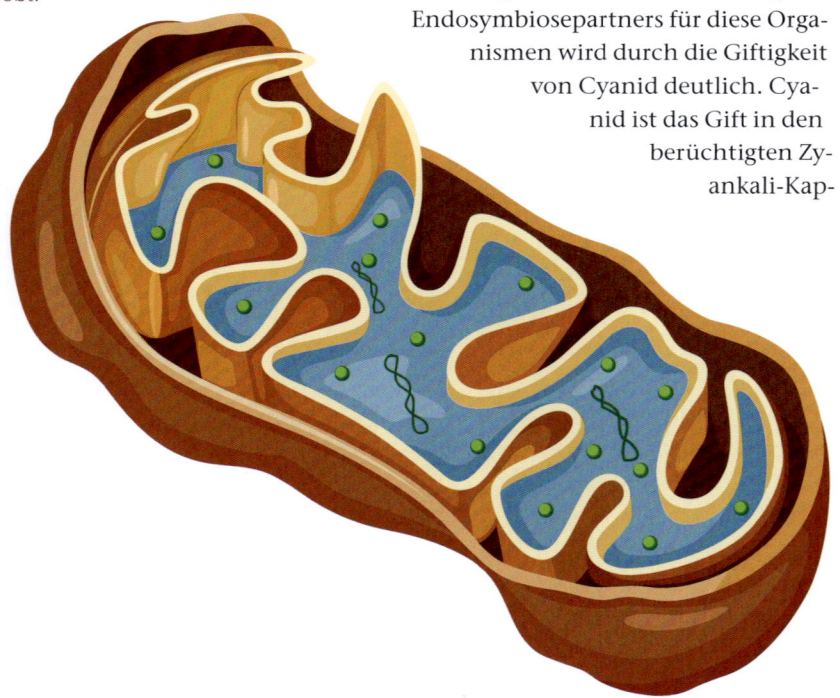

Der Blick in ein Mitochondrium zeigt eine stark gefaltete innere Membran. An ihrer großen Oberfläche wird die chemische Energie erzeugt, die die Wirtszelle verwendet, in der das Mitochondrium lebt.

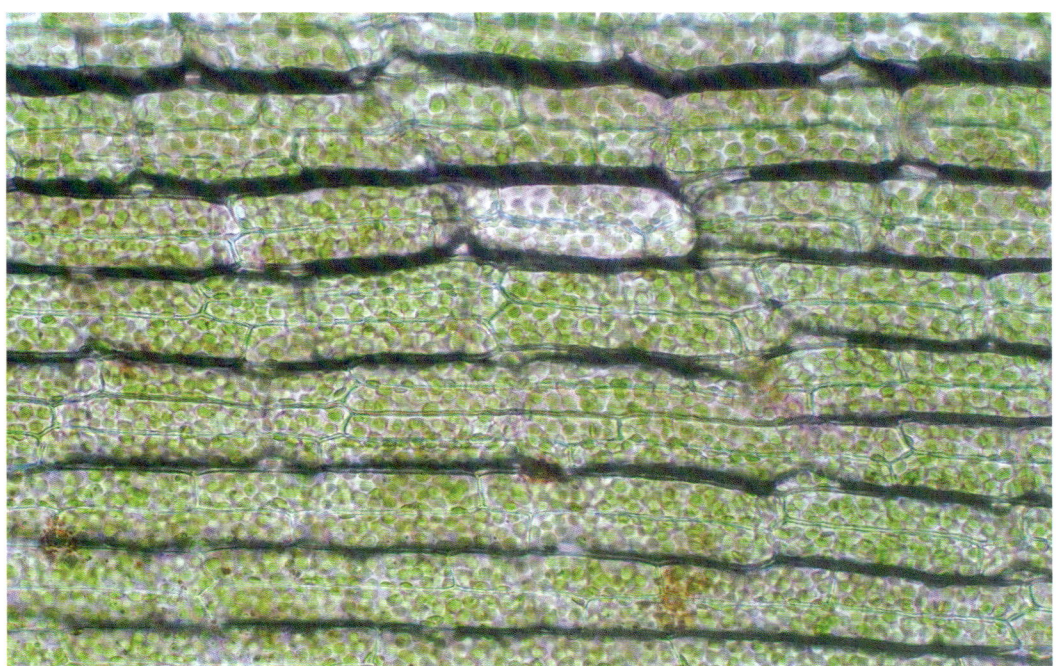

Mikroskopisch sehen Chloroplasten in ihren Wirtszellen wie grüne Flecken aus, die für das bloße Auge zum Grün des Blattes verschmelzen. In den hier zu sehenden Pflanzenzellen werden sie oft relativ schnell umherbewegt.

abstammt und die umhüllende Wirtsmembran im Laufe der Evolution aufgelöst wurde. Obwohl es auf den ersten Blick so aussieht, als sei das zum Mitochondrium „reduzierte" Bakterium der unterlegene Partner, darf nicht vergessen werden, dass die ehemalige Archaeenzelle ebenfalls vollkommen auf seinen Endosymbionten mit dessen Stoffwechselleistungen angewiesen ist, um zu überleben. Der Endosymbiont steuert also auch seinen Wirt.

In der medizinischen Forschung wird seit einigen Jahren immer deutlicher, dass auch die endosymbiontischen Mikroorganismen in unserem Verdauungssystem einen erheblichen Einfluss auf uns als ihre Wirte haben. Sie beeinflussen offenbar unseren Gesundheitszustand bis hin zu unserem Verhalten, und das, obwohl sie nicht einmal Teil unserer Körperzellen sind, sondern sich lediglich im Darm aufhalten.

Cyanobakterien

Es blieb jedoch nicht bei dieser einen Endosymbiose mit einem aeroben Bakterium. Ein weiterer Symbiosepartner, ein Cyanobakterium, kam etwas später hinzu und entwickelte sich neben dem Mitochondrium zu einem

„Plastiden", der wie die Cyanobakterien in der Lage ist, mit Sonnenlicht Fotosynthese zu betreiben und dabei Sauerstoff zu produzieren. Solche Fotosynthese betreibenden Plastiden sind durch Chlorophyll grün gefärbt und werden als Chloroplasten bezeichnet. Dieses Dreiergespann stellte die erste Alge dar, deren heute noch vorkommende Nachfahren drei Entwicklungslinien entsprechen: die Rotalgen, die heute sehr kleine Gruppe der Glauco-

Algen sind eine verwandtschaftlich ausgesprochen vielfältige und kompliziert zu durchschauende Organismengruppe.

phyten sowie die Grünalgen, aus denen später die Pflanzen hervorgingen. Es spricht heute bis hin zu Mikrofossilien einiges dafür, dass diese ursprünglichen Algen bereits außerhalb des Wassers die Oberflächen der Kontinente überzogen und die Aufnahme des Cyanobakteriums möglicherweise nicht im Ozean, sondern im Süßwasser stattfand.

Wie ihr deutscher Name zeigt, wurden die einzelligen Augentierchen früher zu den Tieren gezählt, denn obwohl sie Fotosynthese betreiben, fressen sie auch Nahrungspartikel, schwimmen aktiv und orientieren sich mithilfe eines Augenfleckes.

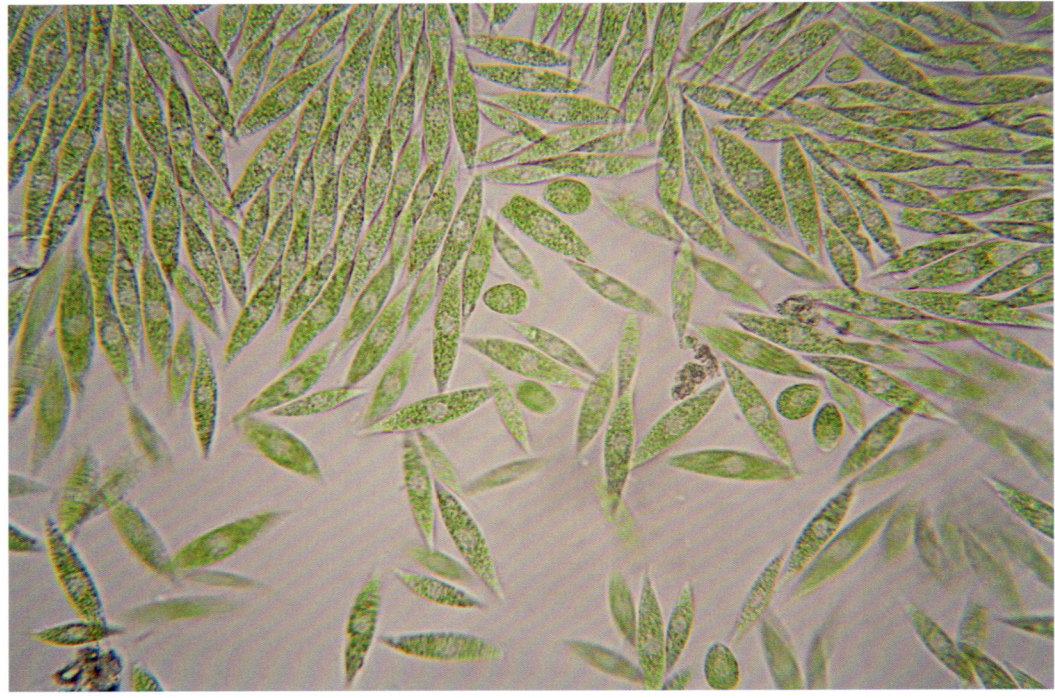

Seetang gehört zu den Braunalgen. Einige Arten können etwa einhundert Meter hohe Unterseewälder bilden.

Statt ein einfaches Cyanobakterium zu beherbergen, erwarben einige Zellen einen Chloroplasten, indem sie eine andere Alge aufnahmen, die ihrerseits bereits Mitochondrien und Plastiden besaß. Die sich aus dieser „sekundären Endosymbiose" entwickelnden „komplexen Plastiden" sind entsprechend von drei oder sogar vier Membranen umgeben. Rotalgen wurden mehrfach in verschiedenen Entwicklungslinien aufgenommen und führten unter anderem zur Entwicklung der Braunalgen, von denen viele heute als Seetang bekannt sind. Nur eine der heute noch existenten Organismengruppen hat eine Grünalge aufgenommen. Zu ihr gehören die einzelligen Augentierchen, die grün gefärbt sind, sich mithilfe eines Augenfleckes am Einfallswinkel des Lichtes orientieren können und mitunter zu Algenblüten führen, etwa in Jaucheansammlungen. Einige Algen aus der Gruppe der Dinoflagellaten gingen noch einen Schritt weiter und sind eine „tertiäre Endosymbiose" eingegangen, indem sie als komplexe Plastiden eine Alge aufgenommen haben, die ihrerseits im Rahmen einer sekundären Endosymbiose eine Rotalge enthält.

Noch heute nehmen verschiedene, überwiegend einzellige Organismen einzellige Algen auf, um sie zur Fotosynthese zu nutzen. Der Ablauf reicht dabei von der kurzfristigen Nutzung der nicht langfristig lebensfähigen Plastiden aus verdauten Beuteorganismen bis hin zu einer längerfristigen, symbiotischen Gemeinschaft. Die Vermutung liegt nahe, dass der Entstehung der heutigen Algen im Proterozoikum ähnliche Abläufe zugrunde lagen und sich in einzelnen Fällen stabile Symbiosen ergaben, deren Nachfahren das heutige Leben auf der Erde prägen.

EUKARYONTEN: DIE ZELLE BEKOMMT VIELE ZIMMER

Die Etablierung der Mitochondrien war nicht die einzige revolutionäre Neuentwicklung der Zellen, die heute „Eukaryonten" genannt werden. Der Name verweist darauf, dass diese Zellen über einen echten Zellkern verfügen, eine Struktur, die in ihren Vorläufern, den Prokaryonten, zu denen die Bakterien und Archaeen gehören, noch nicht vorhanden war.

I n einem Zellkern ist das Erbgut der Zelle von einer recht aufwendigen Membran umschlossen, während es in Prokaryonten frei im Zellinneren schwimmt. Eine eukaryontische Zelle besitzt darüber hinaus noch viele weitere Zellbestandteile, die von Membranen umgeben sind. Dadurch werden diese zu eigenen, mehr oder weniger unabhängigen Räumen innerhalb der Zelle, sodass die Zelle in der Lage ist, darin unterschiedliche biochemische Prozesse ablaufen zu lassen, die sich ansonsten gegenseitig stören würden. Der Zellaufbau wurde dadurch sehr viel komplexer, und die Zelle erhielt unter anderem ein Verdauungssystem sowie ausgefeilte Mechanismen, um Substanzen kontrolliert und gezielt abgeben zu können. Auch das stabilisierende sowie für Bewegungen und innere Transportprozesse verantwortliche

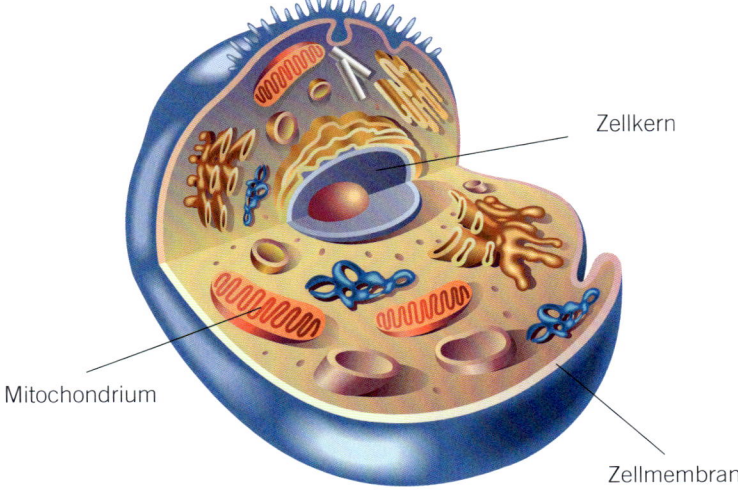

Zellkern

Mitochondrium

Zellmembran

Es gibt Algen, die nur aus einer Zelle bestehen und trotzdem hunderte Quadratmeter bedecken.

Zellskelett wurde erheblich aufwendiger und vielseitiger, sodass eukaryontische Zellen sehr viel formenreicher werden können als ihre prokaryontischen Ahnen. Zudem erlauben nicht zuletzt die Mitochondrien als vielfach in der Zelle vorhandene Stoffwechselzentren

einen grundsätzlichen Größenzuwachs. Ein Extrembeispiel sind in dieser Hinsicht Caulerpa-Algen, mehrere Zentimeter hohe Algen, die mit ihren Ausläufern ganze Meeresbuchten überwuchern können (eine Art wird nach ihrer Einschleppung aus dem Indopazifik ins Mittelmeer wegen ihres aggressiven Wachstums „Killeralge" genannt): Das gesamte Geflecht aus Algenkörpern besteht aus nur einer Zelle, die viele Zellkerne enthält.

Vor wenigen Jahren wurde an einem Unterwasservulkan in der Tiefsee vor Japan ein einzelliger Organismus gefunden, der zwar dem ersten Anschein nach eukaryontisch ist, bei genauerer Analyse jedoch Merkmale zeigt, die ihn weder als Eukaryont noch als Prokaryont erscheinen lassen: Sein Genom besitzt noch eine prokaryontische Struktur,

Eine eukaryontische Zelle beinhaltet eine Vielzahl evolutiv neuer Komponenten, von denen viele von Membranen umgeben sind. Besonders charakteristisch sind der Zellkern und die Mitochondrien. Bei Algen- und Pflanzenzellen kommen zu den Mitochondrien noch die Chloroplasten als weitere Endosymbionten hinzu.

Alle der jeweils einige Zentimeter großen „Algen-pflänzchen" bilden inklusive ihres gemeinsamen Verbin-dungsstranges eine ein-zige Zelle dieser tropischen *Caulerpa*-Alge.

„Lokis Schloss" ist ein Hydro-thermalfeld im Nordatlantik, an dem die Lokiarchaeen entdeckt wurden. Diese Einzeller könnten die heute engsten Verwandten der Eukaryonten sein.

ist jedoch schon von einer einfachen Mem-bran umgeben, und die bereits vorhandenen Endosymbionten sind keine Mitochondrien, sondern ähneln noch Bakterien. Für ihn wurde bis auf Weiteres der Begriff „Parakary-ont" geschaffen, in der Annahme, dass es sich vielleicht um eine Übergangsform zwischen Pro- und Eukaryont handelt. Ob es sich um ein lebendes Fossil aus der Zeit der Eukari-ontenentwicklung handelt, ist noch offen,

bis weitere Exemplare gefunden werden. Wahrscheinlicher ist momentan, dass dieser Organismus aktuell einen ähnlichen Entwick-lungsprozess zu wiederholen versucht.

Tauchfahrt zu „Lokis Schloss"

Gesicherter und bereits besser analysiert sind die ebenfalls erst kürzlich entdeckten Lokiarchaeen. Es sind Archaeen und damit eindeutig Prokaryonten, die jedoch bereits über einzelne, für Eukaryonten typische Gene verfügen und ihre Zellform ändern können. Sie wurden vor wenigen Jahren bei einer gene-tischen Analyse von Tiefseesedimenten in der Nähe einer „Lokis Schloss" genannten For-mation von schwarzen Rauchern gefunden, die zwischen Norwegen und Grönland liegt. Der Name verweist auf die nordische Gottheit Loki, einen Gestaltwandler. Da die Lokiar-chaeen den genetischen Daten zufolge mit den Eukaryonten eine gemeinsame Abstam-mungsgruppe bilden, liegt es nahe anzuneh-men, dass die erste eukaryontische Zelle aus einem ihrer direkten Vorfahren entstanden ist. Wenn sich experimentell bestätigen lässt, dass Lokiarchaeen ihre Verformbarkeit nutzen können, um potenzielle Endosymbionten aufzunehmen, würde sich diese Annahme weiter erhärten.

DIE ROLLE DER VIREN

Viren werden üblicherweise nicht als eigenständige Lebewesen angesehen, da sie in der Regel fast nur aus Erbmolekülen bestehen und alleine nicht in der Lage sind, die darauf gespeicherten Informationen zu verwerten. Entsprechend haben sie bei der Erforschung der Geschichte des Lebens lange Zeit nur eine Nebenrolle als Parasiten gespielt, die möglicherweise evolutive Prozesse in ihren Wirten vorangetrieben haben.

Seit einigen Jahren mehren sich jedoch die Hinweise, dass Viren vielleicht eine sehr viel direktere Rolle gespielt haben. Dazu passt, dass Viren mindestens in heutiger Zeit einen Großteil der Biomasse auf der Erde stellen (die meisten vermehren sich in Mikroorganismen der Ozeane, stellen dort den Kohlenstoffkreislauf sicher und sind für den Menschen harmlos). Einen ersten entscheidenden Auftritt gab es möglicherweise schon in einer sehr frühen Phase, als sich die Genome der ersten Zellen weiterentwickelten, denn unter Umständen waren es bestimmte Viren, die eine besondere chemische Variante der Erbmoleküle entwickelt haben, die von den Vorläufern aller heute existierenden Zellen übernommen wurde.

Noch wahrscheinlicher ist ein zweiter Auftritt, wieder an einem entscheidenden Übergang, nämlich der Entwicklung der Eukaryonten: Es gibt mittlerweile viele Hinweise, dass der Zellkern der Eukaryonten von einem Virus abstammt, Eukaryonten also aus drei Vorläufern hervorgegangen sind: einer Archaeenzelle, einem Bakterium und einem Virus. Dieses Virus hätte demnach den Urahn der Eukaryonten infiziert, die Zelle nach seinem Eindringen aber nicht wie üblich zu einer am Ende tödlichen Virusproduktion veranlasst, sondern sich lediglich bei jeder Zellteilung mit vermehrt und sich so extrem erfolgreich auf alle Tochterzellen ausgebreitet. Im Laufe der Zeit hätte dieses Virus dann als „Experte" für die Speicherung von Erbinformationen das Genom der Archaeenzelle sowie große Teile des bakteriellen Genoms, das zum mitochondrialen wurde, übernommen.

Genetischen Informationen, die von Viren ins eukaryontische Genom eingebracht wurden, wird mittlerweile auch eine Rolle für weitere entscheidende Entwicklungsprozesse der Eukaryonten zugeschrieben. Dazu gehören die geschlechtliche Fortpflanzung und die Entwicklung der Vielzelligkeit. Die Spuren evolutiv lange zurückliegender Virusinfektionen lassen sich in praktisch jedem eukaryontischen Genom nachweisen. Einige davon haben zur genetischen Evolution des betroffenen Organismus erheblich beigetragen.

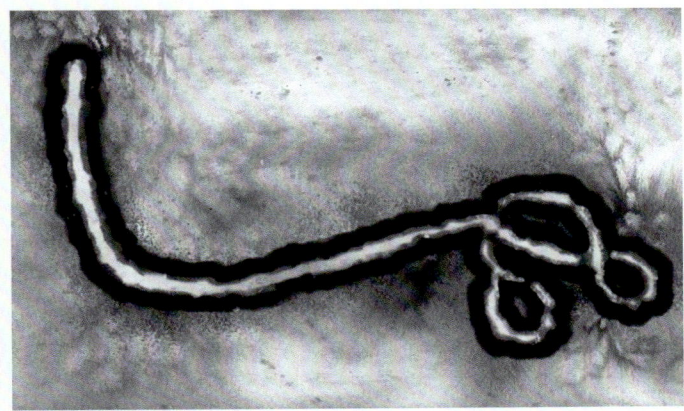

Das Ebola-Virus ist mit einer Länge von bis zu wenigen Tausendstel Millimetern relativ groß, vermehrt sich besonders aggressiv und ist innerhalb der Primaten wenig wählerisch bei der Auswahl seiner Wirtszellen.

Die neuen Fähigkeiten der Eukaryonten machen diese den Prokaryonten nicht grundsätzlich überlegen. Im Gegenteil, in vielen, evolutiv sehr bedeutenden Aspekten fallen die Eukaryonten hinter den Prokaryonten zurück: Nach wie vor sind beispielsweise die Stoffwechselvielfalt der Bakterien oder die Fähigkeit der Archaeen, unter extremsten Lebensbedingungen zu existieren, unübertroffen. Auch bei der prinzipiellen Vermehrungsgeschwindigkeit durch Zellteilung sind die komplizierten Eukaryonten den Prokaryonten unterlegen. Noch heute, fast zwei Milliarden Jahre nach dem vermuteten ersten Auftreten der Eukaryonten, stellen die Prokaryonten die bei Weitem größte Anzahl an Lebewesen auf der Erde. Ein entscheidender Vorteil ging jedoch offenbar mit der Entwicklung der Eukaryonten einher. Er machte diese evolutiv so erfolgreich, dass sie trotz ihrer geringen Anzahl zusammengenommen geschätzt ungefähr genauso viel wiegen wie alle Prokaryonten: Als anpassungsfähige Meister der Komplexität waren die Eukaryonten in der Lage, große, vielzellige Organismen hervorzubringen, die aus unterschiedlichen, auf ihre jeweilige Aufgabe spezialisierten Zelltypen bestehen. Dadurch standen ihnen eine

Im Zeitraum von vor 1,8 Milliarden bis vor 800 Millionen Jahren entwickelten die Eukaryonten die Basis für eine förmliche Explosion vielzelliger Organismen verschiedenster Art.

große Vielzahl völlig neuer Lebensstrategien zur Verfügung, die für Prokaryonten nicht realisierbar sind.

Bis es zur echten Mehrzelligkeit kam, mussten jedoch noch erhebliche Vorarbeiten in der Entwicklung der einzelligen Eukaryonten geleistet werden, die vermutlich noch etwa eine Milliarde Jahre in Anspruch nahmen. Möglicherweise führten diese im bereits stärker mit Sauerstoff angereicherten Süßwasser auf den Kontinenten auch etwas schneller zum Erfolg als in den Ozeanen. Dort dauerte es sicher länger, bis sich das ursprüngliche,

aus heutiger Eukaryonten-Sicht lebensfeindliche chemische Milieu so verändert hatte, dass Sauerstoffmangel und Schwefelwasserstoff ihre Dominanz zugunsten der blauen und sauerstoffreichen Ozeane verloren, die wir heute kennen. Die lange, fossilienarme und möglicherweise geologisch eher ruhige, scheinbar ereignislose Zeit wird verschiedentlich als „langweilige Milliarde" bezeichnet. In ihr bildeten sich jedoch die drei Haupttypen der später komplexesten Vielzeller heraus, die sich bereits auf zellulärer Ebene unterscheiden lassen: die Pflanzen, Tiere und Pilze.

In der Entwicklungslinie, die über die Grünalgen zu den Pflanzen führte, bildete sich als charakteristischstes Merkmal neben der Aufnahme von Plastiden eine überwiegend aus Zellulose bestehende, stabile Zellwand um die empfindliche Zellmembran herum. Die typische Lebensstrategie einer Pflanze ist dementsprechend die eines relativ unbeweglichen Organismus, der seine Energie und Biomasse überwiegend aus der Fotosynthese seiner Plastiden bezieht.

Geschwister: Tiere und Pilze

Weder Pilze noch Tiere verfügen über Plastiden. Sie stehen sich entwicklungsgeschichtlich sehr viel näher als den Pflanzen und Algen, unterscheiden sich jedoch im Erscheinungsbild und Verhalten deutlich voneinander. Pilze haben eine Zellwand entwickelt, sie besteht im Gegensatz zur pflanzlichen jedoch meistens aus Chitin, der Substanz, die später auch im Tierreich von den Gliederfüßern zum Aufbau ihres Außenskeletts genutzt wurde und auch bei Weichtieren und einigen Fischen vorkommt. Auch die Pilze verbringen daher ein relativ unbewegliches, sesshaftes Leben. Wie Tiere sind sie jedoch auf organische Nahrung angewiesen. Sie erschließen sie durch das Einwachsen von feinsten Fäden, den Pilzhyphen, die sich zu einem Pilzmyzel vereinigen. Die Verdauung findet außerhalb der Zellen statt, und die freigesetzten Nährstoffe werden anschließend aufgenommen. Ihre nahe Verwandtschaft zu den Tieren wird unter anderem dadurch deutlich, dass sie Zucker in Form von tierischer Stärke speichern.

Die Sternchenalge gehört zu den einzelligen Grünalgen, ist unbeweglich und lebt im Süßwasser. Mit einem Durchmesser von etwa einem Zehntel Millimeter ist sie relativ groß. In der Mitte ist der Zellkern zwischen den beiden Plastiden erkennbar, die jeweils eine Zellhälfte ausfüllen und für die Fotosynthese verantwortlich sind. Diese Alge ist ein Vertreter der Zieralgen, die vermutlich die engsten Verwandten der Landpflanzen sind.

Unter diesen Zuchtchampignons sind die weißen, „wurzelartigen" Pilzhyphen gut zu erkennen, die ein dichtes Myzel im strohhaltigen Substrat bilden. Das Myzel verdaut mit der Zeit die organischen Substanzen, die im Substrat enthalten sind.

Tierische Zellen haben keine Zellwand entwickelt und sind sehr beweglich und variabel. Obwohl es auch sesshafte Gruppen gibt, überwiegt bei Tieren eindeutig ein mobiler Lebensstil, der unter anderem dazu genutzt wird, Nahrung zu finden und aufzunehmen.

Pilze sind sehr viel näher mit den Tieren verwandt als mit Pflanzen.

Von allen drei eukaryontischen Gruppen, die komplexe vielzellige Organismen hervorgebracht haben, haben die Tiere die stärkste Spezialisierung entwickelt: Ein tierischer Organismus besteht aus bis zu deutlich mehr als 100 verschiedenen Zelltypen im Vergleich zu bestenfalls einigen Dutzend bei Pflanzen und Pilzen.

Die Welt der Einzeller

Die Dominanz, die Pflanzen, Tiere und Pilze in unserer Wahrnehmung haben, darf nicht darüber hinwegtäuschen, dass unter den etwa 70 Abstammungslinien innerhalb der Eukaryonten die wenigen Linien mit vielzelligen Vertretern einer ungleich größeren Vielfalt einzelliger Organismen gegenüberstehen.

Die einzelligen Eukaryonten wurden mit der Erfindung des Mikroskops im 17. Jahrhundert erstmals umfänglich beobachtet. Im 19. Jahrhundert wurden sie als Reich der „Protisten" (= „Urwesen") zusammengefasst und den vielzelligen Pflanzen, Tieren und Pilzen gegenübergestellt. Diese Einteilung hielt sich bis zum Ende des 20. Jahrhunderts, manchmal auch in der Form, dass einzelne Protisten im weiteren Sinne den Pflanzen zugerechnet wurden, wenn sie Plastiden enthielten, bzw. den Tieren, falls nicht. Seit etwa 20 Jahren ist es jedoch möglich, Abstammungsverhältnisse in größerem Umfang genetisch zu analysieren und dadurch sehr viel genauere Informationen zu erhalten als dies zuvor durch den Vergleich äußerer Merkmale oder zellulärer Abläufe möglich war. Das Ergebnis ist ein stark verästelter Stammbaum, in dem Pflanzen und Tiere nur noch jeweils einen einzelnen Zweig darstellen (siehe Stammbaum S. 294). Es bestätigte sich, was bereits die Analyse der unterschiedlichen Plastiden in Organismen ergeben hatte, die Fotosynthese durchführen: Algen sind keine einheitliche Verwandtschaftsgruppe. Vielmehr entstand bei den Eukaryonten in mehreren unabhängigen Entwicklungslinien das evolutionäre Konzept, mithilfe von endosymbiontischen Plastiden das Sonnenlicht als

Pantoffeltierchen sind hoch-
komplexe, eukaryontische
Einzeller, die sich mithilfe
ihres Wimpernsaums schnell
durchs Wasser bewegen und
dabei Jagd auf kleinere Einzeller machen. Hier tauschen
zwei Zellen genetisches
Material für die Fortpflanzung
aus.

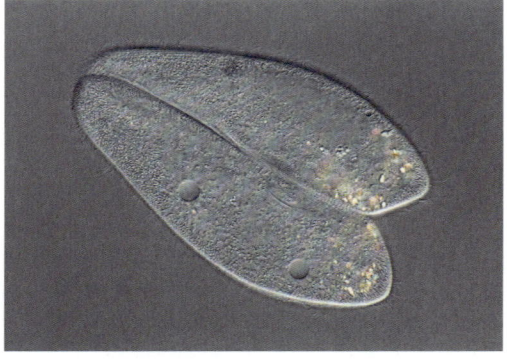

Kieselalgen weisen oft so
regelmäßige und filigrane
Strukturen auf, dass aus den
ungefähr 0,1 Millimeter langen Zellen unter dem Mikros-
kop kleine Kunstwerke gelegt
werden können. Ihr Reiz liegt
oft in der perfekten Form –
wie hier bei den länglichen
„Blütenblättern", die um eine
kugelförmige Zentralzelle
arrangiert wurden – und den
Farbeffekten.

Energiequelle zu nutzen. Gleiches gilt für die
Fortbewegung und die Nahrungsaufnahme
der Amöben durch eine sich fließend ver-
lagernde Zelle, denn auch diese Fähigkeit trat
in mehreren Entwicklungslinien unabhängig
voneinander auf.

Einige wenige einzellige Eukaryonten
entziehen sich jedoch immer noch einer
sicheren Positionierung im Abstammungsbaum. Bei einigen davon liegt das daran, dass
sie mit kaum einer der bekannten Gruppen
ausreichende Ähnlichkeit besitzen. Man
nimmt daher an, dass es sich bei diesen um
sehr ursprüngliche Formen handelt, die
der Wurzel des Stammbaumes entsprechen
oder dieser zumindest sehr nahe stehen. In

diesem Zusammenhang erlangte ein bereits
im 19. Jahrhundert entdeckter Organismus
einige Berühmtheit: Mit einen Durchmesser
von etwa einem Viertel eines menschlichen
Haares und einem amöbenartig verform-
baren Körper lebt *Collodictyon triciliatum* am
Boden eines norwegischen Sees. Er bewegt
sich mithilfe von vier Geißeln fort und ist ein
potenzieller Urahn der Eukaryonten. Eine

Mikrofossilien können Hinweise
liefern, wo es sich lohnt, nach Erdöl
zu suchen.

erst kürzlich anhand einer Bodenprobe vom
kanadischen Bluff Wilderness Trail genetisch
untersuchte kleine Organismengruppe entsprang dem Stammbaum der Eukaryonten
immerhin schon vor einer Milliarde Jahren.

Einige der einzelligen Eukaryonten,
beispielsweise Foraminiferen, entwickelten
nicht verwesende Strukturen wie Zellskelette
aus Kieselsäuren oder Kalk, die sich in den
folgenden Perioden der Erdgeschichte weit
verbreitet als Mikrofossilien ablagerten und
eine bedeutende Rolle für die Datierung von
Gesteinsschichten spielen, da ihr charakteristischer Aufbau einzelnen Arten zugeordnet
werden kann. Aufgrund der individuellen
Lebensbedürfnisse ist es sogar möglich,
anhand der Artzusammensetzung gefun-
dener Foraminiferenfossilien (etwa 40 000
ausgestorbene Arten der Foraminiferen sind
bekannt) auf die Klimabedingungen einzelner
Orte vergangener Epochen zurückzuschlie-
ßen. Dies hat neben dem reinen Erkenntnis-
gewinn erhebliche wirtschaftliche Bedeutung
bei der Abschätzung, ob zur Entstehungszeit
bestimmter Gesteinsschichten Bedingungen
herrschten, die etwa die Entstehung von Öl-
feldern ermöglichen. Da diese Eukaryonten
teilweise in riesiger Anzahl vorkamen, waren
sie bisweilen selbst gesteinsbildend und füg-
ten den Gesteinen der Erdoberfläche Kreide
und Kieselschiefer aus der Ablagerung ihrer
Zellskelette hinzu.

DIE ERFINDUNG DER SEXUALITÄT– GESCHLECHTLICHE FORTPFLANZUNG

Bei der ungeschlechtlichen Zellteilung erhalten beide Tochterzellen eine vollständige Kopie des genetischen Materials der Ursprungszelle. Diese Art der Fortpflanzung ist sehr effizient, denn sie benötigt nur eine Ausgangszelle, und die Anzahl der Zellen verdoppelt sich mit jeder neuen Generation.

Eine Zelle ist jedoch im Laufe ihres Lebens immer wieder Umständen ausgesetzt, die ihr Überleben bedrohen. Vor allem Umweltveränderungen, räuberische Organismen, Nahrungskonkurrenten und Schäden an den Molekülen, die ihre genetische Information wie eine lange Folge an Buchstaben enthalten, sind häufige Gründe für den „gewaltsamen" Tod einer prinzipiell unsterblichen Zelle.

Im Laufe der Evolution haben sich Mechanismen ausgebildet, mit deren Hilfe Zellen versuchen, dem Tod zu entgehen. Für das Verständnis einiger überraschender Wendungen in der Geschichte des Lebens ist es aber wichtig zu verstehen, dass das Überleben einer einzelnen Zelle nicht das vorrangige Ziel

Die Evolution fördert die Verbreitung genetischer Information, nicht notwendigerweise das Überleben eines einzelnen Organismus.

der Evolution ist. Vielmehr ist das Wesentliche die Vervielfältigung der genetischen Information einer Lebensform. Dabei geht es im extremsten Fall nicht einmal um die Erbmoleküle als solche, sondern um den vom

konkreten Molekül losgelösten Informationsinhalt, der überleben und sich verbreiten soll. Nur so lässt sich beispielsweise erklären, warum bei staatenbildenden Insekten, etwa in einer Ameisen-, Bienen- oder Wespenkolonie, typischerweise die Arbeiterinnen, die genetisch der Königin, ihrer Mutter, überwiegend entsprechen, auf ihre eigene Fortpflanzung verzichten und dem Wohl der Kolonie dienen: Obwohl sie selbst ohne direkte Nachkommen sterben werden, hat ihre genetische Information auf diese Weise die besten Chancen, sich über ihre Schwestern, die genetisch fast identischen Jungköniginnen, weiterzuverbreiten. Die männlichen Drohnen werden jedoch in vielen Völkern von den Arbeiterinnen dezimiert und an die weiblichen Tiere verfüttert. Dies erklärt sich daraus, dass die Drohnen aufgrund einer genetischen

Nur die zunächst geflügelten Königinnen und Drohnen eines Ameisenvolkes zeugen Nachwuchs. Die ungeflügelten Arbeiterinnen verzichten auf die eigene Fortpflanzung und tragen stattdessen zum Fortpflanzungserfolg ihrer Schwestern, der Jungköniginnen, bei. Evolutiv ist dieses Verhalten sinnvoll, weil die Arbeiterinnen dadurch einen Großteil ihrer eigenen genetischen Information weiterverbreiten, denn die Jungköniginnen sind ihnen genetisch sehr ähnlich.

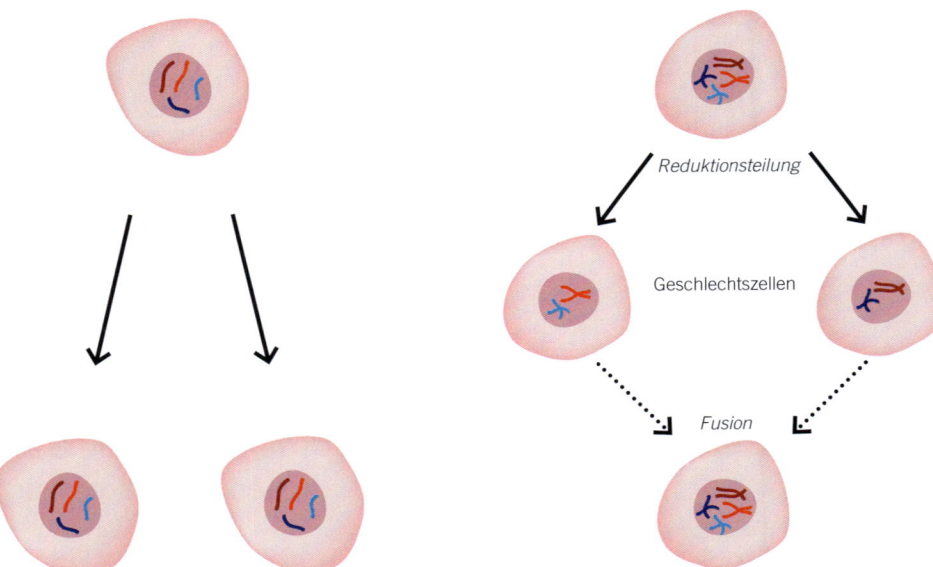

Links: Bei der ungeschlechtlichen Fortpflanzung entstehen aus einer Ausgangszelle zwei genetisch identische Tochterzellen. Die Zellzahl verdoppelt sich.

Rechts: Bei der geschlechtlichen Fortpflanzung entstehen im Rahmen der Reduktionsteilung aus einer Ausgangszelle zwei Tochterzellen mit jeweils nur einer Kopie des genetischen Materials (farbige Strukturen im Zellkern). Irgendwann müssen zwei solcher Zellen wieder fusionieren, wodurch sie wieder zwei Kopien enthalten. Im Ergebnis ist die Zellzahl gleich geblieben.

Besonderheit dieser Insekten den Arbeiterinnen genetisch nur ein Drittel so ähnlich sind wie deren Schwestern. Daher geben sie mit deutlich geringerer Wahrscheinlichkeit die genetische Information der Arbeiterin weiter.

Um die genetische Information trotz immer wieder auftretender Schäden an den Erbmolekülen zu sichern, haben Zellen eine Reihe von Mechanismen entwickelt, um diese bei Bedarf reparieren zu können. Gehen jedoch größere Informationsabschnitte verloren, können diese – ähnlich wie bei der Datensicherung auf einem Computer – nur mithilfe einer Sicherungskopie wiederhergestellt werden. Praktisch alle heute lebenden Organismen besitzen in ihren Zellen die Fähigkeit, verloren gegangene Informationen aus einem passenden anderen Erbmolekül zu übernehmen. Insbesondere Prokaryonten sind darüber hinaus in der Lage, in solchen kritischen Phasen Erbmoleküle aus der Umgebung aufzunehmen. Diese stammen dann meist von anderen, aufgrund der schädigenden Umweltbedingungen bereits zugrunde gegangenen Zellen, oft der gleichen Art, sodass sie die gesuchte Erbinformation mit einer gewissen Wahrscheinlichkeit tatsächlich enthalten.

Für eine Zelle mit diesen Reparaturfähigkeiten wäre es von erheblichem Vorteil, von vornherein über diese Sicherungskopie zu verfügen, anstatt auf die zufällige Aufnahme des richtigen Erbmoleküls aus einer bereits abgestorbenen Zelle angewiesen zu sein. Dies ist einer der Gründe, warum Eukaryonten in ihren Zellen über zwei Kopien ihres Genoms auf unterschiedlichen Erbmolekülen verfügen können. In der Regel werden beide Kopien aktiv verwendet, um die darauf gespeicherte Information auszulesen. Dadurch ergibt sich ein weiterer Vorteil, denn falls eine Einzelinformation auf einer der beiden Kopien durch eine nicht bemerkte Schädigung tatsächlich

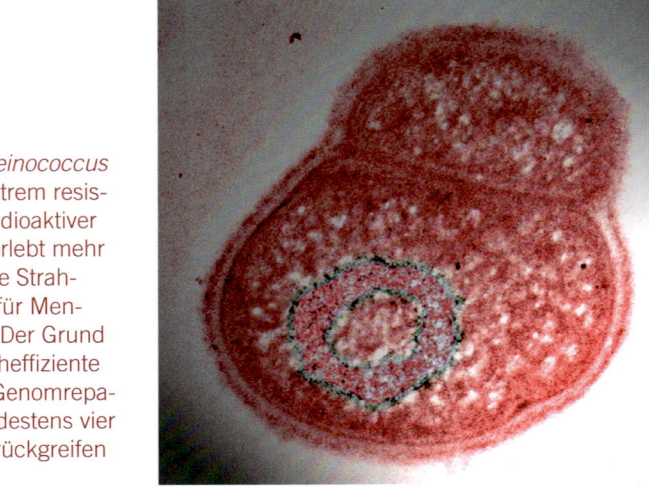

Das Bakterium *Deinococcus radiodurans* ist extrem resistent gegenüber radioaktiver Strahlung. Es überlebt mehr als die 2000-fache Strahlungsmenge, die für Menschen tödlich ist. Der Grund dafür ist eine hocheffiziente Maschinerie zur Genomreparatur, die auf mindestens vier Genomkopien zurückgreifen kann.

nicht mehr nutzbar ist, erhält die Zelle die korrekte Information automatisch von der zweiten Kopie.

Einer Zelle mit zwei Kopien des Genoms stehen zwei unterschiedliche Formen der Zellteilung zur Verfügung. Eine entspricht der einfachen Verdopplung, nach der beide Tochterzellen wieder über jeweils zwei Genomkopien verfügen. Die andere hingegen ergibt Tochterzellen mit jeweils nur einem einfachen Genom. Sie wird deshalb bisweilen Reduktionsteilung genannt und erscheint erst einmal wenig vorteilhaft. Tatsächlich ist sie jedoch die Voraussetzung für eine außerordentlich erfolgreiche Vermehrungsstrategie, die die Entwicklung der Eukaryonten,

---

> Warum die geschlechtliche Fortpflanzung so erfolgreich war, ist noch immer nicht abschließend geklärt.

---

insbesondere der vielzelligen Organismen, entscheidend geprägt hat: die geschlechtliche Fortpflanzung. Worauf dieser Erfolg und die weite Verbreitung innerhalb der Eukaryonten beruht, war lange ein Rätsel und ist bis heute noch nicht abschließend geklärt.

Sex oder nur Zellteilung?

Es ist zunächst einmal auffällig, dass sich auch heute noch viele einzellige Eukaryonten meistens wie Prokaryonten durch einfache Zellteilung vermehren, was der ungeschlechtlichen Fortpflanzung entspricht. Sobald sich jedoch die Umweltbedingungen verschlechtern und insbesondere Schäden am Erbgut drohen, wechseln sie zu geschlechtlicher Fortpflanzung, die mit einer Reduktionsteilung verbunden ist. Mittlerweile lässt sich dieses ungewöhnliche Verhalten erklären, denn nur während der Reduktionsteilung ist eine besonders effektive Reparatur von Schäden am Erbgut möglich, bei der beide Kopien besonders gut miteinander verglichen werden können.

Zellen mit nur einem Genom benötigen früher oder später wieder eine zweite Kopie. Diese erhalten sie, indem sie mit einer zweiten Zelle verschmelzen, die ebenfalls nur eine Kopie enthält, da sie auch aus einer Reduktionsteilung hervorgegangen ist. Diese Zellverschmelzung mit der Kombination von zwei Genomkopien ist der zentrale Vorgang der geschlechtlichen Fortpflanzung. Die beiden verschmelzenden Zellen werden als „Geschlechtszellen" bezeichnet.

Das älteste Fossil, bei dem geschlechtliche Fortpflanzung belegt ist, ist eine 1,2 Milliarden Jahre alte, im nördlichen Kanada gefundene Rotalge, die bestimmten heutigen Rotalgen bereits sehr ähnlich ist. Da geschlechtliche Fortpflanzung jedoch in praktisch allen heutigen Eukaryonten beobachtet wird, ist mit ziemlicher Sicherheit davon auszugehen, dass sie bereits deutlich früher entstand, vermutlich schon bei der Entwicklung der Eukaryonten vor rund zwei Milliarden Jahren.

Warum war die geschlechtliche Fortpflanzung bei den Eukaryonten so erfolgreich? Zunächst einmal sind mit ihr zwei erhebliche Nachteile verbunden, die eigentlich gegen einen evolutiven Erfolg sprechen.

Korallen, frühe vielzellige Tiere, die vor etwa 700 Millionen Jahren entstanden, vermehren sich vielfach ungeschlechtlich: Jeder der mehr oder weniger runden Polypen einer Kolonie entsteht aus normalen Zellteilungen. Sie können jedoch auch Geschlechtszellen bilden, die wie hier zu sehen in großen Wolken von allen Individuen gleichzeitig, oft in Vollmondnächten, freigesetzt werden. Dadurch erhöht sich die Wahrscheinlichkeit, dass sich passende Geschlechtszellen in den Weiten des Meeres tatsächlich treffen.

DIE ENTSTEHUNG DER GESCHLECHTER

Bereits zu einem frühen Zeitpunkt in der Entwicklung der geschlechtlichen Fortpflanzung entstand ein Mechanismus, der verhindert, dass sich die Geschlechtszellen genetisch sehr ähnlicher Individuen vereinigen konnten. Dies würde den Vorteil der genetischen Vielfalt in den Nachkommen zunichtemachen. Durch bestimmte Eigenschaften auf molekularer Ebene, die genetisch festgelegt sind, sind nur solche Zellen zur gegenseitigen Fusion fähig, die sich diesbezüglich unterscheiden – ähnlich wie die beiden Hälften eines Druckknopfes, der sich nur schließen lässt, wenn zwei unterschiedliche Hälften zusammenkommen.

Abgesehen von diesen molekularen Unterschieden sahen jedoch zunächst alle Geschlechtszellen in Form und Größe gleich aus. In einigen Entwicklungslinien der Eukaryonten setzte jedoch ein Prozess ein, der nach heutigem Verständnis den Anteil der erfolgreich fusionierten Geschlechtszellen erhöht. Um dies zu erreichen, gibt es zwei entgegengesetzte Strategien: Einerseits kann die Größe der Geschlechtszelle erhöht werden, was ihr die Speicherung zusätzlicher Energie und damit ein längeres Überleben und Warten auf einen Befruchtungspartner ermöglicht. Auf der anderen Seite schränkt dies jedoch ihre Bewegungsfähigkeit zum Finden einer Partnerzelle ein, und die „Produktionskosten" für den Organismus erhöhen sich, sodass dieser nur wenige solcher Zellen herstellen kann und deshalb hoffen muss, dass möglichst viele davon auf eine Partnerzelle treffen. Die entgegengesetzte Strategie beinhaltet eine Verkleinerung der Zelle, die dadurch leicht beweglich wird, in großer Anzahl produziert werden kann, aber sehr empfindlich und kurzlebig ist.

Beweglich oder nicht?

Sobald ein Typ der Geschlechtszellen sich in Richtung einer der Strategien entwickelt, also zum Beispiel größer und damit unbeweglicher wird, muss der andere Typ sich in die entgegengesetzte Richtung hin zu mehr Beweglichkeit entwickeln, um den durch den Bewegungsverlust des anderen Typs hervorgerufenen Nachteil für die gesamte Art auszugleichen. Zwangsläufig muss sich der beweglicher werdende Typ auch verkleinern, wodurch er jedoch in größerer Anzahl produziert werden kann und damit den Anteil der erfolgreich befruchteten, unbeweglicheren Zellen erhöht. Am Ende dieser Entwicklung der Geschlechtszellen in unterschiedliche Formen stehen beispielsweise bei den Tieren sehr große, unbewegliche Eizellen und sehr kleine, aktiv schwimmende Spermien. Für die Pflanzen gilt dies entsprechend, bei ihnen ging jedoch die Eigenbeweglichkeit der kleineren Geschlechtszellen im Laufe der frühen Entwicklung der Samenpflanzen verloren – Palmfarne und

Ein Nachteil ergibt sich aus der etwas später entstandenen Geschlechterdifferenzierung, die dazu führte, dass nur Geschlechtszellen unterschiedlicher Geschlechter miteinander fusionieren können. Dadurch müssen sich männliche und weibliche Geschlechtszellen beziehungsweise die dazugehörigen Individuen zunächst einmal finden, um Nachwuchs zu zeugen. Dies bringt einen mitunter erheblichen Aufwand mit sich und birgt bei geringen Populationsdichten das Risiko, dass Individuen sich aufgrund einer erfolglosen Suche nicht fortpflanzen können. Ein weiterer Nachteil ist die schlechtere Fortpflanzungseffizienz. Eine Zellteilung führt zu zwei Tochterzellen, die Zahl der Nachkommen bei ungeschlechtlicher Fortpflanzung verdoppelt sich daher mit jeder Generation. Eine einfache Reduktionsteilung zur Produktion von Geschlechtszellen verdoppelt zwar auch die Zellanzahl, aber zwei so entstehende Geschlechtszellen fusionieren anschließend mit je einer anderen, die beide ebenfalls aus einer Reduktionsteilung hervorgegangen sind. Im Ergebnis sind aus zwei Ausgangszellen nur zwei neue entstanden, aus denen in der nächsten Generation wieder nur zwei neue Zellen hervorgehen. Bei der ungeschlechtlichen Vermehrung hingegen entstehen aus zwei Ausgangszellen bereits vier neue und daraus dann acht, sodass es nach ebenfalls zwei Generationen bereits viermal so viele Zellen gibt. Die geschlechtliche Vermehrung hat daher einen deutlichen Vermehrungsnachteil, der sich von Generation zu Generation erheblich vergrößert.

Ginkgos besitzen sie noch, Nadelbäume und Blütenpflanzen nicht mehr. Generell wird das Geschlecht, das große Geschlechtszellen produziert, als weiblich bezeichnet und das Geschlecht mit den kleineren Geschlechtszellen als männlich.

Da sich beide Geschlechter finden und erkennen müssen, folgte eine mehr oder minder ausgeprägte Geschlechterdifferenzierung auch im Aussehen der jeweiligen Individuen, insbesondere bei den Tieren. Da die Partnerwahl bei den meisten Tierarten durch die Weibchen erfolgt, sehen diese im Vergleich zu den Männchen oft unauffälliger aus. Es gibt Hinweise darauf, dass die männlichen Individuen einer Art aus evolutiver Sicht als genetische Testobjekte aufzufassen sind, da ihre Variabilität meist höher ist als die der weiblichen Individuen. Diese dienen daher eher der Stabilisierung des genetischen Pools einer Art. Die höhere Variabilität der Männchen führt dazu, dass sie extremere – sowohl vorteilhafte als auch nachteilige – Eigenschaften aufweisen. So schwanken beispielsweise Körper- und Organgrößen in Männchen stärker als in Weibchen, Verhaltensmuster sind weniger einheitlich und die Leistungsfähigkeit einzelner Männchen in bestimmten Bereichen liegt oft höher als die der Weibchen (einzelne andere Männchen sind entsprechend deutlich leistungsschwächer als die Weibchen). Diese Aufteilung der genetischen Variabilität zwischen den Geschlechtern ist im Zusammenhang mit der geschlechtlichen Fortpflanzung vorteilhaft. Denn wenn es den Weibchen im Rahmen der Partnerwahl gelingt, die vorteilhaften Entwicklungen

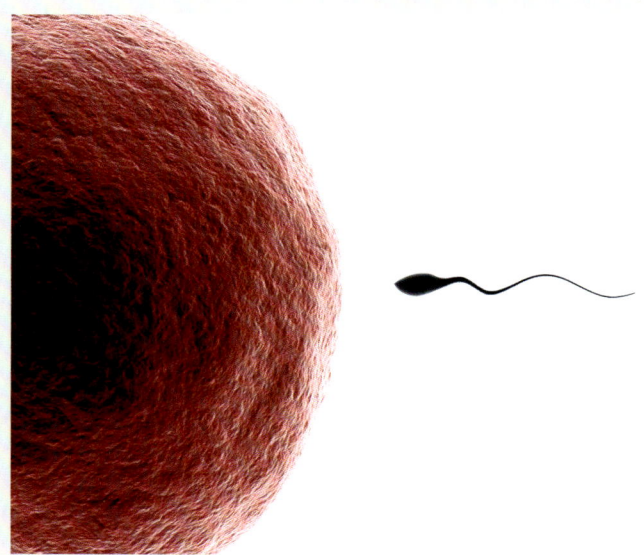

Der Größenunterschied zwischen Eizelle (links) und Spermium (rechts) ist üblicherweise erheblich. Die großen unbeweglichen Geschlechtszellen werden definitionsgemäß vom weiblichen Geschlecht produziert, die kleinen beweglichen vom männlichen.

in der männlichen Population zu identifizieren, werden nur diese in die von den Weibchen „gepflegte" genetische Linie der Art aufgenommen.

Vorteile der geschlechtlichen Fortpflanzung

Den offenkundigen Nachteilen müssen erhebliche Vorteile gegenüberstehen. Tatsächlich kommen mehrere zusammen: Zum einen werden weitreichende, in der Regel schädliche Veränderungen der Erbinformation durch die bereits beschriebene Reparaturmöglichkeit während der Reduktionsteilung verhindert. Zum anderen führt die geschlechtliche Fortpflanzung aufgrund der Neukombination zweier einfacher Genome dazu, dass vorteilhafte genetische Neuentwicklungen nicht nacheinander in der gleichen Abstammungslinie entstehen müssen. Stattdessen können sie während der Verschmelzung der Geschlechtszellen aus verschiedenen Individuen kombiniert werden. Dadurch wird es sehr

viel wahrscheinlicher, dass mehrere positive Eigenschaften in einem Individuum zusammenkommen und von diesem weitervererbt werden.

Die Fähigkeit, genetische Information bei jedem Fortpflanzungsschritt neu kombinieren zu können, ermöglicht außerdem eine deutlich schnellere Ausprägung vorteilhafter Fähigkeiten. Dies liegt daran, dass die beiden Genomkopien nicht vollkommen identisch sind, sondern sich hier und da in kleinen Details unterscheiden. Je nachdem, welche Detailinformationen kombiniert werden, ergeben sich unterschiedliche Eigenschaften des zugehörigen Individuums. Bestimmte Eigenschaften, die zeitweise keinen Vorteil bieten, können so quasi unsichtbar im Genom verbleiben, bis sie in späteren Generationen

Durch den Mechanismus der geschlechtlichen Fortpflanzung lässt sich ein Labradoodle (rechts) durch Kreuzung eines Labradors (links) und eines Pudels (Mitte) züchten, da sich die Eigenschaften der Elterntiere in den Nachfahren mischen. Ohne geschlechtliche Fortpflanzung müsste ein Pudel von alleine Labrador-Eigenschaften entwickeln oder umgekehrt, was äußerst unwahrscheinlich ist.

wieder benötigt werden. Aus den gleichen Gründen haben unerkannte Schäden auf einer Kopie des Genoms oft keine relevanten Konsequenzen, da die intakte zweite Kopie die benötigte Information zur Verfügung stellt. Diese Vorteile sind jedoch nur dann umfänglich nutzbar, wenn ein Organismus tatsächlich den Großteil seiner Lebenszeit über zwei Genomkopien verfügt. Dies war

offenbar in frühen Eukaryonten noch nicht der Fall, da sich die Phase mit zwei Kopien zunächst vermutlich auf die Zeit beschränkte, die sich unmittelbar an die Verschmelzung der beiden Ursprungszellen anschloss. Die Vorherrschaft der Phase mit zwei Kopien entwickelte sich erst später, aber nur in einigen Entwicklungslinien der Eukaryonten: bei den Tieren beispielsweise relativ früh und bei

An der Fellfarbe der Katzenbabys ist gut zu erkennen, dass sie sich genetisch unterscheiden, obwohl sie aus demselben Wurf stammen. Dieser Effekt ist die Folge der individuellen Neukombination der elterlichen Erbinformation.

den Pflanzen relativ spät, nämlich erst nach der Abspaltung der Moose im pflanzlichen Stammbaum. Daher besitzen die Zellen der grünen Pflänzchen auch heutiger Moose noch immer nur eine Genomkopie. Unter anderem bei den Pilzen ist dieser Entwicklungsschritt bislang gänzlich ausgeblieben.

Als weiterer Vorteil der geschlechtlichen Fortpflanzung führen spezielle Mechanismen der Reduktionsteilung dazu, dass die Nachkommen sich genetisch unterscheiden, Geschwister also nicht wie bei ungeschlechtlicher Fortpflanzung identisch sind. Diese Erhöhung der Diversität wirkt sich ebenfalls positiv auf die Anpassungsfähigkeit und das Bestehen wenigstens eines Nachkommens in Konkurrenzkämpfen aus. Ein klassisches Beispiel dafür sind die – geschlechtlich entstandenen – Samen eines Baumes, die alle in seiner Nähe keimen und untereinander um

Viele Flechten gehören zu den Organismen, die aktiv auf geschlechtliche und ungeschlechtliche Vermehrung setzen und dazu jeweils spezielle Körperstrukturen ausbilden.

Sex ist aus evolutiver Sicht ein rein pragmatischer Anpassungsvorteil.

---

den begrenzten Platz konkurrieren. Der Sämling mit der besten Neukombination der Erbinformation hat die größten Erfolgschancen.

Die Verkleinerung des Genoms auf eine Kopie im Zuge der Reduktionsteilung führt pro entstehender Geschlechtszelle zwangsläufig zum Verlust der Hälfte der Detailinformationen, um die sich die beiden ursprünglichen Kopien unterscheiden. Obwohl dies zunächst als Nachteil erscheinen kann, hat es einen sehr positiven Nebeneffekt, denn auf diese Weise ist es möglich, im Rahmen der geschlechtlichen Fortpflanzung nachteilige Erbanlagen zu eliminieren. Bei der ungeschlechtlichen Fortpflanzung ist dies nicht möglich, da hier das komplette Genom verdoppelt und weitergegeben wird.

Vielzelligkeit

In einigen Entwicklungslinien der Eukaryonten entstanden vermutlich schon früh erste Formen eines weiteren Phänomens, das

unsere menschliche Sicht auf das Lebendige entscheidend prägt, nämlich die Vielzelligkeit. Obwohl bei vielzelligen Organismen ungeschlechtliche Fortpflanzung auftreten kann, etwa die Vermehrung durch Bruchstücke wie bei Algen, Pilzen, vielen Pflanzen und auch einigen Tiergruppen, ist die Fähigkeit zur geschlechtlichen Vermehrung vermutlich eine wichtige Voraussetzung für die Entwicklung komplexer Vielzeller gewesen.

Damit endete vor knapp einer Milliarde Jahren das erste große Kapitel in der Geschichte des Lebens. In ihm war das Leben entstanden und hatte die Entwicklungen vollbracht, die zu den langfristig erfolgreichen Grundtypen der Zellen geführt hatten – von der Erfindung der Zelle als solcher über ihre Energieversorgung, die Nutzung des Sonnenlichtes und die Vermehrung der Zellen bis hin zu ihrer Wandlungsfähigkeit. Diese halfen ihnen bei der Besiedlung neuer Lebensräume und dem Überstehen sowohl kleinerer als auch sehr weitreichender Krisen. Dabei diversifizierten und entwickelten sie sich zu den unterschiedlichsten Organismenformen, die wir im Boden verborgen als Fossilien finden oder die uns tagtäglich lebendig umgeben.

2500 BIS 500 MILLIONEN JAHRE VOR HEUTE

DIE BAUPLÄNE
DER TIERE

Nach dem Aufkommen mehrzelliger Organismen beginnt die Entwicklung der Tiere, der bis heute komplexesten Vielzeller. Die heute lebenden Vertreter der auseinander hervorgegangenen Tierstämme illustrieren die Entwicklungsgeschichte von einfachen Schwämmen und Korallen über Würmer, Weichtiere, Gliederfüßer und viele andere bis hin zu den Wirbeltieren. Entstanden alle Körperbaupläne innerhalb weniger Millionen Jahre, der Zeit der sogenannten Kambrischen Explosion?

ABSCHIED VOM EWIGEN LEBEN

Einzelligen Organismen sind gewisse physikalische Grenzen gesetzt. Sie können üblicherweise eine mikroskopische Größe nicht überschreiten, da sich die Substanzen in ihrem Inneren sonst nicht mehr ausreichend schnell durchmischen bzw. von einem Ort in der Zelle nicht schnell genug zu einem anderen gelangen können.

D ie aktive Beweglichkeit ist ebenfalls stark eingeschränkt, da ein kleines Objekt wie eine einzelne Zelle vor allem gegen die Zähflüssigkeit von Wasser ankämpfen muss und darüber hinaus jeglicher Strömung hilflos ausgeliefert ist. Es überrascht daher nicht, dass Organismen in verschiedensten Ästen des Stammbaums des Lebens mehrere Dutzend Mal unabhängig voneinander den Übergang von der Ein- zur Vielzelligkeit vollzogen haben.

Die Frage, ab wann eine Ansammlung vieler Zellen tatsächlich einen vielzelligen Organismus bildet, ist vergleichbar schwer zu beantworten wie die Frage, wann und wo dies im Laufe der Entwicklung des Lebens

zum ersten Mal geschah. Sehr viel einfacher ist es, sich die Vorteile vorzustellen, die Mehr- und Vielzelligkeit mit sich bringen:

Die Vielzelligkeit ist mehrere Dutzend Male unabhängig voneinander entstanden.

Die mit der Zahl der Zellen zunehmende Größe eines Organismus schützt vor Fressfeinden, besonders vor einzelligen, die in der Regel darauf angewiesen sind, ihre Beute mit ihrer Zelle zu umfließen und dadurch einzuschließen. Auch räuberische Vielzeller besaßen zunächst keine Mundwerkzeuge, sodass sie ihre Beute üblicherweise als Ganzes verschlucken mussten. Zellen, die ähnlich wie heutige Pilze ihre Nahrung außerhalb der Zelle verdauen, profitieren ebenfalls von größeren, vielzelligen Körpern: Sie können so die freigesetzten Nährstoffe besser aufnehmen. Dies gilt insbesondere, wenn der Körper einen Hohlraum bildet, in dem die Verdauung und Nährstoffaufnahme stattfindet, ohne dass etwas entweichen kann. Größere Organismen können ein für sie vorteilhaftes inneres Milieu aufbauen, das sich deutlicher von der Umgebung unterscheiden kann, da es besser gegen äußere Einflüsse abgeschottet ist. Sie können aus Oberflächen, die sie besiedeln, herausragen und Konkurrenten überragen, um besseren Zugang zu freischwimmenden Nahrungspartikeln oder mehr Licht für die

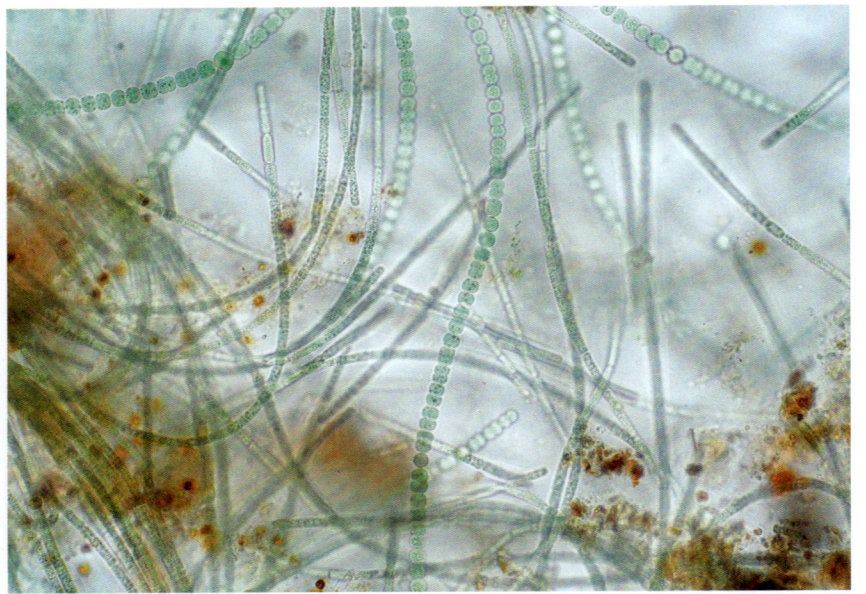

Die nur knapp einen Hundertstel Millimeter breiten Fäden dieser prokaryontischen Cyanobakterien sind Zellkolonien aus aneinandergereihten Einzelzellen.

Wenn die Lebensbedingungen ungünstig werden, bilden diese normalerweise einzellig lebenden Schleimpilze vielzellige Fruchtkörper, die sich auf einem gut einen Millimeter hohen Stil befinden. Die Zellen des Stils opfern sich für die Fortpflanzung.

Fotosynthese zu erhalten. Nicht zuletzt sind Vielzellern Lebensstrategien möglich, mit denen sie den Tod einzelner Zellen in Kauf nehmen, da dies nicht automatisch den Tod des gesamten Organismus bedeutet.

Es gibt mehrere Vorstellungen davon, wie sich vielzellige Organismen erstmals entwickelten. Sich teilende Zellen können nach der Zellteilung verbunden bleiben und mehrzellige Kolonien bilden. Dies kommt nicht nur bei vielen Algengruppen vor, sondern sogar bei Prokaryonten wie den Cyanobakterien und anderen. Eine andere Möglichkeit ist eine sehr enge Symbiose unterschiedlicher Arten, bei der sich schließlich deren Erbinformationen vereinigen müssen. Unkomplizierter ist jedoch die Annahme, dass mehrere Zellen der gleichen Art eine Einheit bilden. Dies wird heute in relativ vielen Gruppen eukaryontischer Einzeller, also höherer Einzeller mit Zellkern, beobachtet. Ein besonders eindrückliches Beispiel findet sich bei den Schleimpilzen. Bei diesen handelt es sich um Gruppen nicht näher miteinander verwandter Organismen, die auch nicht zu den Pilzen gehören (nur das Aussehen hat zu dem gemeinsamen Namen geführt). Sie leben weltweit verbreitet zunächst als einzellige Amöben – diese Einzeller bewegen sich durch Verformung fort, indem sie einen Teil ihres Zellkörpers als Scheinfüßchen vorstülpen und dann den Rest der Zelle dorthin nachströmen lassen. Auf diese Weise umfließen sie auch Nahrungsteilchen, die anschließend aufgenommen werden. Schleimpilze kommen oft in feuchten Böden vor und ernähren sich dort von anderen Einzellern. Wenn die Nahrung knapp wird, bilden einige Arten, die als „soziale Amöben" bezeichnet werden, ein vielzelliges Aggregat aus mehreren Zehntausend Zellen. Diese Zellen umgeben sich mit einer gemeinsamen Hülle und können als Ganzes schneckenartig umherwandern. Auf diese Weise suchen sie einen günstigen Ort auf, an dem sie eine fingerartig erhobene Struktur bilden. An deren Spitze werden Sporen freigesetzt, die vom Wind davongetragen werden und sich an günstigen Orten wieder zu einzelnen Amöben entwickeln.

Dauerhafter als ein vielzelliger Zusammenschluss eigentlich unabhängiger Einzelzellen in Zeiten des Nahrungsmangels ist die Vielzelligkeit bei den *Volvox*-Algen, die zu den Grünalgen gehören. Bei ihnen bilden einige

Nahezu weltweit wird Meersalat an Stränden angespült. Er gehört nicht zu den Pflanzen, sondern ist eine Alge, die eine vielzellige Wuchsform entwickelt hat. Ihr Aufbau ist sehr viel einfacher als der von Pflanzen.

Die berühmten *Volvox*-Algen werden manchmal auch „Wimperkugeln" genannt, weil sie durch wimperartige Zellfortsätze aktiv beweglich sind. Bei ihnen bildet die mehrzellige Mutterkugel in ihrem Inneren Tochterkugeln.

Hundert bis mehr als 10 000 Zellen eine Hohlkugel. Auch bei anderen Grünalgen haben sich ebenso wie bei den Braun- und Rotalgen echte und dauerhafte Vielzeller entwickelt, die teilweise als „Makroalgen" für die Küche verkauft werden, als „Tang", „Meersalat" o. ä. bekannt sind und sich oft an Stränden beobachten lassen, wo sie vor allem nach Stürmen angespült werden.

Ein spezielles Merkmal komplexerer Vielzeller ist das Vorhandensein spezialisierter Zellen. Sobald ein Organismus über mehrere Zellen verfügt, ist Arbeitsteilung möglich und in der Folge eine Spezialisierung der Zellen. Dadurch muss nicht mehr jede Zelle die gesamten Leistungen erbringen, die der Organismus benötigt, sondern ist nur noch für einen Teil verantwortlich. Bei der Bildung des Sporenkörpers des beschriebenen Schleimpilzes bilden einige Zellen den Stiel, der die Zellen, die zu Sporen werden, emporhebt. Die Stielzellen sterben dabei ab, sodass die Amöben, aus denen die Stielzellen hervorgegangen sind, zugunsten der Sporenzellen auf ihre eigene Fortpflanzung verzichten. Das Opfer der Amöben, die den Stil bilden, führt zu einer besseren Weitergabe der gleichen genetischen Information durch andere Zellen. In diesem Fall sind es die Sporenzellen, die durch ihre erhöhte Position den Wind besser nutzen können, um einen größeren Verbreitungsradius zu erreichen. Bei den *Volvox*-Algen ist dies noch leichter nachvollziehbar, denn alle Zellen der Hohlkugel sind durch einfache Zellteilungen auseinander hervorgegangen und daher genetisch identisch. Auch hier entwickeln

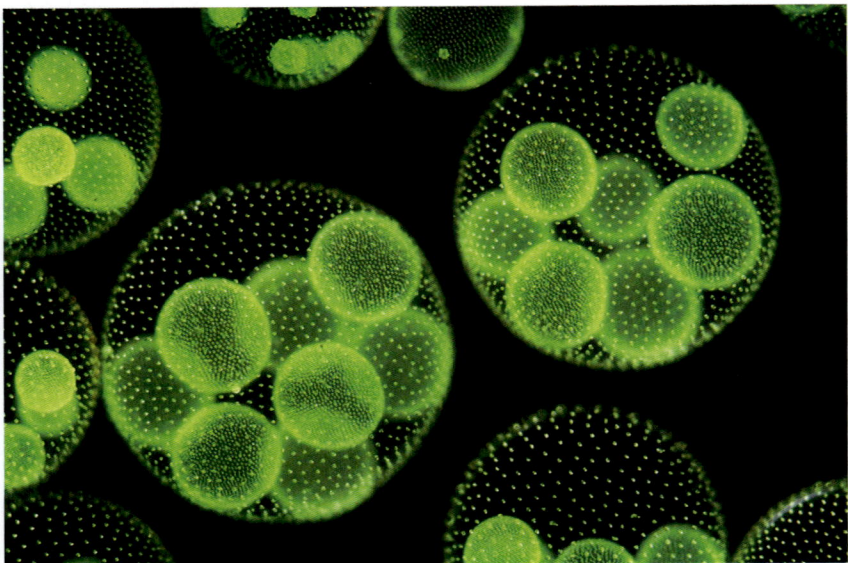

sich zwei unterschiedliche Zelltypen: Neben den normalen Körperzellen gibt es eine kleine Gruppe von Zellen, denen alleine es vorbehalten ist, einen neuen Organismus zu bilden, denn aus ihnen gehen durch Zellteilungen neue Tochterkugeln hervor, die ins Innere der mütterlichen Hohlkugel abgegeben werden. Dadurch etabliert sich eine sogenannte Keimbahn aus fortpflanzungsfähigen Zellen, aus denen die jeweilige Folgegeneration hervorgeht. In der Entwicklung des Individuums spalten sich die normalen Körperzellen von

---

Sind Altern und Tod unausweichliche Konsequenzen der Evolution? – Diese Frage ist noch offen.

---

den Keimbahnzellen ab und geben ihre Vermehrungsfähigkeit auf. Gemeinsam mit den Wirbeltieren, einschließlich des Menschen, und den Gliederfüßern (Insekten, Spinnen, Krebse u. a.) gehören die *Volvox*-Algen zu den wenigen Organismengruppen, bei denen diese Spezialisierung so endgültig ist, dass sich Körperzellen tatsächlich nicht mehr in fortpflanzungsfähige Zellen zurückverwandeln, wie es beispielsweise bei Pflanzen der Fall ist. Ein Vorteil einer solch strikten Abtrennung der Keimbahn ist, dass die von Generation zu Generation weitergegebene genetische Information in den Keimbahnzellen geschützt werden kann und genetische Schäden an Körperzellen dadurch nicht vererbt werden. Daher ist es nur konsequent, dass die Keimbahnzellen in der Individualentwicklung bereits sehr früh von der Entwicklungslinie der übrigen Körperzellen getrennt werden. Bei Wirbeltieren geschieht dies in der frühen Embryonalentwicklung, beim Menschen etwa in der dritten Entwicklungswoche. Bei Insekten wird bereits vor der Befruchtung der Eizelle ein bestimmter Bereich der Zellflüssigkeit dafür ausgewählt.

Die Körperzellen geben nicht nur ihre Fortpflanzungsfähigkeit auf, sondern damit auch ihr prinzipiell ewiges Leben. Die meis-

ten vielzelligen Organismen sterben daher irgendwann, nachdem aus ihrer Keimbahn Nachkommen hervorgegangen sind. Die Nachkommen der *Volvox*-Algen können das Innere der mütterlichen Hohlkugel beispielsweise erst verlassen, nachdem diese abgestorben und zerfallen ist. Über die Jahrzehnte sind viele Theorien entwickelt worden, um das plötzlich und mehrfach in der Entwicklung des Lebens entstandene Phänomen von Altern und Tod zu erklären. Es gibt für dieses Schicksal der meisten Vielzeller offenbar verschiedene Gründe, die sich aber noch nicht zu einer überzeugenden Gesamterklärung zusammenfügen.

Neue Herausforderungen: Das Leben wird kompliziert

Durch die Vielzelligkeit wurden die Organismen zunehmend mit geometrischen Problemen hinsichtlich ihrer Körperformen konfrontiert, die sich durch unterschiedliche

Die Entwicklung und Spezialisierung der Zellen schreitet bei Wirbeltieren rasch voran. Nur elf Tage nach der Verschmelzung der Geschlechtszellen sind an einem Mausembryo schon die verschiedensten Körperbestandteile wie Kopf, Auge, Wirbelsegmente und Blutgefäße gut erkennbar.

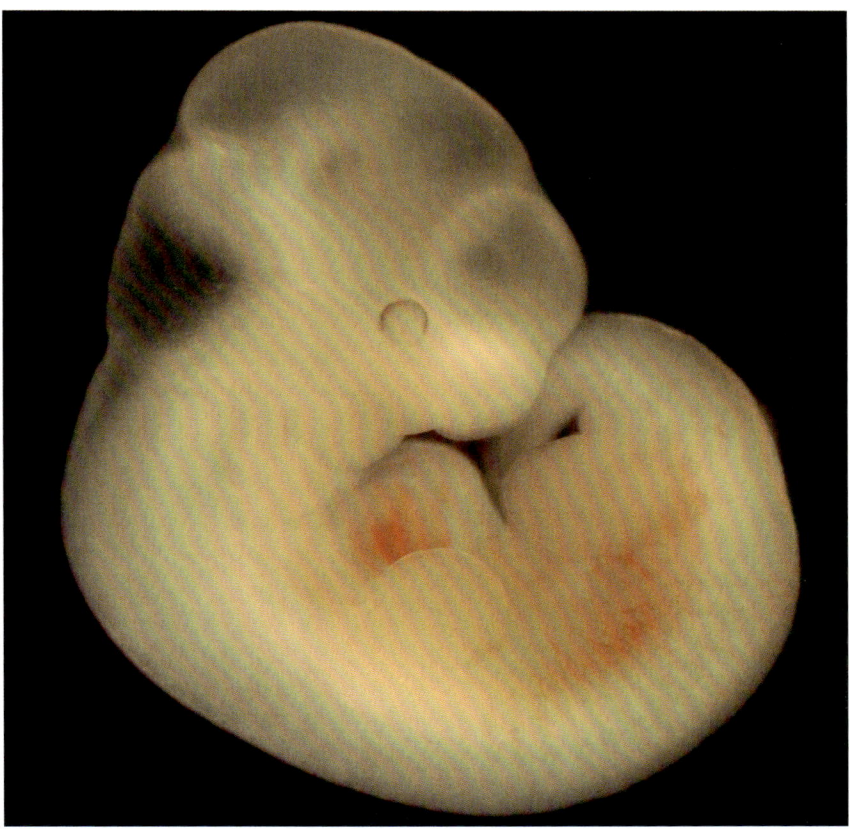

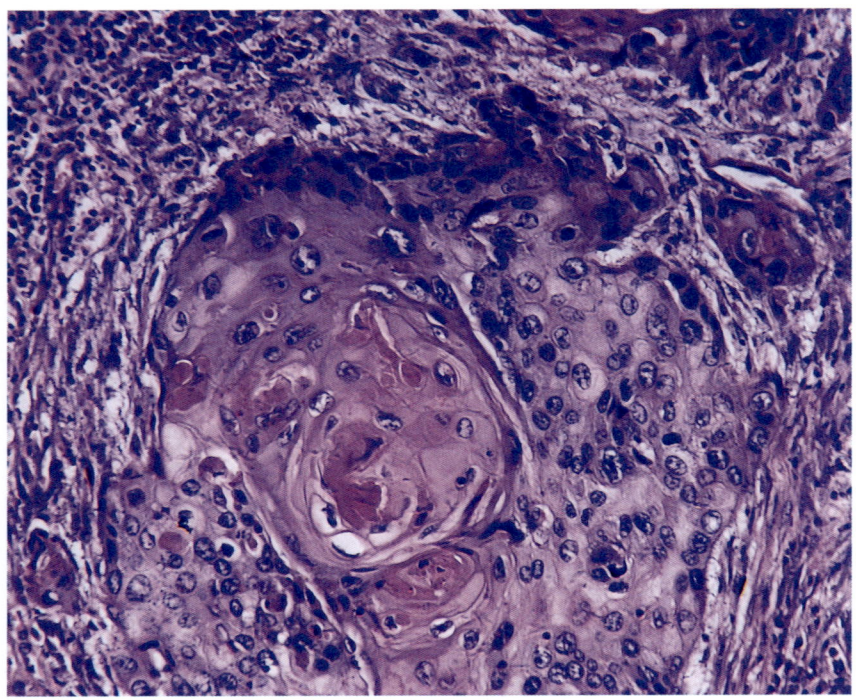

Wo die Kontrolle über die Zellteilung in einem vielzelligen Organismus versagt, entsteht ein Tumor (Bildmitte). Sie vergrößern sich ohne Rücksicht auf das umliegende Gewebe zum Schaden des Gesamtorganismus und können tödliche Folgen haben.

Zelltypen, von denen es beispielsweise im Menschen deutlich mehr als 100 gibt, die schließlich in Geweben zusammengefasst einzelne, wohldefinierte Organe bilden.

Komplexe Vielzeller wie Tiere mit Dutzenden von Zelltypen veranschaulichen im Vergleich mit einfacher gebauten sehr gut die Entwicklung der Zellspezialisierung. Beginnend mit einer „Alleskönner"-Zelle der Einzeller wurden einzelne Funktionen schrittweise auf spezialisierte Zellen ausgelagert, etwa die Fortpflanzungsfähigkeit. Bei Bedarf spezialisierten sich die entstandenen Zellen weiter, sodass die unterschiedlichen Zelltypen streng hierarchisch einem eigenen Stammbaum folgend auseinander hervorgehen. Diese systematische Hierarchie – und damit die Entwicklungsgeschichte – ist letztlich überall in einem Organismus bis hin zu den Beziehungen seiner Organe in Organsystemen wie dem Verdauungssystem oder dem Herz-Kreislauf-System ablesbar. Sie spiegelt sich auch in entsprechend komplexen Genomen wider.

Die zunehmende genetische Komplexität der vielzelligen Organismen brachte ihre eigenen Probleme mit sich: Wie bei vielen technischen Entwicklungen des Menschen, sind komplizierte Systeme oft nicht mehr ohne Weiteres an neue Anforderungen anpassbar. Lebewesen müssen jedoch in der Lage bleiben, durch meist kleinschrittige,

Zelltypen und deren korrekte Positionierung noch verstärken. Die *Volvox*-Algen sind hierfür erneut ein gutes Beispiel: Jede Körperzelle verfügt über eine Art Propeller, mit dessen Hilfe sie sich fortbewegen kann. Um in einem Gewässer Zonen zu erreichen, die für eine optimale Fotosynthese geeignet sind, müssen die Bewegungen der zur Hohlkugel verbundenen Einzelzellen koordiniert werden. Dies geschieht durch einen Augenfleck in jeder Zelle, die damit die Richtung erkennen kann, aus der das Licht einfällt. Ein noch größeres Problem stellt die Fortpflanzung dar, denn nachdem eine Tochterkugel gebildet wurde, zeigen deren Propeller ins Innere ihrer Hohlkugel. Um die lebensnotwendige Fortbewegung zu ermöglichen, muss die Kugel an einer Stelle geöffnet und kontrolliert umgestülpt werden. Die Komplexität der für solche Abläufe erforderlichen genetischen Programme hat vermutlich ihren vorläufigen Höhepunkt bei den Wirbeltieren erreicht, denn die Entwicklung eines Wirbeltierembryos beinhaltet in einer genau festgelegten Abfolge verschiedenste Faltungen, Verformungen, Aufteilungen und unzählige Wanderungen unterschiedlichster

> Tumore gibt es nur bei Vielzellern –
> sie entstehen aus Zellen, die sich
> der Wachstumskontrolle im Gesamt-
> organismus entziehen.

genetische Veränderungen auf veränderte Umweltbedingungen zu reagieren. Um nicht auszusterben, müssen die Genome daher so aufgebaut sein, dass evolutive Veränderungen in dem komplexen genetischen Zusammenspiel nicht automatisch zu einem Totalausfall führen, also den Tod des Vielzellers nach sich ziehen.

Weitere Probleme hängen häufig mit der deutlich erhöhten Körpergröße von Vielzellern zusammen, die beispielsweise neue Fortbewegungstechniken und die zugehörigen Organe erforderlich macht oder der Entwicklung eines Kreislaufsystems für die Stoffwechsellogistik im Körperinneren bedarf. Sobald es zu altruistischem Verhalten kommt, indem Zellen ihre Fortpflanzungsfähigkeit zugunsten anderer aufgeben und in den Organen eines definierten Organismus auch ihr Wachstum begrenzen müssen, entsteht darüber hinaus die Gefahr des Auftretens von Nutznießern. Denn wenn in einzelnen Zellen die genetische Kontrolle nicht ausreicht oder aus irgendwelchen Gründen versagt, beginnen diese Zellen mit einer unkontrollierten Vermehrung – ihr „Einzellererbe", sich

so schnell wie möglich zu vermehren, schlägt dann wieder durch. Dabei nutzen sie die Vorteile des vielzelligen Organismus, beispielsweise den Schutz vor Umgebungseinflüssen und die geregelte Nährstoffversorgung. Gleichzeitig zerstören sie diesen jedoch, denn sie stören das fein ausbalancierte Gleichgewicht der arbeitsteilig organisierten Zellen und die Strukturen der Körperorgane. Medizinisch werden solche unkontrollierten Gewebeneubildungen als „Krebs" oder „bösartiger Tumor" bezeichnet.

Diese vielen potenziellen Probleme der vielzelligen Lebensweise haben in nicht wenigen Gruppen der Eukaryonten dazu geführt, dass eine einmal entwickelte Vielzelligkeit später wieder zugunsten der einzelligen Lebensweise aufgegeben wurde.

PROGRAMMIERTER SELBSTMORD: ZELLEN OPFERN SICH

In einem vielzelligen Organismus kommt es immer wieder zu Situationen, in denen einzelne Zellen dem Gesamtwohl geopfert werden müssen. Dies ist im Laufe der komplizierten Entwicklungsabläufe beispielsweise tierischer Embryonen erforderlich, wenn bestimmte Zellen an bestimmten Orten nicht mehr benötigt werden und anderen Strukturen Platz machen müssen (beispielsweise die beim menschlichen Embryo zunächst als evolutives Erbe noch vorhandenen „Schwimmhäute" zwischen Fingern und Zehen). Zu diesem Zweck verfügen Zellen über ein genetisch verankertes „Selbstmordprogramm", das sie selbst aktiv durchführen. Dadurch wird die Zelle kontrolliert abgebaut, ohne dass es etwa zu Schäden im umliegenden Gewebe kommt. Im späteren Verlauf des Lebens eines Organismus kann mit diesem Mechanismus ein Großteil der Zellen eliminiert werden, die durch Umwelteinflüsse geschädigt wurden oder die zu Krebszellen entarten oder von Viren infiziert wurden. Die Eukaryonten haben die genetische Information für den programmierten Selbstmord von ihrem bakteriellen Untermieter übernommen, dem Endosymbionten, der das Mitochondrium gebildet hat. Spätestens der letzte gemeinsame Vorfahre aller Tiere hat diesen Prozess vermutlich schon genutzt. Heute sterben in jedem Menschen täglich geschätzt mehrere zehn Milliarden Zellen auf diese Weise, weil sie nicht mehr benötigt werden, durch neue Zellen ersetzt werden sollen, oder im Rahmen der Immunabwehr, weil sie von Viren infiziert sind oder zu potenziellen Tumorzellen mutiert sind.

Jeder zwittrige Fadenwurm der Art *Caenorhabditis elegans* (hier eine Illustration) bildet im Laufe seiner Entwicklung genau 1090 Zellen, von denen genau 131 Zellen durch programmierten Selbstmord zugrunde gehen, sodass exakt 959 Zellen übrig bleiben.

Das älteste vielzellige Fossil, das zweifelsfrei spezialisierte Zelltypen zeigt, stammt von der 1,2 Milliarden Jahre alten Rotalge, die gleichzeitig der erste Beleg für die geschlechtliche Fortpflanzung ist. Diese gilt in der Evolution des Lebens als Voraussetzung für das Entstehen komplexer Vielzeller. Die Entwicklung spezialisierter Geschlechtszellen stellt zumindest einen Weg zu einer Zelle dar, die das Potenzial besitzt, einen kompletten vielzelligen Organismus mit allen seinen Zelltypen zu regenerieren. Es existieren noch eine Reihe weiterer, zum Teil sehr viel älterer Fossilien, die möglicherweise Vielzeller zeigen, aber diese Interpretationen sind umstritten. Trotzdem wird angenommen, dass die ersten Vielzeller deutlich älter als 1,2 Milliarden Jahre sind, möglicherweise sogar älter als zwei Milliarden Jahre. Ihnen allen ist jedoch gemeinsam, dass es sich ausschließlich um einfache Vielzeller aus gleichartigen Zellen oder wenigen, meist nur zwei oder drei, unterschiedlichen Zelltypen handelt. Dass sich komplexere Vielzeller erst merklich später, ab der Zeit vor etwa 800 Millionen Jahren, entwickelten, liegt wahrscheinlich am nur sehr langsam ansteigenden Sauerstoffgehalt, der für die Energieversorgung eines aufwendigeren Organismus zuvor vermutlich nicht ausreichte.

Mit steigenden Sauerstoffkonzentrationen begann daher die Evolution der vielzelligen Tiere. Diese sollten zu den mit Abstand komplexesten Vielzellern werden, die die Erde bevölkern, und eine Vielzahl an Körperbauplänen hervorbringen. Etwa 300 Millionen Jahre später nahm die Evolution der Pflanzen, die das Land eroberten, an Geschwindigkeit zu. Die Zahl der pflanzlichen Zelltypen bleibt jedoch mit wenigen Dutzend ähnlich wie die der Pilze deutlich hinter den Tieren zurück. Im Reich der Pilze entwickelte sich die Vielzelligkeit in drei verschiedenen Entwicklungslinien. Zu diesen gehören die Schlauchpilze, bekannte Vertreter sind Trüffel und Morchel, sowie die Ständerpilze, zu denen ein Drittel aller Pilzarten zählt, unter anderem Pfifferlinge, Champignons, Stein- und Fliegenpilze.

Tiere haben die mit Abstand komplexesten Vielzeller hervorgebracht.

Manche Pilze bilden mit Grünalgen, manchmal auch mit Cyanobakterien, symbiotische Vielzeller, die Flechten. Das Verhalten und die Eigenschaften beider Partner verändern sich in der Symbiose so stark, dass Flechten in der biologischen Systematik meist als ein neuer, individueller Organismus betrachtet werden. Diese besondere Form der Vielzelligkeit vermag heute noch – im Gegensatz zu den Symbiosepartnern als Einzelorganismen – extremen Umweltbedingungen wie Hitze, Kälte, UV-Strahlung und Austrocknung etwa in Wüsten, der Antarktis oder Hochgebirgen zu trotzen. Die symbiotische Flechtengemeinschaft war es vielleicht, die den Flechten möglicherweise bereits vor einer Milliarde Jahren den Schritt aus dem Wasser aufs Land ermöglichte. Dadurch könnten die Flechten in den folgenden etwa 500 Millionen Jahren die Lebensbedingungen in der Erdatmosphäre so verändert haben, dass sie die Entwicklung der übrigen Vielzeller entscheidend beeinflussten.

Flechten sind langsam wachsende, vielzellige Organismen, in denen ein Pilz mit Algenzellen in Symbiose lebt. Viele wachsen auf Rinde oder Steinen und sind sehr widerstandsfähig - außer gegen Verbrennungsabgase, wodurch ihre Artenvielfalt stark zurückgegangen ist.

WAS GRÜN IST, MUSS NICHT GRÜN BLEIBEN: DIE ENTWICKLUNG DER TIERE

Vor gut einer Milliarde Jahren entwickelten sich die Dinoflagellaten, einzellige Algen, die auch heute noch mit etwa 1 000 verschiedenen Arten überwiegend im Meerwasser leben. Dort machen sie einen Großteil des pflanzlichen Planktons aus, das wiederum der Hauptproduzent für den Sauerstoff in der Erdatmosphäre ist.

Bereits im Jahr 1900 setzte der Naturforscher Ernst Haeckel der Formenschönheit der Zellen vieler Dinoflagellaten in seinem Werk *Kunstformen der Natur* ein Denkmal.

Einige Arten der Dinoflagellaten sind für Meeresleuchten verantwortlich, andere produzieren starke Gifte, die sich in der Nahrungskette anreichern und so auch dem Menschen gefährlich werden können. Bei den fotosynthetischen Endosymbionten der Korallen, die den Korallen ihre Farbe verleihen, handelt es sich ebenfalls meist um Vertreter dieser Algengruppe. Durch eine chemische Substanz, die nur von Dinoflagellaten produziert wird und die über lange Zeit stabil sein kann, lässt sich auf das Vorhandensein von Dinoflagellaten in fossilen Schichten schließen, ohne auf tatsächliche Fossilienfun-

Das vielleicht erste Räuber-Beute-Verhältnis in der Geschichte des Lebens begann mit den Dinoflagellaten.

de angewiesen zu sein. Daher kann man die Verbreitung der Dinoflagellaten im Laufe der Erdgeschichte recht verlässlich verfolgen.

Dinoflagellaten sind meist gute Schwimmer, und einige von ihnen begannen offenbar, zusätzlich zu ihrer Energieversorgung aus der Fotosynthese auf Beutejagd zu gehen. Dadurch entwickelte sich das vermutlich erste Räuber-Beute-Verhältnis in der Geschichte des Lebens, das an der plötzlich einsetzenden Ausbildung von dornigen Verteidigungsstrukturen in den Fossilien der einzelligen Beuteorganismen vor etwa einer Milliarde Jahren abzulesen ist. Gleichzeitig beschleunigte sich die Artenbildung erheblich, was ebenfalls ein Hinweis auf das Auftreten von Räubern ist, die die zuvor stabilen, nur durch das Nahrungsangebot begrenzten Populationen dezimierten und so Raum in ökologischen Nischen schufen, die von neuen Arten besetzt wurden. Noch heute findet man unter den Dinoflagellaten alle Ernährungstypen, von rein fotosynthetisch lebenden über Mischformen, die zusätzlich Beutefang betreiben, bis hin zu Arten, die sich ausschließlich von anderen Organismen ernähren. Die Aufgabe der Fotosynthese fand vermutlich auch schon im Proterozoikum statt, sodass sich vermutlich vor knapp einer Milliarde Jahren zum ersten Mal dieser ausschließlich andere Organismen fressende Ernährungstyp entwickelte, der für Tiere typisch ist.

Die Tiere entwickelten sich jedoch nicht aus den Dinoflagellaten, sondern aus einer anderen Linie der Eukaryonten, in der sich, vermutlich nur geringfügig später, ebenfalls die räuberische Lebensweise etabliert hatte. Die nächsten, heute noch lebenden Verwandten der Tiere sind die Kragengeißeltierchen. Es sind kleine Einzeller, die im Meer- und Süßwasser vorkommen und häufig Kolonien bilden. Ihr charakteristisches Merkmal ist ein kragenartiger Ring, der mit fadenförmigen Zellfortsätzen besetzt ist, mit deren Hilfe der Organismus vorwiegend Bakterien heranstrudelt und als Nahrungspartikel aufnimmt. Diese kragenförmige Struktur findet sich sonst bei keiner anderen Gruppe von Einzellern, aber bei einigen Zellen sehr einfacher Tiere, sodass man davon ausgeht, dass der direkte Vorfahr der Tiere einem Kragengeißeltierchen sehr ähnlich sah.

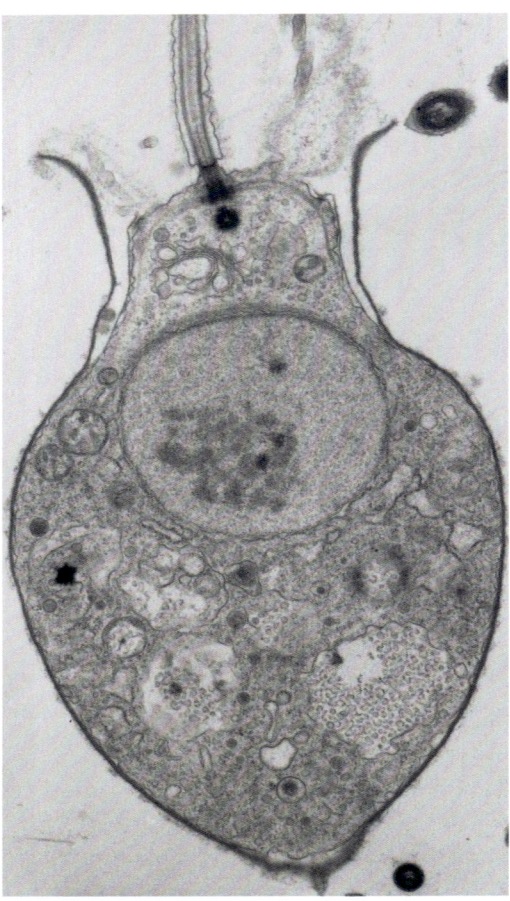

Im Querschnitt ist der Kragen der meist nur etwa einen Hundertstel Millimeter langen Kragengeißeltierchen lediglich in Form zweier abstehender, leicht nach außen gebogener Striche am oberen Ende der Zelle erkennbar. Bei diesem Exemplar entspringt dazwischen nur ein einzelner fadenförmiger Fortsatz.

Vom Schwamm zum Pfannkuchen

Tiere sind definitionsgemäß Vielzeller, die über unterschiedlich spezialisierte Zelltypen verfügen. Die Ära der Tiere begann also, als die Entwicklungslinie, die die Kragengeißeltierchen hervorgebracht hatte, den Übergang zur Vielzelligkeit vollzog und unterschiedliche Zelltypen entwickelte. Dies geschah wahrscheinlich vor etwa 700 Millionen Jahren. Ungefähr zu dieser Zeit setzte auf der Erde eine unwirtliche, Cryogenium genannte Phase mehrfacher schwerer und lang andauernder Vereisungen ein. Vermutlich globales Ausmaß hatten die mehrphasige Sturtische Eiszeit, die vor 717 Millionen Jahren begann und bis vor 660 Millionen Jahren andauerte, sowie die Marinoische Eiszeit, die vor 650 Millionen Jahren begann und bis zum Ende des Cryogeniums vor 635 Millionen Jahren dauerte.

Vertreter der ältesten bekannten Tiergruppe leben noch heute: die Schwämme. Die Geschichte der Hornkieselschwämme, aus denen natürliche Badeschwämme gewonnen werden, lässt sich besonders gut nachvollziehen: Die bislang ältesten Fossilien sind zwar jünger als 600 Millionen Jahre, lassen sich aber durch eines ihrer Stoffwechselprodukte bereits seit dem Ende des Cryogeniums chemisch nachweisen. Noch etwas älter ist vermutlich nur die Gruppe der Glasschwämme, deren heutige Vertreter überwiegend in der Tiefsee leben und ein individuelles Alter von mehr als 10 000 Jahren erreichen. Die Schwämme besitzen sechs bis zehn unterschiedliche Zelltypen. Besonders interessant sind die sogenannten Kragengeißelzellen, da sie den einzelligen Kragengeißeltierchen verblüffend ähneln. Mit ihren Zellfortsätzen produzieren sie einen gerichteten Wasserstrom durch den Körper des Schwammes, mit dem Nahrungspartikel heran- und Abfallprodukte abtransportiert werden. Schwämme sind im Gegensatz zu vielen weiter entwickelten Tiergruppen zu ungeschlechtlicher Fortpflanzung fähig, da Bruchstücke sich zu neuen Organismen entwickeln können. Sie verfügen jedoch wie grundsätzlich alle Tiere über die Möglichkeit zur geschlechtlichen Fortpflanzung und können dazu Eizellen und

Spermien produzieren, aus deren Verschmelzung zunächst ein freischwimmendes Larvenstadium hervorgeht, das an einem geeigneten Platz sesshaft wird. Aufgrund der Ähnlichkeit der Kragengeißelzellen mit den Kragengeißeltierchen ist sehr gut vorstellbar, dass sich die Schwämme ähnlich wie koloniebildende

Die ersten Tiere entstanden während einer langen, sauerstoffarmen Eiszeit.

Kragengeißeltierchen entwickelten und ihre Zellen sich dann arbeitsteilig spezialisierten. Erst vor wenigen Jahren wurde bei Laborversuchen festgestellt, dass Schwämme auch in sehr sauerstoffarmem Wasser überleben können. Diese Fähigkeit passt sehr gut zu ihrem vermuteten Ursprung im Cryogenium, denn erst an dessen Ende begann der Sauerstoffgehalt durch die nacheiszeitlich zunehmende Fotosyntheseaktivität der Algen weiter zu steigen.

In höheren Tieren sind funktionell ähnliche Zelltypen typischerweise zu Geweben zusammengeschlossen, die bestimmte Aufgaben übernehmen wie etwa die Muskel-, Nerven- oder Stützgewebe. In Schwämmen jedoch sind im Gegensatz zu allen anderen Tieren die einzelnen Zellen noch nicht zu Geweben vereinigt. Sie bilden daher die Gruppe

der Gewebelosen, die allen anderen Tieren, den Gewebetieren, gegenübersteht. Bei der Frage, wie die Organismen ausgesehen haben könnten, die den Übergang von den Gewebelosen zu den Gewebetieren repräsentieren, hilft die Entdeckung eines unscheinbaren Tieres im Jahr 1883 in einem Aquarium in Graz weiter. Es repräsentiert vermutlich einen Entwicklungsschritt, der noch im Cryogenium stattgefunden hat: Der meist unter einem Millimeter kleine Organismus *Trichoplax*, der einzige bekannte Vertreter des Stammes der Scheibentiere, ist pfannkuchenartig flach und besteht aus nur zwei Zellschichten aus einigen wenigen Zelltypen, die erste Anzeichen einer Gewebebildung zeigen. Er verfügt noch über keinerlei Organe und kein Verdauungssystem, sondern verdaut die von ihm abgeweideten Algenrasen außerhalb seines Körpers auf der Bauchseite und kann über seine Rückseite kleine Nahrungspartikel aufnehmen, zum Beispiel Einzeller. Er bewegt sich entweder mithilfe von Härchen auf seiner Unterseite kriechend oder ähnlich wie eine Amöbe durch Verformung seines Körpers. Da die Bewegungen nicht koordiniert sind (wie bei den Schwämmen gibt es keine Nerven), können sich unterschiedliche Körperbereiche in verschiedene Richtungen bewegen und den Körper zerreißen lassen. Dies entspricht einer ungeschlechtlichen Vermehrung, da sich die Bruchstücke wieder zu kompletten Organismen regenerieren. Neben dieser meist

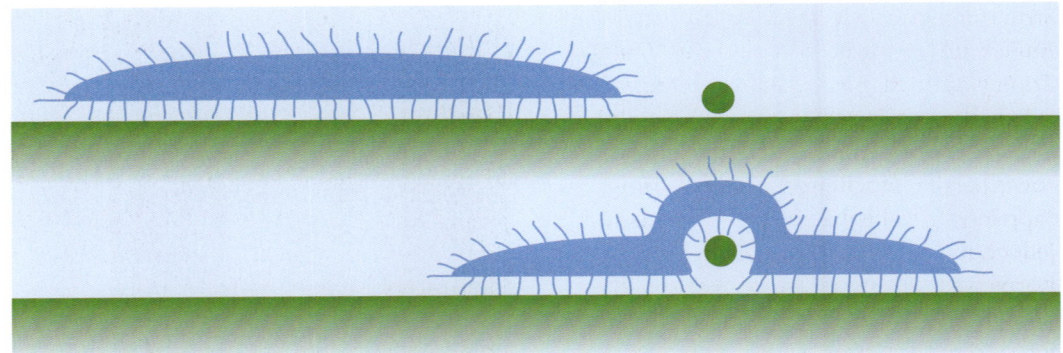

Das Scheibentier *Trichoplax* kann sich auf beweglichen Härchen auf seiner Bauchseite fortbewegen (oben). Befindet es sich über einem Nahrungspartikel, bildet es einen Hohlraum, der einem einfachen Verdauungssystem entspricht (unten).

beobachteten Fortpflanzungsweise kommt es bei hohen Populationsdichten auch zu geschlechtlicher Vermehrung, die aufgrund der Vermischung der elterlichen Erbinformationen sehr viel häufiger zu Nachkommen mit neuen Eigenschaften führt. In diesem Fall beginnt auch eine für Tiere typische Embryonalentwicklung.

Aller guten Dinge sind drei

Trotz der Entdeckung von *Trichoplax* bleibt der genauere Verlauf des Übergangs von den gewebelosen Schwämmen zu den Gewebetieren rätselhaft – auch weil bislang keinerlei fossile Hinweise für diese Entwicklungsphase bekannt sind. Im Stammbaum der Entwick-

lung der Zelltypen während der Embryonalphase der meisten tierischen Organismen gibt es drei Hauptäste, von denen jeweils die Zelltypen abzweigen, die gemeinsame Gewebe und Organe bilden. Ein Ast ist für die Bildung der Außenschicht des Körpers verantwortlich, zum Beispiel die Haut, ein zweiter Ast für die inneren Oberflächen wie den Großteil des Verdauungssystems sowie gegebenenfalls den Atemtrakt inklusive der Lunge. Bei den Schwämmen gibt es diese Aufteilung der Zelltypen noch nicht, bei *Trichoplax* ist sie erstmals erkennbar, denn sie entspricht den Zellschichten, die den Rücken bzw. die Bauchseite des Tieres bilden. Der dritte Ast, die Entwicklungslinie, die zu Zelltypen für

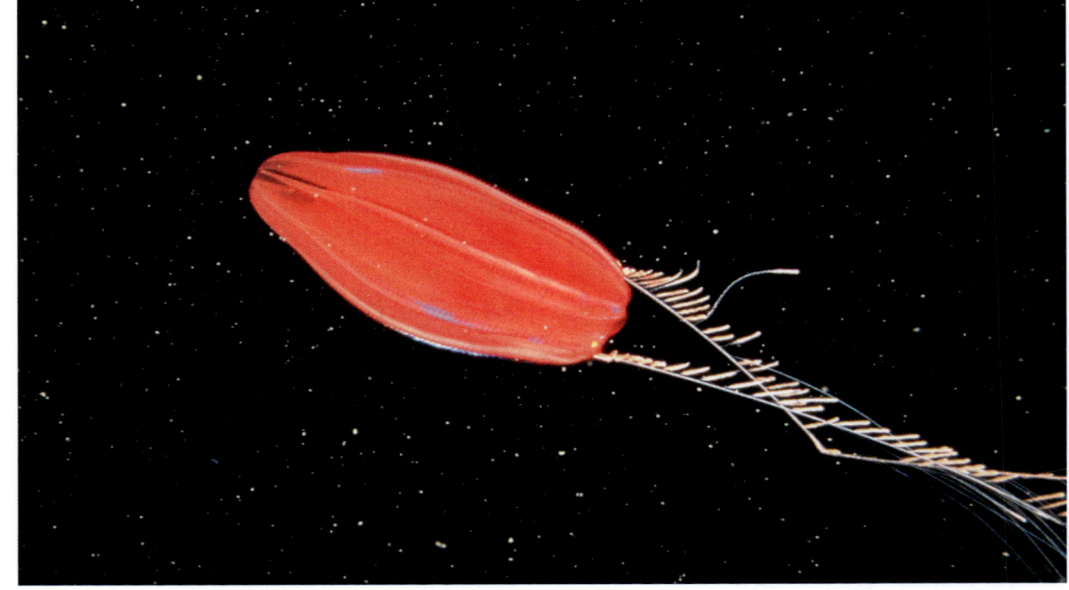

Rippen- oder Kammquallen sind keine Nesseltiere und gehören daher nicht zu den Quallen im zoologischen Sinne. Sie besitzen meist zwei einziehbare Tentakel, die jedoch klebrig und nicht mit Nesselzellen besetzt sind. Durch einzellige Symbionten können die in der Regel durchsichtigen Tiere farbig werden oder sogar leuchten.

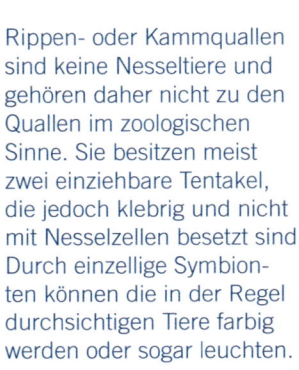

Strukturen und viele Organe zwischen der Außen- und der Innenschicht führt, fehlt bei *Trichoplax* noch. Aus ihr stammen Muskelzellen, die zum ersten Mal in einfacher Form bei Nesseltieren wie Korallen und Quallen sowie bei den möglicherweise etwas jüngeren Rippenquallen beobachtet werden. Sie sind jedoch meist mehr oder weniger vereinzelt im Körper verteilt und bilden nur bei den Rippenquallen Muskelgewebe aus. Rippenquallen sind mit den weithin bekannten Quallen aus der Gruppe der Nesseltiere nicht näher verwandt. Die meisten Arten haben zwar ein auf den ersten Blick ähnliches Aussehen wie Quallen, besitzen jedoch keine der gefürchteten Nesselzellen, mit denen beispielsweise Feuerquallen auch Menschen verletzen können und einige Würfelquallen einen Menschen sogar innerhalb weniger Minuten zu töten vermögen.

Beide Tiergruppen, Nesseltiere und Rippenquallen, sind neben dem Muskelgewebe durch eine weitere Neuentwicklung gekennzeichnet, denn sie verfügen erstmals über Nervenzellen, die bereits zu einem einfachen Nervensystem zusammengeschlossen sind. Aufgrund dieser Eigenschaften und des Vorhandenseins erster echter Gewebe markieren sie den Beginn der Entwicklung der Gewebetiere. Die ersten Fossilien, die bereits sehr modern anmutende Korallen zeigen, sind knapp 600 Millionen Jahre alt. Es wird jedoch davon ausgegangen, dass ihre Entwicklungslinie bis zu 100 Millionen Jahre älter ist und damit ebenfalls im Cryogenium entstand.

Bei den Nesseltieren und Rippenquallen tritt zum ersten Mal in der Entwicklungsgeschichte der Tiere eine Körpersymmetrie auf, denn sie besitzen einen radiärsymmetrischen Bauplan. Diese Symmetrieform, bei der sich die Bauelemente des Körpers um eine zentrale Achse herum immer wiederholen (wie die gleichmäßigen Stücke einer Torte, auf denen jeweils eine Kirsche liegt), ist bei vielen Korallen und Quallen an der äußeren Körperform gut erkennbar. Bereits bei den Rippenquallen bricht sich diese Symmetrie leicht in Richtung einer zweiseitigen Symmetrie, da sie nur zwei gegenüberliegende Tentakel besitzen.

Ihre stammesgeschichtlichen Nachfolger sind wurmförmige Organismen, bei denen die zweiseitige Symmetrie vollständig ausgebildet ist. Ihre Entwicklung begann vermutlich vor mehr als 650 Millionen Jahren, aber bis vor

Quallen bilden gemeinsam mit den zu den Blumentieren zusammengefassten Korallen und Anemonen den Tierstamm der Nesseltiere.

Bei den meisten Vertretern der Nesseltiere ist der radiärsymmetrische Aufbau um das Körperzentrum mit dem Verdauungsapparat herum gut erkennbar. Dabei unterscheidet sich der Aufbau im etwa 450 Millionen Jahre alten Fossil nicht von heute lebenden Exemplaren. Ob sesshaft (Koralle) oder treibend (Qualle) – der Körperbau ist ideal für Lebewesen, bei denen Beute oder Gefahr aus allen Richtungen gleich wahrscheinlich ist.

etwa 560 Millionen Jahren haben sie keine fossilen Spuren hinterlassen. Die zweiseitige Symmetrie ist bei ihnen vollständig ausgebildet und kennzeichnet fortan alle sich neu entwickelnden Tiergruppen. Die Symmetrieachse, die beim Menschen die linke von der rechten Körperhälfte trennt, ist bei Würmern entweder schon an einer unterscheidbaren Ober- und Unterseite zu erkennen oder spätestens bei einem Blick auf die Anordnung

DIE GEHEIMNISVOLLE WELT DES EDIACARIUMS

Das Ediacarium ist die letzte erdgeschichtliche Periode des Proterozoikums, dem „Erdzeitalter der frühen Lebewesen". Es begann vor 635 Millionen Jahren und endete vor 541 Millionen Jahren mit dem Übergang zum Kambrium, der ersten Periode des Phanerozoikums, dem „Erdzeitalter der sichtbaren Lebewesen". Dieser wichtige Gliederungspunkt in der Geschichte des Lebens wurde so gewählt, da spätestens seit dem 19. Jahrhundert mit bloßem Auge erkennbare Fossilien aus der Zeit der sogenannten „Kambrischen Explosion" in großer Zahl bekannt waren, aber keinerlei Lebensspuren ihrer einfacheren Vorgänger aus früheren Zeiten. Dies änderte sich in der zweiten Hälfte des 20. Jahrhunderts, als sich allmählich die Erkenntnis durchsetzte, dass eine Reihe durchaus großer, aber meist nur als schwache Abdrücke erhaltene Fossilien tatsächlich älter waren und von komplexen Organismen stammen, die bereits vor dem Kambrium die Erde besiedelten. Anfang des 21. Jahrhunderts wurde diese Periode nach einer Fundstelle im südlichen Australien offiziell „Ediacarium" genannt.

Aus heutiger Sicht liegt vieles aus dieser Zeit noch im Verborgenen, und die eigentümlichen, auf dem Hintergrund des heutigen Lebens schwer zu deutenden Funde aus dem Ediacarium umweht nach wie vor etwas Geheimnisvolles. Vieles spricht dafür, dass der Explosion der Organismenvielfalt im Kambrium ein vergleichbarer Entwicklungsschub in den Nebeln des Ediacariums vorausgegangen ist – die sogenannte Avalon-Explosion. Benannt nach der Avalon-Halbinsel im Osten Neufundlands, einer wichtigen Fossilienfundstätte, steht sie für das erste Auftreten komplexer Organismen vor etwa 575 Millionen Jahren, bald nach der kurzen Gaskiers-Eiszeit im Nachklang der schweren Vereisungen im vorangegangenen Cryogenium.

Ein plötzliches Ende

Die gefundenen Körperformen sind bizarr: Es gibt Scheiben mit mehr oder weniger sternförmigen Nähten, die vermutlich von flach auf dem Boden lebenden Arten stammen, die Mikrobenmatten abweideten, farnwedelartige Organismen, die möglicherweise mit einer Fußplatte am Boden verankert waren, und Lebewesen, die offenbar wie ein halb mit Sediment gefüllter Beutel im Meeresboden steckten. Von keinem dieser Organismen ist klar, zu welcher späteren Gruppe von Lebewesen sie gehören, obwohl es ausreichend Vorschläge gibt: von korallenartigen Tieren und verschiedenen anderen Tierstämmen über riesenhafte Einzeller oder Einzellerkolonien sowie Pflanze-Tier-Mischwesen bis hin zu Flechten, symbiotischen Gemeinschaften aus Pilzen und Algen. Überwiegend wird heute angenommen, dass es sich um die ersten komplexen, tierischen Vielzeller handelt (in einem Fall konnte dies kürzlich sogar chemisch nachgewiesen werden). Die meisten von ihnen überlebten den Übergang ins Kambrium nicht oder

Die fossilen Abdrücke von Organismen wie *Dickinsonia* aus dem Ediacarium geben viele Rätsel auf. Es scheint sich aber immerhin zu bestätigen, dass es sich um frühe Tiere handelt, denn an einem Fossil konnten Moleküle nachgewiesen werden, die für Tiere charakteristisch sind.

der bei ihnen eindeutig vorhandenen inneren Organe. Ab ihrer Entwicklungsstufe ist auch der dritte Ast des Stammbaums der Zelltypen deutlich ausgebildet und wie bei allen sich später entwickelnden Tieren auch in der Emb-

ryonalentwicklung klar erkennbar. Mit diesen Entwicklungsschritten waren bereits alle geweblichen und strukturellen Voraussetzungen für sämtliche sich noch entwickelnden Tiergruppen geschaffen.

Obwohl viele Details noch unklar sind, versuchen Künstler und Forscher darzustellen, wie ein Lebensraum im Ediacarium ausgesehen haben könnte.

starben spätestens im Laufe des Kambriums gänzlich und ohne Nachfahren aus. Von den sehr wenigen Kandidaten für frühe Vorläufer der heutigen Tierstämme abgesehen, könnte man die Tiere des Ediacariums daher als gescheitertes Experiment der Evolution ansehen.

Rätselhafte Formen

Warum starben sie aus? Es gibt viele Erklärungsansätze, von denen zwei besonders verbreitet sind: Zum einen haben die Organismen möglicherweise selbst ihre Lebensgrundlage zerstört, indem sie sich von den Mikrobenmatten ernährten, die den Meeresboden in vor-kambrischer Zeit bedeckten und in die eingebettet ihre Fossilien meist gefunden werden. Tatsächlich sind Mikroben-

matten für den Beginn des Kambriums kaum noch nachweisbar, sodass Nahrungsmangel ein Auslöser des Aussterbens gewesen sein könnte. Zum anderen entwickelten sich in dieser Zeit auch die letztlich erfolgreichen Tierstämme. Ihre wurmförmigen Vorfahren begannen nachweislich am Übergang zum Kambrium, den Meeresboden buchstäblich umzugraben, sodass sich die ökologischen Verhältnisse, auf die die Organismen des Ediacariums angewiesen waren, grundlegend änderten. Außerdem traten in dieser Zeit erste ernstzunehmende Räuber auf, die sich möglicherweise von den Arten ernährten, die bislang in einer ruhigen Welt koexistiert hatten, die von dem Paläontologen Mark McMenamin „Garten von Ediacara" genannt wurde und die vor rund 540 Millionen Jahren schlagartig aufhörte zu existieren.

EIN TIERISCHER BESTSELLER: DER WURM

Einer der erfolgreichsten Körperbaupläne im Reich der Tiere ist gleichzeitig einer der einfachsten: die Form des Wurmes. Noch heute leben mehr als 60 000 bekannte Tierarten mit einem wurmförmigen Körperbau, die tatsächliche Zahl liegt vermutlich um ein Vielfaches höher.

Innerhalb der Würmer haben entscheidende Weiterentwicklungen der Körperbaupläne stattgefunden. Während bei Plattwürmern der Darm vom Hautmuskelschlauch fest umgeben ist, liegt seit den Fadenwürmern ein flüssigkeitsgefüllter Hohlraum als Puffer dazwischen, sodass sich eine Rohr-im-Rohr-Konstruktion ergibt.

Das besonders Bemerkenswerte ist, dass Würmer fast die Hälfte der heutigen Tierstämme repräsentieren. Diese weite Verbreitung der Wurmform in den Abstammungslinien der Tiere unterstreicht ihren evolutiven Erfolg sehr eindrücklich. Zum Vergleich: Alle Tiere von den Seescheiden über alle Fische, Amphibien, Reptilien, Vögel und Säugetiere inklusive des Menschen gehören zum selben Tierstamm. Die Entwicklung des Wurmbauplans ging mit einer Vielzahl von Neuerungen im Körperbau und den Fähigkeiten der Organismen einher. Würmer haben das typisch tierische Konzept einer beweglichen Lebensweise zur aktiven Nahrungssuche entscheidend vorangebracht. Einzeller und

erste kleine Mehrzeller konnten sich amöbenartig oder propellergetrieben fortbewegen. Schwammlarven und Quallen bewegen sich treibend-schwimmend. Würmer sind nun zu

Den wahrscheinlich erfolgreichsten Körperbauplan der Tiere haben die Würmer entwickelt.

einer effizienten Fortbewegung sowohl auf dem Meeresboden als auch erstmals nennenswert im Meeresboden in der Lage. Dies ermöglichte ihnen die Nutzung völlig neuer

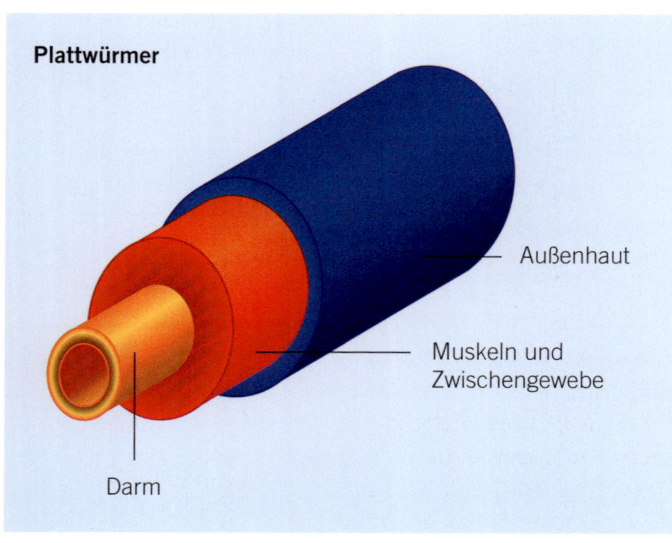

Plattwürmer

Außenhaut

Muskeln und Zwischengewebe

Darm

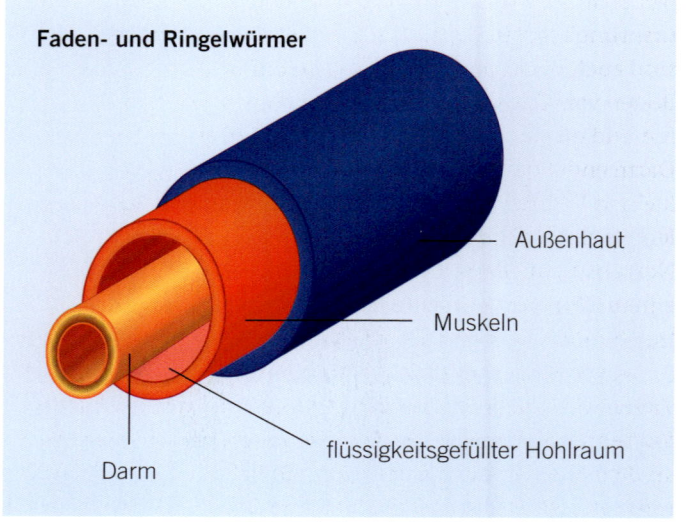

Faden- und Ringelwürmer

Außenhaut

Muskeln

flüssigkeitsgefüllter Hohlraum

Darm

Lebensräume, die bis dahin nur von Bakterien besiedelt waren. Besonders ihre Grabaktivität trug zu den buchstäblich dramatischen Umwälzungen in den Ökosystemen in der Zeit vor etwa 550 Millionen Jahren bei, die den Boden bereiteten für den Siegeszug der heutigen Tierstämme im kurz darauf beginnenden Kambrium.

Für die Beweglichkeit der Würmer ist das bei ihnen gut ausgebildete Muskelgewebe verantwortlich, das sich aus dem dritten, mittleren Hauptast des Stammbaumes der Zelltypen entwickelt (siehe S. 68 f.). Es ist mit der Außenhaut verbunden und bildet mit dieser einen gut beweglichen Hautmuskelschlauch. In der Körpermitte verläuft der Darm, weitere Körperorgane sind im einfachsten Fall, der bei den Plattwürmern anzutreffen ist, in dazwischenliegendes Gewebe eingelagert. Dieses Füllgewebe ist aufgrund der flüssigkeitsgefüllten Zellen nicht komprimierbar. Der Hautmuskelschlauch kann daher gegen den Körperinnenraum arbeiten und bildet mit diesem ein sogenanntes Hydroskelett, das ähnlich wie ein Hydrauliksystem Bewegungen aufnimmt und weiterführt. Die direkt miteinander verbundenen Gewebe sind jedoch durch Stöße leicht verletzbar.

Plattwürmer besitzen eine abgeflachte Körperform und leben heute überwiegend als Parasiten. Die Untergruppen der Band- und Saugwürmer befallen zum Teil auch den Menschen. Frei lebende Arten, die zur Untergruppe der Strudelwürmer gehören, werden als die ursprünglichsten Organtiere angesehen. Sie sind auch heute noch überwiegend auf dem Boden von Gewässern und Aquarien anzutreffen und oft nur wenige Millimeter groß. Der Darm endet bei ihnen noch blind in vielen kleinen Verästelungen, und Atemorgane fehlen. Es gibt jedoch ein deutlich ausgebildetes Nervensystem, dessen Nervenstränge sich an einem Körperende in einem Nervenknoten treffen und so ein einfaches Gehirn bilden.

Als Folge der gerichteten Bewegung bei Tieren wird die Entstehung eines Kopfes oder Kopfendes angesehen: Der Kopf befindet sich an dem Ende, in das die Bewegung üblicherweise erfolgt. Dadurch konzentrieren sich

dort die Sinneszellen und -organe zur Orientierung und Nahrungssuche sowie die Mundwerkzeuge und der Mund. Zur schnellen Verarbeitung von Sinnesreizen befindet sich das Gehirn ebenfalls in diesem Bereich. Bei den

Dieser Strudelwurm gehört zu einer frei lebenden Untergruppe der sonst meist parasitisch an einem Wirt schmarotzenden Plattwürmer. Viele Strudelwürmer leben stattdessen als farbenprächtige Räuber in Korallenriffen und sind ausgeprägte Nahrungsspezialisten.

Der Kopf liegt bei Tieren vorne, beim Menschen hat er sich durch den aufrechten Gang nach oben verlagert.

sich aktiv fortbewegenden Tieren entsteht, wie bei den Würmern gut erkennbar, eine meist in Bewegungsrichtung liegende Körperachse vom Kopf zum Hinterende, aus der sich gemeinsam mit einer Unterscheidung zwischen Oben und Unten die zweiseitige Symmetrie dieser Tiere ergibt. Unbewegliche Tiere, wie die einfacher gebauten Korallen, profitieren hingegen von ihrer kreisförmigen Symmetrie (Radiärsymmetrie), da Sinnesreize in ihrem Fall von allen Seiten gleichermaßen wahrscheinlich sind. Einige zweiseitig symmetrische Tiere werden im Laufe ihrer Evolution wieder zu einer sesshaften Lebensweise zurückkehren und als Konsequenz auch wieder radiärsymmetrische Körperformen entwickeln.

Die Wurm-Updates: Kreislauf und Airbag

Eine nächste Entwicklungsstufe ist bei den Fadenwürmern zu beobachten und in ähnlicher, funktionell vergleichbarer Form bei den Ringelwürmern, die zu einer anderen der etwa drei Großgruppen der zweiseitigen Tiere gehören. Fadenwürmer, die meist in feuchten Lebensräumen vorkommen, sind ein artenreicher Stamm mit vielen, zum Teil mikroskopisch kleinen Arten bis hin zu einem mehr als acht Meter langen Pottwal-Parasiten. Sie sind zugleich der aktuell individuenreichste Tierstamm, denn man schätzt, dass vier von fünf heute lebenden Tieren Fadenwürmer sind. Die Ringelwürmer sind evolutiv etwas jünger.

Bekannte Vertreter sind die Regenwürmer, Wattwürmer und Egel. Bei beiden Gruppen ist der Raum zwischen Hautmuskelschlauch und Darm, der nun auch einen Ausgang besitzt, nicht komplett mit Körpergewebe gefüllt, sondern beherbergt als Teil des Hydroskelettes einen flüssigkeitsgefüllten Hohlraum, der unterteilt sein kann und in dem die inneren Organe aufgehängt sind. Diese Art der Körperarchitektur findet man nach ihrer Entwicklung durch die Würmer bei fast allen Tieren bis hin zum Menschen.

Durch das umgebende Flüssigkeitspolster sind die Organe deutlich besser druckgeschützt und es kommt bei Stößen seltener zu inneren Verletzungen. Außerdem ist die Bewegung der Hautmuskeln durch die Flüssigkeitsschicht vom Darm getrennt, sodass sich beide unabhängig voneinander bewegen können. Die Vorteile dieser Konstruktion spüren

Regenwürmer sind Wirbeltieren in vielerlei Hinsicht funktionell bereits sehr ähnlich.

wir permanent, denn anderenfalls würde jede unserer kontinuierlichen Darmbewegungen unsere Körperoberfläche verformen und jede Körperbewegung direkt auf das Verdauungssystem übertragen werden. Vermutlich hat sich diese typische Form des Hydroskelettes evolutiv gebildet, um den weichhäutigen Würmern das Graben in Sedimenten zu ermöglichen. Dadurch haben sie vielleicht vor etwa 550 Millionen Jahren begonnen, die kambrische Explosion durch Umgraben des Meeresbodens einzuleiten.

Obwohl die Flüssigkeit in der Körperhöhle auch Nährstoffe und andere Substanzen transportieren kann, entwickelten sich für den Stofftransport relativ bald Gefäßsysteme, die dafür wesentlich effizienter sind. Während Faden- und Plattwürmer nicht darüber verfügen, kommen bei den Ringelwürmern sogar bereits geschlossene Kreislaufsysteme ähnlich denen der Wirbeltiere vor. Angetrieben von

Die meisten Fadenwürmer sind mit bloßem Auge nicht oder kaum zu erkennen. Viele von ihnen leben als Parasiten von Tieren und Pflanzen, andere als Räuber oder Aasfresser. Sie besitzen wie die Plattwürmer kein Gefäßsystem, sodass die Nährstoffe aus dem Darm direkt in die umliegende Gewebeflüssigkeit übertreten.

herzartigen Muskelstrukturen an den Gefä-
ßen, zirkuliert in ihnen Blut, das Substanzen
enthält, die wie beim Menschen den Trans-
port von Atemgasen verbessern.

Serienproduktion:
Der Wurm-am-Wurm

Die Ringelwürmer warten mit noch einer
Besonderheit auf: Ihr geringeltes Aussehen
geht auf eine Vielzahl von Körpersegmen-
ten zurück, zwischen denen der Körper der
Würmer jeweils etwas eingeschnürt ist. Es
entsteht der Eindruck, als ob ganz viele kurze
Würmer aneinandergefügt worden wären,
denn im idealtypischen Fall verfügt jedes Segment über eine eigene Ausgabe der zentralen
Organe des Wurmes: Nerven, Geschlechts-
und nierenartige Ausscheidungsorgane
wiederholen sich in jedem Segment, ebenso
wie Muskeln und eine ringförmige Blutgefäß-
verbindung zwischen dem Bauch- und dem
Rückengefäß. Diese Gefäße durchziehen den
Wurm unter- bzw. oberhalb des ebenfalls an
jedem Segmentübergang eingeschnürten
Darms von vorne nach hinten. Lediglich der
Kopf mit dem Darmeingang und der Bereich
des Darmausgangs weichen geringfügig von
diesem regelmäßigen Aufbau ab.

    Der flüssigkeitsgefüllte Hohlraum für
die Funktion des Hydroskelettes verteilt
sich ebenfalls auf die Segmente, sodass jedes

Regenwürmer weisen die
typische Ringelung auf, die
durch die hintereinander
liegenden Körpersegmente
der Ringelwürmer zustan-
de kommt. Nach hinten
gerichtete Borsten an den
Segmenten erleichtern dem
Wurm das Vorankommen
durch eine ziehharmonikaarti-
ge Körperbewegung.

Segment über einen eigenen, abgeschlosse-
nen Raum verfügt, aus dem der Muskeldruck
sich nicht auf die anderen Segmente verteilen
kann. Dadurch können die Ringelwürmer die
Bewegung einzelner Körperabschnitte unabhängig voneinander steuern und ihren Körper
bei Bedarf durch wellenförmige Kontraktio-
nen geradlinig vorwärtsbewegen, während
einfacher gebaute Würmer ausschließlich
auf eine schlängelnde Fortbewegung angewiesen sind. Um auf und im Untergrund
voranzukommen, besitzen viele Ringelwürmer an ihren Segmenten steife Borsten, die
sie bewegen können, um ihr Fortkommen zu
unterstützen. Ihr Körperbau ist im Vergleich
zu anderen Würmern am weitesten fortgeschritten und entwickelt.

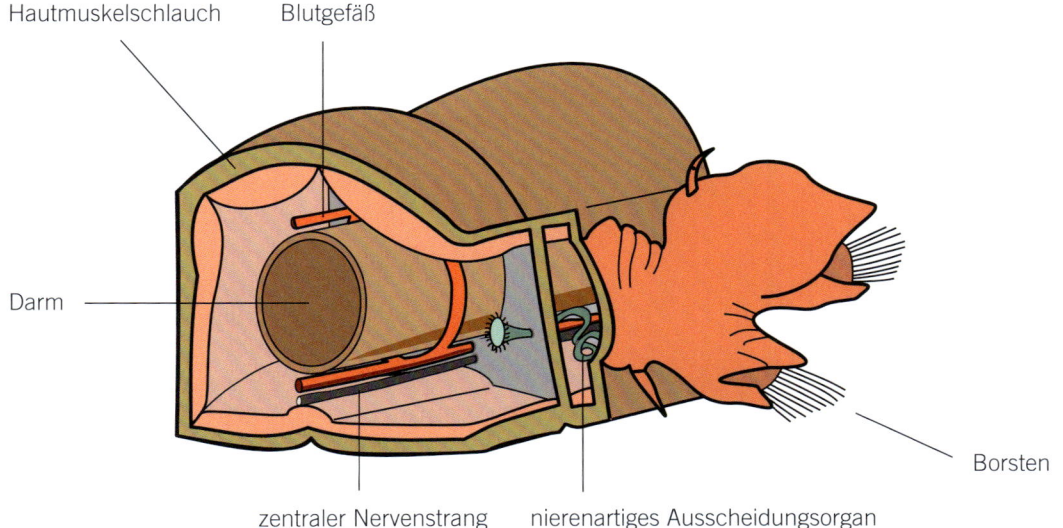

Hautmuskelschlauch   Blutgefäß

Darm

zentraler Nervenstrang   nierenartiges Ausscheidungsorgan

Borsten

In Ringelwürmern (Anschnitt)
wiederholt sich das Konstruk-
tionsschema des Körpers in
jedem Segment.

WEICHTIERE: WIE ÜBERTRUMPFT MAN EINEN WURM?

Relativ nah mit den Ringelwürmern und ihrem fortgeschrittenen Bauplan verwandt sind die Weichtiere. Sie sind sehr formenreich, da zu ihnen neben einigen eher unbekannten, im Meer lebenden Gruppen so verschiedene Tiere wie Schnecken, Muscheln, Kalmare, Kraken und die Perlboote gehören.

Außerdem sind die Weichtiere mit fast 100 000 bekannten, heute lebenden Arten der zweitgrößte Tierstamm mit Blick auf die Artenfülle. Etwa vier von fünf Weichtierarten gehören zu den Schnecken, die damit die bei Weitem größte Untergruppe darstellen, und fast jede vierte bekannte Tierart im Meer ist ein Weichtier.

Anders als bei den Ringelwürmern besteht der Körper der Weichtiere nicht aus sich wiederholenden Segmenten, sondern aus einem muskulösen Fuß auf der Bauchseite, der in einem Kopf endet, dessen Schlundöffnung eine mit feinen Zähnchen besetzte

Raspelzunge beherbergt, die abhängig von den Ernährungsgewohnheiten unterschiedlich ausgeformt ist. Der Fuß hat sich bei den meisten Weichtieren zu einem Kriech-, Grab-

Trotz ihres Namens ist eine harte Schale ein charakteristisches Merkmal der Weichtiere. So wurden sie durch die Zeiten als Fossilien bewahrt.

oder Haftorgan entwickelt. Der Kopf sowie die Raspelzunge sind bei einigen Gruppen, beispielsweise den Muscheln, zurückgebildet. Die überwiegende Mehrheit der Weichtiere besitzt auf dem Rücken eine schützende Schale, die sehr vielgestalt sein kann, von platten- oder napfartigen Panzern über die zweiteiligen Schalen der Muscheln bis hin zu Gehäusen, die mitunter sogar mit einem Deckel verschlossen werden können, wenn beispielsweise eine Schnecke sich darin zurückgezogen hat. Bei den Tintenfischen liegt die Schale im Körperinneren und ist teilweise von der Schutz- auf eine Stützfunktion reduziert worden, wie bei den Kalmaren, oder fehlt wie bei manchen Kraken sogar ganz.

Die mineralische Schale der meisten Weichtiere hat zu reichhaltigen Fossilienfunden geführt, wodurch die Entwicklungsgeschichte seit den ältesten, schneckenartigen Fundstücken mit einem Alter von etwa

Ammoniten finden sich neben einer Reihe weiterer Versteinerungen häufig in Sandsteinplatten, besonders aus dem Jura vor gut 150 Millionen Jahren. Sie lassen sich daher in entsprechenden Fensterbänken, Boden- und Wandbelägen entdecken.

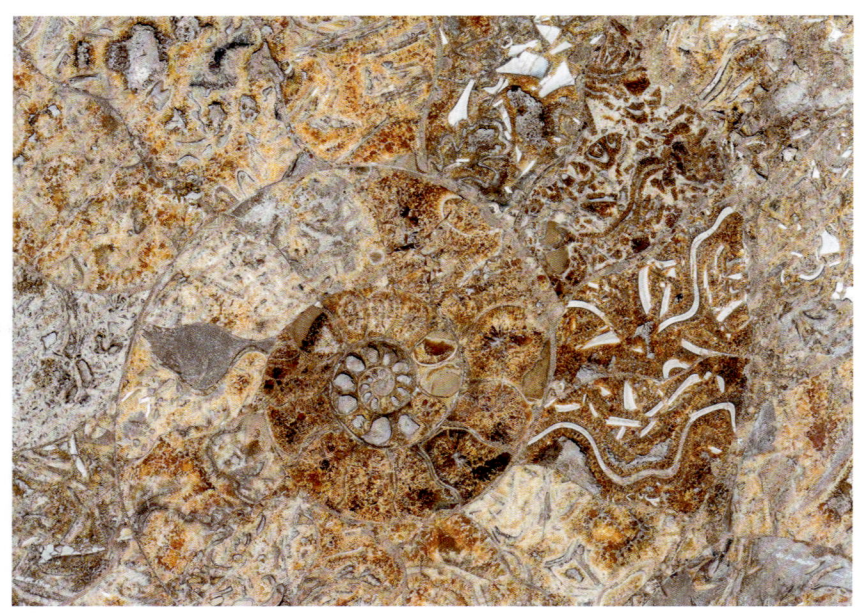

540 Millionen Jahren recht gut bekannt ist. Einige ältere Fossilien sind nicht zweifelsfrei als Weichtiere identifizierbar, aber genetische Analysen heutiger Arten lassen vermuten, dass sich der Tierstamm der Weichtiere bereits vor knapp 600 Millionen Jahren von den übrigen trennte.

Die bekanntesten und von vielen am häufigsten wahrgenommenen Fossilien überhaupt sind die auffälligen, spiralförmigen Gehäuse der Ammoniten, die in manchen

---

Ammoniten, die zu den beliebtesten Fossilien zählen, sind keine Schnecken, sondern gehören wie Tintenfische zu den Kopffüßern.

---

steinernen Fensterbänken oder Fliesen aus Sandstein gut erkennbar sind. Mitunter werden sie von Laien für Schnecken gehalten, aber sie repräsentieren eine ganz andere Großgruppe der Weichtiere: die Kopffüßer.

Die ältesten Fossilien, die Kopffüßern zugeordnet werden, sind gut 500 Millionen Jahre alt, was bedeutet, dass diese Weichtiergruppe vermutlich noch vor Beginn des Kambriums entstand. Zu einer der ältesten Gruppen innerhalb der Kopffüßer gehören die noch heute im tropischen Westpazifik

und im Indischen Ozean lebenden Perlboote. Sie besaßen ein festes Außengehäuse, das zunächst langgestreckt und kegelförmig war und sich später bei einigen Gruppen inklusive der heute noch lebenden zu einer spiralig aufgerollten Form entwickelte. Diese kompakte Form bietet mehrere Vorteile: Durch die spiralförmige Biegung des Gehäuses wird für die aneinanderliegenden Bereiche nur noch eine Wand benötigt, sodass gegenüber einer kompletten Röhre Material und Gewicht eingespart werden. Dies erleichterte den ursprünglich vermutlich kriechenden Tieren die ihnen ebenfalls entwickelte schwimmende Fortbewegung. Dies ist ein möglicher Grund, warum sich die Tiere räumlich und zeitlich so weit verbreiten konnten. Nicht zuletzt ermöglicht eine kompakte, eher runde Form mit einem zentralen Schwerpunkt eine stabilere Schwimmlage und eine bessere Manövrierbarkeit für die mehrheitlich räuberisch lebenden Tiere. Sie standen als damals größte Räuber vermutlich lange Zeit an der Spitze der Nahrungskette des Erdaltertums.

Einige Zeit später, vor gut 400 Millionen Jahren, entwickelten sich die Ammoniten aus einer Kopffüßergruppe heraus, die ebenfalls langgestreckte Gehäuse besaß und bereits schwimmfähig war. Auch die Ammoniten entwickelten eine spiralig gekrümmte Röhre, allerdings ist sie bei ihnen fast ausnahmslos in einer Ebene aufgerollt, im Gegensatz zu

Bei dem frühen Ammoniten aus dem Devon (links) von vor etwa 400 Millionen Jahren ist die Krümmung der Röhre noch nicht vollständig, da sich die Windungen nicht berühren. Der kreidezeitliche Ammonit (rechts) mit einem Alter von etwa 100 Millionen Jahren zeigt hingegen die typische Ammonitenform.

NAUTILUS – 500 MILLIONEN JAHRE ENTWICKLUNGSGESCHICHTE

Die Familie der Perlboote mit der bekannten Gattung *Nautilus* hat als einzige Gruppe der Kopffüßer mit Außenschale bis heute überlebt. Sie repräsentiert innerhalb der zoologischen Klasse der Kopffüßer die Unterklasse Nautiloidea, die im Kambrium vor etwa 500 Millionen Jahren einige der frühesten Kopffüßer hervorgebracht hat. Rund 2 500 fossile Arten von Nautiloidea sind bekannt. 100 Millionen Jahre später formte sich im Devon etwa zeitgleich mit der Entwicklung der Ammoniten die Ordnung Nautilida, deren Mitglieder bereits alle mindestens gekrümmte Gehäuse besaßen. Nachdem diese Gruppe das Massenaussterben zwischen Perm und Trias vor 252 Millionen Jahren einigermaßen gut überstanden hatte, traten in der Trias die ersten Vertreter der Familie der Perlboote auf. Diese überlebte 50 Millionen Jahre später die Aussterbewelle am Ende der Trias als einzige und mit nur einer Gattung, deren Gehäuse bereits eine große Ähnlichkeit zu den heutigen *Nautilus*-Arten aufwies. Deren Nachfahren brachten wieder eine große Artenvielfalt hervor und überlebten mit drei Familien das erneute Massenaussterben am Ende der Kreide – im Gegensatz zu den Ammoniten. Als ein Grund für die gute Überlebensfähigkeit werden die im Vergleich zu den moderneren Kopffüßern größeren und vermutlich häufiger produzierten Eier angesehen, die bereits relativ große und gut entwickelte Jungtiere entlassen. Diese sind nicht so sehr auf Plankton als erste Nahrungsgrundlage angewiesen, wie dies bei den Jung-

tieren der Ammoniten wahrscheinlich der Fall war, was diesen durch den starken Rückgang der Planktonmenge zwischen Kreide und Paläogen zum Verhängnis wurde.

Nautilus, die bekannteste der beiden heutigen Gattungen, entstand vor ungefähr 40 Millionen Jahren, die heute lebenden Arten vor wenigen Millionen Jahren. Sie leben als nächtliche Räuber überwiegend in wenige hundert Meter tiefem Wasser, besonders an Riffkanten. In oberflächennahe Bereiche kommen sie nur, wenn die Wassertemperatur 25 °C nicht übersteigt, zum Beispiel im Bereich Neukaledoniens. Ihre maximale Tauchtiefe liegt bei ungefähr 700 Metern, da ihre Schale einem größeren Wasserdruck nicht standhält.

Die häufig gewählte Bezeichnung der heutigen Perlboote als lebende Fossilien ist mit Bedacht zu interpretieren: Als einzige Kopffüßer mit Außenschale repräsentieren sie tatsächlich und als einzige noch lebende Organismen ihre 500 Millionen Jahre alten Vorfahren. Deren Nachkommen haben sich aber in der langen Zeitspanne ebenfalls evolutiv weiterentwickelt, was an der damals noch langgestreckten Gehäuseform am deutlichsten wird. Außerdem sind die heute lebenden aufgerollten Perlboot-Arten mit wenigen Millionen Jahren nicht in besonderer Weise alt. Trotzdem hat die Bezeichnung ihre Berechtigung, denn ihr Anblick erinnert an eine Zeit, die bis zu mehr als 200 Millionen Jahre zurückliegt und in der ganz ähnlich aussehende Arten die Meere der Erde bevölkerten. Außer in ihrem natürlichen Lebensraum lassen sich das urtümliche Aussehen und der ungewohnte Bewegungsablauf der Perlboote in den Aquarien verschiedener Zoos bewundern.

Die wenigen heute noch lebenden *Nautilus*-Arten unterscheiden sich praktisch nicht von verwandten, mittlerweile ausgestorbenen Formen wie dieser fossilen Art (links) aus der mittleren Kreide vor etwa 100 Millionen Jahren. Die gesamte Gruppe existiert bereits seit dem Kambrium vor etwa 500 Millionen Jahren.

einer Reihe von Arten aus der älteren Perl-
boot-Gruppe, bei denen auch schnecken-
hausartige Formen mit einer dreidimensio-
nalen Spirale vorkamen. Der Grund für ihre
Schwimmfähigkeit und die vieler anderer
Kopffüßer offenbart sich bei einem Blick ins
Innere des Gehäuses: Es besteht aus mehreren, hintereinander liegenden Kammern, die
im Laufe des Wachstums aneinandergefügt
werden. Die jeweils vorderste Kammer ist die
Wohnkammer, in der sich der Großteil der
Körperweichteile befindet. Die verlassenen
Kammern werden entleert und dienen als
gasgefüllte Auftriebskörper, die das Tier ohne
weiteren Kraftaufwand im Wasser schweben
lassen. Möglicherweise konnten die Ammoniten, im Gegensatz zu zumindest den heute
noch lebenden Perlbooten, ihren Auftrieb
so schnell anpassen, dass sie dadurch ihre
Schwimmtiefe regulieren konnten. Dafür
spricht, dass die Trennwände zwischen den
Kammern der Ammoniten sehr viel komplizierter geformt sind als die der Perlboote und
ihrer ausgestorbenen Verwandten. Die größere Oberfläche erlaubte es den Tieren, die Kammern besser zu füllen oder zu entleeren. Für
schnelle Bewegungen haben die Kopffüßer
jedoch eine raketenähnliche Rückstoßtechnik
entwickelt, bei der sie sich durch das gezielte
Ausstoßen von Wasser in eine gewünschte
Richtung katapultieren können.

Das Gehäuse der Ammoniten war mit
Perlmutt überzogen, was den Tieren ein
prächtiges Aussehen verliehen hat, sich aber
in Fossilien oft nicht erhält. Je älter die Fossilien sind, desto häufiger bestehen sie meist

---

**Seidenproteine gibt es schon sehr
lange – sie kommen nicht nur bei
Spinnen und Insekten, sondern
auch bei Weichtieren vor.**

---

nur noch aus einem Steinkern, der die Form
des Tieres wiedergibt, aber praktisch kein ursprüngliches Material mehr enthält. Perlmutt
besteht aus Kalk, der in feinsten Partikeln

Das bei diesem gut 100 Millionen Jahre alten, kreide-
zeitlichen Fossil erhaltene
Perlmutt vermittelt einen
Eindruck des tatsächlichen
Aussehens eines Ammoniten-
gehäuses.

abgelagert ist, die das Licht farbig reflektieren.
Am Aufbau von Perlmutt sind Seidenproteine beteiligt, die evolutiv bereits sehr alt sein
müssen: Sie kommen gleichartig auch bei
vielen Gliederfüßern vor, beispielsweise in
Spinnenseide oder der aus Schmetterlingsraupen gewonnenen Seide, aus der die meisten
Seidenstoffe gewebt werden. Einige Muscheln
produzieren ebenfalls Seide, wie die Miesmu-
scheln, die sich damit an einem geeigneten
Untergrund festheften. Ausgehend von genetischen Analysen lebte der letzte gemeinsame
Vorfahre von Weichtieren und Gliederfüßern,
der bereits über diese Seidenproteine verfügt
haben muss, vor fast 650 Millionen Jahren.

Die Ammoniten mit 1 500 bekannten
Gattungen und vermutlich mehreren Zehntausend Arten unterscheiden sich in Abhängigkeit von ihrem zeitlichen Auftreten in der
Erdgeschichte mitunter erheblich voneinander. Dies liegt daran, dass sie drei der fünf

Die am Meer oder in Stein-platten zu findenden „Don-nerkeile" (links) sind die Innenschalen der am Ende der Kreide ausgestorbenen Belemniten, die den heutigen Kalmaren ähneln, aber statt Saugnäpfen Haken an den Fangarmen trugen.

größten Massenaussterben in der Geschichte des Lebens überstanden haben, allerdings jeweils nur mit sehr wenigen Arten. Aus diesen entwickelte sich dann jedes Mal eine neue, meist noch größere Artenvielfalt als zuvor. Zum Verhängnis wurde den Ammoni-ten dann die Katastrophe am Ende der Kreide, durch die nicht nur die Dinosaurier ausstar-ben, sondern auch alle Ammoniten und mit ihnen viele andere Kopffüßer. Die etwa sechs heutigen Arten der Perlboote (die Einteilung ist nicht ganz eindeutig) sind daher die ein-zigen noch lebenden Kopffüßer mit einer Außenschale.

Kopffüßer mit einer Innenschale, die also von Weichgewebe umgeben ist, entwickelten sich ebenfalls schon früh. Ein Beispiel sind die Belemniten, die sich nahezu parallel mit den Ammoniten aus den gleichen Vorfahren entwickelten. Sie starben ebenfalls am Ende der Kreide aus, sind aber fossil in Form der Spitze ihrer fingerförmigen Innenschale, die zu der häufigen Bezeichnung „Donnerkeil" führte, oft neben Ammoniten zu finden. Sie ähnelten den heutigen Kalmaren, mit denen sie gemeinsam mit den Kraken die Gruppe der Tintenfische repräsentieren. Die Sepien gehören als nahe Verwandte der Kalmare ebenfalls in diese Gruppe, unterscheiden sich von diesen jedoch durch ihren kalkigen,

durch eingeschlossene Gasblasen dem Auf-trieb dienenden Rückenschulp, der aus dem Innengehäuse entstanden ist. Er ist vielen Vogelbesitzern als Kalk- und Mineralstofflie-rant für Ziervögel bekannt und wird bisweilen an Stränden angespült.

Mit Köpfchen zum Erfolg

Bei den Weichtieren setzte sich der bei den Würmern begonnene Trend der Kopfbildung fort. Dies erfolgte unabhängig von ähnlichen evolutiven Prozessen in anderen Entwick-lungslinien wie den Gliederfüßern oder den Wirbeltieren, führte jedoch mitunter zu erstaunlich ähnlichen Ergebnissen. Die Fern-sinnesorgane konzentrierten sich im Kopf-bereich und wurden immer weiter optimiert. Ein Paradebeispiel ist die Augenentwicklung: Innerhalb der Kopffüßer etwa entwickelte sich das Auge von einer sehr einfachen Kons-truktion, die einer Lochkamera entspricht und bei den Perlbooten zu finden ist, hin zu einem komplizierten Linsenauge bei den Tintenfischen. So unterscheiden sich die Augen der Kraken auf den ersten Blick nicht von denen der Wirbeltiere, obwohl sich die Entwicklungslinien bereits im Cryogenium vor etwa 670 Millionen Jahren trennten. Die Details offenbaren jedoch die gänzlich un-abhängige Entwicklung: Das Wirbeltierauge entwickelt sich im Embryo aus Vorläuferzellen des Gehirns, während das Tintenfischauge von Hautvorläuferzellen abstammt. Ein für die Sehleistung relevanter Unterschied ist, dass das Wirbeltierauge quasi „falsch verkabelt" ist, denn die Nerven, die die lichtempfindlichen Zellen mit dem Gehirn verbinden, verlaufen nach vorne, in Richtung des

Die Gehirnleistung der Kraken ist der vieler Insekten und Wirbeltiere vergleichbar.

einfallenden Lichtes, das sie dadurch stören, und treten dann gebündelt durch die Netzhaut hindurch, wodurch sie den berühmten

blinden Fleck verursachen. Beim Tintenfischauge kommen die Nerven, wie eigentlich zu erwarten, von der lichtabgewandten Seite, also von hinten, sodass Tintenfische keinen blinden Fleck besitzen.

Das Nervensystem und die Gehirnentwicklung sind bei den Weichtieren gegenüber den verschiedenen Wurmformen ebenfalls fortgeschritten. Insbesondere die Kraken verfügen über eine Gehirnleistung, mit der sie zur Gruppe der intelligentesten und lernfähigsten Tiere gehören. Entsprechend komplex ist auch ihr Verhalten, das dem der Insekten und der meisten Wirbeltiere nicht nachsteht. Ein Grund hierfür könnte sein, dass sich der Auftriebskörper zurückbildete und die Kraken vom „Treibenlassen" zum aktiven Schwimmen übergingen – das erfordert schnellere Reaktionen und Körperkoordination.

Kraken gehören zu den Achtarmigen Tintenfischen. Neben einer beeindruckenden Gehirnleistung, die ihnen komplexe Verhaltensmuster ermöglicht, haben sie eine Augenkonstruktion entwickelt, die dem Wirbeltierauge verblüffend ähnlich ist.

GLIEDERFÜSSER: DER HÖHEPUNKT DER ARTENVIELFALT

Die Gliederfüßer sind der artenreichste Stamm im Reich der Tiere. Vier von fünf heute lebenden und bekannten Tierarten gehören ihm an, der Großteil sind Insekten, von denen bislang etwa eine Million Arten entdeckt worden sind. Mehr als ein Drittel davon sind Käfer.

Stummelfüßer sind wenige Zentimeter große, vorrangig auf der Südhalbkugel verbreitete Organismen feuchter und dunkler Lebensräume, etwa in Regenwäldern. Sie bilden einen eigenen, mit wenigen hundert Arten nur kleinen Tierstamm.

Vermutlich ist die tatsächliche Anzahl der Insekten um ein Mehrfaches höher, da in den tropischen Regenwäldern noch Millionen unbekannter Arten vermutet werden, von denen viele wahrscheinlich aussterben werden, bevor ein Mensch sie zum ersten Mal zu Gesicht bekommt. Neben den Insekten zählen zu den heute noch vorkommenden Gliederfüßern so unterschiedlich wirkende Gruppen wie die Spinnentiere inklusive der Skorpione, die Tausendfüßer und die Krebse.

Ein segmentierter Bauplan – alter Hut oder angesagter Trend?

Die Entwicklung der Gliederfüßer begann in der Mitte des Ediacariums vor ungefähr 600 Millionen Jahren. Sie gehören, wie auch die Fadenwürmer, zu einer Gruppe von Tierstämmen, die als Häutungstiere bezeichnet

Insekten sind die mit Abstand artenreichste Tiergruppe, es gibt vermutlich mehrere Millionen Arten.

werden, da sie sich im Laufe ihres Lebens häuten müssen, um zu wachsen. Diese Gruppe trennte sich zu Beginn des Ediacariums von der Entwicklungslinie der Platt- und Ringelwürmer sowie der Weichtiere. Gliederfüßer sind daher mit keiner dieser Tiergruppen näher verwandt. Besonders überraschend war

dieses Ergebnis molekulargenetischer Untersuchungen mit Blick auf die Ringelwürmer, die zuvor als sehr nahe Verwandte der Gliederfüßer angesehen wurden. Gliederfüßer weisen nämlich ebenso wie die Ringelwürmer einen segmentierten Körper und segmentartig gegliederte Organe auf. Da die Segmente der Gliederfüßer erheblich stärker spezialisiert sind und zu übergeordneten Einheiten wie Kopf, Brust oder Hinterleib zusammengefasst sind, war man davon ausgegangen, dass die Gliederfüßer eine Weiterentwicklung der Ringelwürmer darstellen. Nun muss jedoch angenommen werden, dass sich die Körpersegmentierung entweder zweimal unabhängig voneinander entwickelte oder der letzte gemeinsame Vorfahre im frühen Ediacarium vor etwa 600 Millionen Jahren bereits segmentiert war und dieser Körperbauplan bei vielen anderen Tierstämmen, die danach folgten, wieder aufgegeben wurde.

Die Gliederfüßer entwickelten sich vermutlich aus einem Organismus, der im Körperbau den heutigen Stummelfüßern ähnelte, also einem „Wurm auf Beinen", der auf den ersten Blick äußerlich wie manche heutige Schmetterlingsraupen wirkt und wahrscheinlich das erste laufende Tier war. Die ältesten fossilen Hinweise dazu stammen aus der Übergangszeit vom Ediacarium zum Kambrium. Die Stummelfüßer kommen heute in Regionen der Südhalbkugel vor, die aus dem Großkontinent Gondwana hervorgegangen sind, der sich vor knapp 600 Millionen Jahren zu bilden begann. Sie sind einer der beiden Tierstämme, die als direkte Schwestergruppen der Gliederfüßer diskutiert werden und deren

Bärtierchen sind die widerstandsfähigsten Tiere und können sogar im Weltraum überleben.

Vertreter ebenfalls segmentierte Körper aufweisen. Der andere Stamm sind die Bärtierchen, normalerweise unter einem Millimeter große, weltweit in Gewässern und feuchten Lebensräumen vorkommende Tiere, die sich namensgebend tapsig auf acht Stummelbeinen fortbewegen. Sie gehören zu den robustesten Lebewesen überhaupt, denn sie sind in der Lage, sich innerhalb weniger Stunden in spezielle Ruhestadien zu versetzen. Dann wird das Körperwasser durch speziell gebildete Austauschstoffe ersetzt, und die Körperform ändert sich. Dadurch können sie extreme Bedingungen überleben wie Temperaturen

von −272 °C bis +150 °C, einen sechsmal so großen Druck wie der an der tiefsten Stelle der Ozeane, das Vakuum im Weltraum inklusive der ultravioletten Strahlung, das Tausendfache der für den Menschen tödlichen radioaktiven Strahlung, extreme Austrocknung und Jahrzehnte ohne Nahrung und Sauerstoff. Für die Strahlenresistenz spielt eine wichtige Rolle, dass sich die Zellen vieler Arten in erwachsenen Tieren wie bei vielen Fadenwürmern (siehe S. 63) nicht mehr teilen und dadurch deutlich weniger strahlungsempfindlich sind.

Innerhalb der Gliederfüßer entwickelte sich ein Bauplan, bei dem bestimmte Körpersegmente zu Strukturen wie dem Kopf, einem Brust- oder einem Schwanz- bzw. Hinterleibsabschnitt verschmolzen und eine spezialisierte Form und Organausstattung aufweisen. Eine recht ursprüngliche Form dieses Bauplanes findet sich bei den Trilobiten, einer frühen Entwicklungslinie der Gliederfüßer, die ohne überlebende Nachfahren blieb. Ihre ältesten Fossilien stammen aus dem frühen Kambrium. Zu diesem Zeitpunkt waren sie jedoch schon so vielfältig entwickelt, dass der Ursprung der Trilobiten einige Zeit davor liegen muss. Als ursprüngliches Merkmal wird bei ihnen die relative Gleichförmigkeit der Segmente angesehen, die hinter denjeni-

Bärtierchen sind meist nicht größer als einen halben Millimeter und leben weltweit im Meer- und Süßwasser sowie in nassen Lebensräumen an Land. Wie die Stummelfüßer bilden sie einen eigenen, mit gut tausend Arten etwas größeren Tierstamm und sind fossil bereits aus dem Kambrium bekannt.

Trilobiten waren meeresbewohnende Gliederfüßer mit einem Außenskelett, das sich vielfach gut erhalten hat. Bislang wurden mehr als 15 000 verschiedene Arten gefunden, die meist nur einige, maximal jedoch 70 Zentimeter groß wurden. Dieses Exemplar ist etwa 400 Millionen Jahre alt und stammt aus dem frühen Devon.

gen liegen, die den Kopf bilden. Ein mittlerer Brust- und ein hinterer Schwanzabschnitt können jedoch auch schon unterschieden werden. Ihre Fossilien sind zahlreich – zum einen, weil sie mit einer hohen Arten- und Individuenzahl alle bekannten Meere bis zum Massenaussterben am Ende des Perm vor 252 Millionen Jahren bewohnten und zum anderen bot ihr verkalkter Rückenpanzer beste Voraussetzungen für eine fossile Erhal-

tung. Später entdeckte Fossilienlagerstätten, in denen auch unverkalkte Weichteile wie die Bauchseite erhalten geblieben sind, zeigen jedoch, dass es neben den Trilobiten eine überwältigende Vielzahl an unverkalkten, zum Teil sehr ähnlich aufgebauten Gliederfüßern gegeben hat, von denen ebenfalls viele ohne heute noch lebende Nachfahren ausgestorben sind. Der ebenfalls relativ gleichförmige Körperbau der heutigen Tausendfüßer hat sich hingegen aus kürzeren Vorfahren mit weniger, aber verschiedenartigeren Segmenten entwickelt, indem deren Bauplan nachträglich viele gleichartige Segmente hinzugefügt wurden, von denen jedes typischerweise ein Beinpaar besitzt. Jedes Bein war bei den Gliederfüßern ursprünglich ein zweigeteiltes Spaltbein, wobei meist der untere Ast zum Laufen diente und der obere als Kieme fungierte. Dieser Aufbau hat sich häufig und vielgestaltig zurück- bzw. umgebildet, er findet sich vor allem bei Trilobiten und Krebsen. Bei allen Gliederfüßern haben sich die Beine bestimmter Segmente zu gänzlich anderen Strukturen entwickelt, insbesondere am Vorderende, wo verschiedenste Mundwerkzeuge und Fühler im weitesten Sinne entstanden sind.

Bei den Spinnentieren haben sich die Körpersegmente zu einem mehr oder weniger deutlich getrennten Vorder- und Hinterleib zusammengeschlossen. Der Grundbauplan der parallelen Entwicklungslinie der Krebse, deren älteste Fossilien gut 500 Millionen Jahre alt sind, basiert hingegen auf einer Dreiteilung des Körpers in Kopf, Brust und Hinterleib. Dieses Grundkonzept variieren jedoch viele Gruppen der Krebse mitunter erheblich, und bei einigen verbirgt zusätzlich eine Schale den eigentlichen Körper mehr oder minder vollständig, sodass manche Arten bisweilen mit Muscheln verwechselt werden. Die bekannten Seepocken sind stark spezialisierte, festsitzende Tiere, die in Küstennähe häufig auf Steinen oder anderen Untergründen in der Gezeitenzone anzutreffen sind. Auch sie sind Krebse, aber kaum noch als solche zu erkennen.

Aus einer Gruppe der Krebse entwickelten sich schließlich die Insekten. Sie weisen

Tausendfüßer haben sich durch Segmentvervielfältigung aus kürzeren Vorfahren entwickelt. Diese gut zehn Zentimeter lange, ostafrikanische Art besitzt etwas mehr als 50 Segmente, jedes davon – wie für Gliederfüßer üblich – mit einem Beinpaar.

daher auch einen dreiteiligen Körper auf, der im Vergleich zur Vielfalt innerhalb der Krebse sehr strikt und einheitlich gegliedert ist. Auch die Anzahl der Segmente, die zu den einzelnen Körperregionen zusammengefasst sind, variiert bei den Insekten im Gegensatz zu den Krebsen im Grundbauplan nicht mehr: Ein Insekt besteht zumindest embryonal aus insgesamt 20 Segmenten, sechs davon bilden den Kopf, drei den Brustabschnitt und elf den Hinterleib, dessen Aufteilung bei evolutiv jungen Insektengruppen in ausgewachsenen Tieren etwas variieren kann. Die Beine, die bei den Krebsen noch in unterschiedlichster Gesamtzahl und sogar an den üblicherweise beinlosen Segmenten des Hinterleibes vorkommen können, entspringen bei Insekten ausschließlich den Brustsegmenten, wodurch es notwendigerweise immer drei Beinpaare,

> **Insekten sind evolutiv betrachtet spezialisierte Krebse. Trotz der vielen Arten lebt keine einzige im Meer.**

also sechs Beine sind. Da sich die Insekten wahrscheinlich aus einer Krebsart entwickelten, die vor etwa 450 Millionen Jahren das Meer verlassen hatte, waren sie von Beginn an landlebend. Dies ist eine Erklärung für eine überraschende Verbreitungslücke dieser so außerordentlich erfolgreichen und weitverbreiteten Tiergruppe, die sogar die Antarktis und das Hochgebirge besiedelt, denn es leben keine Insekten im Meerwasser. Einige Arten kommen im Süßwasser vor, sie stammen jedoch von ursprünglich landlebenden Arten ab und atmen mindestens als erwachsene Tiere Sauerstoff aus der Luft. Die Krebse hingegen leben auch heute noch fast ausschließlich im Wasser. Die einzigen, die dauerhaft an Land leben und sich dort auch fortpflanzen können, sind die Landasseln.

Steifer Körper, starre Augen

Das typischste Merkmal der Gliederfüßer ist ihr Außenskelett, eine harte Außenhülle, die von der darunterliegenden Haut gebildet wird. Die festen Hüllen der einzelnen Segmente sind, sofern keine Verschmelzung vorliegt, durch flexible Membranen miteinander verbunden, die eine hohe Beweglichkeit gewährleisten. Die Muskeln setzen von innen an und sind darauf angewiesen, gegen die starre Struktur anzuarbeiten, die beim Wachstum im Zuge der Häutung abgeworfen und neu gebildet werden muss. Bis zum Aushärten der neuen Hülle ist der Organismus sehr empfindlich und nur eingeschränkt bewegungsfähig. Bei frisch geschlüpften Libellen, die für einige Zeit an eine Pflanze im Uferbereich geklammert ruhen, ist dies gut zu beobachten, und auch Krebse suchen zur Häutung einen geschützten Ort auf. Die kritische Phase der Häutung wird als ein Grund dafür gesehen, dass die Größe insbesondere der landlebenden Gliederfüßer im Vergleich zu Wirbeltieren begrenzt ist: Da ihnen ein

Der Bauplan der Insekten ist in Kopf, Brust und Hinterleib gegliedert. Der Kopf besteht aus sechs stark miteinander verwachsenen Segmenten, der Brustabschnitt aus drei Segmenten, von denen jedes ein Beinpaar trägt, sodass sich insgesamt immer sechs Beine ergeben. Der Hinterleib hat sich im Laufe der Evolution verkürzt - bei Libellen ist er mit zehn Segmenten noch relativ lang, bei den evolutiv jüngeren Ameisen schon deutlich kürzer.

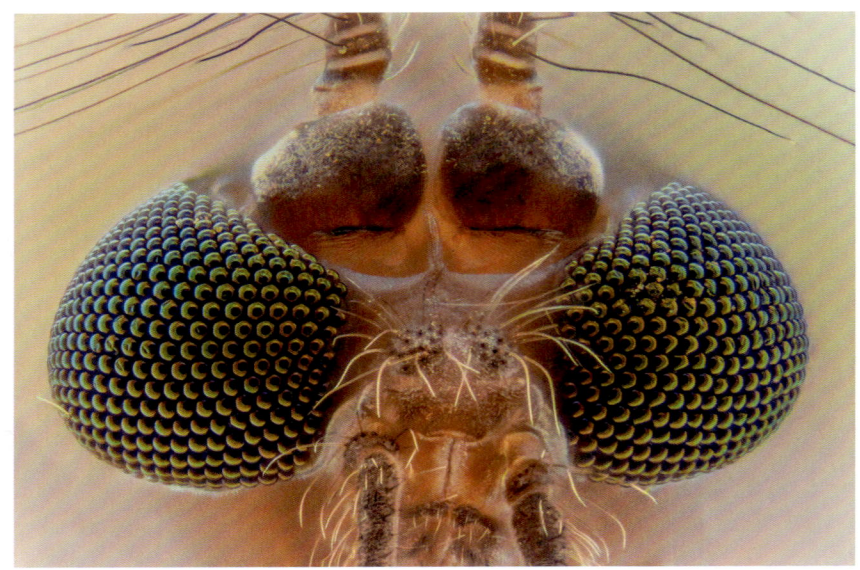

Am Kopf dieser Mücke nehmen die beiden Facettenaugen den größten Raum ein. Sie sind aus vielen grünlichen Einzelaugen zusammengesetzt, deren Bilder im Gehirn der Mücke zu einem Gesamtbild zusammengesetzt werden. Zwischen den Augen befinden sich oben die Ansätze der Fühler und unten die der Mundwerkzeuge.

werden. Filme, die für den Menschen bereits mit etwa 25 Einzelbildern pro Sekunde flüssige Bewegungen zu zeigen scheinen, müssten für Insekten einige Hundert Bilder pro Sekunde abspielen, um den gleichen Effekt zu

Für Insekten würde ein Kinofilm wie eine Diashow wirken.

erzielen. Für die oft sehr schnell fliegenden Insekten ist diese optimierte Bewegungswahrnehmung von großem Vorteil, sie wird jedoch mit reduzierten Bilddetails und aufgrund des unveränderlichen Schärfepunktes mit einem Hang zur Kurzsichtigkeit erkauft. Für die typischen Anforderungen der Gliederfüßer bedeutet dies aber keine großen Nachteile.

Bei fast allen Gliederfüßern kommen, gegebenenfalls zusätzlich zu den Facettenaugen, einfache Augentypen an unterschiedlichen Körperstellen vor, die meist klein und unauffällig sind. In der Regel können damit lediglich Helligkeitsunterschiede und der Einfallswinkel des Lichtes wahrgenommen werden, dies jedoch besonders schnell. Besonders bei Spinnen ist dieser Augentyp aufgrund des Fehlens von Facettenaugen oft prominent entwickelt. Die stärkste Anpassung haben Springspinnen entwickelt, für die ein guter Sehsinn zum Nahrungserwerb unerlässlich ist: Zwei ihrer einfachen Augen haben sich als Hauptaugen stark vergrößert und produzieren Bilder wie Linsenaugen. Durch einen ausgefeilten Mechanismus können diese Spinnen Entfernungen aus Schärfeunterschieden auf ihrer mehrschichtigen Netzhaut ableiten und in Kombination mit ihren Seitenaugen räumlich sehen. Sie können sogar ihre Beute mit dem Blick verfolgen, müssen dafür jedoch die Netzhaut im Inneren des Auges bewegen, da die Augenlinse an der starren Außenhaut befestigt ist.

Viele Gliederfüßer können Farben wahrnehmen, allerdings ist ihr Wahrnehmungsbereich im Vergleich zum Menschen häufig in Richtung Blau verschoben, sodass sie oft

Blutgefäßsystem fehlt, wirkt das Herz als Umwälzpumpe eines großen Flüssigkeitsvolumens mit nur wenig innerem Stützgewebe. Sehr große Gliederfüßer würden daher nach der Häutung wie ein flüssigkeitsgefüllter Schlauch mit nur einer dünnen Wandung von ihrem eigenen Gewicht verformt werden, bis die noch weiche Haut zerreißen würde. Das größte aller bekannten Gliedertiere war ein Seeskorpion, eine zu den Spinnentieren gehörende Gruppe, die vor etwa 470 Millionen Jahren entstand und wie die Trilobiten am Ende des Perm vor 252 Millionen Jahren ausstarb. Die größte Art lebte vor knapp 400 Millionen Jahren anders als ihre ursprünglicheren Verwandten im Süßwasser und wurde zweieinhalb Meter lang, mit ausgestreckten Scheren dreieinhalb Meter.

Unter den Sinnesorganen der Gliederfüßer sind die Facettenaugen sicherlich die auffallendsten und bekanntesten. Sie sind bei vielen Gruppen vorhanden, insbesondere bei Krebsen und Insekten, aber auch schon bei Trilobiten, jedoch nie bei echten Spinnen. Sie bestehen aus vielen miteinander kombinierten Einzelaugen, bei Libellen bis zu mehreren Zehntausend, weshalb sie auch als „Komplexaugen" bezeichnet werden. Ihr Vorteil gegenüber dem Linsenauge der Wirbeltiere ist, dass Bewegungen sehr viel besser wahrgenommen

Teile des für uns unsichtbaren ultravioletten Lichtes wahrnehmen können, aber kein Rot. Eine weitere Fähigkeit einiger Gliederfüßer, unter anderem vieler Insekten, ist die Wahrnehmung der Polarisation des Lichtes, die dem menschlichen Auge mehr oder weniger unmöglich ist. Dadurch können sie zum Beispiel die Position der Sonne auch bei bewölktem Himmel bestimmen und sehr leicht Wasseroberflächen entdecken.

Die seit 400 Millionen Jahren in tropischen Meeren lebenden Fangschreckenkrebse besitzen das höchstentwickelte Sehsystem im gesamten Tierreich: Statt drei Grundfarben können sie zwölf wahrnehmen, und ihr Farbwahrnehmungsbereich reicht bis ins tiefe Ultraviolett. Ihre gestielten Augen bewegen sich unabhängig voneinander, um die Umgebung hochauflösend abzutasten. Der Augenaufbau ermöglicht jedem Einzelauge räumliches Sehen. Fangschreckenkrebse können bereits im Auge abhängig von ihrem Aufenthaltsort die Farbwahrnehmung der Farbverteilung in der jeweiligen Wassertiefe anpassen. Dem Menschen ist dies nur in der Nachbearbeitung im Gehirn möglich. Bei digitalen Fotoapparaten entspricht das dem ebenfalls nur softwaregesteuerten Weißabgleich. Außerdem nehmen die Tiere polarisiertes Licht extrem detailliert wahr. Viele weitere Spezialisierungen machten die Gliederfüßer neben ihrer Bauplanvielfalt und extremen Anpassungsfähigkeit zu einer der in vielfacher Hinsicht erfolgreichsten Tiergruppen, die damit den Wirbeltieren mindestens ebenbürtig ist.

Bei dieser Springspinne sind die beiden großen Hauptaugen gut erkennbar. Die Spinne kann damit die Entfernung ihres Sprungzieles bestimmen.

Fangschreckenkrebse sind intelligente und kräftige Räuber tropischer Meere, die maximal 30 cm lang werden, aber meist kleiner bleiben. Sie verfügen über ein außergewöhnlich hoch entwickeltes Sehvermögen. Einige Arten setzen ihre Beine mit einer der schnellsten Bewegungen im Tierreich (ca. 80 km/h) ein, um große und gepanzerte Beutetiere zu überwältigen. Der Schlag ist so stark wie der Aufprall einer Pistolenkugel.

URZEITKREBSE – LEBENDE FOSSILIEN AUS DER TÜTE

Unter dem Namen „Urzeitkrebse" werden im Aquarium-handel getrocknete Eier unterschiedlicher Arten angeboten. Am besten trifft die Bezeichnung jedoch auf die Gattung *Triops* zu, die fossil bereits aus dem Karbon vor 300 Millionen Jahren bekannt ist. Die in Europa am häufigsten vorkommende Art ist in besonderer Weise hervorzuheben, denn sie ist die älteste heute noch lebende Tierart und kam bereits vor mindestens 220 Millionen Jahren in der Trias vor. Zu diesem Zeitpunkt begannen gerade die Dinosaurier mit ihrer Entwicklung. Die Gattung *Triops* lebt in tempo-rären Süßwasseransammlungen wie Flussauen und bildet sogenannte Dauereier, die mehrere Jahre Trockenheit überstehen können.

Andere als Urzeitkrebse gehandelte Arten gehören zur Gat-tung der Salzkrebschen, die sich ebenfalls seit der Trias in ihrem Aussehen kaum verändert haben und auch widerstandsfähige Dauereier bilden, aber im Salzwasser leben – allerdings nicht im Meer, sondern in Salzseen. Sie sind in der Aquaristik sehr viel weiter verbreitet als andere Vertreter der Kiemenfüßer, zu denen sie zählen, etwa die recht ähnlich lebenden und aussehenden Feenkrebse, die jedoch im Süßwasser vorkommen.

Bei einer weiteren Gruppe, den Pfeilschwanzkrebsen, handelt es sich gar nicht um Krebse, sondern vermutlich um eine Schwes-tergruppe der Spinnentiere, die Krebsen lediglich äußerlich ähneln. Es gibt sie bereits seit etwa 450 Millionen Jahren, und ihr Aussehen hat sich seit dieser Zeit kaum verändert. Die vier heute noch lebenden Arten entwickelten sich ungefähr in der frühen Kreide und kommen an tropischen Sand-küsten vor, drei von ihnen in Südostasien und eine an der amerikanischen Atlantikküste bis in den Golf von Mexiko. Sie eignen sich aufgrund ihrer Größe von mehr als einem halben Meter nicht für übliche Aquarien und kommen daher auch nicht in den Zoofachhandel, werden aber in verschie-denen Zoos gehalten. Sie sind möglicherweise die engsten noch lebenden Verwandten der Trilobiten.

Pfeilschwanzkrebse sind vermutlich enge Verwandte der Spinnen-tiere und daher trotz ihres deutschen Namens keine Krebse. In der Paarungszeit kommen die Tiere in die Nähe der Strände ihres Verbreitungsgebietes, z. B. an der amerikanischen Atlantikküste.

Einige fossile Unterarten von *Triops cancriformis* stammen aus dem Perm vor ca. 270 Millionen Jahren und sind älter als die ersten Dinosaurier. Heute ist die meist unter zehn Zentimeter bleibende Art vor allem in Mitteleuropa verbreitet, aber durch die Zerstörung ihres Lebensraumes vielerorts selten geworden oder bereits ausgestorben.

STACHELHÄUTER: DER BAU-PLAN WIRD UMGEKREMPELT

Im Ediacarium vor ca. 600 Millionen Jahren begann die Entwicklung einer eigentümlichen Tiergruppe, deren erste eindeutig identifizierbare Fossilien aus dem frühen Kambrium vor etwa 530 Millionen Jahren stammen: die Stachelhäuter. Ihre heute bekanntesten Vertreter sind die Seesterne und die Seeigel.

Das Ungewöhnlichste an ihrem Körperbau ist ihre meist fünfstrahlige, kreisförmige Symmetrie (Radiärsymmetrie). Diese Art der Symmetrie war zuletzt bei den Quallen und Korallen aufgetreten und in der Weiterentwicklung der Baupläne von den nachfolgenden Tierstämmen zugunsten einer zweiseitigen Symmetrie aufgegeben worden, da diese vorteilhafter ist für ein Tier, das sich aktiv fortbewegt.

Es wird angenommen, dass ein früher Stachelhäuter, für den es auch fossile Kandidaten gibt, zu einer sesshaften Lebensweise übergegangen ist. Infolgedessen entwickelte er wieder einer Radiärsymmetrie, da diese mit ihren gleichmäßig verteilten Körperstrukturen – wie bei den Polypen der Korallen – besser geeignet ist, die für sesshafte Tiere von allen Seiten gleichermaßen eintreffenden Umweltreize aufzunehmen. Stachelhäuter einer der ältesten fossil gefundenen Gruppe wiesen diesen Lebensstil bereits auf und waren auch schon fünffach radiärsymmetrisch. Sie selbst entwickelten nur eine geringe Vielfalt und starben im Perm vor etwas mehr als 250 Millionen Jahren aus. Diese Tiere waren aber vermutlich die Vorfahren der Seelilien, die mindestens seit fast 500 Millionen Jahren, dem Übergang vom Kambrium zum Ordovizium, existieren und bis heute auf der Südhalbkugel vorkommen. Bei ihnen handelt es sich um eine Gruppe von Stachelhäutern, die sich mit einem Stiel und einer wurzelartigen Struktur am Untergrund festheften. Der Stiel trägt den zentralen Teil des Körpers, von dem aus die Seelilie mit behaart wirkenden Armen Nahrungspartikel aus dem Wasser filtert. Die nur noch etwa hundert heute lebenden Arten kommen überwiegend in der Tiefsee vor und sind mit maximal einem Meter Länge sehr viel kleiner als die größten fossilen Exemplare, die teilweise Größen von 20 Metern oder mehr erreichten. Im Aussehen unterscheiden sich die aktuellen und fossilen Seelilien kaum.

Die nachträgliche Rückbesinnung auf die radiärsymmetrische Form aufgrund einer sesshaften Lebensweise offenbart sich auf zwei Arten: zum einen im inneren Körperbau, der sehr viel komplizierter ist als der

Wie heutige Seesterne zeigen diese etwa 450 Millionen Jahre alten fossilen Formen aus dem Ordovizium eine fünfstrahlige kreisförmige Symmetrie (Radiärsymmetrie).

Seelilien waren über lange Zeiträume der Erdgeschichte sehr viel zahl- und formenreicher als heute. Immer wieder gab es jedoch Krisen durch ungünstige Lebensbedingungen.

Die meist zierlichen Schlangensterne sehen noch heute aus wie in diesem etwa 150 Millionen Jahre alten Fossil (Solnhofener Plattenkalk, Fränkische Alb). Auch sie weisen eine meist fünfstrahlige Radiärsymmetrie auf.

Haarsterne entsprechen Seelilien ohne Stiel. Ihre Arme sind sehr aktiv beweglich. Sie sind heute weitverbreitet, oft sehr farbenprächtig, aber meist nachtaktiv.

von Korallen. Zum anderen zeigt sie sich in der Individualentwicklung der Seelilien: Sie schlüpfen als bewegliche Larven, die eine ganz klassische, zweiseitige Symmetrie auf-

weisen. Erst beim Übergang zum sesshaften, erwachsenen Tier führen spezielle Wachstumsprozesse zur Ausbildung der Radiärsymmetrie. Haarsterne, ebenfalls im Meer lebende Organismen, die an Seesterne erinnern, haben sich aus den Seelilien entwickelt und die sesshafte Lebensweise wieder aufgegeben. Ihr zum Kriechen oder sogar freien Schwimmen befähigter Körper entspricht dem einer Seelilie ohne Stiel. Die genetisch verankerte Ausbildung der Radiärsymmetrie ist trotz aktiver Fortbewegung also immer noch vorhanden. Die Haarsterne durchlaufen in ihrer Individualentwicklung wie als Zeitraffer der Stammesentwicklung nicht nur die zweiseitig symmetrische Larvenphase. Oft kommt noch eine daran anschließende, gestielte und sesshafte Jugendphase hinzu. Erst danach lösen sie sich von ihrem Verankerungsstiel und sind wieder frei beweglich.

Seesterne, die zusammen mit den zarter gebauten Schlangensternen zu der zweiten Großgruppe der Stachelhäuter gehören, haben neben der zweiseitig symmetrischen Larve aller Stachelhäuter ebenfalls noch eine sesshafte Jugendphase als Teil ihres Entwicklungszyklus. Bei den Schlangensternen ist dagegen die Entwicklung im Muttertier weitverbreitet, und beide Gruppen können sich auch

---

Wie in einem Zeitraffer durchläuft ein heranwachsender Organismus seine evolutionäre Entwicklung.

---

ungeschlechtlich durch Teilung fortpflanzen. Seesterne bewegen sich mithilfe kleiner Füßchen auf der Unterseite ihrer Arme. Sie leben als Algen- oder Aasfresser, aber es gibt auch viele räuberische Arten. Einige können ihren Magen auf der zum Boden zeigenden Mundseite des Körpers nach außen über die Nahrung stülpen und ziehen diese erst vorverdaut mitsamt dem Magen zurück.

Die dritte Großgruppe der Stachelhäuter besteht aus den Seeigeln und den Seegurken. Die mehr oder weniger kugelförmigen Seeigel sind wie viele andere Stachelhäuter mindestens seit dem Ordovizium, also der Zeit vor mehr als 450 Millionen Jahren, fossil sicher belegt. Ihr typisches Kalkskelett ist wie bei allen Stachelhäutern ein von Haut überzogenes Innenskelett. Von ihm gehen die namensgebenden Stacheln aus. Die fünffache Radiärsymmetrie verrät sich durch fünf regelmäßig angeordnete Lochreihen für – wie auch bei den Seesternen – hydraulisch bewegliche Füßchen. Die charakteristischen Stacheln der Seeigel sind aktiv beweglich. Nur zwei Gruppen überlebten vor 252 Millionen Jahren den Übergang in die Trias. Die Lanzenseeigel, die Nachkommen einer dieser Gruppen, haben sich seit der Trias vor gut 200 Millionen Jahren bis heute kaum verändert. Die andere Linie hat sich dagegen in die verschiedensten Gruppen der modernen Seeigel aufgespalten.

Die fast 2 000 heutigen Arten der Seegurken sind zwischen einem Millimeter und zweieinhalb Metern lang. An ihrem Vorderende, das von vielen Arten auch angehoben werden kann, befindet sich der Mund, der oft von Tentakeln umgeben ist. Seegurken gibt es mindestens seit dem späten Ordovizium vor etwa 450 Millionen Jahren.

Seegurken kommen in allen Meeresbereichen vor, stellen aber insbesondere am Grund der Tiefsee einen Großteil der Biomasse. Ihr Skelett ist fast vollständig zurückgebildet, und aufgrund ihrer langgestreckten Körperform werden sie auch „Seewalzen" genannt. Die Streckung des Körpers erfolgte zwischen Mund und After. Die Seegurken liegen also verglichen mit klassischen Seeigeln auf der Seite. Dadurch besitzen sie ein Vorder- und ein Hinterende, und die aus dem Bauplan der Seeigel stammenden fünf Füßchenreihen verlaufen nicht wie bei diesen senkrecht, son-

dern waagerecht. Bei den meisten Arten hat sich eine der ehemaligen Seiten als eine dem Untergrund zugewandte Bauchseite herausgebildet. Die drei auf sie entfallenden Füßchenreihen dienen den meisten Arten zur Fort-

---

Stachelhäuter sind mit dem Menschen viel näher verwandt als Weichtiere oder Gliederfüßer.

---

bewegung, die Füßchen der beiden Reihen, die zur nach oben zeigenden Rückenseite gehören, sind zurück- oder umgebildet. Obwohl durch die Anlage der Füßchenreihen die für die Stachelhäuter typische, fünffache Radiärsymmetrie noch gut erkennbar ist, haben die Seegurken aufgrund der Erfordernisse der neuen Körperform und Fortbewegung wieder zwei Körperachsen entwickelt, wodurch sie zur zweiseitigen Symmetrie zurückkehrten. Die Seegurken durchlaufen daher mit ihrem mehrfach umprogrammierten genetischen Entwicklungsprogramm eine komplizierte Individualentwicklung: Ausgehend von der ursprünglichen Radiärsymmetrie der Quallen und Korallen während der frühen Embryonalphase entwickelt sich eine zweiseitig symmetrische Larve, die der normalen Entwicklung der meisten Tierstämme entspricht. Diese bildet anschließend die fünffache Radiärsymmetrie der Stachelhäuter aus und kehrt diese dann wieder in Richtung der zweiseitigen Form der Seegurken um.

Urmünder und Neumünder

Mit der Entwicklung der Stachelhäuter hielt eine Neuerung Einzug in die Baupläne der Tiere, die im Vergleich zu dem auf die Stachelhäuter beschränkten Symmetriewechsel zunächst weniger auffällig, aber weitreichender war und auch den Menschen betrifft. Bei den frühen Tieren mit einem blind endenden Verdauungssystem wird während der Embryonalentwicklung aus dem Eingang des Verdauungstraktes zwangsläufig der Mund. Dies änderte sich auch bei den bisher vor-

Diese Rekonstruktion eines etwa einen Millimeter großen Fossils zeigt das mit 540 Millionen Jahren älteste bekannte Neumund-Tier. Vermutlich handelt es sich um einen frühen Stachelhäuter.

gestellten Tiergruppen nicht, bei denen am entgegengesetzten Ende eine zweite Öffnung durchbrach, die dann den After bildete. Alle zweiseitig symmetrischen Tiere, die diesem Bauplan folgen, werden daher als „Urmünder" bezeichnet.

Genetischen Daten zufolge trennte sich vor etwa 670 Millionen Jahren eine Entwicklungslinie ab, die neben den Stachelhäutern und anderen Gruppen auch die Wirbeltiere hervorbrachte, zu denen der Mensch gehört. Bei ihnen entsteht der After aus der ursprünglichen Öffnung des Verdauungstraktes, und der Mund bildet sich an der Stelle des neuen Durchbruches. Die Tiere dieser Linie werden als „Neumünder" bezeichnet. Kürzlich wurde ein knapp millimetergroßes Lebewesen aus Fossilien rekonstruiert, das möglicherweise einen frühen Entwicklungsschritt in Richtung der neuen Mundöffnung repräsentiert, nämlich die Entwicklung von Kiemenschlitzen. Es gilt als möglich, dass der letzte gemeinsame Vorfahre aller heute noch lebenden Neumünder bereits Kiemenschlitze, einen in einem Rohr verlaufenden Hauptnervenstrang und einen segmentierten Körper besaß – Merkmale, die auch für den menschlichen Körper entscheidend werden sollten (siehe S. 95 f.). Auffällig ist, dass trotzdem auch bei den Neumündern einfache Organisationsformen wie die Wurmform vorkommen. Vielleicht ist hierin neben der immer weitergehenden Spezialisierung auch ein evolutiver Trend zur Vereinfachung zu sehen. Die Eichelwürmer, eine mit etwa 70 bekannten, heute lebenden Arten am und im Meeresboden vorkommende Gruppe der Kiemenlochtiere, sind eine solche Wurmform. Ihre ältesten Fossilien stammen aus dem Kambrium und sind mehr als 500 Millionen Jahre alt. Es kommen zwei Arten der Embryonalentwicklung vor. Eine davon verläuft über ein Larvenstadium, das stark an das der Stachelhäuter erinnert. Einzelne Arten werden mehr als zwei Meter lang. Im Nordseewatt kommt eine weitere, wenige Zentimeter kleine Art vor, deren charakteristisch spiralige Sandausscheidungen sich auffällig von den ungeordneten der Wattwürmer unterscheiden.

Trotz ihres unscheinbaren Äußeren ähneln die Eichelwürmer den Wirbeltieren bereits in vielerlei Hinsicht: Neben einem den Rücken entlanglaufenden, zentralen Nervenstrang haben sie eine Atemtechnik entwickelt, bei der sie wie Fische Wasser aus der Mundhöhle durch die Kiemen drücken, die wie die ursprünglicher Fische aufgebaut sind.

Seeigel besitzen ein Kalkskelett, das fossil oft gut erhalten bleibt. An diesem Exemplar aus der jüngeren Kreide vor etwa 70 Millionen Jahren ist wie bei heutigen Seeigeln die fünfstrahlige Radiärsymmetrie an den Lochreihen zu erkennen, aus denen beim lebenden Tier die Füßchen austreten.

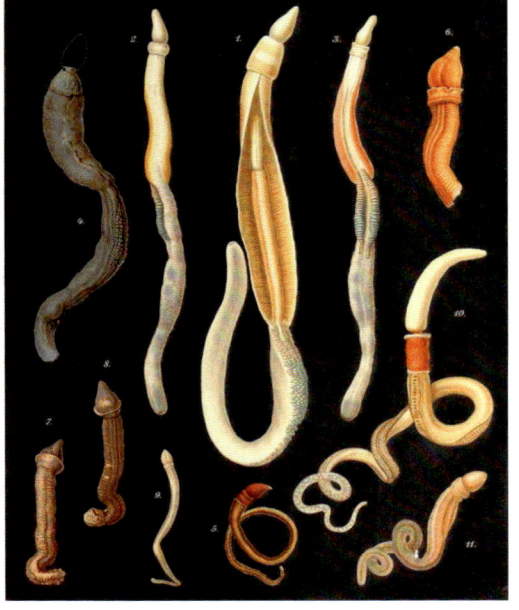

Diese historische Abbildung aus dem 19. Jahrhundert zeigt Eichelwürmer des Mittelmeeres. Mit ihrem eichelförmigen Kopfende graben sie sich durch den Meeresboden. Trotz des wurmförmigen Körperbaus sind sie weit entwickelte Tiere, die den Wirbeltieren bereits relativ nahe stehen.

WIRBELTIERE: DIE ENTWICKLUNG DER FISCHE

Die Tiergruppe, aus der die Wirbeltiere inklusive des Menschen hervorgegangen sind, sind die Chordatiere. Erste Fossilien dieses Tierstammes sind spätestens aus dem Kambrium bekannt, ihre Entwicklung reicht jedoch mit Sicherheit ins Ediacarium vor mehr als 550 Millionen Jahren zurück.

Ihr Bauplan ist eine Weiterentwicklung des Aufbaus der urtümlicheren Kiemenlochtiere. Die namensgebende Ergänzung im Körperbau der Chordatiere ist die Chorda, ein flexibler Stützstab, der durch den Rücken bis zur Schwanzspitze verläuft und als inneres Achsenskelett wirkt. Durch ihn wird der Körper gerade, aber trotzdem beweglich gehalten. Die Muskelgruppen, die gegen die Chorda wirken, führen daher zu einer Schlängelbewegung des Körpers, die das Bewegungsmuster der Fische ermöglicht.

Noch im Ediacarium spaltete sich innerhalb der Chordatiere der Unterstamm der Schädellosen ab. Sie verfügen, wie ihr Name vermuten lässt, am Kopfende über keine Schädelstruktur und auch sonst über keinerlei weitere Skelettelemente oder Extremitäten. Fossil sind viele Tausend Arten bekannt, heute leben nur noch etwa 30 kleine, schlanke Arten der Familie der Lanzettfischchen weltweit im Meer. Die fischartig aussehenden Tiere verfügen zwar über eine einfache Schwanzflosse, mit der sie sich schnell bewegen können, aber sie sind keine guten Schwimmer und leben größtenteils auf und im Sand. Sie ernähren sich von Schwebeteilchen, die sie mit ihrem speziell umgeformten Schlund aus dem Wasser filtrieren. Dazu nehmen sie Wasser über die Mundöffnung auf und filtrieren die enthaltenen Nahrungspartikel an ihren Kiemenbögen heraus, während sie wie Fische das Wasser durch die Kiemenspalten wieder nach außen pressen. Dieser Schlundaufbau mit Kiemenspalten ist ein weiteres Merkmal aller Chordatiere.

Eine weitere frühe Entwicklungslinie führte zu den ebenfalls ausschließlich meeresbewohnenden Manteltieren, zu denen die sesshaft lebenden Seescheiden gehören. Diese ausgesprochen erfolgreiche Tiergruppe besiedelt seit dem Kambrium die Weltmee-

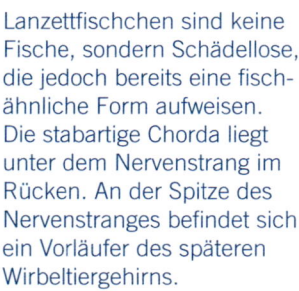

Lanzettfischchen sind keine Fische, sondern Schädellose, die jedoch bereits eine fischähnliche Form aufweisen. Die stabartige Chorda liegt unter dem Nervenstrang im Rücken. An der Spitze des Nervenstranges befindet sich ein Vorläufer des späteren Wirbeltiergehirns.

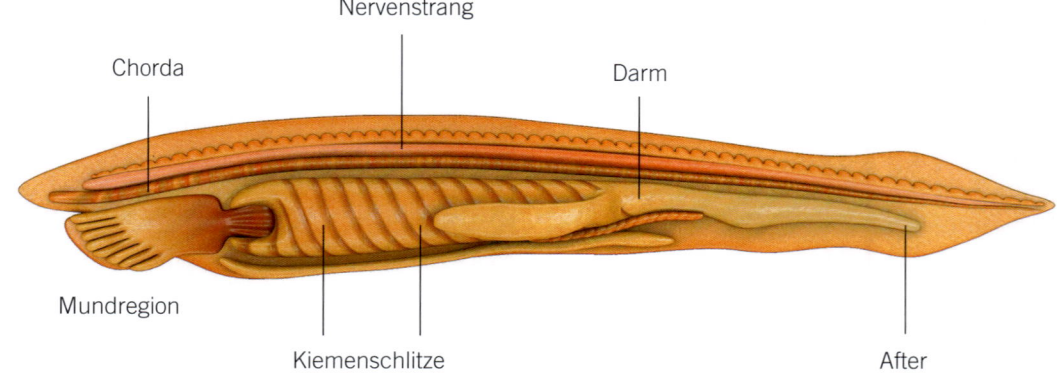

Nervenstrang

Chorda

Darm

Mundregion

Kiemenschlitze

After

re und stellt noch heute bis in die Tiefsee hinein regionenweise die häufigsten Tiere dar. Weltweit, insbesondere in Asien und im Mittelmeerraum, werden sie als Meeresfrüchte verzehrt und zu diesem Zweck auch gezüchtet. Sie verfügen über verschiedene Organe einschließlich eines Herzens, das dem Gefäßsystem der Schädellosen noch fehlt. Die auffälligste Struktur innerhalb ihrer mantelartigen Körperhülle ist jedoch der charakteristische, mit vielen Kiemenspalten besetzte Schlund der Chordatiere. Mit seiner Hilfe filtrieren die meisten Arten ähnlich wie die Schädellosen ihre Nahrung aus dem Wasser. Die Chorda und auch das darüber verlaufende Neuralrohr, in dem die Hauptnervenstränge liegen und das ebenfalls zum Bauplan der Chordatiere gehört, finden sich in dem ungewöhnlich geformten Körper ausgewachsener Seescheiden nicht mehr. Diese Verwandtschaftsmerkmale sind jedoch in der gänzlich anders geformten Larve der Seescheide zu finden, die einer Kaulquappe äußerlich stark ähnelt. An ihr ist auch der hinter dem After, also über das typische Körperende hinaus weiterverlaufende Schwanz klar erkennbar, der ein weiteres Merkmal aller Chordatiere ist und zunächst der Fortbewegung im Wasser diente. Er entstand, indem sich der Darmausgang vom Hinterende der Organismen ein Stück nach vorne verlagerte und auf der Bauchseite austrat. Bei vielen späteren Landwirbeltieren wird der Schwanz während der Embryonalentwicklung zurückgebildet, beim Menschen wandelt er sich zum Steißbein.

Die Hauptleitung wird geschützt: Die Entwicklung der Wirbelsäule

Bei (fast allen) Wirbeltieren wird die Chorda im Laufe der Embryonalentwicklung durch eine knöcherne Wirbelsäule ersetzt, deren einzelne Wirbel das Neuralrohr mit den darin verlaufenden Nervensträngen als Rückenmark umschließen und schützen. Zwischen den Wirbeln treten nacheinander Nervenbündel aus, die die jeweils zugehörigen Körpersegmente, in die auch die Chorda- und Wirbeltiere gegliedert sind, versorgen. Diese Konstruktion erklärt die

Symptome einer Querschnittslähmung bei schweren Verletzungen des Rückenmarks, die, je höher sie auftreten, immer mehr der tiefer liegenden Segmente betreffen, zu denen die Nervenverbindung dann unterbrochen ist. Am menschlichen Rumpf zeichnet sich die Segmentierung beispielsweise noch im Falle gut trainierter Bauchmuskeln ab: Unser Bauchmuskel ist zusammengesetzt aus mehreren, waagerecht übereinanderliegenden Segmenten, die den durch die Wirbel gekennzeichneten Segmenten entsprechen und ursprünglich einzelne Muskeln waren. Der „Waschbrettbauch" ist daher das muskuläre Überbleibsel eines im Bauchbereich zur Er-

Diese Seescheide aus dem Indopazifik wird ungefähr zehn Zentimeter groß. Sie ist ein Vertreter der Manteltiere, einem Chordatier-Unterstamm neben den Schädellosen und den Wirbeltieren.

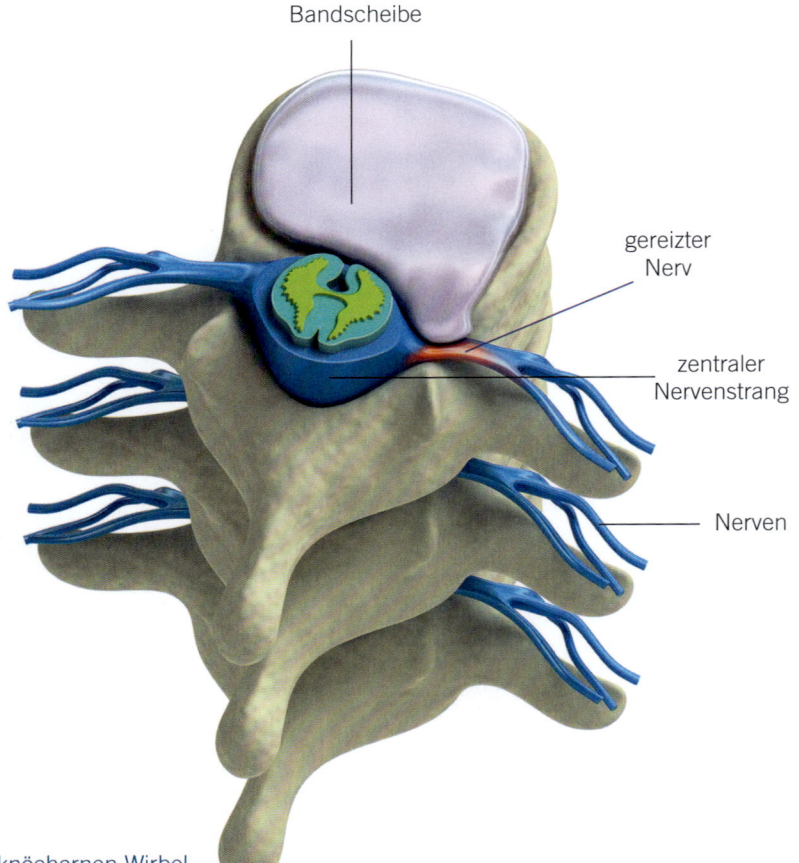

Bandscheibe

gereizter Nerv

zentraler Nervenstrang

Nerven

Die knöchernen Wirbel umfassen das Rückenmark mit dem zentralen Nervenstrang. Bauchseitig, gegenüber des nach außen zeigenden Dornfortsatzes, liegen die Bandscheiben zwischen den Wirbeln. An den Wirbeln treten Nerven zu beiden Seiten aus und versorgen die zugehörige Körperebene. Bei einem Bandscheibenvorfall tritt die Bandscheibe in den Bereich aus, in dem die Nerven verlaufen (obere Bandscheibe, rechts) und reizt diese.

höhung der Beweglichkeit zurückgebildeten Brustkorbes, der durch seine an den Wirbeln ansetzenden Rippen, zu denen jeweils zwei Muskeln gehören, ebenfalls segmentiert ist. Ebenso wie die Nerven folgt auch die Blutversorgung dem segmentierten Bauplan: Blutgefäße verlaufen an jeder Rippe entlang und gehen auf Höhe der jeweiligen Wirbel von den entlang der Wirbelsäule verlaufenden Hauptgefäßen aus. Die ursprüngliche Chorda wird beim Menschen etwa in der vierten Woche der Embryonalentwicklung ebenfalls in Form von Einzelsegmenten angelegt. Nach Abschluss der Wirbelsäulenentwicklung finden sich ihre Reste als zentraler Teil der Bandscheiben wieder, der für deren stoßdämpfende Funktion verantwortlich ist und bei einem Bandscheibenvorfall in Mitleidenschaft gezogen wird.

Da nicht alle Wirbeltiere eine Wirbelsäule besitzen, werden sie stattdessen mittlerweile oft „Schädeltiere" genannt, denn alle besitzen einen mindestens verknorpelten, meist jedoch knöchernen Schädel. Bei Fischen folgen diesem die Kiemen. Sie entwickelten sich aus den Kiemenschlitzen im Schlund der Schädellosen und der Manteltiere, bei denen diese Öffnungen ausschließlich dem Nahrungserwerb dienten. Fische entwickelten zwischen den neben- beziehungsweise hintereinanderliegenden Kiemenschlitzen gut durchblutete Kiemenbögen, die unter anderem der Sauerstoffaufnahme aus dem durchströmenden Wasser dienen.

Die ersten Fischfossilien stammen aus dem frühen Kambrium (vor etwa 530 Millionen Jahren) und markieren die Frühphase der Entwicklung der Wirbeltiere. Alle diese frühen Fische lebten wie ihre Vorfahren von Nahrung, die sie aus dem Wasserstrom filterten. Da sie noch keinen Kiefer besaßen, konnten sie ihre Mundöffnung nicht verschließen, wodurch eine räuberische Lebensweise nur schwer vorstellbar ist und auch nicht der fossilen Überlieferung von filterartigen Mund- und Schlundstrukturen entspricht. Diese „Kieferlosen" starben alle spätestens in der Trias (vor gut 200 Millionen Jahren) aus, zum Teil deutlich früher. Die einzigen Überlebenden sind die Rundmäuler, deren Vertreter sich sehr früh in der Wirbeltierentwicklung von der Hauptlinie abspalteten. Sie vereinfachten sich stark und sahen bereits vor mehr als 300 Millionen Jahren ungefähr so aus wie zum Beispiel die heute noch lebenden Neunaugen. Diese aalartigen Fische saugen sich als Fischparasiten an anderen Fischen fest, was erklären könnte, warum sie wie viele Parasiten, egal aus welcher Gruppe der Lebewesen, ihren Körperbau wieder vereinfachten.

Der Kiefer als Aufrüstung – Räuber im Anmarsch

Die knorpelig-knöchern verstärkten Kiemenbögen der Fische zwischen ihren Kiemenschlitzen stellten sich als evolutionäre Goldgrube heraus: Im Laufe der Evolution der Wirbeltiere wurden sie vielfach abgewandelt und dienten so als Ausgangspunkt für unterschiedlichste Teile des modernen Wirbeltierkörpers. Sogar die komplizierte innere Struktur der Ohren einschließlich der Gehörknochen, wie man sie beim Menschen findet, entwickelte sich daraus. Bevor es dazu kam, sollten jedoch mehr als 100 Millionen Jahre vergehen. Vor etwa 430 Millionen Jahren verbreitete sich im Silur ein Bauplan, bei dem sich die ersten Kiemenbögen zu einer ganz anderen Struktur verwandelten, die den Wirbeltieren vermutlich ihren evolutiven Erfolg bescherte: der Kiefer. Durch den Kiefer können die Fische ihren Mund schließen, was zunächst den Vorteil hat, dass sie durch anschließende Verkleinerung der Mundhöhle

Der runde Mund der im weiteren Sinne zu den Fischen gezählten Neunaugen verfügt noch nicht über einen Kiefer wie die Fische im engeren Sinne und alle Landwirbeltiere. Sie sind in Europa mittlerweile fast überall in ihrem Bestand gefährdet.

Der Kiefer war eine entscheidende Neuentwicklung, die die Ernährungsmöglichkeiten der Wirbeltiere radikal erweiterte.

---

das darin enthaltene Wasser nahezu kontinuierlich durch die Kiemen drücken können, was die Atmung erheblich verbessert. Ein ähnliches Prinzip findet sich noch bei den Amphibien, die als frühe landlebende Wirbeltiere Luft durch die sogenannte Schluckatmung in die Lunge drücken können, was äußerlich durch die Bewegung der Kehle sichtbar wird.

Das immense Potenzial des Kiefers kam jedoch erst zum Tragen, nachdem sich in ihm die ersten Zähne gebildet hatten, die ihre

Träger zu den effektivsten Räubern machten, die das Leben auf der Erde kennt. Die zahnbesetzten Kiefer können nicht nur zum Festhalten von Beutetieren verwendet werden, sie ermöglichen auch die Überwältigung und Zerkleinerung von Beute, die größer als die Mundöffnung ist. Dies veränderte die Ernährungs- und Lebensstrategien grundlegend, und zwar nicht nur für die Räuber, sondern ebenso für die Gejagten. Die Evolution neuer Arten in dem nun entstehenden Räuber-Beute-Gefüge wurde durch gegenseitiges „Wettrüsten" erheblich beschleunigt.

Die erste Fischgruppe, die echte Zähne entwickelte, waren die Panzerfische, die vom Silur bis zum Ende des Devon lebten (vor etwa 430 bis 359 Millionen Jahren). Ihren Namen verdanken sie einer Reihe von Knochenplatten, die den vorderen Teil des

Die Panzerfisch-Gattung *Dunkleosteus* aus dem späten Devon vor ungefähr 370 Millionen Jahren hat die vielleicht mächtigsten Raubtiere der Erdgeschichte hervorgebracht. Panzerfische lebten zunächst nur im Süßwasser, besiedelten später aber auch das Meer. Sie besaßen als erste Wirbeltiere einen zahnbesetzten Kiefer sowie Beckenflossen.

An diesem relativ modernen Strahlenflosser lässt sich das namensgebende Merkmal gut erkennen, das von nahezu allen heutigen Fischen bekannt ist: Alle Flossen bestehen aus einem dünnen Häutchen, das von Flossenstrahlen aufgespannt wird.

Beutetier dem entstehenden Sog entfliehen konnte. Mit einer Beißkraft, die einer Masse von fünf Tonnen entsprach, und selbstschärfenden Zähnen konnten sie einen Hai oder auch andere Panzerfische mit einem einzigen Biss zweiteilen. Die Panzerfische entwickelten darüber hinaus ein Paar Bauchflossen, die später zu den Hinterbeinen der landlebenden Wirbeltiere wurden. Gegen Ende des Devon wurden sie von mehreren Massenaussterben in Mitleidenschaft gezogen und verschwanden am Übergang ins Karbon, vor 300 Millionen Jahren, vollständig.

Experimente mit Knorpel, Knochen und Flossentypen

Eine frühe Linie der Panzerfische entwickelte sich um das beginnende Silur herum (vor gut 430 Millionen Jahren) in zwei Hauptlinien weiter. Aus einer entstand die Gruppe der Knorpelfische, die auf knöcherne Skelettelemente verzichten. Sie können ihre Knorpelstrukturen durch Kalkeinlagerungen jedoch stark verfestigen. Im Devon, um die Zeit vor etwa 400 Millionen Jahren herum,

Tieres schützten. Die größte bekannte Art wurde sechs oder mehr Meter lang, bis zu vier Tonnen schwer und gehört zu den furchteinflößendsten Räubern, die je auf der Erde gelebt haben. Die Tiere konnten ihr Maul in Sekundenbruchteilen aufreißen, sodass kein

Die heute nahezu ausgestorbenen Fleischflosser sind dadurch gekennzeichnet, dass ihre Brust- und Beckenflossen, bei den Quastenflossern auch die zweite Rückenflosse und die Afterflosse, fleischig-muskulös ausgebildet sind und eine Knochenachse enthalten.

entwickelten sich viele Untergruppen, von denen die meisten jedoch im Laufe der Zeit wieder ausstarben. Die bis heute überlebenden Knorpelfischgruppen sind die modernen Haie und ihre Schwestergruppe, die Rochen, sowie die eher unbekannten, aber evolutiv sehr alten, heute überwiegend in der Tiefsee lebenden Seekatzen. Sie alle besitzen spezielle Schuppen aus einem zahnähnlichen Material, die besonders den Haien eine harte, widerstandsfähige Haut bescheren.

Aus den frühen Panzerfischen gingen als zweite Gruppe im Silur die Knochenfische hervor. Sie sind mit ihren verknöcherten Skelettelementen heute die artenreichste Gruppe der Wirbeltiere und spalteten sich in zwei Gruppen auf, die sich besonders deutlich anhand der Form ihrer Flossen unterscheiden lassen: die Fleischflosser und die Strahlen-

Afrikanische Lungenfische haben zurückentwickelte Kiemen, sodass sie darauf angewiesen sind, zusätzlich Luft zu atmen. Mithilfe ihrer Flossen können sie an Land kriechen.

flosser. Während die Strahlenflosser mit ihren typischen, aus einem Häutchen bestehenden Flossen, die von knöchernen Flossenstrahlen aufgespannt werden, heute mit mehr als 30 000 Arten gut 96 Prozent der Fischarten ausmachen, erlebten die Fleischflosser ihre Blütezeit bereits im Devon und Karbon. Bei ihnen sind mindestens die Brust- und Bauch-

QUASTENFLOSSER – FLUCHT IN DIE TIEFSEE

Nachdem die heute lebenden Lungenfische bereits im 19. Jahrhundert entdeckt worden waren, ging man davon aus, dass sie die einzigen überlebenden Arten der fossil bereits bekannten Fleischflosser waren. So waren die jüngsten Fossilien der verwandten Quastenflosser etwa 70 Millionen Jahre alt, und man meinte, dass sie dem Massenaussterben am Ende der Kreide vor 66 Millionen Jahren zum Opfer gefallen waren. Umso größer war die Überraschung, als 1938 ein Exemplar im Beifang eines Fischers vor der Ostküste Südafrikas gefunden wurde. Der Quastenflosser ist seitdem das bekannteste Beispiel für ein lebendes Fossil, obwohl auch in diesem Fall wieder zu berücksichtigen ist, dass die Evolution der Quastenflosser nicht stehen geblieben ist und die Arten sich weiter verändert haben.

Die Berühmtheit der Quastenflosser erlebte einen neuerlichen Höhenflug, als Ende der 1990er-Jahre zufällig ein Exemplar einer zweiten Art auf einem Markt auf der indonesischen Insel Sulawesi entdeckt wurde. Die beiden Quastenflosserarten kommen vor der Südostküste Afrikas beziehungsweise in den Gewässern um Sulawesi zwischen 100 und 400 Metern Tiefe vor. Sie haben sich genetischen Analysen zufolge vor etwa zehn Millionen Jahren voneinander getrennt. Die Anzahl der noch lebenden Exemplare wird

Fossilien der Quastenflosser sind vom frühen Devon bis fast zum Ende der Kreide bekannt. Die fleischigen Ruderflossen (Brust-, Bauch-, After- und zweite Rückenflosse) sind an diesem heutigen Quastenflosser deutlich zu erkennen. Es wurden bisher nur wenige Tiere beobachtet.

auf wenige Hundert geschätzt, wodurch sie vom Aussterben bedroht sind, zumal immer wieder einzelne Tiere durch die Fischerei als Beifang ums Leben kommen.

Fisch

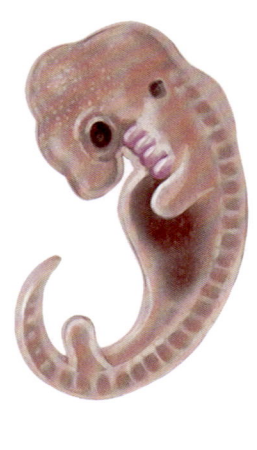

Reptil

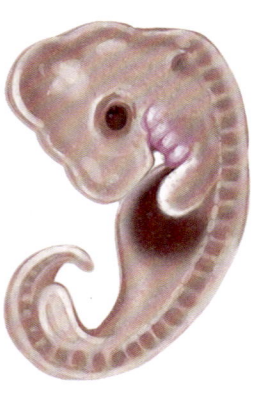

Vogel

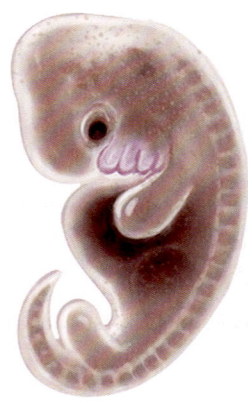

Mensch

In der Individualentwicklung wiederholt sich die Entwicklungsgeschichte: Aufgrund der gemeinsamen evolutiven Wurzeln werden Unterschiede zwischen den Embryonen der unterschiedlichen Wirbeltiergruppen erst nach und nach sichtbar.

flossen, die über einen Knochen mit dem übrigen Skelett verbunden sind, kräftig und fleischig ausgebildet. Ihr Bewegungsmuster ähnelt bereits dem der Extremitäten, die sich aus diesen Flossen bei ihren Nachfolgern, den ersten Landwirbeltieren, bildeten.

Im beginnenden Devon trennten sich die Fleischflosser in zwei Gruppen: Eine blieb im Meer und ist noch heute mit zwei Arten der

Die Vorläufer unserer Oberarm- und Oberschenkelknochen entstanden mit den Fleischflossern vor gut 420 Millionen Jahren.

Quastenflosser vertreten. Die andere verließ die von den räuberischen Panzerfischen beherrschten Ozeane ins Süßwasser. Von dieser letzten Gruppe leben heute noch die Vertreter von zwei Entwicklungslinien: die Lungenfische mit sechs Arten einerseits, und andererseits wir Menschen, gemeinsam mit allen landlebenden Wirbeltieren.

Im Sinne der stammesgeschichtlichen Systematik gehören die Landwirbeltiere inklusive des Menschen demnach zu den Fischen, genauer zu den Fleischflossern. Auch der Körperbauplan der Landwirbeltiere unterstützt diese Zuordnung: Er stellt

die an das Landleben angepasste Version des Bauplans der Fische beziehungsweise der Fleischflosser dar. Das zeigt sich nicht zuletzt an der menschlichen Embryonalentwicklung und der aller anderen Landwirbeltiere, deren erste Phase sich von der Entwicklung eines Fisches praktisch nicht unterscheidet. Erst etwas später werden bei den Landwirbeltieren immer mehr genetische Entwicklungsprogramme aktiv, die für die evolutiven Neuerungen verantwortlich sind. Dies ist ein typisches Prinzip der Evolution: Organismen

Menschliche Embryonen lassen sich von Fisch-Embryonen zu Beginn optisch nicht unterscheiden.

werden – ähnlich wie Computerprogramme – kontinuierlich mit genetischen „Updates" ausgestattet.

Obwohl den Landwirbeltieren ein völlig neuer Lebensraum offenstand, durch den sie ein großes Entwicklungspotenzial nutzen konnten, ist fraglich, ob es ihnen bislang gelungen ist, die Fische in ihrer Rolle als erfolgreichste Wirbeltiere zu beerben. Zumindest stellen die Fische mit ihrer langen Evolutionsgeschichte noch heute mehr als die Hälfte aller Wirbeltierarten.

DIE KAMBRISCHE EXPLOSION

Auf der Suche nach den ältesten Fossilien der unterschiedlichen Tierstämme und damit nach den Ursprüngen und dem frühen Ablauf ihrer Entwicklung verlieren sich die Spuren regelmäßig im frühen Kambrium vor etwa 540 Millionen Jahren.

Schon im 19. Jahrhundert war aufgefallen, dass die Fossilien nahezu aller heutigen Tierstämme innerhalb weniger Millionen Jahre zum ersten Mal auftraten. Eine Schlussfolgerung ist, dass demzufolge die Entwicklung der tierischen Vielfalt mit all ihren verschiedenen Bauplänen innerhalb eines derart kurzen Zeitraumes stattgefunden haben muss. Dies beunruhigte auch Charles Darwin, den Begründer der Theorie von der schrittweisen Evolution der Arten, die durch zufällige Veränderung und anschließende Selektion erfolgreicher Neuerungen auseinander entstehen.

Nach dem Kambrium hat sich bei den Tieren bis heute nie wieder ein neuer Körperbauplan entwickelt.

Das plötzliche Auftreten der Vielfalt der Tiere mehr oder weniger aus dem Nichts heraus wird gerne als „Kambrische Explosion" bezeichnet. Die beiden wichtigsten Fragen in ihrem Zusammenhang sind, was diese Explosion der Tierformen vor etwa 540 Millionen Jahren auslöste und ob es sich überhaupt um eine Explosion handelte, die derart zeitlich begrenzt war, wie es der Fossilbericht erscheinen lässt. Gesichert ist, dass bereits zu Beginn des Kambriums die Baupläne aller großen Tiergruppen im Wesentlichen vollständig waren. Es kam zwar später noch zu Weiterentwicklungen, etwa während der Evolution der Fische und natürlich besonders bei den

Wirbeltieren und Gliederfüßern bei der Besiedelung des Landes und der Luft. Aber diese Veränderungen stellen lediglich Anpassungen dar, die das Grundprinzip der jeweiligen Baupläne nicht ändern, sondern sie nur abwandeln. Vor allem ist das Auftreten vollkommen neuer Baupläne nie mehr beobachtet worden.

Ein Problem bei der Interpretation der fossilen Überlieferung ist, dass unterschied-

Charles Darwin (1809–1882), Begründer der Evolutionstheorie, entwickelte bereits früh ein tiefes Verständnis für die Konsequenzen seines Konzeptes. Trotz der damals erst geringen Fossilienkenntnisse erkannte er viele entscheidende Ereignisse in der Entwicklungsgeschichte der Tier- und Pflanzenwelt und stellte Fragen, die noch immer aktuell sind.

Im Vergleich mit dem direkt davor zuende gegangenen Ediacarium kommen uns rekonstruierte Szenen aus dem Kambrium vertrauter vor. Zwei große Räuber (*Anomalocaris*, oben und links), dominieren unter anderem über zwei Vorfahren der Gliederfüßer (*Hallucigenia*, unten auf dem Fels).

Die Berghänge im kanadischen Yoho-Nationalpark lagen zur Zeit des Kambriums in Äquatornähe etwa 200 Meter unter dem Meeresspiegel. Im berühmten Burgess-Schiefer, der hier seitlich direkt zugänglich ist, haben sich die damaligen Tiere inklusive der Weichgewebe hervorragend erhalten.

lich gebaute Tiere fossil unterschiedlich gut erhalten werden oder auch gar nicht. Üblicherweise werden gerade aus lange zurückliegenden Perioden wie dem Kambrium lediglich Fossilien von Knochen und anderen mineralisierten Körperbestandteilen wie den Kalkschalen der Weichtiere gefunden, denn nur sie halten dem biologischen Abbau so lange stand, dass ausreichend Zeit für eine Versteinerung bleibt. In einigen seltenen Fällen sind die Versteinerungsbedingungen so gut gewesen, dass sich sogar Weichgewebe erhalten haben. Glücklicherweise gibt es vergleichsweise viele solcher Fundstellen mit derart gut erhaltenen Fossilien aus der Zeit des Kambriums, sodass auch filigrane Details des Körperbaus für eine erfolgreiche Zuordnung zu einzelnen Tiergruppen genutzt werden können. Es haben sich dort sogar Tiere erhalten, die ausschließlich aus Weichgewebe bestehen. Für die Zeit vor dem Kambrium und insbesondere für die Zeit vor dem ihm vorausgehenden Ediacarium sind kaum derartige Fundstellen bekannt. Es wäre daher vorstellbar, dass einfachere Tiere ohne mineralisierte Körperteile vor dem Kambrium durchaus in größerer Anzahl gelebt haben, aber fossil nicht überliefert sind.

Die Entwicklung harter Außenskelette wird üblicherweise als ein Verteidigungsmechanismus gegen Räuber betrachtet, und da die Zahl der räuberisch lebenden Arten am Übergang zum Kambrium tatsächlich zunahm, passt ein plötzliches Auftreten von Körperpanzerung ins Bild. Darüber hinaus bedeuten Räuber einen maximalen Selektionsdruck für die Beutetiere, die darauf mit unterschiedlichen Strategien wie einer schweren Panzerung oder schneller Flucht reagieren können. Dies zwingt wiederum die Räuber zu einer Aufspaltung und Spezialisierung,

ANOMALOCARIS – GEHEIMNISVOLLE KAMBRISCHE RÄUBER

Normalerweise erhöht sich mit jeder wissenschaftlichen Veröffentlichung eines neuen Fossils die Zahl der bekannten Fossilien, aber 1985, bei der Beschreibung des größten bekannten kambrischen Raubtieres, war dies nicht der Fall: Etwa 100 Jahre zuvor war ein Fossil gefunden worden, das an den Hinterleib einer Garnele oder eines Hummers erinnerte, und es erhielt den Namen *Anomalocaris* – „ungewöhnliche Garnele". Zwei weitere, später entdeckte Fossilien sollten ebenfalls eine Rolle spielen, eine mutmaßliche Qualle und ein Schwamm. Wie sich erst nach vielen Jahren herausstellte, waren sie alle einzelne Teile eines sehr viel größeren Organismus. Der „Schwamm" war der Hinterleib, die „Qualle" die Mundöffnung und die „Garnele" ein großes Greifwerkzeug, von dem sich zwei Stück am Vorderende des Kopfes befanden. Entsprechend der wissenschaftlichen Regeln wurde der älteste Name, *Anomalocaris*, für das gesamte Tier beibehalten.

Der Name erwies sich als treffend, denn kurz darauf wurden sehr gut erhaltene Fossilien des gesamten Tieres im kanadischen Burgess-Schiefer gefunden, einer Fundstelle des mittleren Kambriums mit exzellenter Weichteilerhaltung. So konnte *Anomalocaris* als eine Seitenlinie der Gliederfüßer und eine Stammgruppe der Krebse identifiziert werden, deren letzte bekannte Vertreter im Devon lebten. Das Tier war mit einer Länge von ungefähr einem Meter ein Gigant seiner Zeit. Wie Modelle zeigen, konnte es durch wellenförmige Bewegungen seines Körpers frei schwimmen, ohne dass für den Bewegungsablauf eine große Hirn- oder Sensorikleistung erforderlich gewesen wäre, denn der deutlich segmentierte Körper war so geformt, dass er sich in der Schwimmbewegung selbst stabilisierte. Eine weitere Überraschung war der Fund großer, hochentwickelter Facettenaugen, deren Leistung heute vermutlich nur von denen der Libellen erreicht wird und die die Augen der verwandten Zeitgenossen, der Trilobiten, in den Schatten stellten. Seine Größe, Beweglichkeit und hochauflösende Fernsicht machten *Anomalocaris* mit seinen beweglichen, fast 20 Zentimeter langen Greifarmen zu einem furchteinflößenden Räuber, der in allen kambrischen Meeren heimisch war. Er wurde für Bissspuren an Trilobitenfossilien verantwortlich gemacht, aber mittlerweile erscheint es fraglich, ob er mit seinem vermutlich weichen Mund in der Lage war, harte Außenskelette zu durchbrechen, zumal an den Greifarmen nicht einmal Abnutzungsspuren gefunden wurden. Es ist jedoch völlig unklar, was er stattdessen gefressen hat. Die Überlegungen reichen vom Einsaugen weicher Beute über das Aufbrechen von Gliederfüßern durch Umherschleudern bis hin zum Herausfiltern kleiner Organismen aus dem Wasser. Ebenso unklar ist, wer stattdessen für die W-förmigen Bissspuren an den Trilobiten verantwortlich ist, denn es sind bislang nur Ausscheidungen mit Trilobitenbruchstücken bekannt. In den Schatten des kambrischen Meeres lauerte also vielleicht noch ein weiteres, mächtiges Raubtier, dessen Körperfossilien darauf warten, ans Licht zu kommen.

Anomalocaris, übersetzt „ungewöhnliche Garnele", hatte zu den Krebstieren bzw. Gliederfüßern eine „Vetternbeziehung". Im frühen bis mittleren Kambrium waren die Tiere vielleicht die bedeutendsten Räuber, ihre Entwicklungslinie starb jedoch später aus.

Diese versteinerten, aber geologisch sehr jungen Grabgänge zeigen den Durchmischungseffekt, den Würmer haben, die senkrechte Gänge anlegen können.

und schließlich auch dem Freiwasser (also dem Lebensraum „Wasser" ohne Grundkontakt) hinzukamen und der Evolution breiten Raum für Neuentwicklungen boten, die sich zunächst konkurrenzlos entwickeln konnten.

Die Spurenfossilien bedeuten aber auch, dass es – trotz fehlender Fossilien ihrer vermutlich weichgewebigen Erzeuger – eine Reihe größerer Tierarten vor dem Kambrium gegeben haben muss, was die „Explosivität" des Ereignisses etwas vermindert. Andererseits gehen die Spuren dem Kambrium nur um gut 20 Millionen Jahre voraus, was die „Explosionszeit" aber immerhin in etwa verdoppelt. Da Spuren sich relativ leicht erhalten, kann man davon ausgehen, dass es davor keine ausreichend großen Tiere am Meeresboden gegeben hat, die Spuren hinterlassen konnten. Als Erklärung dafür werden meist die in vor-kambrischer Zeit noch niedrigen, aber zum Kambrium ansteigenden Sauerstoffmengen herangezogen. Je niedriger sie sind, desto schwieriger ist es für einen Organismus, größer zu werden, denn beim Wachstum erhöht sich das sauerstoffbedürftige Körpervolumen im Verhältnis sehr viel schneller als die Körperoberfläche, über die der Sauerstoff aufgenommen wird. Ein steigender Sauerstoffgehalt ermöglichte daher eine Größenzunahme der Tiere. Offenbar waren die genetischen Programme der Organismen mit dem Herannahen des Kambriums in der Lage, auf die zusätzlichen Herausforderungen eines größeren Körpers mit den entsprechenden Anpassungen zu reagieren: Ein Kreislaufsystem war erforderlich, um den Sauerstoff in die weiter innen liegenden Körperbereiche zu transportieren und Nährstoffe zu verteilen, die in immer größerer Menge aufgenommen werden mussten. Dies wiederum führte zu einer Vergrößerung der Organe zum Filtrieren oder Greifen der Nahrung und trieb damit die Entwicklung immer weiter voran, bis neue Lösungen für die Stabilisierung, Organisation und Fortbewegung eines so großen Körpers, etwa in Form von Skeletten, Segmenten und Beinen, gefunden werden mussten. Zusätzlich wurden diejenigen Strukturen immer komplizierter, mit denen zum Beispiel Kiemen oder

wodurch sich evolutionäre Prozesse extrem beschleunigen und zu einem Phänomen wie der Kambrischen Explosion führen könnten.

Für das Auftreten von Räubern zu Beginn des Kambriums sprechen verschiedene fossile Hinweise, unter anderem Spurenfossilien in Form von Grabgängen wurmförmiger Organismen. Verliefen diese in vor-kambrischer Zeit überwiegend horizontal auf oder direkt unter den in dieser Zeit auf dem Meeresboden dominierenden Mikrobenmatten, begannen sie kurz vor dem Kambrium immer häufiger vertikal nach unten zu führen. Dies wird nicht nur als Zeichen neuer körperlicher Fähigkeiten der vielleicht ringelwurm-ähnlichen Erbauer gesehen, sondern wie bei heutigen Regenwürmern auch als Flucht- und Verstecktaktik gegenüber Räubern am Meeresboden. Die damit einsetzenden, tiefen Grabaktivitäten belüfteten und durchmischten den im Laufe von hunderten Millionen Jahren aufgeschichteten Meeresgrund und zerstörten das dortige mikrobielle Ökosystem, was vermutlich ein wichtiger Grund für das Aussterben der darauf angepassten Ediacara-Organismen war. Diese hinterließen unbesetzte ökologische Nischen am Meeresboden, die zu dem neu erschlossenen Untergrund

Verdauungsorgane ihre Oberflächen vielfach falteten und somit erheblich vergrößerten, was den Stoffaustausch mit der Umgebung leichter machte. Diese Strukturen wiederum mussten bis hinunter auf die molekulare Ebene stabilisiert werden. Viele weitere Auslöser der Kambrischen Explosion sind denkbar,

Die sogenannte Kambrische Explosion verlief vermutlich nicht ganz so zugespitzt wie ursprünglich angenommen, war aber von vielen Neuentwicklungen geprägt.

zum Beispiel die Eiszeiten, die im vorhergehenden Ediacarium stattgefunden hatten, oder durch atmosphärische Veränderungen ausgelöste Warmzeiten. Auch weitere ökologische Effekte auf die Umweltbedingungen aus dem Zusammenspiel der Arten untereinander sind gut vorstellbar, etwa dass die Tiere das freischwimmende Larvenstadium für ihre Jugendphase entwickelten, um den Räubern zu entgehen, die begannen, den Meeresboden zu beherrschen. Diese Larven müssten sich vom pflanzlichen Plankton ernährt haben, dessen Zusammensetzung und Menge sie vermutlich massiv beeinflusst haben, wodurch sich die Umweltbedingungen möglicherweise auf der gesamten Erde stark veränderten.

Vermutlich kamen viele Effekte so komplex zusammen, dass sich die Vorgänge nicht im Detail rekonstruieren lassen. Sicher scheint jedoch, dass die Tierstämme nicht erst während des Kambriums entstanden. Ihre ersten Vertreter entwickelten sich bereits davor, spätestens im Ediacarium vor mehr als 550 Millionen Jahren im Schatten der aus heutiger Sicht so eigentümlichen Ediacara-Organismen. Vielleicht waren sie sogar ein Teil von ihnen. Die im Kambrium einsetzende, umfangreiche fossile Überlieferung zeigt daher vermutlich statt einer Explosion eher eine Ausbreitung der uns heute bekannten tierischen Lebensformen. Dieser Siegeszug wurde sicherlich durch die Vielzahl der neu zur Verfügung stehenden Lebensräume und die gemeinsame Evolution der Tiere begünstigt.

Dieser frühe Trilobit aus dem Burgess-Schiefer des Kambrium zählt zu den ältesten Fossilien dieser Tiergruppe. Sie sind ein typisches Beispiel für die hartschaligen Organismen, die sich im Kambrium weltweit ausbreiteten.

500 BIS 300
MILLIONEN JAHRE

DIE EROBERUNG DES LANDES UND DER LUFT

Den Pflanzen gelingt der Wechsel auf das Festland als erstes. Bald folgen ihnen die Tiere in mehreren Wellen in die neu entstandenen Lebensräume. Nach den Gliederfüßern haben die Wirbeltiere mit dem Verlassen des Wassers deutlich mehr Mühe. Parallel entwickeln sich die Baupläne der Pflanzen, erste Wälder und neue Fortpflanzungstechniken entstehen. Als erste Tiere folgen die Insekten den hoch hinauf strebenden Pflanzen in die Lüfte.

LANDGANG DER PFLANZEN

Grüne Organismen gehörten wahrscheinlich zu den ersten Landbesiedlern. Sie waren den Tieren möglicherweise mehrere Hundert Millionen Jahre voraus. Unter ihnen waren vermutlich auch schon die Vorläufer der Pflanzen. Aber welche Lebewesen zählen zu den Pflanzen?

Landläufig werden darunter oft alle „pflanzenartigen" Organismen verstanden, die Fotosynthese betreiben. Dies schließt die verschiedensten Algen ein, nicht nur die unzähligen, mikroskopisch kleinen, sondern auch solche, die als bis zu 45 Meter lange Tange ausgedehnte Kelpwälder unter der Meeresoberfläche bilden. Oder die, die bei stürmischem Wetter am Strand als „Meeressalat" zu finden sind und teilweise kulinarisch genutzt werden. Offiziell sind mit „Pflanzen" jedoch nur die Landpflanzen gemeint. Sie unterteilen sich in Moose, Bärlapppflanzen, Farne und Samenpflanzen (zu letzteren gehören Bäume, Sträucher und Blumen). Wenige Pflanzen sind im Laufe ihrer Evolution wieder ins Süßwasser zurückgekehrt oder, noch seltener, ins Salzwasser der Meere wie im Falle der Seegräser.

Als die Vorfahren der Landpflanzen vermutlich spätestens im Kambrium (vor etwa 500 Millionen Jahren) begannen, das Land zu besiedeln, fanden sie dort bereits eine Vielzahl von Organismen vor. Einfache Algen und Pilze bedeckten sehr wahrscheinlich schon vor einer Milliarde Jahren die Kontinente. In gegenseitiger Symbiose stellten sie als Flechten einen großen Teil der damaligen Biomasse an Land. Noch davor ist das massenhafte Auftreten von Cyanobakterien wahrscheinlich, die mindestens in feuchten Bereichen das Gestein überzogen haben dürften und erste biologische Bodenbildungsprozesse angestoßen haben. Zu den ältesten mikrobenhaltigen Böden zählen 1,2 Milliarden Jahre alte Funde, vielleicht sogar auch mehr als drei Milliarden Jahre alte Proben, in denen sich indirekte Hinweise auf Mikroorganismen finden.

Entwicklung der Landpflanzen

Alle Landpflanzen stammen aus einer einzigen Entwicklungslinie, die aus der Gruppe der Grünalgen hervorgegangen ist. Ihre direkten Vorfahren waren Süßwasserbewohner. Lange Zeit wurde angenommen, dass die heute noch vor allem in sauberen, kalkhaltigen Gewässern lebenden Armleuchteralgen die direkte

---

Alle Landpflanzen sind aus der Gruppe der Grünalgen hervorgegangen.

Schwestergruppe der Landpflanzen seien. Dies legen eine Reihe anatomischer Details und weiterer Ähnlichkeiten nahe, und auch die Wuchsform der Armleuchteralgen nimmt

Armleuchteralgen sind mit den Landpflanzen eng verwandt. Sie können bis zu einem Meter groß werden und sind einigen Landpflanzen äußerlich bereits erstaunlich ähnlich. Dennoch haben Pflanzen ihren Aufbau nicht direkt übernommen.

die einer Süßwasserpflanze, dem aus Teichen und Aquarien bekannten Hornblatt, vorweg. Hornblätter gehören jedoch zu den evolutiv modernen Blütenpflanzen, innerhalb derer sie zwar eine gewisse Sonderstellung einnehmen, zu denen es von den Grünalgen allerdings ein weiter, etwa 300 Millionen Jahre langer, über das Land führender Weg war.

Neueren molekulargenetischen Analysen zufolge stehen den Landpflanzen nicht die Armleuchteralgen, sondern die verwandten Schmuckalgen am nächsten. Schmuckalgen leben ebenfalls im Süßwasser, jedoch sind zumindest die heutigen Arten einzellig oder bilden einfache, instabile Fäden. In dieser Einfachheit offenbart sich ein oft übersehener, aber kaum zu überschätzender Unterschied in der Entwicklung der Landpflanzen und der Landtiere: Die Baupläne der Tierstämme waren am Ende der kambrischen Explosion komplett entwickelt – und zwar im Wasser. Die Besiedlung des Landes erfolgte daher durch voll entwickelte, an das Leben im Wasser angepasste Tiere, die ihre Baupläne nun an ein Leben an Land anpassen mussten. Je nach Tiergruppe erwiesen sich bestimmte Details ihrer Baupläne als gute Ausgangsbedingungen für den Landgang, allerdings brachten alle Tierstämme unterschiedliche „Altlasten" mit. In vielen Fällen sind diese heute noch sichtbar, etwa die in der Embryonalentwicklung landlebender Wirbeltiere einschließlich des Menschen noch angelegten Kiemenbögen, die sich im Laufe der

Diese Zieralge gehört zu den überwiegend einzelligen Schmuckalgen, die aus genetischer Sicht möglicherweise die nächsten lebenden Verwandten der Landpflanzen sind. Zieralgen bewegen sich kriechend.

Erste Fossilfunde, die auf Landpflanzen hinweisen, sind Sporen, die aus dem Ordovizium vor ca. 470 Millionen Jahren stammen. Sporen dienen der Vermehrung und Verbreitung. Sie werden üblicherweise ungeschlechtlich erzeugt und wachsen durch einfache Zellteilungen zu einem neuen Organismus heran. Da sie aus nur einer oder sehr wenigen Zellen bestehen, können sie

Die innerhalb von ein bis zwei Wochen bis zu einem halben Meter Durchmesser erreichenden Fruchtkörper der Riesenboviste sind jung und in gekochtem Zustand essbar. Im Alter zerfällt das gesamte Innere zu braunem Sporenpulver.

Es gibt kein Tier, dessen Bauplan direkt für das Landleben entstand.

Evolution unter anderem zu Ohren entwickelten. Es gibt daher kein Tier, dessen vielzelliger Bauplan direkt für das Landleben gedacht war. Im Gegensatz dazu vollzogen die Pflanzen praktisch ihre gesamte Entwicklung an Land und damit an der Luft. Zusammen mit der durch die Fotosynthese komplett entgegengesetzten Ernährungsstrategie der Pflanzen führte dies zu gänzlich anderen evolutiven Lösungen.

Die ersten Landpflanzen ähnelten vermutlich dem lappig auf feuchtem Boden aufliegenden Brunnenlebermoos. Diese einheimische Brunnenlebermoosart ist nicht nur in Europa weitverbreitet, sondern kommt weltweit in nahezu allen Klimazonen vor.

mit wenig Aufwand in großer Zahl produziert werden. Viele Pilze demonstrieren dies beeindruckend, etwa der auf Wiesen wachsende, unverwechselbar ballförmige Riesenbovist, der pro Exemplar fast zehn Billionen Sporen in großen Staubwolken freisetzen kann – rechnerisch 1 000 Sporen pro menschlichem Bewohner der Erde. Sporen haben einen reduzierten Stoffwechsel und sind oft sehr widerstandsfähig gegen äußere Einflüsse. Dadurch können sie lebensfeindliche Phasen überdauern, im Fall einiger Bakteriensporen mehrere Hundert Jahre.

Das Auftreten fossiler Sporen mit dicken Zellwänden, die gegen Austrocknung schützen und für Landpflanzen typisch sind, vor etwa 470 Millionen Jahren gilt als frühester direkter Beleg für deren Besiedelung des Landes. Von welchen Pflanzen diese Sporen stammen, ist noch immer unbekannt, denn die ältesten Fossilienfunde von Pflanzengeweben stammen aus dem Silur und sind etwa 50 Millionen Jahre jünger. Es ist jedoch davon auszugehen, dass es in dieser Zeit viele Entwicklungslinien gegeben hat, die beim Sprung an Land letztlich doch nicht erfolgreich waren und ins Wasser zurückkehrten

oder ausstarben. Warum der Erfolg einer einzigen Linie sich gerade zu dieser Zeit und nicht schon früher einstellte, ist eine offene Frage.

Die frühen Landpflanzen im Silur bestanden aus einfachen Zellschichten, die sich ähnlich dem grünen, flachen Körper einiger heutiger Lebermoose auf dem Boden ausbreiteten. Wie die heutigen Moose mit ihren wenig ausgereiften Systemen zum Wasserhaushalt dürften sie auf eine mehr oder weniger ständige Befeuchtung angewiesen gewesen sein. Wie bei allen Organismen, die den Sprung an Land versuchten, war das Problem der Austrocknung eine der größten Hürden, die für eine erfolgreiche Etablierung zu nehmen waren. Als Verdunstungsschutz entwickelten die Pflanzen eine wachsartige Oberflächenbeschichtung, durch die kein Wasserdampf entweichen kann. Nun war zwar der Wasserverlust minimiert, aber es ergab sich ein neues Problem: Die Barriere verhinderte die Aufnahme von Kohlendioxid, dem Grundnährstoff der Pflanzen, aus dem sie im Rahmen der Fotosynthese ihre Biomasse aufbauen. Um den Gasaustausch zu ermöglichen, entstanden Spaltöffnungen, die bei den meisten heutigen Pflanzen in die Unterseite der Blätter eingelassen sind. Sie können nach Bedarf geöffnet oder geschlossen werden, denn durch sie gelangt nicht nur Kohlendioxid in das Blattgewebe, sondern es geht auch wieder Wasser verloren.

Vermutlich aufgrund des – wenn auch reduzierten – Wasserverlustes durch die Spaltöffnungen war deren Anzahl in frühen Pflanzen sehr niedrig, da diese noch nicht über Wurzeln verfügten, mit denen Wasser effizient aus dem Boden aufgenommen und nachgeliefert werden konnte. Fossilien und genetische Hinweise zeigen, dass die ersten Pflanzen Symbiosen mit Pilzen eingingen, deren dichtes Geflecht aus Pilzfäden die Wasser- und Nährstoffaufnahme übernahm. Genetische Analysen sprechen dafür, dass dies für Pflanzen den Schritt an Land überhaupt erst möglich machte. Diese damals entwickelte Symbiose hat bis heute bei sehr vielen Pflanzen überdauert. Entgegen früherer Annahmen spielen diese sogenannten Mykorrhiza-Pilze nicht nur in kargen oder für Pflanzen chemisch schwierig beschaffenen Böden eine Rolle, wie etwa bei Nadelhölzern oder Heidekrautgewächsen auf sauren, nähr-

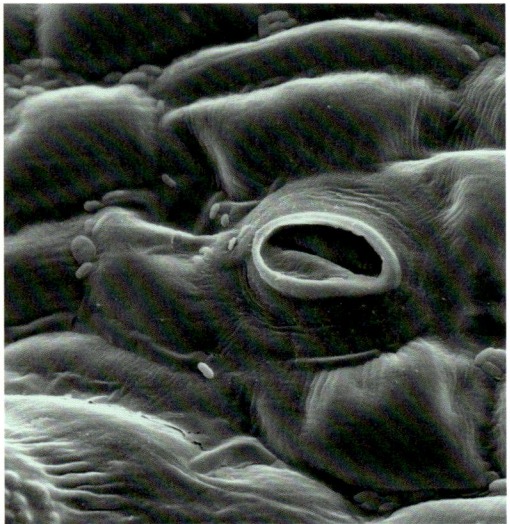

Die ovale Öffnung der etwa einen Hundertstel Millimeter breiten Spaltöffnung kann von der Pflanze geöffnet und geschlossen werden. Dadurch findet sie einen Kompromiss zwischen Gasaustausch zur Atmung und damit einhergehendem Wasserverlust.

stoffarmen Böden. Vielmehr verhelfen sie auch einer Vielzahl unserer heutigen Nutzpflanzen zu gesundem, üppigem Wuchs und hohen Erträgen.

Ein evolutiver Meilenstein war die Entwicklung eines Gefäßsystems zum Wasser- und Nährstofftransport. Er wurde von den Pflanzen etwa 40 Millionen Jahre nach dem gefäßlosen Bauplan der Moose erreicht und

Die gabelige Zweiteilung des Pflanzenkörpers ist ein wichtiges, frühes Konstruktionsmerkmal komplexer Pflanzenkörper. Durch diesen Aufbau werden viele Endpunkte erzeugt, die dadurch als erhöhte Anzahl an Wachstumspunkten oder für die Sporenbildung zur Verfügung stehen (hier ein Sternlebermoos).

Eine der ältesten fossil bekannten Landpflanzen ist *Cooksonia* aus dem Silur. Sie wurde nur wenige Zentimeter hoch, verfügte aber schon über Spaltöffnungen, vermutlich ein frühes Gefäßsystem, und verzweigte sich gabelig. Ihr Bauplan war daher für ihre Zeit relativ modern, denn einfacher gebaute Arten sind noch aus dem Devon bekannt.

schuf eine wesentliche Voraussetzung für ein effizientes Höhenwachstum. Höher gelegene Sporenorgane ermöglichen eine bessere Verbreitung der Sporen – ein Mechanismus, den sich auch die einzelligen Schleimpilze durch die Bildung ihrer vielzelligen, in die Höhe wachsenden Aggregate zunutze machen (siehe S. 59 f.).

Eine weitere Neuerung auf dem Weg zu den Gefäßpflanzen war die gabelige Zweiteilung der Stängel (und später auch der zunächst noch unterentwickelten Wurzeln). Dadurch vervielfachte sich die Anzahl der Enden des oberirdischen Pflanzenkörpers, an denen die Sporen gebildet wurden, was eine effiziente Verbreitung förderte. Bei den gefäßlosen Moosen hingegen sind die Sporenträger auch heute noch einstielig. Eine Verzweigung kommt nur sehr selten als entwicklungsbiologischer „Unfall" vor, der jedoch das bereits vorhandene Entwicklungspotenzial zeigt.

In heutigen Ökosystemen geht es beim Wettlauf der Pflanzenarten in die Höhe in erster Linie um die beste Position zum Licht. Das zeigt sich im tropischen Regenwald, aber auch im mitteleuropäischen Buchenwald sehr deutlich, denn junge Pflanzen am dunklen

Waldboden können meist erst gedeihen, wenn sich eine Lücke im Blätterdach auftut. Die bereits aufrecht wachsenden Pflanzen des Silur und eines großen Teils des Devon (vor ca. 430 bis 370 Millionen Jahren) besaßen jedoch noch keine Blätter, sodass ihre nackten Stängel kaum Schatten warfen. Die späte Entwicklung der Blätter ist eines der größten Rätsel der Pflanzenevolution. Dieses aus

---

Beim heutigen Wettlauf der Pflanzen in die Höhe geht es um die beste Position zum Licht.

---

heutiger Sicht zentrale Organ jeder Pflanze begann erst ungefähr 50 Millionen Jahre nach dem Erscheinen der ersten Gefäßpflanzen einigermaßen verbreitet aufzutreten – eine Zeitspanne, die von heute an zurückgerechnet fast bis zum Aussterben der Dinosaurier am Ende der Kreide reicht, die Blütezeit der Säugetiere umfasst und dem Mehrfachen der knapp zehn Millionen Jahre langen Entwicklungszeit des Menschen aus den Menschenaffen entspricht.

Erst seit jüngerer Zeit gibt es belastbare Hypothesen, die diese Entwicklungsverzögerung erklären können. Für die ursprünglich blattlosen Pflanzen war die geringe Anzahl von Spaltöffnungen, die verstreut an den Stängeln angeordnet waren, kein Problem, denn der Kohlendioxidgehalt der Luft war zu dieser Zeit um ein Vielfaches höher als heute. Dadurch konnte der Austausch durch die wenigen Öffnungen sehr effizient erfolgen, ohne dass mehr Wasser verloren ging, als das noch ineffiziente, flache Wurzelsystem nachliefern konnte. Durch die großen Mengen des Treibhausgases Kohlendioxid in der Atmosphäre war das Klima sehr warm, und hier liegt der wahrscheinliche Grund dafür, dass die für die Blattentwicklung benötigten Gene zwar bereits überwiegend vorhanden waren, aber nicht zum Einsatz kamen: Eine Pflanze, die unter diesen heißen Bedingungen Blätter produziert hätte, wäre sehr wahrscheinlich an Überhitzung eingegangen. Große Blätter fangen, nicht zuletzt um die Fotosynthese zu optimieren, ein Maximum an Sonneneinstrahlung ein. In heißem Klima erhitzt sich das Blatt dadurch so stark, dass es gekühlt werden muss, um nicht abzusterben. Dies geschieht durch die Verdunstung von Wasser durch die Spaltöffnungen, physikalisch ähnlich dem menschlichen Schwitzen. Da die einfachen Wurzeln der frühen Pflanzen nur über eine schlechte Wasseraufnahmefähigkeit verfügten, war eine für die benötigte Kühlung ausreichende Anzahl an Spaltöffnungen nicht möglich, ohne dass die Pflanze ausgetrocknet wäre. Die Situation änderte sich erst, als die Kohlendioxidlevel im Laufe des Devon dramatisch sanken und der Treibhauseffekt abnahm: Das Klima wurde kühler, die Hitzebelastung geringer und gleichzeitig entwickelten sich die Wurzelsysteme weiter, sodass mehr Wasser für die Verdunstungskühlung durch mehr Spaltöffnungen zur Verfügung stand. Blätter konnten entstehen und taten dies auch – in allen heute noch

Erst als das Klima auf der Erde kühler wurde, konnten Pflanzen Blätter ausbilden.

existierenden, damaligen Entwicklungslinien unabhängig voneinander und mit einer Vielzahl von Spaltöffnungen. Diese wurden unter den veränderten Umweltbedingungen nun außerdem benötigt, um noch ausreichende Mengen des weniger gewordenen Kohlendioxids aufnehmen zu können. Noch heute regulieren Pflanzen die Anzahl ihrer Spaltöffnungen in Abhängigkeit von der Kohlendioxidmenge in der umgebenden Luft. Noch eindrücklicher als in Laborversuchen ist dies an den Herbarien der berühmten viktorianischen Pflanzensammler des 19. Jahrhunderts und ihrer Vorgänger abzulesen: Die zum Beginn der industriellen Revolution im 18. und 19. Jahrhundert gesammelten Blätter weisen deutlich mehr Spaltöffnungen auf als

Ein Stammfossil eines der ersten Bäume der Erdgeschichte stammt aus dem späten Devon. Es dauerte einige Zeit, bis man erkannte, dass dieser Stamm zu den Blättern von *Archaeopteris* gehört.

Die Pflanzen des Rhynie Chert repräsentieren verschiedene Entwicklungsstufen: Den Übergang von Moosen zu frühen Gefäßpflanzen (links), den Übergang zu Bärlapppflanzen und flachen, verzweigten Wurzelsystemen (Mitte) sowie eine sehr ursprüngliche Bärlapppflanze (rechts).

heutige Blätter der gleichen Arten, nachdem durch die übermäßige Verbrennung fossiler Energieträger der Kohlendioxidgehalt der Luft merklich angestiegen ist.

Die dramatischste Phase der Pflanzenentwicklung hatte daher im Devon stattgefunden: Innerhalb vergleichsweise kurzer Zeit hatten sich vor ca. 360 Millionen Jahren aus einfachsten Vorläufern die Baupläne der

unterschiedlichen Pflanzengruppen entwickelt. Blätter kamen auf, effiziente, tief- und weitreichende Wurzelsysteme entstanden, sodass aus niedrigen, noch moosähnlichen Pflanzen bis zu 30 Meter hohe Bäume wurden. Diese bildeten die ersten Wälder, die die Kontinente bedeckten. Um der Bedeutung dieser Phase für die Entwicklung der Pflanzen gerecht zu werden, wird – in Anlehnung an die kambrische Explosion der Baupläne im Tierreich – für die Pflanzenwelt von der Explosion im Devon gesprochen.

Die Pflanzen von Rhynie

Eine spektakuläre Fossilienfundstelle, die zu denen mit den besterhaltenen Fossilien überhaupt zählt, datiert glücklicherweise in das frühe Devon und öffnet damit ein kleines Fenster in die Zeit der frühen Landbesiedelung. Vor etwa 400 Millionen Jahren entsprang nahe der heutigen schottischen Ortschaft Rhynie eine heiße, silikathaltige Quelle in einer bergigen Flusslandschaft. Ähnlich wie in heutigen Geysirfeldern, beispielsweise im US-amerikanischen Yellowstone Nationalpark, überflutete das heiße Quellwasser gelegentlich die angrenzenden Landbereiche, sodass alles organische Material bis ins kleinste Detail verkieselte und fossil erhalten

Die heutigen Schachtelhalme gehören alle zur letzten verbliebenen, seit dem Jura existierenden Gattung dieser bereits aus dem Devon stammenden Linie der Farne. Der grüne Teil des ausbreitungsfreudigen Ackerschachtelhalmes erscheint erst im späten Frühjahr, nachdem die bräunlichen, sporentragenden Triebe schon wieder abgestorben sind.

blieb. Sogar einzelne Zellen sind oft noch gut erkennbar. Die Funde zeigen, dass die größten Pflanzen kaum Kniehöhe erreichten und die meisten sich sogar nur wenige Zentimeter über den Boden erhoben. Die Pflanzen wuchsen aus weitverzweigten, aber sehr einfachen und flachen Wurzelsystemen in dichten Pulken, sodass ihre instabilen, gabelig verzweigten, blattlosen Stängel sich gegenseitig aufrecht hielten. Stabiles Stützgewebe oder gar Holz gab es noch nicht, wodurch die frühen Pflanzen ebenso wie landbesiedelnde Tiere aufgrund des fehlenden Wasserauftriebs bei der Aufrichtung ihrer Körper gegen die Schwerkraft zu kämpfen hatten. Die vermutlich größte Pflanze des frühen Devon ist von einer kanadischen Fundstelle bekannt, sie wurde vermutlich mehr als zwei Meter hoch und zeigt erste Entwicklungsschritte hin zu echten Blättern.

Die im Rhynie Chert gefundenen Pflanzen gewähren einen Einblick in die frühe Entwicklung der Gefäßpflanzen aus den gefäßlosen Moosen: Einige Arten besitzen zwar noch kein Gefäßsystem, ähneln in ihrem Aussehen aber bereits den Gefäßpflanzen, andere weisen bereits die wasserleitenden Gefäße auf, über die mit Ausnahme der Moose alle bis heute überlebenden Pflanzen verfügen.

Die heute noch existierende Gefäßpflanzengruppe der Bärlappppflanzen war mit einer sehr ursprünglichen Art schon damals vertreten. Diese wuchs in sehr nassem Boden, da sie zwar schon Leitgefäße besaß, ihre bereits 20 Zentimeter tief reichenden Wurzeln aber noch nicht aktiv Wasser aufnehmen konnten. Ihr Aussehen ähnelte dem einiger heutiger Bärlappe, inklusive ihrer sehr kleinen, einfachen, nadel- oder schuppenförmigen Blätter, die für diese Pflanzengruppe typisch sind und nicht die Komplexität echter Laubblätter erreichen. Letztere entwickelten sich bei farnartigen Pflanzen, die erst in der zweiten Hälfte des Devon entstanden und heute nahezu alle ausgestorben sind. Die aus dieser Zeit stammende, bis heute überlebende Gruppe der Schachtelhalme ist nach neueren Erkenntnissen eine dieser frühen Untergruppen der Farne. Die Blütezeit der Schachtelhalme setzte jedoch erst im Karbon ein, das vor 359 Millionen Jahren begann. Bis dahin dauerte es auch, bis die heute dominierenden, modernen Farne entstanden.

Die ersten Bäume

Ein berühmtes Pflanzenfossil des späten Devon ist *Archaeopteris*, ein Name, der nicht von ungefähr an den ikonischen, aber mehr als 200 Millionen Jahre jüngeren Urvogel *Archaeopteryx* erinnert. *Archaeopteryx* vereinte Merkmale moderner Vögel (z. B. Flügel) mit denen seiner Reptilienvorfahren (z. B. Zähne sowie Finger mit Klauen) auf eine heute nicht

Archaeopteris bildete im Devon als einer der ersten Bäume die ersten Wälder der Erdgeschichte. Bäume mit nadelbaumartigen Stämmen und Farnwedel-Blättern gibt es heute nicht mehr.

mehr bekannte Weise. In *Archaeopteris* sind auf vergleichbare Weise die typischen großen Wedelblätter und die Fortpflanzungstechnik der Farne mit einem nadelartigen Stamm verbunden, der die Pflanze zu einem zehn Meter hohen Baum machte. Nicht zuletzt aufgrund dieser heute nicht mehr existierenden Merkmalskombination dauerte es etwa 100 Jahre, bis Paläobotaniker 1960 erkannten, dass die schon lange bekannten, aber unterschiedlich benannten einzelnen gefundenen Fossilien zur selben Gattung gehören, die bereits im frühen Karbon wieder ausstarb.

Die ökologische Bedeutung von *Archaeopteris* muss erheblich gewesen sein, denn als Baum bildete er die ersten Wälder in der Geschichte der Erde. Diese entwickelten sich in Überschwemmungsgebieten, dem bevorzugten Lebensraum von *Archaeopteris*. Auf

---

Archaeopteris war einer der ersten Bäume der Erdgeschichte.

---

staunassen Böden artenarm bleibend, kam in schneller abtrocknenden Bereichen ein immer vielfältiger werdender Unterwuchs hinzu. So ergab sich zum ersten Mal der Eindruck einer heutigen Waldstruktur mit Blätterdach und höhengestaffeltem Unterwuchs – mit den damaligen Sporenpflanzen allerdings aus ganz anderen Pflanzenformen als den heute dominierenden Nadel- und Laubbäumen, die damals noch nicht existierten.

Neben der Fähigkeit, seinen hohen Stamm immer weiter zu verdicken und Holz zu seiner weiteren Stabilisierung zu bilden, benötigte ein Baum ein gut entwickeltes Wurzelsystem, um einerseits ausreichend Wasser und Nährstoffe für den großen Organismus aufnehmen zu können und andererseits sicher im Boden verankert zu sein. Solche Wurzelsysteme entwickelten sich im Devon und reichten im Fall von *Archaeopteris* etwa einen Meter tief unter die Erdoberfläche. Ihre Wirkung beschränkte sich jedoch nicht nur auf die zugehörige Pflanze. Vielmehr beein-

flussten die größeren und tiefer reichenden Wurzelsysteme die zukünftige Entwicklung des Planeten maßgeblich. Während es zum Beginn des Devon bestenfalls eine dünne Bodenschicht mikrobiologischen Ursprungs gab, führten die tief in den Untergrund vordringenden Wurzeln zu einer nachhaltigen Bodenbildung, indem sie die Verwitterung und Durchmischung erheblich beschleunigten. Als Ergebnis sind vom Ende des Devon erstmals Bodenprofile bekannt, die bereits heutigen ähneln und sich je nach umliegenden Gegebenheiten schon in unterschiedliche Bodentypen einteilen lassen. Ein womöglich noch dramatischerer Effekt ging mit der beschleunigten Verwitterung wurzeldurchdrungenen Untergesteins einher: Die Verwitterung verbraucht im Regenwasser gelöstes Kohlendioxid aus der Luft, sodass dessen Menge in der Atmosphäre sinkt und das Klima kälter wird. Gemeinsam mit der zunehmenden Pflanzenbiomasse, für deren Bildung ebenfalls große Mengen Kohlendioxid benötigt wurden, führte dies zu der Abkühlung, die den Pflanzen die Blattentwicklung ermöglichte. Diese Abkühlung läutete die am Ende des Devon beginnende, 100 Millionen Jahre durch das Karbon bis zum Ende des Perm während Karoo-Eiszeit ein.

Mit Ausnahme der heute artenreichsten Pflanzengruppe der Bedecktsamer waren am Ende der „Pflanzenexplosion" im Devon alle wichtigen Elemente der späteren Pflanzenwelt entwickelt oder zumindest als erste Vorläufer angelegt: neue Pflanzenorgane und -gewebe wie echte Wurzeln, Blätter und Holz sowie ein Mechanismus zum Dickenwachstum des Sprosses; unterschiedliche Pflanzenökosysteme bis hin zu Wäldern, die gefäßlose Moose ebenso wie die ab hier dominierenden Gefäßpflanzen mit den sehr ursprünglichen Bärlapppflanzen und den Farnen inklusive der Schachtelhalme enthielten. Fast alle Pflanzen dieser Zeit vermehrten sich noch mithilfe von Sporen, aber auch im Bereich der Fortpflanzung gab es kurz vor Ende des Devon eine wegweisende Neuentwicklung, die die Pflanzen- und Tierwelt für alle Zeiten danach prägte: die Samenpflanzen.

OHNE WASSER GEHT ES NICHT: DIE FORTPFLANZUNG WIRD KOMPLIZIERT

Das Verlassen des Wassers bringt nicht nur die Gefahr des Austrocknens mit sich. Auch mit einer stabilen Konstruktion des eigenen Körpers, um den fehlenden Auftrieb des Wassers auszugleichen, ist ein Leben auf dem Land noch nicht ohne Weiteres möglich.

Ein landlebender Organismus verliert nämlich mit dem Wasser zusätzlich sein Fortpflanzungsmedium, denn männliche Geschlechtszellen erreichen die weiblichen, indem sie – üblicherweise aktiv – durch das Wasser zu ihnen schwimmen. Landlebende Tiere werden dieses Problem lösen, indem sie entweder wie Amphibien oder fast alle landlebenden Krebse zur Fortpflanzung ins Wasser zurückkehren oder aber – ab den Reptilien – die Befruchtung ins feuchte Körperinnere verlegen. Für beide Strategien ist jedoch Mobilität in einem Ausmaß erforderlich, das Pflanzen aus eigener Kraft typischerweise nicht zur Verfügung steht.

Pflanzen haben die Mechanismen der Fortpflanzung daher auf vielfältige und komplizierte Weise weiterentwickelt. Zunächst einmal tritt bei ihnen wie bei den Pilzen ein sogenannter Generationswechsel auf. Dies bedeutet, dass ein pflanzlicher Organismus in zwei unterschiedlichen genetischen Formen vorkommen kann, nämlich entweder mit einer einfachen Genomkopie oder den typischen zwei Kopien, auf denen die geschlechtliche Fortpflanzung der Eukaryonten beruht. Obwohl die Verdopplung des Genoms nicht zu grundsätzlich neuen genetischen Informationen führt, sehen beide Formen einer Pflanze vollkommen unterschiedlich aus. Zellen mit nur einer Kopie, die aus einer Reduktionsteilung hervorgegangen sind, können im Rahmen der Fortpflanzung ausschließlich

Geschlechtszellen, die sogenannten Gameten, produzieren, da diese ebenfalls nur über eine Genomkopie verfügen. Die Form einer Pflanze, die aus Zellen mit nur einer Genomkopie besteht, wird daher „Gametophyt" genannt.

Sporenpflanzen

Der Gametophyt der Moose ist das grüne Moospflänzchen, das gemeinhin als „das Moos" betrachtet wird. Es ist ein selbstständig

Das Moospflänzchen (grün) und die zeitweilig darauf wachsenden, gestielten Sporenkapseln (rotbraun) sind zwei unterschiedliche, getrennte Formen der Moospflanze. Das grüne Pflänzchen ist der „Gametophyt", dessen Zellen jeweils nur eine Genomkopie enthalten. Auf ihm wächst der „Sporophyt", der die Sporen produziert und dessen Zellen jeweils zwei Genomkopien enthalten.

lebensfähiger, zur Fotosynthese befähigter Organismus, der irgendwann Gameten, die Geschlechtszellen für die Fortpflanzung, produziert. Im Gegensatz dazu besteht der selbstständig lebensfähige, Gameten produ-

Moose können sich nur mithilfe von Wasser vermehren.

zierende tierische Organismus aus Zellen mit zwei Genomkopien. Die männlichen und weiblichen Gameten der Moose befinden sich jeweils in separaten Behältern, die auf dem Gametophyten gebildet werden. Für eine erfolgreiche Befruchtung müssen die beweglichen männlichen Gameten zu den weiblichen schwimmen. Diese locken die männlichen Gameten bei vielen Arten durch die Abgabe von gewöhnlichem Zucker an. Damit

dies geschehen kann, ist tropfbares Wasser erforderlich, das durch Niederschläge, Tau oder ähnliches bereitgestellt werden muss. Durch diese Form der Wasserabhängigkeit und ihren zusätzlich unterentwickelten Verdunstungsschutz sowie das Fehlen echter Wurzeln zur Wasseraufnahme sind Moose auf zumindest zeitweise nasse Lebensräume angewiesen.

Die aktive Beweglichkeit der männlichen Gameten erlaubt einen Befruchtungsradius von nur wenig mehr als einem Zentimeter. Größere Distanzen zu den Eizellen können nur passiv zurückgelegt werden, etwa in spritzenden Wassertropfen. Dies ist vermutlich der Hauptgrund, warum Moospflänzchen im Laufe ihrer Evolution nie höher als einige Zentimeter geworden sind. Stattdessen breiten sie sich eher flächig als horizontale Bodenüberzüge aus, in denen es zwischen den einzelnen Gametophyten selten zu echter genetischer Vermischung kommt, sondern der evolutive Konkurrenzkampf vor allem über

Im Generationswechsel der Moose ist die Phase des Sporophyten mit zwei Genomkopien nur sehr kurzlebig (oben links). Die von ihm produzierten Sporen wachsen zu Moospflänzchen heran, den Gametophyten, die sich durch Ausläufer ungeschlechtlich vermehren können (rechts). Sie entwickeln die Geschlechtszellen, die Gameten, die von den männlichen Gametenbechern (gelb) im Wasser zu den weiblichen Eizellen (grün) gelangen müssen (unten). Sie verschmelzen und entwickeln sich auf der Mutterpflanze wieder zum Sporophyten.

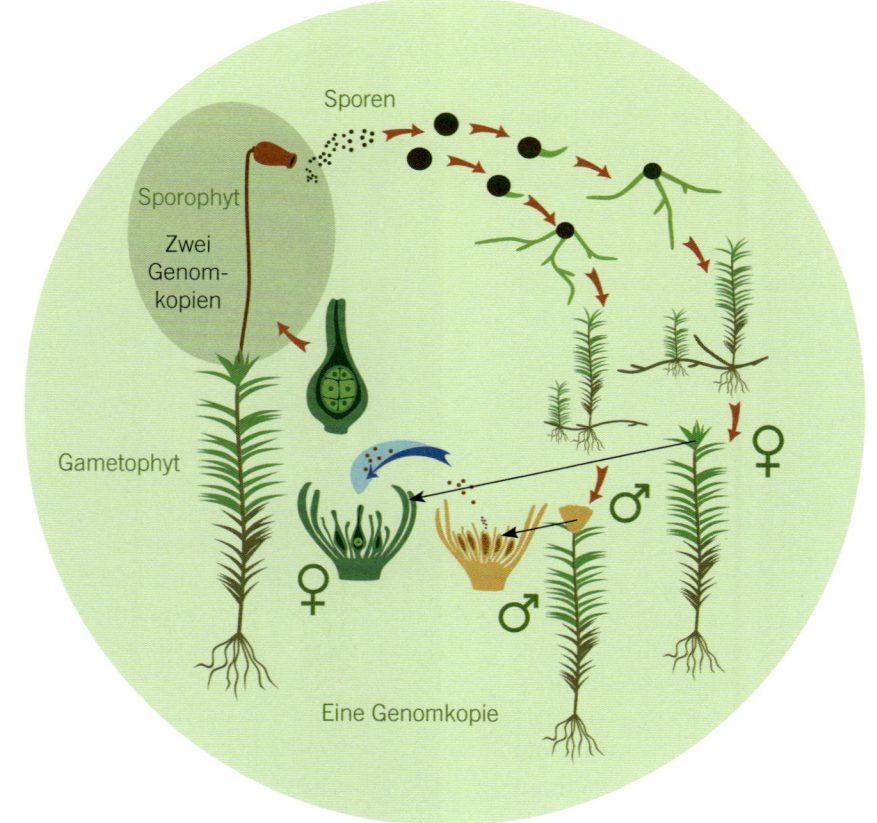

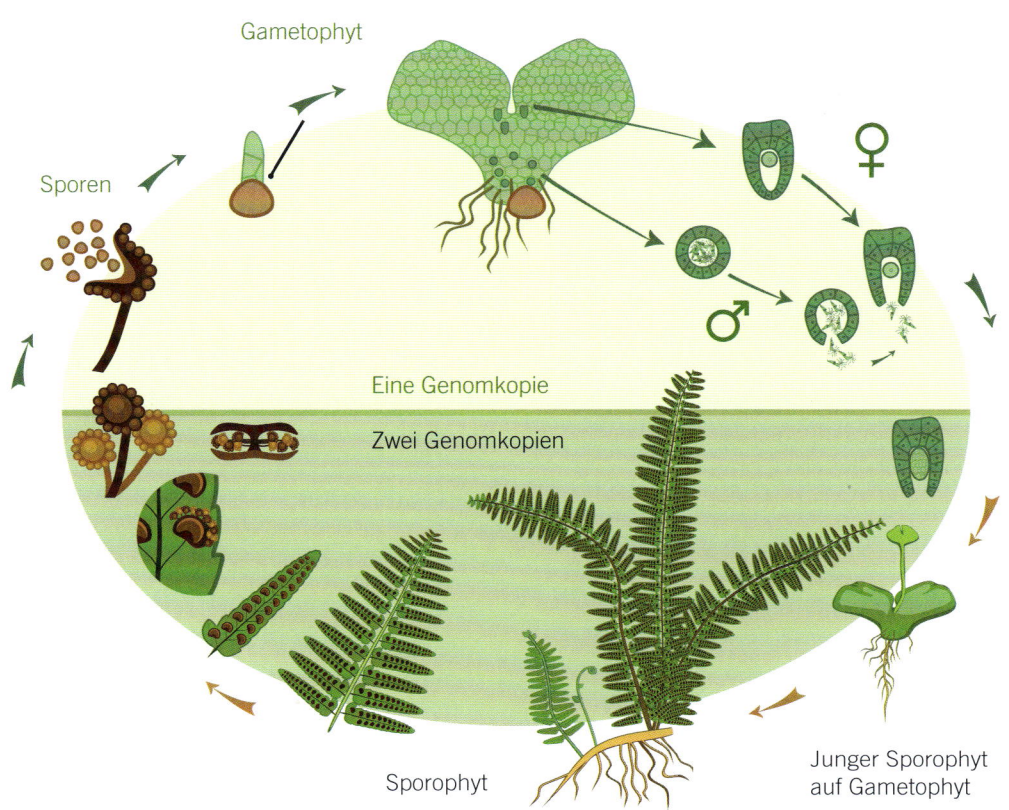

Gametophyt

Sporen

Eine Genomkopie

Zwei Genomkopien

Sporophyt

Junger Sporophyt
auf Gametophyt

Im Generationswechsel der Farne dominiert im Vergleich zu den Moosen bereits der Sporophyt, der die eigentliche Farnpflanze darstellt (untere Bildhälfte): Er bildet die Sporen (links), die nur eine Genomkopie enthalten und die zu dem relativ kleinen Gametophyten (oben) heranwachsen. Auf diesem findet die Befruchtung der sich bildenden Gameten statt, und auf ihm bildet sich daraus wie bei den Moosen der Sporophyt (unten rechts). Im Gegensatz zu den Moosen wächst der Sporophyt aber zur selbstständigen Farnpflanze heran, und der Gametophyt zerfällt.

die Platzansprüche sich schnell verbreitender, genetisch identischer Einzelpflänzchen ausgetragen wird.

Nach der Verschmelzung des männlichen mit dem weiblichen Gameten auf dem mütterlichen Gametophyten entsteht ein Organismus mit doppelter Genomkopie, der „Sporophyt" genannt wird. Seine Aufgabe ist es, Sporen für die Verbreitung des Mooses zu

Die gestielten Sporenkapseln der Moose sind separate Organismen.

bilden. Er wächst an Ort und Stelle auf dem Mutterpflänzchen und wird von diesem mit Wasser und Nährstoffen versorgt, da er keine Fotosynthese betreibt. An seiner Spitze bildet sich eine Sporenkapsel, in der die Reduktionsteilung seiner Zellen mit doppelter Genom-

kopie stattfindet, sodass Sporen mit nur einer Kopie entstehen. Diese werden vom Wind verbreitet und wachsen auf einem geeigneten Untergrund zu neuen Gametophyten heran, wodurch sich der Kreislauf schließt.

Diese Form des Fortpflanzungszyklus, der bereits bei den Algenvorläufern der Landpflanzen angelegt war, ist verglichen mit der Situation bei Tieren sehr ungewöhnlich: Es ist mit Blick auf die Moose in etwa so, als ob die Eizellen und Spermien der Tiere jeweils eigenständige Organismen wären und der restliche Körper nur gebildet wird, wenn es tatsächlich zur Fortpflanzung kommt. Noch dazu wäre dieser Körper nicht in der Lage, Nahrung aufzunehmen, sondern würde von dem „Geschlechtszellenorganismus" komplett versorgt und überdies getragen werden.

Das Verhältnis des bei den Moosen dominierenden Gametophyten zum komplett abhängigen Sporophyten verschob sich im Laufe der Evolution der Landpflanzen zugunsten des Sporophyten. Bereits bei den Farnen dominiert der Sporophyt: Er ist die grüne, komplett selbstständige Farnpflanze. Wie bei den Moosen entspringt er jedoch immer noch einem eigenständigen Gametophythen, der im Falle der Farne jedoch unscheinbar und kurzlebig ist. Der Generationswechsel der Farne beginnt daher mit einem flachen, etwa einen Zentimeter großen, grünen, oft etwas herzförmigen Gametophyten. Dieser bildet wie bei den Moosen die Gameten, die einen äußeren Wasserfilm benötigen, damit die männlichen Zellen zu den weiblichen schwimmen können. Der aus deren Verschmelzung entstehende Sporophyt bildet jedoch Wurzeln und überwächst den absterbenden Gametophyten. Schließlich bildet er auf die eine oder andere Weise an seinen Blättern die farntypischen Produktionsorte der

Sporen, die den Gametophyten der nächsten Farngeneration hervorbringen.

Moose, Bärlapppflanzen und Farne sind Sporenpflanzen. Im Vergleich zu ihren Algenvorläufern sind sie deutlich komplexere, vielzellige Landlebewesen, aber sie verbreiten sich auf geschlechtliche Weise unverändert durch Sporen. Sporen sind letztlich einzelne Zellen, die über wenige Energievorräte verfügen und daher zu Beginn auf sehr günstige Umgebungsbedingungen angewiesen sind, wenn sie zu einer neuen Pflanze heranwachsen sollen.

Samenpflanzen

Kurz vor Ende des Devon vor etwa 360 Millionen Jahren entwickelte sich eine revolutionär neue Pflanzengruppe, deren Bedeutung über die folgenden 200 Millionen Jahre zunächst

Bei den Samenpflanzen sind der männliche und der weibliche Gametophyt auf wenige Zellen in der Samenanlage reduziert (zu Pollenschlauch und Embryosack), wie hier für eine Kiefer gezeigt.

Der männliche Pollen (gelb) wird durch den Wind zu den weiblichen Zapfen getragen, wo er auf die weibliche Samenanlage (braun) trifft.

Der Pollen wächst zu einem Pollenschlauch (gelb) aus, durch den der männliche Gamet zur Eizelle im Embryosack (braun) gelangt. Im sich bildenden Samen entsteht daraus der neue Sporophyt (grün), die junge Kiefer, die das Wachstum einstellt, bis der Samen keimt.

nur langsam zunahm. Heute jedoch dominieren die Vertreter dieser Gruppe die Pflanzenwelt: die Samenpflanzen.

Bei den Samenpflanzen ist die Gametophytengeneration gegenüber den Farnen noch einmal erheblich, praktisch bis zur Unsichtbarkeit, reduziert worden, sodass Samenpflanzen den geschlechtlichen und den ungeschlechtlichen Pflanzenorganismus in einem Individuum vereinen. Die vom Sporophyten, der eigentlichen Pflanze, gebildeten weiblichen Sporen werden nicht freigesetzt, sondern verbleiben in der Mutterpflanze, die sie mit einer Hülle schützt. Dort teilen sie sich und bilden einen rudimentären Gametophyten. Dessen Eizelle wird von einem durch den Wind herangetragenen Pollenkorn befruchtet, indem aus dem Pollenkorn in Richtung Eizelle ein Pollenschlauch herauswächst, der den männlichen Gametophyten darstellt.

Eine an eine tropische Küste angespülte Kokosnuss nutzt die Energievorräte des riesigen Samens, um der jungen Kokospalme Energie zur Verfügung zu stellen, bis sie an ihrem anspruchsvollen Standort selbstständig geworden ist.

Pflanzensamen enthalten Embryonen in einem Ruhezustand.

Durch ihn wandert der männliche Gamet zur Eizelle, die sich nach der Befruchtung zu einem jungen Sporophyten, dem Embryo (auch bei Samenpflanzen wird dieser Begriff gebraucht), entwickelt. Dieser ist durch mehrere umgebende Gewebeschichten geschützt, denn er befindet sich im Inneren des weiblichen Gametophyten, der wiederum vom Gewebe der Mutterpflanze umgeben wird. All dies zusammen ist der Samen einer einfachen Samenpflanze.

Der Embryo einer Samenpflanze kann das Wachstum zunächst einstellen, bis der Samen an einem neuen Ort auskeimt und sich der Embryo zu einer ausgewachsenen Pflanze weiterentwickelt. Dabei kann er auf Nahrungsreserven innerhalb des Samens zurückgreifen und so auch neue Lebensräume mit ungünstigeren Startbedingungen besiedeln, die den Sporenpflanzen verwehrt bleiben.

Die Vorteile der Samenpflanzen kommen vor allem unter trockenen Bedingungen zum

Tragen. Zum einen ist die Jungpflanze durch den Nährstoffvorrat des Samenkorns in der Lage, lange Wurzeln zu bilden, bis sie tiefliegende Nährstoffe und Wasser erreicht. Ein Extrembeispiel ist die (evolutiv zwar erheblich jüngere und insgesamt sehr viel weiterentwickeltere) Kokospalme, deren Samen, die Kokosnuss, an Stränden keimen kann und für ein eigenständiges Leben mit ihrer Wurzel zunächst bis in Süßwasserschichten hinabwachsen muss. Zum anderen sind die empfindlichen Gametophyten der Samenpflanzen vor Austrocknung geschützt – der weibliche, da er im Gewebe der Mutterpflanze verbleibt, und der männliche, da er durch das austrocknungsresistente Pollenkorn geschützt wird. Weiterhin entfällt durch den Windtransport des Pollens die Notwendigkeit einer Wasserverbindung zwischen männlichem und weiblichem Gameten. Einige wenige, heute lebende, evolutiv alte Pflanzengruppen scheiden an der Spitze der weiblichen Samenanlage ein sogenanntes Pollinationströpfchen aus. Wie vermutlich auch bei den frühen, heute ausgestorbenen Samenpflanzen übernimmt es die ursprüngliche Funktion eines Regentropfens. Bei den meisten heutigen Samenpflanzen sind die männlichen Gameten jedoch nicht einmal mehr aktiv schwimmfähig, da gar keine Bewegung durch Wasser mehr erforderlich ist.

Vorläufer der ersten Samenpflanzen sind bereits aus dem mittleren Devon bekannt, seit knapp 400 Millionen Jahren. Zu ihnen gehört neben *Archaeopteris*, dem Baum mit Nadelholzstamm und Farnblättern, auch *Runcaria*, ein aus einer belgischen Gesteinsformation stammendes, etwa 385 Millionen Jahre altes Fossil. Es weist wenige Millimeter große, weib-

liche Samenanlagen an der Mutterpflanze auf, deren Hülle jedoch noch fädig aufgebaut und daher nicht geschlossen ist. Ein zentraler Stiel überragte die Struktur und deutet auf Windbestäubung hin – ob es zu dieser Zeit schon fliegende Insekten gab, die für die Bestäubung verantwortlich hätten sein können, ist umstritten. Zumindest alle Nadelhölzer, die größte Gruppe der ursprünglichen, heute noch lebenden Samenpflanzen, werden ebenfalls durch Wind bestäubt.

Die ersten echten Samenpflanzen gehören zur heute ausgestorbenen Gruppe der Samenfarne und waren zunächst kleine Büsche. Sie entstanden vor 360 Millionen Jahren kurz vor Ende des Devon und hatten ihre Blütezeit im darauffolgenden Karbon und Perm. Danach nahm ihre Zahl ab, bis sie am Ende der Kreide oder möglicherweise sogar erst im Paläogen vor etwa 40 Millionen Jahren von mo-

Die Blätter der Samenfarne, hier ein Fossil aus dem Karbon, sind heutigen Farnen oft sehr ähnlich, die beiden Gruppen sind jedoch nicht näher miteinander verwandt.

Farne, die Samen bilden, gibt es heute nicht mehr.

derneren Pflanzen vermutlich ganz verdrängt wurden und auch die letzte Linie verschwand. Ähnlich wie bei *Archaeopteris* kommen in der vielfältigen Gruppe der Samenfarne zwei heute nicht mehr in Kombination gefundene Merkmale zusammen: farnartige Blätter, die es heute nur noch bei sporenbildenden Farnen gibt, und Samen. Samenfarne sind mit den echten Farnen nicht näher verwandt, sie teilen mit ihnen lediglich den Blattaufbau. Stattdessen stehen sie heutigen Bäumen und Blumen näher.

Die nächsten Entwicklungsschritte führten zur Entstehung der Palmfarne im Karbon, vor etwa 300 Millionen Jahren. Sie sind die urtümlichsten, heute noch lebenden Samenpflanzen. Als sie entstanden, waren die Pflanzen jedoch schon lange nicht mehr alleine auf dem Land – eine Vielzahl von Tieren war ihnen gefolgt und bevölkerte die Lebensräume, die die Pflanzen erschlossen und geschaffen hatten.

LANDGANG DER TIERE: GLIEDERFÜSSER MIT GROSSEM STARTVORTEIL

Die ersten Hinweise auf Tiere, die sich zumindest zeitweise an Land fortbewegten, stammen bereits aus der Zeit vor etwa 500 Millionen Jahren, dem späten Kambrium: etwa drei Zentimeter breite Fährten aus seitlichen Trippelspuren vieler Beinpaare, zwischen denen die Schleifspur eines Schwanzes verläuft.

Nach ihrer ersten Entdeckung Mitte des 19. Jahrhunderts sollte es 160 Jahre dauern, bis diesen Spurenfossilien schließlich auch die verantwortlichen Erzeuger zugeordnet werden konnten. Es handelt sich um eine rätselhafte, in der Trias ausgestorbene Gruppe der Gliederfüßer, die entwicklungsgeschichtlich vermutlich irgendwo zwischen den Skorpionen und Spinnen einerseits und den Tausendfüßern und Krebstieren sowie Insekten andererseits anzusiedeln ist. Man nimmt an, dass sie auf Wattböden ihre Nahrung suchten oder von einem Gezeitentümpel zum nächsten wechselten und vielleicht sogar wie die noch heute lebenden, urtümlichen Pfeilschwanzkrebse ihre Eier an Land beziehungsweise in der Gezeitenzone ablegten.

Landgang in mehreren Wellen

Die ältesten Fossilien echter Landtiere stammen ebenfalls von Gliederfüßern, allerdings erst aus dem späten Silur vor ungefähr 420 Millionen Jahren. Die Besiedelung fand in mehreren Wellen statt, in denen unterschiedliche Gruppen unabhängig voneinander den Wechsel aufs Land unternahmen. Nicht wenige dieser Versuche dürften früher oder später gescheitert sein. Von den heute noch existierenden Gruppen waren möglicherweise die Skorpione die ersten, vielleicht in etwa zeitgleich mit weiteren Spinnentie-

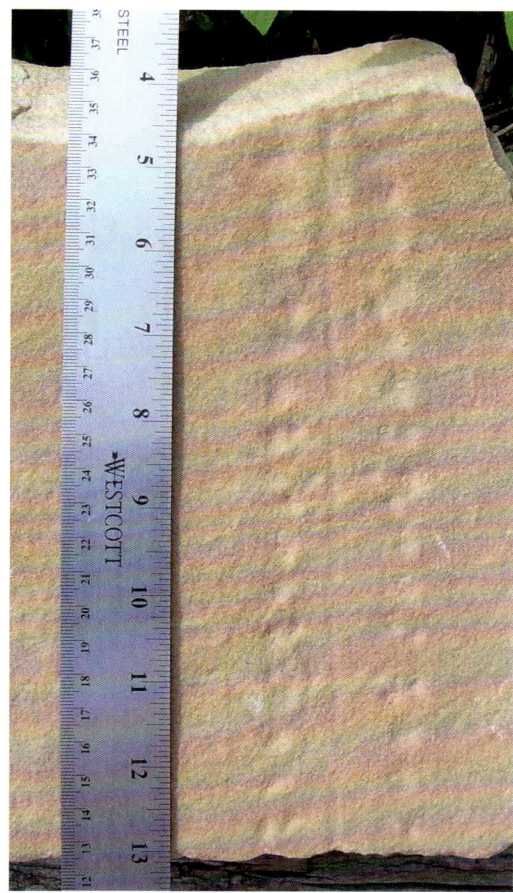

Diese Art von Abdrücken aus dem Kambrium wurde bereits im 19. Jahrhundert korrekt als älteste Fußspuren auf dem Land gedeutet. Zunächst wurde vermutet, dass sie von Schildkröten stammen, aber schon bald gingen die Vorstellungen, es handele sich um Tiere ähnlich den heutigen Pfeilschwanzkrebsen, in die richtige Richtung.

ren, gefolgt von den Tausendfüßern und den Krebsen. Für die tatsächlichen Abläufe und Zeiträume gibt es nur wenige Anhaltspunkte.

So stellt man sich anhand von Fossilfunden die Verursacher der ältesten Fußspuren an Land vor. Es sind die Euthycarcinoideen, eine vor etwa 250 Millionen Jahren ausgestorbene Gruppe früher Gliederfüßer.

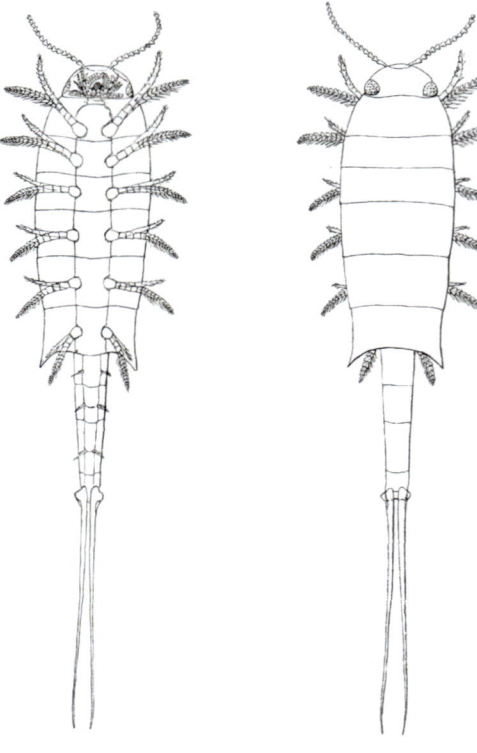

Die ersten landbesiedelnden, eventuell grabenden Arten sind wahrscheinlich an feuchte Uferbereiche gebunden gewesen. Sie waren teilweise vom Wasser abhängig, etwa zur Fortpflanzung oder sogar zur Atmung. Möglicherweise waren die ersten Ausflüge an Land durch die Nahrungssuche in der sich parallel entwickelnden Landvegetation motiviert,

welche zu dieser Zeit ebenfalls noch stark an nasse Lebensräume gebunden war. Als Zeitraum für diese Phase wird meist das Silur angesehen, also die Zeit vor etwa 430 Millionen Jahren, genetische Daten weisen jedoch sogar für den relativ späten Landgang der Vorfahren der Insekten schon auf das davor liegende, frühe Ordovizium hin.

Was war der Grund für diese scheinbare Leichtigkeit, mit der die Gliederfüßer offenbar

Das Außenskelett war ein Schlüssel zum erfolgreichen Landgang der Gliederfüßer.

vor allen anderen Tieren mehrfach parallel aus dem Wasser an Land wechselten? Der Schlüssel zum schnellen Erfolg war ihre feste Körperhülle. Durch ihr geschlossenes Außenskelett waren sie bereits vor dem Verlassen des Wassers an die größten Herausforderungen des Landlebens angepasst: Ihre rüstungsartige Hülle schützte sie vor Austrocknung, stabilisierte den Körper gegen die volle Wirkung der Schwerkraft und ermöglichte ihnen durch ihre Beine eine Fortbewegungstechnik, die unabhängig von umgebendem Wasser war.

Trotz aller Unsicherheiten über die Details der Landbesiedlung durch die Gliederfüßer steht fest, dass diese vor 400 Millionen Jahren in ihrem neuen Lebensraum gut etabliert waren und sich gegenüber ihren Vorfahren merklich weiterentwickelt hatten. Die Nachweise dafür stammen erneut aus dem schottischen Rhynie Chert mit seinen exzellent erhaltenen Fossilien: Neben den Pflanzenfossilien und einer im Wasser lebenden Krebsart finden sich dort eine frühe Verwandte heutiger Spinnen, fünf Milbenarten einer heute noch existierenden Gruppe, ein Vertreter der Springschwänze (eine Schwestergruppe der Insekten), eine Art der Gliederfüßergruppe, die für die Fußspuren am Ende des Kambriums verantwortlich war, sowie zwei Hundertfüßerarten und der Kopf vermutlich eines Insekts.

Krabben sind ein gutes Beispiel dafür, dass Gliederfüßer mit ihrem Körperbau nicht nur an ein Leben im Wasser, sondern auch an Land angepasst sind.

Blattschneiderameisen haben eine ganz besondere Methode entwickelt, sich von Pflanzenmaterial zu ernähren: Sie tragen abgeschnittene Blattstücke in ihr unterirdisches Nest und füttern damit eine Pilzkolonie, die sie selbst angelegt haben. Der Pilz ernährt sich von den Blättern und produziert kugelförmige Nährstoffpakete, die die Ameisen fressen.

Durch den guten Erhaltungsgrad der Fossilien des Rhynie Cherts war es bei einem der Hundertfüßer möglich, den Mageninhalt zu analysieren. Er lebte von abgestorbenen Pflanzenteilen, während die meisten anderen Tiere offenbar Räuber waren. Auffällig ist, dass Pflanzenfossilien aus dieser frühen Zeit der Landbesiedelung kaum Fraßspuren aufweisen. Der Grund dafür ist vermutlich, dass pflanzliches Gewebe schwer verdaulich ist. Bis heute ist nahezu kein Tier in der Lage, den Hauptbestandteil von Pflanzengewebe, die Zellulose, eigenständig abzubauen. Pflanzenfressende Tiere von Termiten bis zu grasenden Säugetieren bauen die in ihrer pflanzlichen Nahrung enthaltene Zellulose mithilfe bakterieller Endosymbionten in ihrem Verdauungssystem ab. Sie haben dazu teilweise erhebliche anatomische Anpassungen durchlaufen, wie es zum Beispiel die mehrfachen Mägen der Wiederkäuer zeigen. Das Fressen abgestorbener Pflanzenteile, die bereits durch Bakterien zersetzt wurden, war bei den frühen Landtieren vermutlich der erste Schritt, um mit den zukünftigen Endosymbionten in Kontakt zu kommen und diese Symbiose zu etablieren. Die Fossilien der ältesten bekannten Pflanzenfresser mit echten Endosymbionten stammen aus der Zeit des späten Karbons.

> Tiere können Zellulose, den Hauptbestandteil von Pflanzen, nicht selbst verdauen.

Insekten

Der im Rhynie Chert gefundene Insektenkopf gibt der Forschung bis heute Rätsel auf. Aufgrund der Mundwerkzeuge ist zu vermuten, dass er zu einem bereits relativ weit entwickelten Insekt gehörte, das aller Wahrscheinlichkeit nach schon fliegen konnte. Es herrscht Einigkeit darüber, dass Insekten nicht nur zu den ersten Landtieren gehörten, sondern auch die erste Tiergruppe waren, die mit aktivem Flug den Luftraum eroberte. Die ersten eindeutigen Fossilien geflügelter Insekten stammen jedoch erst aus dem Karbon, sodass über die Entwicklung des Insektenfluges ebenso wenig Genaueres bekannt ist wie über die Urformen der landlebenden Gliederfüßer insgesamt.

Ab der zweiten Hälfte des Karbons nimmt die Zahl der Insektenfossilien deutlich zu. Zu dieser Zeit war die Flugfähigkeit bereits

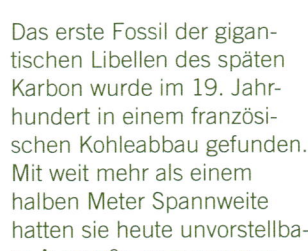

Das erste Fossil der gigantischen Libellen des späten Karbon wurde im 19. Jahrhundert in einem französischen Kohleabbau gefunden. Mit weit mehr als einem halben Meter Spannweite hatten sie heute unvorstellbare Ausmaße angenommen.

weit verbreitet. Besonders berühmt sind die Funde von Riesenlibellen mit Flügelspannweiten von gut 70 Zentimetern und einem Körperdurchmesser im Bereich von drei Zentimetern. Die größten heutigen Libellen besitzen nur eine Spannweite von rund zehn Zentimetern. Daher war fraglich, ob sich so viel größere Insekten überhaupt in die Luft erheben konnten. Ebenso unklar war lange Zeit, wie es zu dem Riesenwuchs dieser und vieler anderer Tiere des späten Karbon bis frühen Perm, also der Zeit vor ungefähr 300 Millionen Jahren, gekommen war. Die Erklärung ist in der Atmosphäre dieser Zeit zu finden, die vermutlich rund 50 Prozent mehr Sauerstoff enthielt als heute. Insekten nutzen zur Atmung ihre röhrenförmigen Tracheen, die sich von der Körperoberfläche ausgehend immer weiter verästeln, bis sie in der Tiefe des Organismus blind enden. Da der Gasaustausch in einem solchen System begrenzt ist, ergibt sich eine maximale Größe des zugehörigen Organismus, oberhalb derer die Sauerstoffversorgung im Körperinneren nicht mehr ausreichen würde. Bei einem erhöhten Sauerstoffanteil in der Luft kann dieser in größeren Mengen tiefer in ein Tracheensystem eindringen, sodass größere Organismen möglich sind.

Der Insektenflug gehört zu den energieintensivsten Prozessen im Tierreich, sodass die gute Sauerstoffversorgung am Ende des Karbons nicht nur große Organismen hervorbrachte, sondern ihnen auch viel Stoffwechselenergie für den Flug zur Verfügung

stellte. Darüber hinaus war die Luft durch den größeren Sauerstoffanteil dichter, wodurch das Fliegen leichter wurde. Die Aerodynamik dieser frühen Libellen war aber noch nicht so weit entwickelt wie die ihrer heutigen Verwandten.

Durch ihre schnelle Verbreitung und Entwicklung bewiesen die Insekten schon im Karbon ihr evolutives Potenzial, innerhalb kürzester Zeit neue Arten bilden zu können, um neue ökologische Nischen zu nutzen. Dies hat dazu geführt, dass sie heute die mit großem Abstand artenreichste Tiergruppe darstellen. Ein Teil dieses Erfolges geht auf ihre engen Wechselbeziehungen mit Pflanzen zurück. Betrachtet man den Aufbau der Pollenorgane verschiedener Samenfarne aus dem Karbon und deren Pollenbeschaffenheit, ist davon auszugehen, dass die erste Bestäubung durch Insekten bereits in dieser Zeit stattfand. Der Pollen heutiger Nadelhölzer wird durch den Wind übertragen, und dies gilt mindestens auch für viele fossile Arten. Die noch lebenden Vertreter der besonders alten Nacktsamergruppe der Palmfarne werden jedoch durch Käfer bestäubt, deren älteste bekannte Vertreter auch von Fossilien des späten Karbon bekannt sind und daher Zeitgenossen waren.

Spinnentiere

Die ersten echten Spinnen (Webspinnen) sind ebenfalls vom Ende des Karbons belegt. Die Nutzung ihrer Spinnenseide zur Konstruktion aufwendigerer Fangnetze begann im Perm. Mit den in Ostasien vorkommenden Gliederspinnen lebt die Linie dieser ersten, noch sehr ursprünglich gebauten Spinnen bis heute weiter. Ihr auffälligstes Merkmal ist der Hinterleib, der noch die ursprüngliche Segmentierung der Gliederfüßer aufweist (die bei jüngeren Linien nicht mehr sichtbar ist) und an dem sich die Spinndrüsen noch in der Mitte befinden, bevor sie sich bei der Entwicklung zu den Vogelspinnen und Echten Webspinnen ans Ende verlagerten.

Spinnen atmen wie die mit ihnen verwandten Skorpione nicht mithilfe von Tracheen, sondern mit sogenannten Buchlungen, die schon in ihren Ahnen aus dem Rhynie Chert gefunden wurden. Dieser

---

Skorpione und Spinnen gehören zu den Spinnentieren und sind eng miteinander verwandt.

---

einfache Lungentyp entwickelte sich vermutlich aus Buchkiemen, die noch heute bei den verwandten, wasserlebenden Pfeilschwanzkrebsen vorkommen. Diese Kiemen sehen aus wie ein gebundenes Buch, dessen Rücken am Körper anliegt und dessen Seiten aus Kiemengewebe bestehen. Zwischen den „Buchseiten" strömt Wasser hindurch. Durch diesen Aufbau ergibt sich eine relativ große Fläche für den Gasaustausch in einem kleinen Volumen. Buchlungen sind im Prinzip identisch aufgebaut, nur dass sie ins Körperinnere verlagert wurden und Luft statt Wasser durch sie hindurchströmt. Spinnen belüften ihre Buchlungen nicht aktiv, im Gegensatz zu den Wirbeltieren mit ihrer völlig unabhängig davon entstandenen Lunge und den Tracheen der Insekten. Letztere können in ihren Tracheen durch Unterdruck des Flügelschlages oder Pumpbewegungen des Hinterleibes einen schnelleren Luftaustausch herbeiführen.

Skorpione passten sich nach ihrem Landgang an ein nachtaktives Leben an. In der Folge entwickelten sich die bei den ältesten Fossilien gefundenen Komplexaugen zu immer einfacheren Augen zurück. Dadurch ging die Fähigkeit, mehr als schemenhaft zu sehen, verloren, aber die Lichtempfind-

lichkeit erhöhte sich. Das zentrale Augenpaar heutiger Skorpione gehört zu den lichtempfindlichsten Augen im Tierreich und ermöglicht es den Tieren, sich selbst im Sternenlicht zu orientieren.

Im Laufe des Karbon gesellte sich die erste Gruppe von Landschnecken zu den Gliederfüßern, während parallel bis zu zwei Meter lange Tausendfüßer ihre noch heute zu findenden Fußspuren hinterließen. Doch schon im Devon vor knapp 400 Millionen Jahren entstanden weitere Fußabdrücke in der Welt der ersten an Land gut etablierten Gliederfüßer, von denen wir durch die Rhynie-Fossilien einen so detaillierten Eindruck haben. Im heutigen Polen gefundene Fußspuren sind größer, 15 Zentimeter und mehr im Durchmesser, weisen Zehenabdrücke auf und stammen von einem mehr als zwei Meter langen Tier, das nur vier Beine hatte. Es muss sich um ein Wirbeltier gehandelt haben – die Gliederfüßer bekamen an Land Gesellschaft (siehe S. 136 ff.). Da sich die Entwicklung der Wirbeltiere an Land jedoch bis ins Karbon hinein verzögert zu haben scheint, wenden wir uns zuerst der üppigen Pflanzenwelt dieser Zeit zu, deren Kohlesümpfe die Heimat der in dieser Zeit neu entstehenden Amphibien werden sollten.

Auf der Unterseite der meist auf dem Rücken schwimmenden Pfeilschwanzkrebse sind zwischen den Beinen und dem Schwanz die Buchkiemen der Tiere zu sehen. Das lappenförmige Kiemengewebe (Buchseiten!) wird von Wasser umströmt und dient der Atmung.

PFLANZEN EROBERN DEN LUFTRAUM: VON BÄUMEN, SPOREN UND SAMEN

Die Pflanzen waren den Tieren bei der Besiedelung des Landes vorausgegangen. Sie hatten den Lebensraum und die Nahrungsgrundlage für die kurze Zeit später nachfolgenden Tiere geschaffen. Während die Tiere eine Vielzahl neuer Formen hervorbrachten, blieb auch die Entwicklung der Pflanzen nicht stehen.

Eine Reihe von Neuerungen führte dazu, dass sich die Pflanzendecke der Kontinente vom niedrigen, krautigen Bewuchs und den ersten Wäldern des ausgehenden Devon vor 360 Millionen Jahren zu den berühmten Kohlewäldern des Karbons wandelte. Diese beherbergten möglicherweise die größte Pflanzenvielfalt, die es je auf der Erde gegeben hat.

Mit der Entwicklung der Blätter im Devon begann – ausgelöst durch ihren Schattenwurf – ein Konkurrenzkampf der Pflanzen um das für sie lebensnotwendige Sonnenlicht, das nun an vielen Stellen den Erdboden nicht mehr direkt erreichte. Eine wichtige Strategie stellte damals wie heute das Höhenwachstum dar, mit dem die Pflanzen sich zu überbieten versuchten, als erste den vielversprechenden „Platz an der Sonne" zu erreichen.

Eine immer größer werdende Pflanze bekommt schnell Probleme mit ihrer Stabilität. Daher war ein Meilenstein in der Evolution der Pflanzen die Entstehung von Holz. Holz ist ein sehr stabiles Pflanzengewebe, in dem die eigentliche, aus Zellulose aufgebaute Struktur durch ein sehr kompliziertes, großes Molekül verstärkt wird, das Lignin. Als erste Bäume der Erdgeschichte werden Farne aus dem mittleren Devon vor etwa 385 Millionen Jahren angesehen. Sie erreichten eine Höhe von ungefähr acht Metern und ähnelten äußerlich den modernen Baumfarnen.

Im Gegensatz zu Wurzeln und Blättern ist echtes Holz im Laufe der Pflanzenevolution nur ein einziges Mal entstanden. Dies geschah in der Linie der Vorläufer der Samenpflanzen, zu denen *Archaeopteris* mit seinem nadelbaum-ähnlichen Stamm zählt. Diese Pflanzen konnten bereits in der zweiten Hälfte des Devon Wuchshöhen von 30 Metern erreichen. Die Vorläufer aller heutigen Samenpflanzen, also aller Pflanzen mit Ausnahme der im Vergleich wenigen Moose, Farne, Schachtelhalme und Bärlapppflanzen, wiesen daher einen verholzten Wuchs auf. Große, verholzte Bäume haben sich daher nicht aus kleinen, krautigen Pflanzen entwickelt, sondern es war genau andersherum: Der krautige, unverholzte Wuchs vieler heutiger Wild-, Nutz- und Zierpflanzen geht auf den nachträglichen Ver-

Die ältesten Bäume stammen aus dem mittleren Devon und ähneln heutigen Baumfarnen, mit denen sie jedoch nicht näher verwandt sind. Sie wurden in der Nähe des heutigen New York gefunden.

lust der Fähigkeit zur Holzbildung zurück, die ihre baumartigen Vorfahren noch hatten.

Das Holz und das darin enthaltene Lignin stellten die Mikroorganismen, die totes Gewebe abbauen und die Ausgangssubstanzen dem Stoffkreislauf der Natur wieder zur Verfügung stellen, vor eine harte Probe. Offenbar gelang es erst am Ende des Karbon einer Gruppe von Pilzen, Lignin in relevantem Maß abzubauen. Vom ausgehenden Devon bis ans Ende des Karbon blieben die Stämme der abgestorbenen Bäume daher in der meist sumpfigen Landschaft liegen, ohne zu zerfallen. Im

Die heutige Steinkohle entstand, weil die Bäume des Karbon nicht biologisch abgebaut wurden.

Laufe dieser Zeit wurden sie mit Sedimenten überdeckt und wandelten sich in den folgenden Jahrmillionen in Kohle um. Von daher (lat. *carbo* = Kohle) hat die Periode auch ihren Namen und nahezu alle heutigen Steinkohlevorkommen haben ihren Ursprung in dieser Zeit. Später konnte Kohle nur noch entstehen, wenn spezielle Umweltbedingungen den Abbau des Pflanzenmaterials verhinderten.

Der mikrobiologische Abbau pflanzlichen Materials entspricht chemisch einer Verbrennung. Dabei wird der Sauerstoff verbraucht, der zu Lebzeiten der Pflanze im Rahmen der Fotosynthese freigesetzt wurde, und als Produkt entsteht das Treibhausgas Kohlendioxid. Da die Pflanzen im Karbon kaum abgebaut wurden, wurde nur wenig von dem Sauerstoff verbraucht, der von den produktiven Sumpfwäldern freigesetzt wurde. Dies ist vermutlich der Hauptgrund für den einzigartigen Anstieg des Sauerstoffgehaltes der Atmosphäre während des Karbon, der den Insekten dieser Zeit ihren Riesenwuchs bescherte (siehe S. 126).

Die geringe Kohlendioxidfreisetzung bei gleichzeitig hohem Verbrauch durch die üppige Vegetationsdecke führte zu einer Abnahme des Treibhauseffektes. Dieser hatte sich

schon im Devon zu verringern begonnen, denn die zu dieser Zeit immer tiefer in den Boden vordringenden Wurzeln der Pflanzen verstärkten die Bodenverwitterung, die auf chemischem Weg ebenfalls Kohlendioxid bindet. Das Klima kühlte sich in der Folge ab und so bildeten sich im Karbon Eiskappen an beiden Polen, die zu einem Temperaturgefälle zwischen Äquator- und Polregionen führten, wie wir es aus heutiger Zeit kennen. Es begann die Karoo-Eiszeit mit einem insgesamt vergleichsweise kühlen Klima – trotz der tropischen Zustände in äquatornahen Regionen, die die Heimat der mit dieser Zeit so eng verbundenen Sumpfwälder waren. Das

Erst am Ende des Karbon entstanden Pilze, die Lignin, den Hauptbestandteil von Holz, abbauen konnten. Können Pilze nur Zellulose abbauen, entsteht Braunfäule, da das zurückbleibende Lignin bräunlich gefärbt ist. Das Holz zerfällt würfelartig, wie man an toten Stämmen im Wald oft beobachten kann.

Steinkohle, wie sie heute noch abgebaut wird, weist einen Kohlenstoffgehalt von über 80 Prozent auf. Sie kommt meist schichtförmig in Flözen vor.

Die Steinkohlewälder des Karbon wuchsen in tropischen Regionen und waren der Lebensraum verschiedenster Landtiere sowie der bereits fliegenden Insekten.

Karbon ist daher die einzige längere Phase der Erdgeschichte, deren Klima dem heutigen relativ ähnlich war.

Größe als Fortpflanzungsstrategie

Eine große Wuchshöhe ist nicht nur vorteilhaft im Konkurrenzkampf um Licht, sondern auch eine gute Voraussetzung für die Ausbreitung durch Sporen und Samen. So verwundert es nicht, dass viele Bäume der Wälder des Karbon ihre Fortpflanzungsorgane am Ende

Fossile Stücke von *Lepidodendron*-Stämmen werden relativ häufig gefunden und wurden aufgrund ihrer Oberflächenstruktur im 19. Jahrhundert oft für Reptilienhaut gehalten. Tatsächlich sind es die Ansatzstellen der Blätter, die nach deren Abfallen als Narben auf dem Stamm zurückblieben („Schuppenbaum").

hoher Stämme trugen. Ein berühmtes Fossil gehört zu der mittlerweile ausgestorbenen Gruppe der baumförmigen Riesenbärlappe. Der auch „Schuppenbaum" genannte *Lepidodendron* wuchs auf sehr nassem Boden und bildete bis kurz vor Erreichen seiner Endhöhe von rund 30 Metern lediglich einen senkrechten, unverzweigten Stamm. Erst dann entwickelte er eine verzweigte Krone, an deren Astenden Zapfen saßen, in denen die Sporen produziert wurden. Durch diese Wuchsform konnten die Bestände sehr viel dichter wachsen als bei Bäumen heutiger Wälder. Man schätzt, dass der Abstand zwischen diesen hohen Bäume nur etwa zweieinhalb Meter betrug – in heutigen Rotbuchenwäldern sind es wenigstens zehn Meter. Neben der zu dieser Zeit sehr vielfältigen Gruppe der Riesenbärlappe waren die heute ebenfalls ausgestorbenen Baumschachtelhalme typische Bewohner der Kohlewälder. Sie waren im Gegensatz zu den heutigen Schachtelhalmen verholzt, glichen im Aussehen jedoch riesenhaften Ausgaben der jetzigen Arten. Mit einer Höhe von rund zehn Metern blieben jedoch selbst die größten von ihnen deutlich kleiner als die mehrfach so hohen Riesenbärlappe.

Unterschiedlichste Farne, von kleinen, krautigen Formen bis hin zu großen Baumfarnen, komplettierten neben den Moosen die

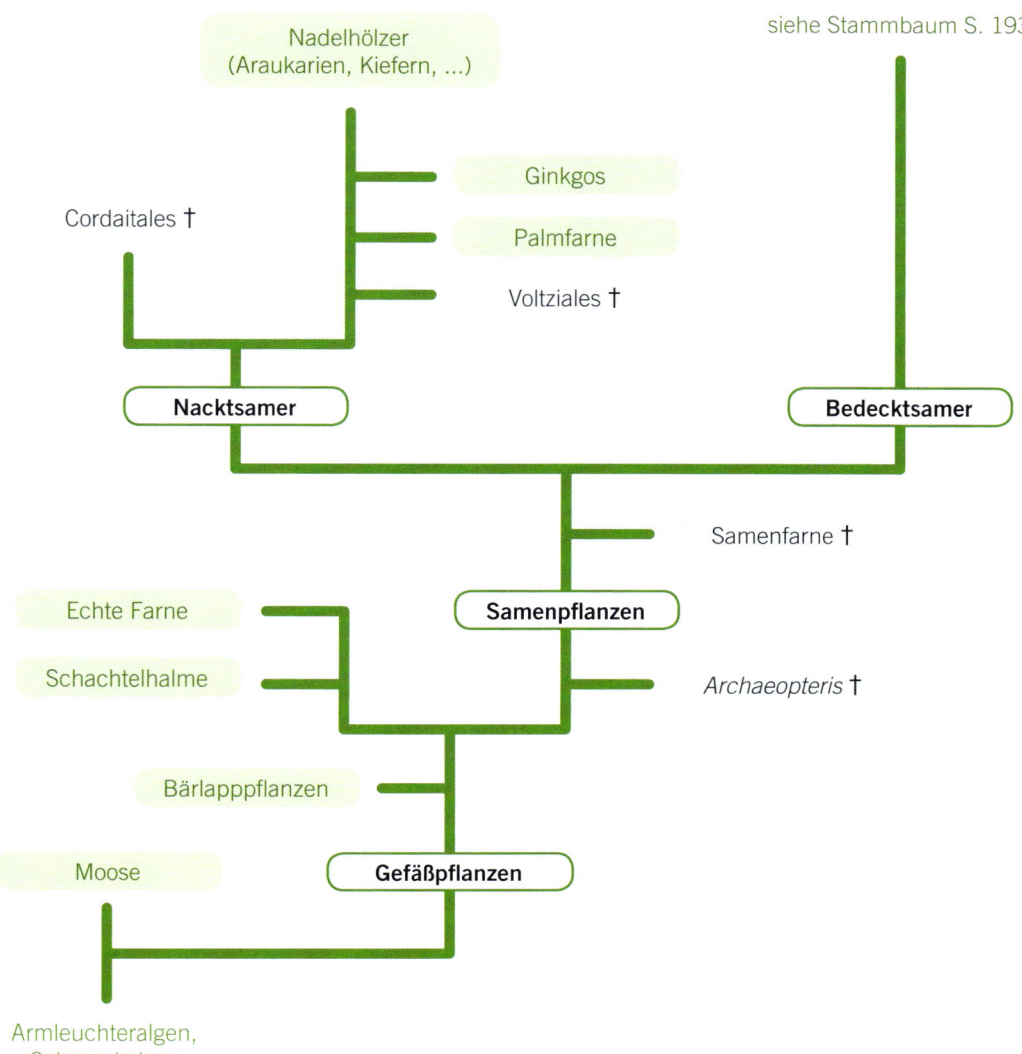

Nadelhölzer
(Araukarien, Kiefern, ...)

siehe Stammbaum S. 193

Ginkgos

Palmfarne

Cordaitales †

Voltziales †

Nacktsamer

Bedecktsamer

Samenfarne †

Echte Farne

Samenpflanzen

Schachtelhalme

Archaeopteris †

Bärlapppflanzen

Moose

Gefäßpflanzen

Armleuchteralgen,
Schmuckalgen

Aus ihren Algenvorfahren entstanden die Pflanzen, zunächst mit den Moosen. Die Entwicklung von Wassertransportgefäßen führte zu den Gefäßpflanzen, deren ursprüngliche Vertreter sich wie die Moose als Sporenpflanzen auch heute noch über Sporen verbreiteten. Die Samen lösten diese Technik seit den Samenfarnen ab, und die Samenpflanzen trennten sich in die beiden Großgruppen der Nackt- und Bedecktsamer.

Gruppe der Sporenpflanzen im Karbon. Unter ihnen fanden sich nicht nur die frühesten Formen der modernen Farne, deren Nachfahren bis heute überlebt haben, sondern auch die ersten Samenpflanzen, die vor 360 Millionen Jahren, am Ende des Devon, entstandenen Samenfarne.

Samenpflanzen entstehen als Bäume

Schon im Devon hatten die frühen Samenpflanzen begonnen, sich in den *Archaeopteris*-Wäldern auszubreiten und brachten bald selbst baumförmige Arten hervor. Diese bevorzugten als Standort trockenere Berei-

che und bildeten im Gegensatz zu heutigen Baumfarnen Stämme mit einem hohen Holzgehalt aus. Sie enthielten überdies viel Harz, das gemeinsam mit dem Holz und ihrer Belaubung in der sauerstoffreichen Atmosphäre des Karbon an ihren offenbar trockenen, feuergefährdeten Wuchsorten zu ebenso spektakulären wie verheerenden Waldbränden geführt haben muss. Zudem sind an vielen Pflanzen des Karbon evolutive Anpassungen an regelmäßige Feuer zu beobachten, selbst bei Sumpfpflanzen. Diese hätten aufgrund ihres feuchten Lebensraums eigentlich nicht feuergefährdet sein sollen. Die Entwicklung von Feuerschutzmechanismen wird daher als weiterer Hinweis auf den hohen Sauerstoffgehalt der damaligen Atmosphäre interpretiert, denn mit mehr Sauerstoff ist auch nasses Material leichter entzündlich. Einer dieser vielen Schutzmechanismen ist die Bildung großer Mengen Lignins, das nicht nur schlecht abbaubar ist, sondern auch schlecht brennt. Somit wurde die Biomasse weder biologisch noch durch Feuer verbrannt, wodurch sich immer mehr unverbrauchter Sauerstoff in der Atmosphäre ansammelte.

Aus der Linie der Samenfarne entsprangen verschiedene, heute ebenfalls ausgestorbene Pflanzengruppen, von denen einige große Ähnlichkeit zu heutigen Nadelbäumen entwickelten: Arten der am Beginn des Karbons entstandenen Gruppe der Cordaitales wuchsen in sumpfigen Küstengebieten vermutlich auf mangrovenartigen Stützwurzeln zu Höhen von teilweise mehr als 30 Metern. Im Gegensatz zu den Samenfarnen wurden ihre Pollen und Samen bereits in Zapfen gebildet, aber sie besaßen anders als heutige Nadelhölzer noch bis zu einem Meter lange, streifenförmige Blätter. In trockeneren Bereichen verbreiteten sich ab dem späten Karbon Vertreter der Voltziales, bei denen neben den typischen Zapfen auch schon nadelförmige Beblätterungen verbreitet waren. Insgesamt ähnelten viele Arten den heutigen Araukarien, einer sehr ursprünglichen Gruppe der Nadelhölzer, die heute überwiegend auf der Südhalbkugel vorkommt, mit einem Artenschwerpunkt auf den Inseln der geologisch alten und isolierten Region Neu-Kaledoniens.

Die Voltziales gelten als die engsten Verwandten der heutigen Nadelhölzer, deren Linie sich vermutlich noch vor dem Ende des Karbon abgetrennt hat. Um die Befruchtung zu ermöglichen, sind ihre Samen nicht voll-

In der sauerstoffreichen Atmosphäre des Karbon entstanden viele Waldbrände.

Auf dem Weg zu den Nadelhölzern entstand im Karbon zunächst die Gruppe der Cordaitales (links), dann der Voltziales (Mitte). Beide starben im Perm aus. Viele Voltziales besaßen bereits Nadeln und ähnelten den direkt danach zu Beginn der Trias entstandenen Araukarien. Sie leben noch heute, beispielsweise die in Gartencentern oft zu findende Zimmertanne (rechts) oder die in vielen Regionen Deutschlands winterharte Chilenische Araukarie.

BAUMFARNE, PALMFARNE, PALMEN UND PALMLILIEN –
LEBENDE FOSSILIEN?

Trotz der ähnlichen deutschen Namen handelt es sich bei Baumfarnen, Palmfarnen, Palmen und Palmlilien um gänzlich unterschiedliche Pflanzengruppen. Als Baumfarne im weiteren Sinne werden alle Farne bezeichnet, die einen Stamm ausbilden. Dieser Stamm kann jedoch ganz verschieden aufgebaut sein, und diese Wuchsform hat sich in mehreren Farngruppen unabhängig voneinander entwickelt, zum ersten Mal im Karbon. Heutige Farne mit baumartigem Wuchs ähneln auf den ersten Blick diesen alten Vertretern und ermöglichen daher eine gute Vorstellung vom Aussehen damaliger Bestände, enger verwandt sind sie jedoch nicht. Gleiches gilt für die Baumfarne im

Baumfarne

engeren Sinne, die eine seit dem Jura existierende, heute noch lebende Farngruppe ist. Ihre heute überwiegend auf der Südhalbkugel vorkommenden Vertreter können aufgrund der verwandtschaftlichen Verbindung in den Jura, also die Zeit vor bis zu 200 Millionen Jahren, als lebende Fossilien betrachtet werden. Sie vermitteln daher einen guten Eindruck von der Vergangenheit. Aber da es noch relativ viele Arten mit weiter Verbreitung gibt, werden diese typischerweise nicht zu den lebenden Fossilien gezählt, da lebende Fossilien der allgemeinen Auffassung nach heutzutage sowohl räumlich als auch verwandtschaftlich isoliert sein müssen.

Während Baumfarne Sporenpflanzen sind, gehören Palmfarne, die ihren Verbreitungsschwerpunkt ebenfalls auf der Südhalbkugel haben, bereits zu den Samenpflanzen und sind Teil einer der ältesten Gruppen der Nacktsamer. Sie erlebten ihre Blütezeit im Jura und in der Kreide, aber bereits die frühesten Arten am Ende des Karbon ähnelten schon den heutigen Vertretern. Insofern können auch die Palmfarne optisch als lebende Fossilien aus dieser Zeit angesehen werden, es gibt jedoch heute noch gut 300 Arten, die sich zudem bis auf zwei Ausnahmen alle innerhalb der letzten zwölf Millionen

Palme

Palmfarn

Jahre aus wenigen Vorläuferarten entwickelt haben.

Palmen hingegen sind sehr moderne Pflanzen. Sie gehören zu den Bedecktsamern, die sich erst in der Kreide in größerem Umfang verbreiteten. Trotz ihres entfernt ähnlichen Aussehens mit Stamm und meist wedelförmigen Blättern unterscheiden sich ihre Fortpflanzung und der Stammaufbau erheblich von den Baumfarnen und den Palmfarnen. Zudem rollen Palmen ihre Blätter beim Wachstum nicht mehr aus, sondern entfalten sie.

Palmlilien (Yuccas) wiederum sind keine Palmen, sondern eine mit diesen nicht näher verwandte Pflanzengattung der Bedecktsamer, die ihren Namen aufgrund der palmschopfartigen Beblätterung und der lilienartigen Blüten erhalten hat. Sie sind im westlichen Nordamerika verbreitet. Einige Arten sind beliebte Zierpflanzen.

Palmlilien

LEBENDES FOSSIL: GINKGO – WEDER NADEL- NOCH LAUBBAUM

Ginkgos werden schon lange als Parkbäume geschätzt und wegen ihrer Robustheit und Schadstoffresistenz zunehmend als Straßenbäume gepflanzt. Eines der berühmtesten Exemplare steht in Hiroshima und überlebte 1945 den Feuersturm der Atombombenexplosion. Die heutige Heimat des Ginkgos liegt in den Bergwäldern im Südwesten Chinas, wo es noch vereinzelte, als natürlich angesehene Vorkommen gibt. In Asien wird die auch „Tempelbaum" genannte Pflanze seit mindestens 1 000 Jahren kultiviert und spielt neben ihrer kulturellen Bedeutung auch eine wichtige Rolle in der Medizin und Ernährung. Nach Europa gelangten die erdgeschichtlich einst weitverbreiteten Pflanzen jedoch erst wieder im 18. Jahrhundert.

Evolutiv handelt es sich bei der heutigen Art *Ginkgo biloba*, die seit ungefähr 50 Millionen Jahren existiert, um ein lebendes Fossil, die einzige überlebende Art aus der Gruppe der Ginkgopflanzen, welche mit ihrer charakteristischen Blattform mindestens seit dem Perm existieren und vermutlich mit den Palmfarnen einen gemeinsamen Ursprung im Karbon teilen. Obwohl sie zu den Nacktsamern gehören, sind Ginkgos keine Nadelbäume und entgegen dem ersten Anschein auch keine Laubbäume, was auch ohne Kenntnis ihres Stammbaumes unter anderem daran zu erkennen ist, dass ihre Blattnerven nebeneinander und nicht netzförmig verlaufen. Am

Die Blätter dieser Ginkgo-Art aus dem Jura sind bereits eindeutig als Ginkgo-Blätter zu erkennen. Die heute noch lebende Art *Ginkgo biloba* entstand vor ca. 50 Millionen Jahren.

Stammbaum (siehe S. 131) ist das gut zu erkennen: Die Ginkgos zweigen schon vor den Nadelbäumen von der Linie der Nacktsamer ab, die Laubbäume zählen zu den Bedecktsamern.

Ginkgos sind zweihäusig, es gibt also männliche und weibliche Bäume. Vor der Geschlechtsreife sind sie jedoch nur durch eine Genomuntersuchung unterscheidbar, zeigen aber später leicht unterschiedliche Wuchsformen. In Europa, wo die Samenernte keine Rolle spielt, werden überwiegend männliche Pflanzen gepflanzt, da von den reifen Samenschalen der weiblichen Pflanzen ein unangenehmer Geruch nach ranziger Butter ausgeht.

Ihre Blütezeit erlebten die Ginkgopflanzen in der Trias und im Jura, während derer sie in großer Arten- und Individuenzahl praktisch weltweit verbreitet waren. Im Laufe der Kreide nahm ihre Artenvielfalt dramatisch ab.

Jedes einzelne Ginkgo-Blatt ist individuell geformt. Im Herbst verfärben sich die Blätter intensiv gelb und fallen häufig gemeinsam ab. In Asien werden vielerorts die Samen verzehrt.

ständig von Fruchtgewebe umschlossen. Sie werden daher als Nacktsamer bezeichnet. Zu den noch lebenden Gruppen der Nacktsamer zählen neben den Nadelhölzern die Palmfarne und die noch mit einer einzigen überlebenden Art repräsentierten Ginkgopflanzen. Die beiden letzten Gruppen sind relativ eng miteinander verwandt und spalteten sich offenbar bereits vor den Nadelhölzern von der von den Samenfarnen kommenden Linie ab. Genauere Verwandtschaftsverhältnisse zu anderen fossilen Pflanzengruppen sind jedoch noch immer unklar und fossil bislang nicht belegt. Die evolutive Ursprünglichkeit von Ginkgos und Palmfarnen ist jedoch daran

Ginkgos sind weder Nadel- noch Laubbäume, sondern die letzten noch lebenden Vertreter einer sonst ausgestorbenen Gruppe von Samenpflanzen.

abzulesen, dass ihre männlichen Geschlechtszellen im Gegensatz zu denen aller anderen heutigen Samenpflanzen die letzte Strecke noch aktiv schwimmen. Dafür benötigen sie ein von der weiblichen Samenanlage ausgeschiedenes Pollinationströpfchen, das die Abhängigkeit von Spritzwasser für die Fortpflanzung beendete, die bei Moosen und anderen Sporenpflanzen noch besteht. Bei den Nadelhölzern beschränkt sich die Funktion dieses ausgeschiedenen Tröpfchens nur noch auf das Einfangen der durch den Wind herangewehten Pollenkörner, die anschließend durch das Eintrocknen des Tropfens in die Samenanlage hineingezogen werden.

Die Samenpflanzen begannen, sich mit dem nach dem Karbon trockener werdenden Klima durchzusetzen, da ihre Samen mit ihren Nährstoffreserven und der Möglichkeit zur Samenruhe sowohl mit Trockenzeiten als auch mit anspruchsvolleren Standorten wie beispielsweise trockenen Gebirgshängen umgehen konnten. Die Nacktsamer erlebten den Höhepunkt ihrer Artenvielfalt im Jura,

parallel zum endgültigen Aufstieg der Dinosaurier. Von den ehemals mehreren Hunderttausend Arten haben bis heute weit weniger als Tausend überlebt. Diese sind daher als entwicklungsgeschichtliche Relikte anzusehen. Dies wird dadurch bestätigt, dass die Verbreitungsgebiete heute weltweit zerstreut sind und selbst Großgruppen innerhalb der Nacktsamer häufig nur noch mit einer oder wenigen Arten repräsentiert sind, etwa die drei Mammutbaum-Arten, die Blatteiben, die Schirmtanne und der Ginkgo.

Nachdem die Nacktsamer seit der ausgehenden Trias noch mehr als 150 Millionen Jahre lang den Dinosauriern als Nahrungsgrundlage gedient hatten, wurden sie durch die Bedecktsamer (die Blütenpflanzen im engeren Sinne) verdrängt, deren Ursprung weitgehend im Dunkeln liegt. Neueren, molekularbiologischen Analysen zufolge trennten diese sich vielleicht schon im Karbon, noch vor den Palmfarnen und Ginkgos, von der bis dahin gemeinsamen Linie der Samenpflanzen ab. Sie fristeten zunächst jedoch für lange Zeit ein Schattendasein, denn ihre Gelegenheit, die bis heute ungebrochene Vormachtstellung im Pflanzenreich zu übernehmen, sollte erst vier Perioden der Erdgeschichte – rund 200 Millionen Jahre – später kommen: in der Kreide.

Im Jahr 1941 wurde der Urweltmammutbaum in Fossilien entdeckt, die alle älter waren als 150 Millionen Jahre. Zufällig im gleichen Jahr wurde in China eine bislang unbekannte Baumart gefunden, die sich erst 1946 – durch den Weltkrieg verzögert – als lebender Urweltmammutbaum herausstellte. Seitdem wird dieses lebende Fossil auch als Zierbaum gepflanzt.

WIRBELTIERE LERNEN LAUFEN: DER LANDGANG DER FISCHE

Die Landwirbeltiere werden als Tetrapoda, Vierfüßer, bezeichnet. Ihr gemeinsames Merkmal sind vier Beine mit zehenbesetzten Füßen. Einige Tiergruppen wandelten dieses Grundmuster später ab: Die Vorderbeine wurden bei Vögeln zu Flügeln, bei Menschen zu Armen und bei Meeressäugern zu Flossen.

Bei einigen Gruppen bildeten sich ein oder beide Beinpaare sogar bis zur Unkenntlichkeit zurück, etwa bei Walen, Schlangen und den Schleichenlurchen, einer überwiegend in den Tropen verbreiteten Entwicklungslinie der Lurche. Auch die später

Erstaunlich – auch Wale zählen zu den Landwirbeltieren.

wieder ins Wasser zurückgekehrten Gruppen wie die Fischsaurier und die Delfine und Wale zählen formal weiter zu den Landwirbeltieren, denn alle Landwirbeltiere stammen von einem gemeinsamen Vorfahren ab, der das Wasser im Devon verließ.

Vor einigen Jahren wurden im heutigen Polen die bislang ältesten Spuren von Tieren mit vier Beinen gefunden. Sie stammen aus der Übergangszeit

vom frühen zum mittleren Devon vor 395 Millionen Jahren und zeigen sogar Zehenabdrücke. Die Größe der Spuren deutet darauf hin, dass die Tiere mehr als zwei Meter lang waren. Ihr Lebensraum befand sich in einer flachen Lagune. Die Entdeckung dieser Spuren hat viele Fragen aufgeworfen, denn aus dieser Zeit sind keinerlei Fossilien bekannt, die auch nur annähernd als Verursacher der Spuren in Betracht kämen. Die ersten Kandidaten stammen aus dem späten Devon und sind damit fast 20 Millionen Jahre jünger. Hinzu kommt, dass auf der mittlerweile relativ gut bekannten Entwicklungslinie zu den Landwirbeltieren zur Zeit der Fußspuren erst nur etwa 20 Zentimeter lange Fische zu finden waren. Eine Hypothese zur Erklärung der Spuren ist, dass es sich um eine von den heutigen Landwirbeltieren unabhängige Entwicklungslinie handelte, der der Landgang bereits früher gelang – zu früh, denn im mittleren Devon verschlechterten sich die Umweltbedingungen, sodass alle ihre Vertreter

Die frühen Landwirbeltiere hatten ihre Flossen noch im Wasser in Beine umgewandelt, und ihre Augen waren auf die Oberseite des Kopfes gewandert. Ihr kräftiger, fischartiger Schwanz zeugt davon, dass sie einen Großteil ihrer Zeit weiter im Wasser verbrachten.

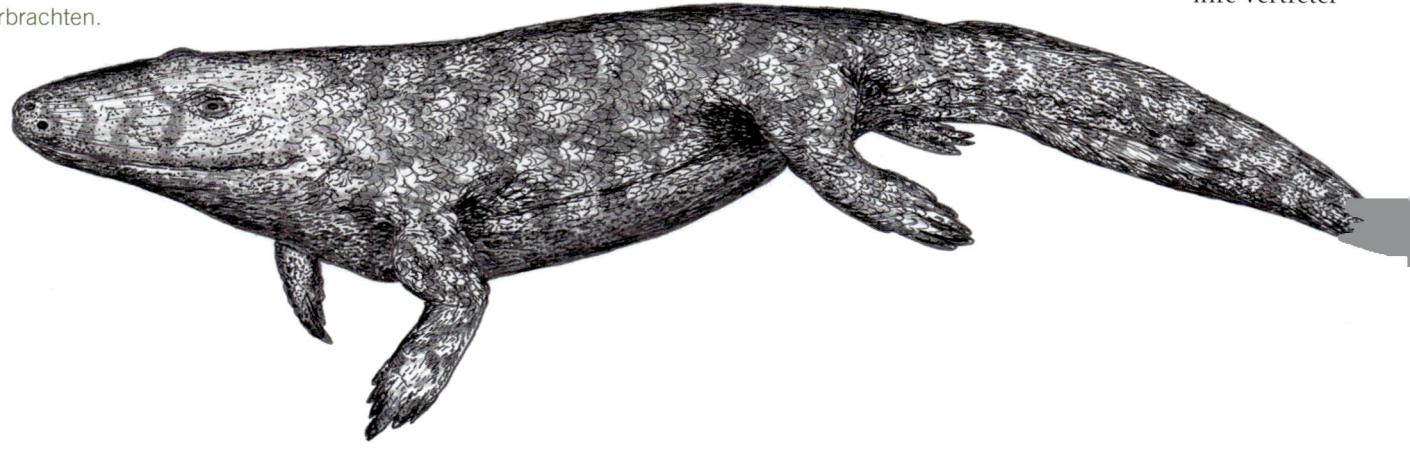

ausstarben. Vielleicht hatte ein außergewöhnlich starker Anstieg des Sauerstoffgehaltes der Atmosphäre auf Werte über den heutigen zu Beginn des Devon dazu geführt, dass der Sprung aufs Land trotz zunächst vermutlich noch ineffizienter lungenähnlicher Organe rasch gelang. Vor 390 Millionen Jahren, Mitte des Devon, halbierte sich die Sauerstoffmenge jedoch plötzlich wieder, wodurch die großen Tiere, die zu Beginn des Devon vermutlich auch wenig Nahrung an Land gefunden haben dürften, möglicherweise erstickten. Neue Forschungsergebnisse werden zeigen müssen, was es mit dieser Entwicklungslinie unserer frühen Verwandten auf dem Land tatsächlich auf sich hatte.

Der Weg aufs Land

Die Geschichte des Landganges der Wirbeltiere, wie wir sie bisher kennen, spielte sich überwiegend im mittleren und späten Devon ab. In dessen Verlauf veränderten sich die Umwelt und die Lebensräume auf dem Land tiefgreifend. Während das Land zu Beginn nur von spärlichem, blattlosen Pflanzenbewuchs überzogen wurde, gab es ab dem mittleren Devon zunehmend üppige Wälder und Pflanzen mit großen Blättern. Diese boten den bereits an Land lebenden Gliederfüßern verstärkt Schatten und bessere Lebensräume, sodass sich eine gute Nahrungsgrundlage für die zunächst räuberischen Landwirbeltiere entwickelte. Außerdem waren die Räuber ebenfalls auf beschattete, nicht sofort austrocknende Lebensräume angewiesen.

Die relativ hohen Temperaturen des Devon führten zu einer schlechten Sauerstofflöslichkeit im Wasser, und der Mangel wurde durch den deutlich fallenden Sauerstoffgehalt der Atmosphäre ab der Mitte des Devon verschärft. Zusätzlich gelangten große Mengen an Pflanzenmaterial (v.a. Blätter) in die warmen, flachen Küstengewässer wie Lagunen. Der Abbau dieses Materials durch Bakterien entzog dem Wasser noch mehr Sauerstoff. Durch die freigesetzten Nährstoffe ausgelöste Algenblüten dürften ihr Übriges beigetragen haben. Dieser Sauerstoffmangel, ergänzt um die neu zur Verfügung stehenden Lebensräu-

me und Nahrungsgrundlagen an Land, hat vielleicht zur Entwicklung der Luftatmung und zum Gang an Land geführt.

Die vielen früheren Thesen, denen zufolge Fische durch das Austrocknen von Tümpeln gezwungen waren, sich über Land ins nächste Wasserloch zu retten, weshalb deren Flossen in Beine umgewandelt wurden, gelten heute als überholt. Stattdessen scheint mittlerweile sicher, dass sich die Beine der Landwirbeltiere bereits im Wasser entwickelten. Sie bescherten ihren zunehmend luftatmenden

Schlammspringer hinterlassen heute die Spuren ihrer Brustflossen im Boden tropischer Küsten. Sie sind relativ moderne Fische, die Luftsauerstoff vor allem über die Haut aufnehmen. Die Vorfahren der Landwirbeltiere werden in ähnlichen Lebensräumen des Devon vermutet.

Einige Fische stellten sich im Devon vor grob 400 Millionen Jahren auf ein Leben an Land um und entwickelten Beine.

Besitzern Vorteile bei der Jagd im Flachwasser und waren irgendwann so kräftig und von der Geometrie und Beweglichkeit passend gebaut, dass sie auch an Land funktionierten – ohne den Auftrieb des Wassers. Statt eines früher ebenfalls häufig angenommenen Ursprungs im Süßwasser scheinen mittlerweile marine Lagunen und Gezeitenbereiche die wahrscheinlicheren Lebensräume der frühen Landwirbeltiere zu sein. An tropischen Küsten Afrikas und Asiens kommen in diesen Lebensräumen heute die Schlammspringer vor, eine amphibisch lebende Fischgattung, die als Strahlenflosser mit den Landwirbeltieren jedoch nicht näher verwandt ist.

Das Potenzial für einen Wechsel zum Landleben scheint in vielen Knochenfischen angelegt zu sein. Heutige Vertreter von mehr als 60 unabhängigen Gruppen sind in der Lage, auf die eine oder andere Art und Weise Luftsauerstoff zu nutzen, insbesondere in Gewässern mit geringem Sauerstoffgehalt – ähnlich der Situation im mittleren Devon – oder bei kurzfristigem Aufenthalt auf dem Land. Die Techniken variieren jedoch sehr stark: Schlammspringer nehmen Sauerstoff über die Haut auf, müssen dafür aber feucht bleiben. Aale besitzen verkleinerte Kiemenschlitze, die die Kiemen vor zu schneller Austrocknung schützen, sodass einige Arten bei feuchter Witterung über Land von einem Gewässer ins nächste wechseln können. Dazu sind auch einige Welse in der Lage, die jedoch über Erweiterungen des Vorderdarms verfügen, mit denen sie Sauerstoff aus verschluckten Luft-

bläschen aufnehmen können. Die in sauerstoffarmen Gewässern Afrikas und Asiens lebenden Labyrinthfische atmen mit einer ähnlichen Technik Sauerstoff aus der Luft. Der Lebensraum der in Amerika vorkommenden Knochenhechte ist ebenfalls warmes, sauerstoffarmes Flachwasser, in dem sie auf Beute lauern und währenddessen regelmäßig größere Mengen Luft schlucken, aus der sie Sauerstoff mithilfe ihrer Schwimmblase aufnehmen, die bei ihnen noch mit dem Darm verbunden ist. Flösselhechte, eine sehr ursprüngliche Gruppe der Strahlenflosser, die sich kurz nach der Abspaltung von den Fleischflossern entwickelte, besitzen eine einfache Lunge, ebenso wie die zu den Fleischflossern gehörenden Lungenfische.

Viele der heutigen Organe für die Luftatmung dürften auf Parallelentwicklungen zurückgehen. So waren beispielsweise die frühesten fossilen, ursprünglich marinen Arten der Lungenfische zu Beginn des Devon ausschließlich mit Kiemen ausgestattet und scheinen dazu passend in tiefen Meeresregionen gelebt zu haben.

„Lauffische" in der heutigen Zeit

Die Entwicklung beinartiger Extremitäten scheint im genetischen Bauplan der Fische ebenfalls angelegt zu sein, denn verschiedene Arten sind in der Lage, im Wasser auf dem Gewässergrund zu laufen oder sich sogar außerhalb des Wassers mithilfe ihrer Brustflossen über Land zu bewegen. Insbesondere die Schlammspringer haben letztere Lebensweise recht weit entwickelt. Flösselhechte, die in natürlicher Umgebung bei Bedarf das Gewässer wechseln können, können in Gefangenschaft aufgrund ihrer vorhandenen Lungen vollständig außerhalb des Wassers gehalten werden. Sie bewegen sich dann viel besser an Land als sonst üblich, was auf kräftiger entwickelte Knochen und Muskeln speziell im Bereich der Schultern und Brustflossen zurückgeht. Anglerfische haben hand- beziehungsweise fußförmige Flossen entwickelt, mit denen sie sich teilweise sogar festhalten können, sie gehen jedoch nicht an Land. Seefledermäuse sind ebenfalls Fische, die auf

Der Alligatorhecht ist mit bis zu drei Metern Länge der größte Knochenhecht. Wie die Vorfahren der Landwirbeltiere ist er ein Lauerjäger in Flachwasserzonen und kann Luft atmen. Er kommt im Mississippi und an der Nordküste des Golfs von Mexiko vor.

beinartigen Extremitäten laufen, allerdings auch nur auf dem Meeresboden in zum Teil erheblichen Tiefen.

Die Ereignisse, die zur Evolution der Landwirbeltiere geführt haben, sind nicht in allen Details bekannt, und auch die Abfolge einzelner Schritte wie die Bildung der Zehen, die Nutzung der Luftatmung und andere Entwicklungen der Landwirbeltiere konnten bislang noch nicht eindeutig rekonstruiert werden. Dies liegt unter anderem daran, dass dazu bislang keine Fossilien gefunden wurden, bei denen Weichgewebe erkennbar ist, sondern nur Knochen, die zumeist unvollständig sind und häufig nicht mehr so zueinander liegen wie im ursprünglichen Skelett. Außerdem fehlen selbst zu einer Reihe von Entwicklungsschritten am Skelett noch die zugehörigen Fossilien. Trotz solcher Schwierigkeiten ist es gerade in den letzten

Viele Einzelheiten zur Eroberung des Landes liegen noch immer im Dunkeln.

Jahrzehnten gelungen, viele Vermutungen durch tatsächliche Erkenntnisse abzulösen, und dieser Prozess hat einige überraschende Entdeckungen mit sich gebracht.

Landwirbeltier-ähnliche Fische

Der Übergang zum Landleben verlief über viele kleine Zwischenstufen: Zunächst entwickelten die Fische landwirbeltier-ähnliche Eigenschaften. Später wurden sie zu frühen Landwirbeltieren, die noch sehr fischähnlich waren und viel Zeit im Wasser verbrachten, bevor die Entwicklung voranschritt und tatsächlich das Land besiedelt wurde.

Die Landwirbeltiere stammen von den Fleischflossern ab (siehe S. 296). Deren paarige Brust- und Bauchflossen sind muskulös und haben an ihrer Basis einen einzigen Knochen, der sich im Laufe der Evolution aus menschlicher Sicht zum Oberschenkel- beziehungsweise Oberarmknochen entwickelte.

Die Blütezeit der Fleischflosser begann im Devon, vor etwa 380 Millionen Jahren. In dieser Phase dominierten sie die Fischfauna weltweit im Süß- und Meerwasser. Gegen Ende des Devon starben jedoch viele Linien aus. Die Fleischflosser zu Beginn des Devon waren mittelgroße, gelegentlich auch sehr große Arten, die sowohl im Süß- als auch im Meerwasser überwiegend in flachen Regionen lebten. Bis heute haben von ihnen nur zwei fischförmige Gruppen überlebt: die Quastenflosser mit zwei bekannten Arten im Küstenbereich des südöstlichen Afrikas und Indonesiens sowie die Lungenfische.

Die Lungenfische sind die engsten noch lebenden Verwandten der Landwirbeltiere. Sie kommen heute ausschließlich im Süßwasser vor. Die südamerikanische Art sowie die vier afrikanischen Arten können Trockenperioden in einer Art selbst gebautem Kokon im Bodengrund austrocknender Gewässer überstehen und atmen dabei Luft durch ein Atemloch. Sie sind eng miteinander verwandt. Ihre Verbreitungsgebiete im nordöstlichen Südamerika beziehungsweise westlichen Zentralafrika bezeugen noch heute das Auseinanderbrechen der beiden Kontinente ab dem ausgehenden Jura, durch das die Arten geografisch getrennt wurden. Die australische Art ist entwicklungsgeschichtlich ursprünglicher und nicht in der Lage, Trockenzeiten zu überdauern.

Wie alle Flösselhechte besitzt diese Art des tropischen Afrikas eine zweiflügelige Lunge, die gleichzeitig als Schwimmblase dient. Die Lungenatmung und die Technik zum Luftholen ist bei diesen Tieren sehr gut entwickelt. Entwicklungsgeschichtlich besteht jedoch kein Zusammenhang mit den Lungenfischen.

Bereits die Bauchflossen der frühen landwirbeltier-ähnlichen Fische (links) besitzen zusätzlich zur Entsprechung des Oberschenkelknochens (blau) die beiden Knochen des Unterschenkels, Schienbein (orange) und Wadenbein (grün). Bis zum ersten Landwirbeltier (*Acanthostega*, rechts) haben sich die Größen der späteren Unterschenkelknochen angeglichen und Zehen entwickelt.

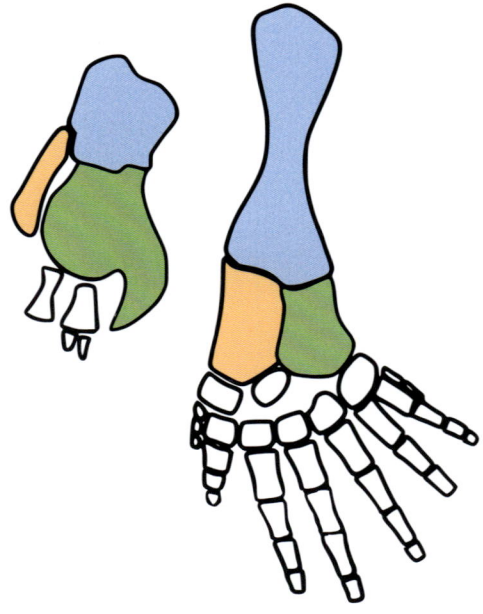

Von den Lungenfischen trennte sich die zu den Landwirbeltieren führende Linie vermutlich noch kurz vor Beginn des Devon ab. Auf ihr entstanden zunächst Arten, die oft als landwirbeltier-ähnliche Fische bezeichnet werden. Ihr gemeinsames Merkmal ist, dass die Ausströmöffnung der Nase, die bei anderen Fischen außen am Kopf mündet, nach innen verlagert ist und sich von oben in den Mund öffnet. Wäre die menschliche Nase noch so konstruiert wie bei ursprünglichen

Fischen, würde die Luft bzw. das Wasser in die Nasenlöcher eintreten und dann durch Öffnungen seitlich der Augen als „Fahrtwind" sofort wieder austreten. Stattdessen liegen diese Öffnungen nun in der Mundhöhle, von der bei uns mittlerweile der Gaumen die darüber liegende Nasenhöhle abtrennt. Dadurch spüren wir die Eintrittslöcher nicht im Mund. Diese neue Verbindung ermöglichte es, die Nase nicht nur zum Riechen, sondern auch zur Atmung zu nutzen. Beim Einatmen können wir spüren, wie die Luft am hinteren Ende des Gaumens aus der Nasenhöhle in den Rachen strömt.

Die ältesten bekannten Fossilien stammen aus dem ausgehenden frühen Devon vor etwa 400 Millionen Jahren, der Zeit der Pflanzen und Gliederfüßer des Rhynie Chert. Bei ihnen liegt die innere Nasenöffnung gerade auf dem Übergang in die Mundhöhle. Bereits zu diesem Entwicklungszeitpunkt waren im zweiten Knochenabschnitt der Brust- und Bauchflossen auch schon zwei etwa gleich starke, parallele Knochen vorhanden, die sich in der menschlichen Anatomie als Elle und Speiche der Unterarme beziehungsweise Schien- und Wadenbein der Unterschenkel wiederfinden.

Zu den weiteren Gruppen, die sich mit fortschreitender Weiterentwicklung von der zu den Landwirbeltieren führenden Linie abspalteten, gehören die größten Raubfische unter den damaligen Knochenfischen. Ihre späteren Vertreter aus dem Karbon besaßen eine Körperlänge von bis zu sieben Metern und messerartige, bis zu 15 Zentimeter lange Zähne. Das älteste bekannte Exemplar aus dem mittleren Devon maß etwa drei Meter. Wie vermutlich die meisten frühen Landwirbeltiere und ihre direkten Vorfahren waren sie Lauerjäger. Ihre massiven Brustflossen lassen vermuten, dass die Tiere sich beim Warten auf Beute auf ihnen abgestützt haben und vielleicht sogar den Kopf ein wenig aus dem Wasser gehoben haben könnten, was eine teilweise Luftatmung erleichtert hätte. Andere Gruppen mit teilweise ungewöhnlichen Eigenschaften, etwa bis zu fünf Zahnreihen, zeigen, dass es im mittleren Devon eine große

Die Vorfahren der Landwirbeltiere haben sich vom Beginn des mittleren Devon (oben) bis zum Beginn des späten Devon (unten) äußerlich kaum verändert. Mit verschiedenen Variationen in der Flossenform sehen sie wie typische Fische aus der Gruppe der Fleischflosser aus.

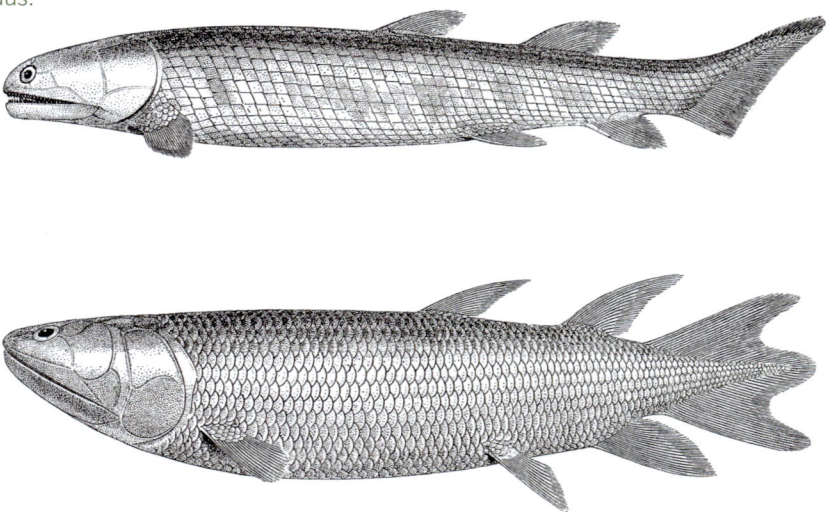

Entwicklungsvielfalt gab, aus der schließlich eine Gruppe erfolgreich das Land besiedelte. Die Fossilienfunde aus dieser Zeit verteilen sich vom östlichen Kanada über das westliche Grönland und Nordeuropa von Schottland bis Russland. Damit entsprechen sie den Küsten Laurussias, dem Kontinent, der im De-

Die direkten Vorfahren der Landwirbeltiere waren Lauerjäger.

von von der Nordhalbkugel bis zum Äquator reichte, was einerseits auf eine damals weite Verbreitung unserer Vorfahren hindeutet. Andererseits ist es auch ein Argument gegen einen Ursprung der Landwirbeltiere im Süßwasser kontinentaler Seen.

Zu den letzten landwirbeltier-artigen Fischen gehören *Panderichthys* und *Tiktaalik* aus dem Übergang zum späten Devon vor etwa 385 Millionen Jahren. Von ihnen ausgehend vollzog sich der Übergang zu den Landwirbeltieren innerhalb eines relativ kurzen Zeitraumes von etwa zehn Millionen Jahren. *Panderichthys* und *Tiktaalik* hatten Köpfe mit einer Länge von 30 oder etwas mehr Zenti-

metern und eine Körperlänge von mehr als einem beziehungsweise mehr als zwei Metern. Ihre Augen lagen nicht mehr seitlich, sondern krokodilähnlich auf dem Kopf, wodurch sie leicht über die Wasserlinie gebracht werden konnten.

Panderichthys besaß neben der Schwanzflosse nur noch Brust- und Bauchflossen, aber keine After- und Rückenflossen mehr.

Zu Beginn des späten Devon trat mit *Panderichthys* ein Fisch auf, dessen Flossenanzahl und -anordnung bereits den vier Gliedmaßen und dem Schwanz der Landwirbeltiere entspricht.

Nur kurze Zeit nach *Panderichthys* konnte *Tiktaalik* seine vordere Körperhälfte mithilfe seiner Brustflossen vielleicht schon für kurze Zeit aus dem Wasser bewegen. Bei ihm sind bereits viele Knochenstrukturen zwischen Kopf und Schulter zurückgebildet, sodass ein beweglicher Nacken entstand und der Kopf weniger fischartig wirkt.

Während die Bauchflossen fischähnlich waren, hatte der innere Aufbau der kräftigen Brustflossen bereits deutlichere Ähnlichkeit mit Beinen und Zehen als bei *Tiktaalik*, der eigentlich als weiterentwickelte Übergangsform eingestuft wird. Bei dem noch immer schuppenbedeckten *Tiktaalik* findet sich in den ebenfalls kräftigen Brustflossen stattdessen schon ein flexibles Gelenk, das es dem Tier zusammen mit seinem stabilen Brustkorb vermutlich ermöglichte, den vorderen Teil des Körpers aus dem Wasser zu heben – vielleicht, um Beutetiere am Ufer zu packen. Ob die Tiere das Wasser komplett verlassen und sich über Land ziehen konnten, ist unbekannt. Ein weiterer, wichtiger Entwicklungsschritt ist die Rückbildung eines Großteils der Knochen, die den Kopf mit dem Schultergürtel der Fische verbinden und zu denen unter anderem die Knochen der Kiemendeckel und der Kehle gehören. *Tiktaalik* war dadurch das erste Wirbeltier mit einem Nacken, dessen Beweglichkeit sich im Laufe der weiteren Entwicklung der Landwirbeltiere durch Wegfall letztlich aller Knochen in diesem Bereich und die Umbildung der vorderen Wirbel weiter verbesserte.

Fisch-ähnliche Landwirbeltiere

Das älteste bekannte Tier mit Beinen und Zehen ist *Acanthostega*. Es lebte vor etwa 370 Millionen Jahren und ist damit das älteste Landwirbeltier. Es besaß zwar am Rücken keine Schuppen mehr, war aber noch immer an ein Leben im Wasser angepasst: Seine Rippen waren so kurz, dass sie den Brustkorb außerhalb des Wassers nicht hätten stabilisieren können, die Lunge wäre kollabiert. Vordere und hintere Extremitäten funktionierten als Flossen und waren ungeeignet, den Körper außerhalb des Wassers zu tragen. Sie besaßen keine Flossenstrahlen mehr, aber je acht Zehen, die vermutlich mit einer Schwimmhaut verbunden waren. Die Schwanzflosse war prominent ausgebildet, sodass *Acanthostega* sich schwimmend fortbewegt haben muss und wohl auch ein Lauerjäger war. Passend dazu kam der Hauptanteil seiner Bewegung aus dem Becken und nicht mehr von den Brustflossen. Der erhaltene Teil der Kiemen ähnelt sehr dem des Australischen Lungenfisches. Es liegt daher nahe, dass *Acanthostega* ebenfalls grundsätzlich über Kiemen atmete und seine Lunge nur bei Bedarf als Unterstützung einsetzte.

Das älteste heute bekannte Landwirbeltier ist *Acanthostega*, da an seinen Füßen zum ersten Mal Zehen gefunden wurden. Es lebte jedoch weiterhin im Wasser und nutzte die Füße als Flossen.

Den nächsten bekannten Entwicklungs-schritt repräsentiert *Ichthyostega*, ein mit etwa anderthalb Metern Länge etwas größe-rer Zeitgenosse des kleineren *Acanthostega*.

Die typischen fünf Finger und Zehen heutiger Landwirbeltiere entwickelten sich aus einer zunächst größeren Anzahl.

Beide wurden im Osten Grönlands gefunden. Die Fossilien von *Ichthyostega* zeigen eine merkwürdige Mischung unterschiedlicher Merkmale: Die Hinterbeine entsprechen denen eines Landwirbeltiers mit sieben Zehen (Vorderbeine sind bislang nicht gefunden worden), der Schwanz ist fischtypisch, andere Körperteile entsprechen weder dem einen noch dem anderen. Das Tier lebte noch wenigstens den Großteil seiner Zeit im Wasser und atmete wahrscheinlich ebenfalls vor allem über Kiemen. Auch seine Beine waren flossenförmig, ähnlich den Vorderflossen heutiger Delfine. Der massive Schultergür-tel war möglicherweise kräftig genug, um gemeinsam mit dem stabilen Brustkorb ein Hochstemmen des Vorderkörpers an Land zu erlauben, sodass vielleicht ein Bewegungs-muster ähnlich heutiger See-Elefanten mög-lich war.

Ein Fossilfund aus dem heutigen Russ-land, *Tulerpeton*, belegt recht eindeutig, dass Meerwasser zumindest auch zu den Lebens-räumen früher Landwirbeltiere zählte. Das Tier lebte vor etwa 360 Millionen Jahren kurz vor Ende des Devon. Seine Gliedmaßen, die zwar moderner aufgebaut, aber weiterhin flossenartig waren, besaßen nur noch sechs Zehen und zeigen den Trend zur Entwicklung des etwa ab dem Karbon typischen fünfglied-rigen Fußaufbaus.

Eine weitere Linie der frühen, fischartigen Landwirbeltiere, die noch ganz oder über-wiegend im Wasser lebten, wurde mit V*enta-stega* entdeckt. *Ventastega* selbst lebte erst vor

Ichthyostega lebte überwie-gend im Wasser und atmete vorrangig über Kiemen, obwohl es bereits ein Land-wirbeltier war. Im Gegensatz zu seinen Vorfahren konnte es das Wasser vielleicht für kurze Zeit komplett verlassen.

ungefähr 365 Millionen Jahren, seine Linie entspringt jedoch noch vor der *Acanthostega*s, vermutlich vor etwa 380 Millionen Jahren. Obwohl fast keine Beinknochen gefunden wurden, scheint sicher, dass es sich um ein echtes Landwirbeltier mit Beinen und Zehen handelte. Das Fossil stammt aus Lettland, einzelne Knochen und Fragmente der frühen Landwirbeltiere sind jedoch mittlerweile praktisch weltweit gefunden worden. Es ist daher anzunehmen, dass diese im späten Devon ihren Ursprungskontinent Laurussia verlassen hatten und überall auf der Welt ver-breitet waren.

Obwohl alle diese frühen, wasserleben-den Landwirbeltiere vermutlich überwiegend auch im Wasser gejagt und gefressen haben, was häufig durch den Gebissaufbau unter-stützt wird, haben sie dafür mit hoher Wahr-scheinlichkeit bereits die für Landwirbeltiere typische Technik verwendet, indem sie ihre Beute schnappend und beißend ergriffen. Dies ist eine wichtige Vorbereitung für den Wechsel aufs Land, denn Fische saugen ihre Nahrung üblicherweise ins Maul, indem sie

WAS DIE NIEREN MIT DEM LANDGANG ZU TUN HABEN

Der Wechsel aus dem Wasser aufs Land ging nicht nur mit offensichtlichen Schwierigkeiten wie der Luftatmung oder der Fortbewegung einher, sondern brachte auch Stoffwechselprobleme mit sich. Eines davon ist die Abgabe von überschüssigem Stickstoff, der von den meisten Fischen als Ammoniak beziehungsweise Ammonium über die Kiemen ans Wasser abgegeben wird. Beides ist gut wasserlöslich, aber sehr giftig, wenn es sich in größeren Mengen im Körper ansammelt. Genau das würde jedoch an Land passieren, wenn kein Wasser mehr für eine sofortige Abgabe zur Verfügung steht. Der Ausweg besteht in der Umwandlung von Ammonium in ungiftigen Harnstoff, der über die Niere mit nur wenig Wasser ausgeschieden werden kann.

Heutige Lungenfische praktizieren beides: Halten sie sich im Wasser auf, scheiden sie Ammonium aus, überdauern sie an Land, bilden sie Harnstoff. Entsprechendes gilt für die im Wasser beheimateten Kaulquappen der später an Land lebenden Amphibien. Bei der Entwicklung der Landwirbeltiere hat sich die Umstellung und Verlagerung der Stickstoffausscheidung von den Kiemen zu den Nieren wahrscheinlich allmählich vollzogen, und es gibt die Vermutung, dass unsere Vorfahren ihre Kiemen erst verlieren konnten, als ihre Niere zur Ausscheidung von Stickstoff befähigt war.

Als das Klima im Perm vor rund 270 Millionen Jahren trockener und Wasser an Land noch knapper wurde, entwickelte

Kiemen dienen im Wasser lebenden Tieren nicht nur zur Atmung, sondern auch zur Ausscheidung von Stickstoff. Wenn die Molch-Kaulquappe das Wasser verlässt, hat sie ihre Kiemen zurückgebildet und ihren Stoffwechsel auf den der Landwirbeltiere umgestellt.

sich bei den Reptilien die Stickstoffausscheidung als pastenartige Harnsäure. Dies ist bis zu den Vögeln so geblieben, die daher kein zusätzliches Wasser für die Stickstoffausscheidung über Urin als Ballast mit sich tragen müssen.

dieses zum Teil mit enormer Geschwindigkeit aufreißen und dadurch einen starken Wasserstrom erzeugen – eine Technik, die an der Luft nicht mehr funktionierte.

Was löste schließlich den Wechsel zum tatsächlichen Leben auf dem Land aus? Die Frage ist letztlich ungeklärt, und vielleicht wird eine „einfache" Antwort nicht möglich sein, weil mit hoher Wahrscheinlichkeit mehrere Gründe eine Rolle gespielt haben. Zudem scheinen – gerade auch mit Blick auf den Fund der überraschend alten Fußspuren aus dem frühen Devon – die bisherigen Fossilfunde nur ein unvollständiges Bild der damaligen Ereignisse zu zeichnen. Mit dem Übergang ins späte Devon scheint jedenfalls

eine Phase geringer Sauerstoffmengen in der Atmosphäre begonnen zu haben. Diese wurde wahrscheinlich wie beschrieben von hohen Temperaturen und dem bakteriellen Abbau von immer mehr Pflanzenmaterial verursacht. Dies führte zu einem erheblichen Sauerstoffmangel in den Flachwasserzonen. Gerade dort lebten die unmittelbaren Vorfahren der Landwirbeltiere. Parallel zu dieser Entwicklung ist bei den Fossilien der noch im Wasser lebenden Formen etwa ab der Stufe von *Tiktaalik* zu beobachten, dass sich ein vermutlich zur Luftatmung nutzbares Organsystem vergrößerte, während gleichzeitig ein beweglicher Nacken entstand. Letzterer erlaubte den Tieren, den Kopf weiter anzuheben und die Mundhöhle stärker zu vergrößern, wodurch sich die Aufnahme größerer Luftmengen erheblich vereinfacht haben dürfte. Eine weitere Vergrößerung der aufnehmbaren Luftmenge wurde durch einen zugleich immer voluminöser werdenden Kopf möglich, der eine sich zunehmend abflachende, dreieckige, krokodilartige Form aufwies. Parallele Entwicklungen zum Umgang mit sauerstoffarmen Bedingungen finden sich zur gleichen Zeit in anderen Entwicklungslinien, etwa den Lungenfischen, bei denen im späten Devon die Entwicklung von Lungen einsetzte. Weitere, an den Fossilien der Landwirbeltiere gut ablesbare Veränderungen betreffen die Ohren, die für die Wahrnehmung von Luftschall ein neues Konstruktionsprinzip benötigten. Hierdurch entstand zusätzlich zum bereits bei den Fischen vorhandenen Innenohr das Mittelohr der Landwirbeltiere, das schließlich Gehörknochen und Trommelfell enthielt. Das erste Ohr mit echtem Trommelfell bildete sich bei Amphibien im Karbon. Später entstand es noch mehrfach unabhängig voneinander

bei den Reptilien und den Vorfahren der Säugetiere. Die Konstruktion wurde immer komplizierter und leistungsfähiger, sodass schließlich auch hohe Schallfrequenzen gut wahrgenommen werden konnten. Man vermutet, dass das Summen von Insekten die Entwicklung in dieser Richtung angetrieben haben könnte, weil Insekten als Beutetiere so besser auffindbar waren.

In die Zeit am Ende des Devon fallen zwei größere Aussterbewellen, deren Auslöser weitgehend unbekannt sind. Die erste vor 372 Millionen Jahren betraf vor allem wirbellose

---

Zwei Aussterbewellen könnten den Landgang der Wirbeltiere verzögert haben.

Tiere in den Meeren. Die zu diesem Zeitpunkt weitgehend verschont gebliebenen Landwirbeltiere wurden jedoch gemeinsam mit vielen

Zum Karbon begann die Vielfalt der Fleischflosser abzunehmen. Die Artenzahl der Strahlenflosser explodierte nach der Kreide – sie dominieren die heutige Fischwelt.

Ungewöhnliche Formen der frühen Landwirbeltiere bevölkerten die Gewässer und gewässernahen Lebensräume des Karbon. Einige, wie diese noch oder wieder komplett im Wasser lebende, fast zwei Meter lange Art, sind entwicklungsgeschichtlich bislang nicht sicher einzuordnen. Wahrscheinlich repräsentieren sie vollständig ausgestorbene Seitenlinien.

anderen Tiergruppen von der zweiten Welle direkt am Übergang vom Devon zum Karbon vor 359 Millionen Jahren schwer getroffen. Die Panzerfische überlebten diese Katastrophe nicht, vielen anderen Fischgruppen, inklusive den Fleischflossern, gelang der Übergang ins Karbon nur knapp und mit wenigen Arten. In diese Zeit fallen der tatsächliche Landgang der Wirbeltiere und ihre schnelle Ausbreitung, was mit der Entwicklung einer erstaunlichen Formenvielfalt zu Beginn des Karbon einherging. Parallel begannen im Meer die Strahlenflosser die Vormacht unter den Fischen zu übernehmen und brachten vor allem eine Vielzahl von Arten hervor, die kleinwüchsiger waren als die Fleischflosser und dadurch neue ökologische Nischen besiedeln konnten.

Landlebende Landwirbeltiere

Insgesamt scheint die Weiterentwicklung der Landwirbeltiere zunächst an den Hinterbeinen und danach an den Vorderbeinen stattgefunden zu haben. Beide besaßen schließlich fünf Zehen, die statt einer seitlichen Orientierung zunehmend nach vorne gerichtet waren. Diese letzte Eigenschaft trat zum ersten Mal bei *Pederpes* auf, einem Fossil aus dem sehr frühen Karbon vor etwa 350 Millionen Jahren. Sie ist neben anderen Merkmalen das Zeichen für eine regelmäßige Fortbewegung an Land.

Über viele Jahrzehnte gab es aus dem frühen Karbon nahezu keine Fossilienfunde von Landwirbeltieren. Erst neue Funde der letzten Jahre haben gezeigt, dass der Grund dafür nicht ein Mangel an damaligen Arten war oder dass sich die Bedingungen für die Bildung von Fossilien verschlechtert hätten. Vielmehr war bislang offenbar nur nicht an

den richtigen Stellen gesucht worden. Bisher repräsentieren die neuen Fundstellen jedoch überwiegend ehemalige Seen und Bäche als Lebensräume, was nur ein eingeschränktes Bild der damaligen Tierwelt ermöglicht.

Kurz nach dem Massenaussterben des späten Devon begannen Landwirbeltiere mit den heute üblichen, fünfgliedrigen Füßen zu dominieren. Die gefundene Formenvielfalt ist bemerkenswert: Es gab neben einer Vielzahl sehr charakteristischer Fußspuren auch Fossilien von Arten, die ihre Beine bereits unterschiedlich stark wieder zurückgebildet hatten und im Wasser lebten, bis hin zu schlangenförmigen Tieren, die gar keine Beine mehr besaßen. Eine nur wenige Zentimeter kleine, landlebende Art besaß schon vor etwa 340 Millionen Jahren eine fünffingerige Greifhand, wie sie danach erst wieder von 20 Millionen Jahre jüngeren Fossilien der ersten Reptilien bekannt ist. Der Körperbau einiger anderer Gruppen kombiniert aus heutiger Sicht sehr ungewöhnliche Merkmale und findet sich in späteren Phasen der Erdgeschichte inklusive der heutigen Tierwelt nirgendwo mehr wieder. Dazu zählen schlangenförmige Wesen ohne Arme, Beine, Schultern und Becken, deren Kopfskelett zu einzelnen Stäben oder Platten reduziert war (die Schlangen selbst entstanden erst deutlich später), zahnbesetzte Gaumen und fischschwänzige, wieder ins Wasser zurückgekehrte Formen mit zurückentwickelten, verkümmert wirkenden Gliedmaßen.

Die Fossilien des frühen Karbon zeigen bereits die Aufspaltung der Linien, die zu den heutigen Amphibien einerseits und den Reptilien andererseits führen. Es handelt sich um die mutmaßlichen Vorläufer und vielleicht sogar ersten Vertreter dieser beiden Linien, die seit dem Ende des Karbon sicher belegt sind. Auch eine Vielzahl anderer Entwicklungslinien, die im weiteren Verlauf der Erdgeschichte ausstarben, sind bereits aus dem

Karbon zum ersten Mal fossil belegt. Bei den Vorläufern der Amphibien hatte sich bereits im frühen Karbon ein Schädelbau entwickelt, der noch heute die sogenannte Schluckatmung der Amphibien unterstützt, bei der Luft mit geschlossenem Mund geschluckt und dadurch in die Lunge gepresst wird. Bei heutigen Amphibien, zum Beispiel Fröschen, ist dies an der sich regelmäßig hebenden und senkenden Haut im Bereich der Kehle gut zu beobachten. Die heutigen Amphibien werden in drei Großgruppen eingeteilt: die Froschlurche (Frösche und Kröten), die Schwanzlurche (Molche und Salamander) und die seltenen Schleichlurche (an Regenwürmer erinnernde, beinlose Arten der Tropen und südlichen Subtropen). Die ersten Vertreter dieser Gruppen tauchen erst 50 Millionen Jahre später auf, zu Beginn der Trias, sodass über ihre genaue Abstammung noch viele Unsicherheiten bestehen.

Bei der körperlichen Entwicklung von heutigen Amphibien läuft der Landgang der Wirbeltiere gleichsam im Zeitraffer ab: Aus ei-

Die beiden asiatischen Arten der heutigen Riesensalamander mit Körperlängen von 1,5 Metern und mehr ähneln in ihrem Aussehen und ihrer Lebensweise einigen Amphibien des Karbon. Sie leben vollständig im Wasser, atmen aber auch Luft.

Die Entwicklung heutiger Amphibien aus Kaulquappen rekapituliert den Landgang der Wirbeltiere.

ner wasserlebenden Kaulquappe mit Kiemen wird nach der Bildung erst der Hinter-, dann der Vorderbeine, einem Ohr mit Trommelfell

und – bei den Froschlurchen – dem Verlust des Schwanzes schließlich das luftatmende erwachsene Tier, das an Land geht.

Die vielleicht erste Gruppe der Landwirbeltiere, die sich im späten Karbon auf eine pflanzliche Ernährung umgestellt hatte, entsprang einer Linie, die zu den Reptilien führte. Obwohl sie selbst das Ende des Perm nicht überlebten, brachten ihre Verwandten die Abstammungslinien hervor, die ab dem Perm die Reptilien für die nächsten 230 Millionen Jahre zur alles dominierenden Gruppe der Landwirbeltiere machen sollten. Bis zur Entstehung der vielleicht berühmtesten Reptiliengruppe, der Dinosaurier, dauerte es jedoch noch 60 Millionen Jahre bis in die Trias.

Die direkten Vorfahren der ersten Reptilien waren Vertreter einer Gruppe pflanzenfressender Landwirbeltiere am Ende des Karbon. Sie waren die ersten an Land lebenden Tiere, die einen massiven Körperbau mit teilweise mehr als zwei Metern Länge entwickelten.

300 MILLIONEN JAHRE BIS HEUTE

REPTILIEN, BLÜTENPFLANZEN UND DER LANGE WEG DER SÄUGETIERE

Das trockene Klima im Perm beförderte die Entwicklung der Reptilien aus den Amphibien des Karbon. Ein Massenaussterben am Beginn der Trias warf die Entwicklung der Säugetiere zurück und bahnte den Dinosauriern den Weg zu einer 150 Millionen Jahre langen Dominanz auf den Kontinenten. Sie wurden von den Säugetieren beerbt, als von ihnen nur die Vorfahren der heutigen Vögel das Ende der Kreide überlebten. Parallel breiteten sich die revolutionär neuen Blütenpflanzen aus.

DAS KLIMA WIRD TROCKENER: DIE ÄRA DER REPTILIEN BEGINNT

Gegen Ende des Karbon vor 300 Millionen Jahren war der Kohlendioxid-Gehalt der Atmosphäre auf etwa ein Zehntel der bis dahin üblichen Werte gefallen. Die geringe Menge dieses Treibhausgases führte zu einer stetigen Abkühlung und fortschreitenden Vereisung der Polregionen.

Die Karoo-Eiszeit, die bereits nahezu dem gesamten Karbon insgesamt gemäßigte, ähnlich wie heute verteilte Temperaturen beschert hatte, verlängerte sich dadurch bis in die zweite Hälfte des Perm vor etwa 260 Millionen Jahren. Wie heute lagen damals große Landmassen über dem Südpol, sodass sich ein Panzer aus Landeis bildete, was den Meeresspiegel dramatisch absinken ließ. Dadurch trockneten viele Flachmeere aus, und das Klima wurde trockener. Die sumpfigen Feuchtwälder des Karbon began-

nen zusammenzubrechen, sodass das Klima noch trockener wurde und sich der Prozess durch das Verschwinden weiterer Sumpf- und Waldgebiete stark beschleunigte. Gleichzeitig schlossen sich am Ende des Karbon alle Kontinente zum Superkontinent Pangaea zusammen, der vom Südpol bis in den hohen Norden reichte. In seinem Zentrum fiel kaum noch Regen, und ausgedehnte Wüsten mit hohen Temperaturen auf der Norhalbkugel entstanden – das Perm hatte begonnen.

Die Pflanzenwelt veränderte sich tiefgreifend: Samenpflanzen, die mit ihrer neuen Strategie der Vermehrung besser mit Trockenheit umgehen konnten, beerbten die feuchtigkeitsbedürftigen Sporenpflanzen wie Riesenbärlappe und Baumschachtelhalme in ihrer Vormachtstellung. Auch bei den Landwirbeltieren, die sich gerade über die gesamte Erde verbreitet hatten, beförderten die Klima- und Lebensraumveränderungen vollkommen neue Entwicklungen. Der dramatische Verlust an Sumpfgebieten, Flachmeeren und Küstenlinien setzte vielen der exotischen Entwicklungslinien der Amphibien aus dem Karbon ein Ende, denn Amphibien benötigen feuchte Lebensräume, um ihre empfindliche Haut vor dem Austrocknen zu schützen. Aber noch entscheidender ist: Sie müssen mindestens zur Eiablage ins Wasser zurückkehren, wo ihre Jungtiere ihre Larvenphase als Kaulquappe verbringen.

Die Karoo ist eine heutige Halbwüste im Zentrum Südafrikas. Sie liegt auf einem etwa 1 500 Meter hohen Plateau aus fossilienhaltigem Sedimentgestein. Dessen Ablagerung begann gegen Ende der dort erstmals nachgewiesenen Karoo-Eiszeit im mittleren Perm vor rund 270 Millionen Jahren.

Der Siegeszug der Eischale

Unter den Landwirbeltieren waren die Gewinner des Klimawandels die Amnioten, die auch Nabeltiere genannt werden und zu denen heute die Reptilien, Säugetiere und Vögel gehören. Die ersten Amnioten hatten sich bereits im Karbon entwickelt, aber im

---

„Das Ei der Reptilien" ist ein genialer Trick der Evolution für das Leben an Land.

Im Perm hatten sich alle Kontinentalplatten zu einer Landmasse vereinigt, dem Superkontinent Pangaea. Diese ungewöhnliche Anordnung führte zu einer extremen Klimaverteilung.

trockenen Klima des Perm entfaltete der evolutive Vorteil ihrer wichtigsten Neuentwicklung gegenüber den Amphibien seine volle Wirkung: Ihre weiterentwickelten Eier mussten nicht mehr im Wasser abgelegt werden und erlaubten es den Tieren, die Nähe der Gewässer zu verlassen und ihr Leben komplett an Land zu verbringen.

Der unterschiedliche Eiaufbau ist beim Vergleich der Eier eines Frosches (Amphibie) mit denen eines Vogels (Amniot) gut erkennbar: Das Ei der Amphibien und der sich darin entwickelnde Embryo sind von einer einfachen Gallerthülle umgeben, die an Land austrocknen würde. Dagegen ist das Ei der Amnioten so aufgebaut, dass es dem sich entwickelnden Jungtier in seinem Inneren Wasser, Nahrung und Schutz für die komplette Larvenphase bietet. Dazu ist es von einer festen Hülle umgeben, die meist aus Kalk besteht, aber bei einigen Tiergruppen auch ledrig sein kann. Als Konsequenz ist im Gegensatz zu den Amphibien bei den Amnioten eine innere Befruchtung nötig, bevor das Ei im Muttertier komplett herangewachsen und mit der Schale versehen ist. Das Innere des Eies ist vor Verdunstung geschützt, ein Austausch von Sauerstoff und Kohlendioxid für die Atmung des Jungtieres findet jedoch statt. Der Dotter enthält die Nahrungsreserven und wird im Laufe der embryonalen Entwicklung immer kleiner zugunsten des wachsenden Jungtieres und eines Bereiches, in dem sich Abfallstoffe ansammeln.

Die Produktion solcher Eier erfordert durch die Größe und den Nährstoffanteil sehr viel mehr Energie und ein größeres Muttertier, sodass die Gelegegrößen meist deutlich kleiner sind als bei Amphibien. Dafür sind die Überlebenschancen der Nachkommen merklich höher, denn sie wachsen unter geschützten Bedingungen und mit eigener Nahrungsversorgung bis zu einem Entwicklungsstadium, in dem sie nach dem Schlüpfen schon relativ groß und weniger anfällig

Die Eier der Amphibien sind weder besonders gegen Umwelteinflüsse geschützt, noch enthalten sie größere Nahrungsvorräte. Sie müssen daher feucht bleiben, und die noch nicht sehr weit entwickelten Jungtiere müssen sehr bald schlüpfen.

Die Eier der Amnioten (hier: von Krokodilen) haben eine relativ robuste Schale, die das Innere vor Austrocknung schützt, und sie enthalten viele Nährstoffe. Sie können daher auf trockenem Land abgelegt werden und ermöglichen den Jungtieren in ihrem Inneren eine relativ lange Entwicklungszeit.

des Eies nur ein einziges Mal erfunden haben. Der im Laufe des Karbon ausgesprochen hohe Sauerstoffgehalt der Atmosphäre hat diesen Entwicklungsschritt vermutlich begünstigt, denn solange in der Luft sehr viel Sauerstoff vorhanden ist, müssen die Mechanismen zum Sauerstofftransport ins Ei noch nicht in besonderer Weise optimiert sein.

Die Hauptlinien der Reptilien entstehen

Die Amnioten füllten im Perm, vor knapp 300 Millionen Jahren, schnell alle verfügbaren ökologischen Nischen. Dabei spalteten sie sich in eine Vielzahl von Entwicklungslinien auf. Ihre frühen, noch im Karbon entstandenen Vertreter waren Fleisch- oder Insektenfresser. Im Vergleich zu den frühen Landwirbeltieren besaßen sie kräftige Kiefer, die so konstruiert waren, dass sie mit ihren spitzen Zähnen und einem kraftvollen Biss auch harte Außenskelette von Gliederfüßern durchbrechen konnten, etwa den großen Tausendfüßern ihrer Zeit.

Ebenfalls noch im Karbon hatten sich die Amnioten in zwei Hauptlinien aufgespalten. Eine davon, die der sogenannten Synapsiden, führte später zu den Säugetieren, die ihre amniotischen Eier schließlich im Körper behielten und ihre dort „geschlüpften" Jungtiere nach der späteren Geburt weiter großzogen. Die Synapsiden sind durch eine zusätzliche Schädelöffnung erkennbar. Je eines dieser „Schläfenfenster" liegt auf jeder Kopfseite hinter den Öffnungen für die Augen. Bei der Entwicklung der Säugetiere hat sich das Schläfenfenster wieder geschlossen, beim Menschen durch den in der Schläfengrube liegenden Teil des Keilbeins, oberhalb des gut ertastbaren Jochbogens, der vom unteren Rand der Augenhöhle zum Ohr verläuft. (Man findet den hervorstehenden Jochbogen, wenn man vom Unterrand der Augen mit den Fingern zum Ohr fährt. Hinter dem Auge angekommen, fühlt man das Abrutschen nach oben in die Schläfengrube. Wenn man dann anfängt, mit den Zähnen zu knirschen, fühlt man dort den Kaumuskel, der dort unter dem Jochbeinbogen verschwindet.)

gegenüber Gefahren sind als eine frisch geschlüpfte, winzige Kaulquappe, die sich selbst versorgen und schützen muss. Die Amnioten haben mit ihren Eiern buchstäblich Wasser in eine Schale verpackt und aufs Land verlegt. Dadurch verläuft die evolutiv bedingte Ent-

---

Eier mit Schale bieten Schutz, Nahrung und Entwicklungszeit.

---

wicklung im Wasser für jedes Jungtier in einer selbstversorgenden, individuellen Kapsel. Nach dem Schlüpfen kann das Jungtier direkt zum Landleben übergehen.

Die ältesten fossil gefundenen Eier stammen zwar erst aus der Trias und sind gut 200 Millionen Jahre alt, aber es scheint sicher, dass sie bereits im Karbon entstanden, da zu dieser Zeit der letzte gemeinsame Vorfahre aller heutigen Amnioten lebte. Da alle heutigen Amnioten von den Reptilien bis zu den Säugetieren einen identischen Aufbau ihrer Eier teilen, ist es schwer vorstellbar, dass dieser Aufbau nach der Trennung ihrer Entwicklungslinien mehrfach parallel auf genau die gleiche Art und Weise entstanden ist. Wahrscheinlicher ist, dass die Amnioten ihre Art

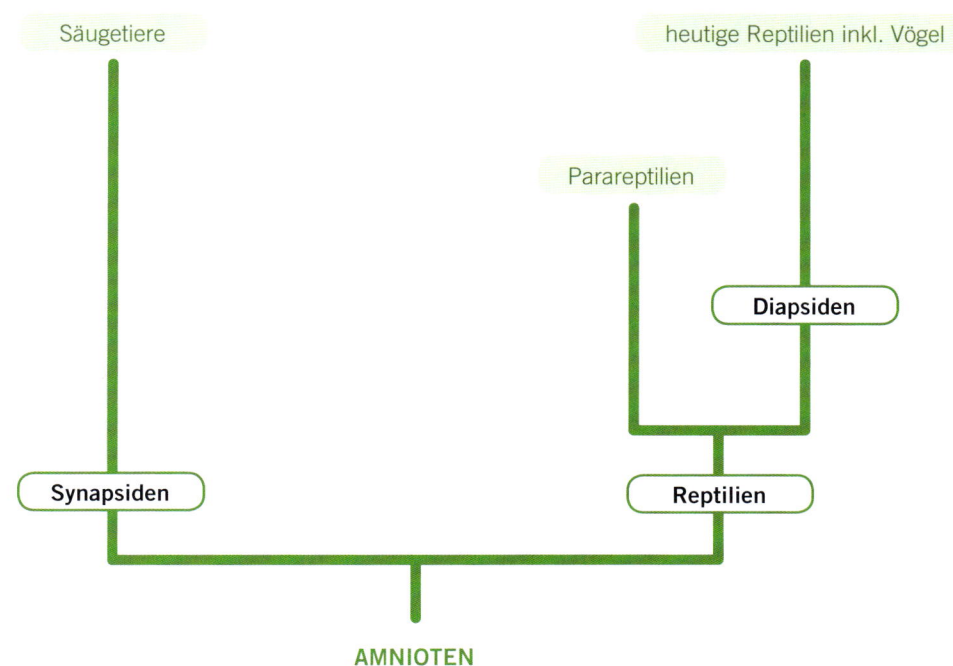

Säugetiere

heutige Reptilien inkl. Vögel

Parareptilien

Diapsiden

Synapsiden

Reptilien

AMNIOTEN

Die aus den Amphibien hervorgegangenen Amnioten trennten sich früh in die beiden Hauptäste der Synapsiden und der Reptilien. Die langfristig wichtigste Linie der Reptilien sind die Diapsiden. Die frühen Aufspaltungen fanden noch im Karbon statt, die größte Vielfalt erreichten die frühen Amnioten im Perm.

Die zweite Linie sind die Reptilien (oder Kriechtiere). Die Bezeichnung „Reptilien" ist nicht ganz unproblematisch, da der Begriff in der Vergangenheit und in verschiedenen Kontexten unterschiedlich verwendet wurde: Im allgemeinen Sprachgebrauch sind Reptilien meist diejenigen Landwirbeltiere, die weder Amphibien noch Säugetiere oder Vögel sind. Nimmt man fossile Arten hinzu, erweitert sich die Gruppe der Reptilien um eine Vielzahl ausgestorbener Zweige des Stammbaumes der Landwirbeltiere inklusive der Vorfahren der Säugetiere. Anders ausgedrückt sind Reptilien dann alle Amnioten außer den Säugetieren und Vögeln. Diese Begriffsnutzung ist wissenschaftlich ungünstig, denn wenn man Reptilien mit den Amnioten gleichsetzt, gibt es keinen formalen Grund, warum man die ebenfalls amniotischen Linien der Säugetiere und Vögel aus dieser Gruppe ausschließen sollte (analog sind Menschen Säugetiere und haben sich nicht bloß aus diesen entwickelt und irgendwann aufgehört, dazuzugehören). Gelegentlich ist mit Reptilien im engeren Sinne wissenschaftlich nur die Gruppe gemeint, die die heute noch lebenden Vertreter umfasst, also Schild-

kröten, Schuppenechsen (Brückenechsen, Echsen und Schlangen), Krokodile und Vögel. In diesem Buch wird jedoch der wissenschaftlichen Sichtweise von Reptilien im weiteren Sinne gefolgt, nach der Reptilien die Schwestergruppe der zu den Säugetieren führenden Synapsiden-Linie sind und damit sowohl alle seitdem ausgestorbenen Arten enthalten als auch die noch lebenden Vögel.

Der deutsche Begriff „Saurier", nach dem Altgriechischen für „Eidechse" oder „Salamander", bezeichnet alleine oder als Namensbestandteil verschiedenste Reptilien sowie auch einige Amphibien und Säugetiervorfahren. Im engeren Sinne wird er für die Großreptilien von der Trias bis zur Kreide verwendet, aber nicht ausschließlich für die bekannte Untergruppe der Dinosaurier.

In der frühen, ebenfalls noch im Karbon stattgefundenen Entwicklung der Reptilien spaltete sich auf dem Südkontinent Gondwana die Gruppe der Parareptilien ab. Im Perm verbreiteten sie sich zahlreich, überlebten diese Zeit aber nicht – mit Ausnahme einer in der späten Trias ausgestorbenen Linie. Zu den Parareptilien gehören die ersten wieder komplett ins Wasser zurückgekehrten Amnioten

Die Parareptilien sind ein ausgestorbener früher Ast der Reptilien aus dem Perm. Die Mesosaurier des frühen Perm lebten wieder im Wasser, während spätere Gruppen die ersten zwei- beinig laufenden Landtiere hervorbrachten.

sowie eine landleben- de Gruppe mit einer in einem thüringischen Stein- bruch gefundenen Art, die als erstes bekanntes Landwirbeltier zweifüßig nur auf ihren Hinterbeinen laufen konnte. Der zweibeinige Lauf des Tieres entstand vermutlich durch eine hohe Geschwindigkeit in Verbindung mit der Gewichtsverteilung in ihrem Körperbau – ähnlich wie bei heutigen Echsen, die diese zeitweilige Fortbewegungsweise mehrfach parallel entwickelt haben. Besonders bekannt ist in diesem Zusammenhang die heutige

---

In einem thüringischen Steinbruch wurde das bislang älteste Landwirbeltier gefunden, das auf zwei Beinen laufen konnte.

Kragenechse, die im Bereich des nördlichen Australiens bei Gefahr auf zwei Beinen flüch- tet und in Lebensräumen lebt, die vielleicht denen ähneln, die im Perm im Bereich des heutigen Deutschland vorherrschten, das

Die ersten Reptilien sind aus dem mittleren Karbon bekannt. Diese eidechsen- artig wirkende, gut 20 cm lange Art ist das älteste, sicher als Amniot einzu- ordnende Tier.

damals in einer trockenen, äquatornahen Region auf der Nordhalbkugel lag.

Im Gegensatz zu den Parareptilien selbst starb ihre Schwesterlinie nicht aus. Nach einigen Zwischenschritten noch im Karbon, von denen eidechsenähnliche Insektenfresser als älteste bekannte Amnioten fossil gefunden wurden, überlebte nur die Gruppe der Diapsi- den das Ende des Perm. Ihre Entwicklung und Verbreitung nahm nach heutigem Wissens- stand erst ab dem mittleren Perm vor 270 Mil- lionen Jahren an Fahrt auf und führte ab der Trias neben der Entwicklung der Dinosaurier und ihrer Verwandten vor etwa 240 Millionen Jahren letztlich zur Entstehung der heutigen Reptilien.

Wie die zu den Säugetieren führenden Synapsiden entwickelten auch die Diapsiden in ihrem Schädel Schläfenfenster, im Gegen- satz zu den Synapsiden allerdings auf jeder Schädelseite zwei. Die Schläfenfenster dienten vermutlich der Einsparung von Knochen- material und dadurch auch der Gewichts- reduktion der zunächst sehr leicht gebauten Reptilienarten. Der Schädelknochen wurde daher an den Stellen zurückgebildet, an denen er keinen großen Belastungen aus- gesetzt war. Außerdem boten die Öffnungen Möglichkeiten für die Verankerung stärkerer Kaumuskeln.

Eine besondere Gruppe der Diapsiden des Perm besteht aus Tieren, die mithilfe neu entwickelter Hautknochen links und rechts

Eine der frühesten Diapsiden-
gruppen (links) entwickelte
sich in der zweiten Hälfte des
Perm zu den ersten Gleitfliegern unter den Landwirbeltieren. Sie ähnelten vermutlich
den heutigen Flugdrachen,
die unter anderem in den
Regenwäldern Thailands vorkommen (rechts).

ihres Körpers Flughäute aufspannen konnten.
Dadurch waren sie ähnlich den heutigen, in
Südostasien vorkommenden Flugdrachen (zu
den Agamen zählende Reptilien) zu Gleitflügen in der Lage. Sie verbreiteten sich am Ende
des Perm sehr schnell, was vermutlich daran
lag, dass sie mit dem Luftraum als erste – zumindest passiv – flugfähige Landwirbeltiere in
eine ökologische Nische vorstießen, die bislang nur von ihren Beutetieren, den Insekten,
besetzt gewesen war.

Säugetiervorfahren entwickeln sich früh

Noch bevor die Reptilien mit den Parareptilien und später den Diapsiden im Laufe des
Perm an Vielfalt zunahmen, hatten sich die
Synapsiden mit einem Vorsprung von etwa
20 Millionen Jahren bereits am Übergang zum
Perm in eine Vielzahl von Entwicklungslinien
aufgespalten und dominierten unter den
Landtieren. Wie die Parareptilien starben sie
mit einer Ausnahme jedoch noch während
des Perm aus.

Obwohl die Säugetiere heute die einzigen
noch lebenden Synapsiden sind, waren ihre
Vorfahren während des Perm auf den ersten

Blick kaum von anderen Reptilien zu unterscheiden: unbehaarte, zum Teil mit krokodilartigen Schuppen ausgestattete Tiere mit
trockenheitsresistenter Haut, nach außen
gestellten Beinen und dem zugehörigen,
etwas unbeholfen wirkenden Spreizgang,

Die Vorfahren der Säugetiere
waren im Perm kaum von anderen
Reptilien zu unterscheiden.

---

dessen schlängelndes Bewegungsmuster noch
den meisten heutigen Reptilien zu eigen ist.
Einige Arten wurden mindestens drei Meter
lang, es gab schwerfällige Arten mit massivem
Körperbau und leicht gebaute, wendige Jäger
mit unterschiedlichen Beutespektren von
Insekten und anderen Gliederfüßern über
Fische bis hin zu anderen Landwirbeltieren.
Die ersten pflanzenfressenden Amnioten
waren ebenfalls frühe Synapsiden, die ab dem
späten Karbon lebten.

Die Verwertung pflanzlicher Kost stellte die Landwirbeltiere vor ähnlich große

Die frühen Synapsiden des späten Karbon und des frühen Perm sahen äußerlich aus wie Reptilien. Es war noch nicht erkennbar, dass sich aus dieser Tiergruppe mit teils agilen Fleischfressern und teils behäbigen Pflanzenfressern schließlich die Säugetiere entwickeln sollten.

Probleme wie schon zuvor die Gliederfüßer im Devon, denn auch sie sind Tiere, die den Pflanzenbaustoff Zellulose nicht verdauen können. Sie sind auf die Hilfe von endosymbiontischen Bakterien in ihrem Verdauungssystem angewiesen. Der zu den heutigen Amphibien führenden Entwicklungslinie ist es bis heute nicht gelungen, eine solche Symbiose zu etablieren (alle Arten sind daher spätestens nach dem Kaulquappenstadium Fleischfresser), aber die Amnioten waren in mehreren Linien unabhängig voneinander erfolgreich. Es ist auffällig, dass offenbar alle pflanzenfressenden Gruppen aus insektenfressenden Vorfahren hervorgegangen sind. Daher liegt die Vermutung nahe, dass sie die benötigten Bakterien ursprünglich aus dem Verdauungssystem der gefressenen Insekten übernommen haben könnten und nicht wie diese den Weg über die Aufnahme verrottenden Pflanzenmaterials gehen mussten.

Die ersten pflanzenfressenden Synapsiden und eine mit ihnen eng verwandte, fleischfressende Gruppe besaßen teilweise extrem verlängerte Dornfortsätze der Rückenwirbel, die ihre Körperhöhe mehr als verdoppelten. Zwischen den Fortsätzen war ein

Hautsegel gespannt, das der Knochenstruktur zufolge offenbar sehr gut durchblutet war. Vielleicht hat es daher zur Temperaturregulation der wechselwarmen Tiere gedient: Nach einer kühlen Nacht hätte das in die Sonne gehaltene Segel die teilweise mehr als drei Meter langen und 250 Kilogramm schweren, aufgrund ihres großen Volumens nur langsam aufzuheizenden Tiere schnell erwärmt. In der Mittagshitze könnte es parallel zu den Sonnenstrahlen ausgerichtet zur Kühlung beigetragen haben.

Ab der Mitte des Perm begann die Aufspaltung der letztlich bis zu den heutigen Säugetieren und uns Menschen führenden Linie – ebenfalls mit etwa 20 Millionen Jahren Vorsprung vor der Aufspaltung der Diapsiden aufseiten der Reptilien. Die Vorfahren der Säugetiere waren dabei, ihre seit Ende des Karbon etablierte Vormachtstellung unter den Landwirbeltieren weiter auszubauen. Doch eine Katastrophe ungeahnten Ausmaßes hielt sie auf und ließ sie beinahe untergehen: Ein Treibhauseffekt, verursacht durch große Mengen Kohlendioxid aus großflächigen Vulkanausbrüchen in Sibirien, erwärmte das Klima innerhalb weniger Jahrtausende um etwa fünf Grad. Vielleicht waren die entscheidenden Auslöser für diese Erwärmung auch methanproduzierende Mikroorganismen, die sich unter dem vulkanischen Einfluss schnell entwickelt haben und das Kohlendioxid in das noch stärkere Treibhausgas Methan umwandelten. Dies löste eine Kettenreaktion aus, die zu einem weiteren Temperaturanstieg und einer Halbierung des Sauerstoffgehaltes der Atmosphäre auf Werte deutlich unterhalb der heutigen führte. Weite Teile des Ozeans wurden durch Sauerstoffmangel unbewohnbar. Ein heutiges Beispiel für diese Situation findet sich im Schwarzen Meer – der Grund ist hier jedoch nicht der Treibhauseffekt, sondern eine besondere Wasserschichtung:

Vor knapp 252 Millionen Jahren starb ein Großteil des Lebens auf der Erde aus.

Ab einer Tiefe von etwa 200 Metern gibt es keinen Sauerstoff, und in dem schwefelwasserstoffhaltigen Wasser wird anaerob Methan frei. Zu Beginn der Trias schützte keine Oberflächenschicht aus „normalem" Meerwasser die Atmosphäre, sodass giftige Gase aus dem Stoffwechsel sich explosionsartig vermehrender, anaerober Bakterien dem Landleben

einen weiteren Schlag versetzt haben dürften. Dies alles gipfelte vor knapp 252 Millionen Jahren in dem nur einige Zehntausend Jahre dauernden, vermutlich weitreichendsten Massenaussterben der Erdgeschichte: 96 Prozent der Meerestiere starben aus, mit ihnen 70 Prozent der Landwirbeltiere. Die Mehrheit der Pflanzen war betroffen, sämtliche Wälder verschwanden und zum einzigen Mal in ihrer Entwicklungsgeschichte wurden auch die Insekten massiv in Mitleidenschaft gezogen.

Diese Ereignisse wendeten das Blatt für die Reptilien. In den Millionen Jahren, in denen sich das Leben auf der Erde langsam von der Katastrophe am Übergang vom Perm zur Trias erholte, übernahmen die Reptilien die Vorherrschaft und begannen, die zunächst noch reptilienartigen Vorfahren der Säugetiere für die nächsten fast 200 Millionen Jahre buchstäblich in den Untergrund und an das ökologische Existenzminimum zu drängen. Die Ära der Reptilien hatte endgültig begonnen.

Die Synapsiden brachten die ersten pflanzenfressenden Landwirbeltiere hervor. Diese Gruppe war durch ein markantes Hautsegel auf dem Rücken gekennzeichnet, das vermutlich der Temperaturregulation oder auch der Partnersuche diente.

ECHSEN UND DINOSAURIER BEHERRSCHEN DIE WELT

Vor 252 Millionen Jahren, am Beginn der Trias, lag das Leben darnieder. Faulige Ozeane, verrottende Überbleibsel der abgestorbenen Wälder, hohe Temperaturen, giftige Gase in der Atmosphäre und ein niedriger Sauerstoffgehalt führten zu massiven Turbulenzen im Klima und in den Ökosystemen der frühen Trias.

Es dauerte etwa zehn Millionen Jahre, bis sich die Ökosysteme der Erde wieder einigermaßen stabilisiert hatten. Wäre eine solche Treibhauskatastrophe von den letzten gemeinsamen Vorfahren der Gorillas oder Schimpansen und des Menschen ausgelöst worden, hätte die anschließende Normalisierung der Lebensbedingungen bis heute angedauert – und ob unsere Vorfahren dies überlebt hätten, ist mehr als fraglich.

Der Zustand der Erde am Beginn der Trias muss unvorstellbar gewesen sein: Ungefähr acht Millionen Jahre lang gab es in den Meeren keine Korallenriffe und auf dem Land keine Wälder. Saurer Regen erodierte vermutlich Flächen so groß wie heutige Kontinente zu kargen Wüsten, und um den Äquator herum gab es eine so trockene, lebensfeindliche Zone mit mittleren Temperaturen bis zu 40 °C, dass

Zu Beginn der Trias gab es weltweit keine Wälder und keine Korallenriffe mehr.

Tiere und Pflanzen dort – wenn überhaupt – nur unter größten Einschränkungen leben konnten. Dieser Bereich umfasste den Großteil des heutigen Afrikas, Südamerikas und Südostasiens. Selbst der Ozean war in diesem Bereich aufgrund von Sauerstoffmangel den Großteil der Zeit für die meisten Tiere nicht bewohnbar.

Als sich die Lage schließlich beruhigte, standen den wenigen Überlebenden praktisch alle Lebensräume zur Neubesiedelung zur Verfügung. Zahlreiche große und kleine Tiergruppen waren vollständig ausgestorben, sodass im Grunde ein kompletter Neuanfang der Ausbreitung der Wirbeltiere auf dem Land stattfand. Zunächst kam es zu einer schnellen, weltweiten Verbreitung einiger weniger Arten, die in den gestörten Ökosystemen gut zurechtkamen. Einige Millionen Jahre später begannen in getrennten Regionen viele neue Tiergruppen mit ihrer Entwicklung. Die Ge-

Die etwa schweinegroßen Lystrosaurier gehörten zu den wenigen Überlebenden des Massenaussterbens am Ende des Perm und wurden in der frühen Trias kurzfristig die dominierenden Pflanzenfresser. Die auffälligen Zähne werden als Anpassung an derbes Pflanzenmaterial gedeutet.

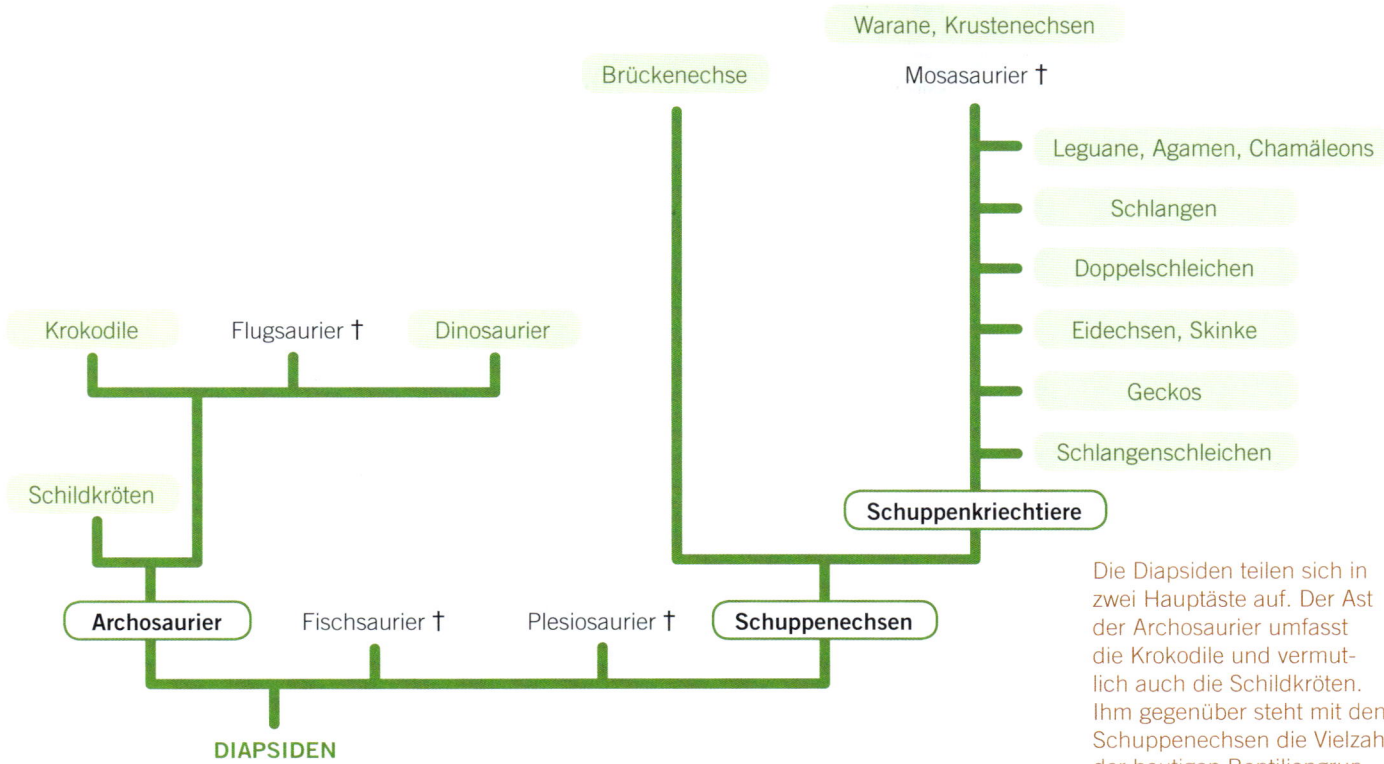

Warane, Krustenechsen

Mosasaurier †

Brückenechse

Leguane, Agamen, Chamäleons

Schlangen

Doppelschleichen

Eidechsen, Skinke

Geckos

Schlangenschleichen

Schuppenkriechtiere

Krokodile   Flugsaurier †   Dinosaurier

Schildkröten

Archosaurier   Fischsaurier †   Plesiosaurier †   **Schuppenechsen**

DIAPSIDEN

Die Diapsiden teilen sich in zwei Hauptäste auf. Der Ast der Archosaurier umfasst die Krokodile und vermutlich auch die Schildkröten. Ihm gegenüber steht mit den Schuppenechsen die Vielzahl der heutigen Reptiliengruppen. Die Dinosaurier sind wie die Krokodile Archosaurier.

wichte zwischen den Großgruppen verschoben sich gegenüber der Zeit vor der Katastrophe, denn die Rahmenbedingungen waren in der Trias ganz anders als zuvor im Karbon und Perm: Das Klima war wärmer, die Polkappen waren nicht vereist, und es gab daher nur geringe Temperaturunterschiede zwischen hohen und niedrigen Breiten. In den mittleren Breiten wechselte sich jahreszeitlicher Monsunregen, der die Landschaft mit zerstörerischer Macht überzog und in eine Sumpfwelt verwandelte, mit einer trockenen

Die neuseeländische Brückenechse ist die einzige Überlebende der Schwestergruppe der vielfältigen Schuppenkriechtiere. Im Gegensatz zu diesen „züngelt" sie nicht, um zu riechen. Die Blütezeit ihrer Vorfahren lag im Jura.

Die evolutiv älteste Gruppe der heutigen Schuppenkriechtiere sind die wurmförmigen Schlangenschleichen (1). Ihnen folgten die zum Teil mit Haftfüßen ausgestatteten Geckos (2), von denen viele hervorragend bei Nacht sehen können. Danach entwickelten sich die heute mit Abstand artenreichsten Skinke (3), auch Glattechsen genannt, die recht ähnlichen Eidechsen (4) und schließlich die wieder wurmförmigen Doppelschleichen (5).

Jahreshälfte ab, in der Seen und die meisten Flüsse austrockneten. Diese Gebiete waren noch am ehesten bewohnbar, insbesondere in den Übergangsbereichen zu den trockenen Wüstenregionen. Die an trockene Phasen und Wärme gut angepassten Reptilien profitierten daher am meisten von den klimatischen Veränderungen und brachten viele neue Gruppen mit einer großen Formenvielfalt hervor.

Dieser Neustart legte die Grundlagen für die Entwicklung der Landwirbeltiere, wie wir sie heute, mehr als 200 Millionen Jahre später, kennen: In der Trias spalteten sich die Entwicklungslinien aller größeren heutigen Landwirbeltiergruppen weiter auf. Damit lebten bereits zum Ende der Trias direkte Vorfahren der heutigen Amphibien und der Säugetiere. Im Fall der Säugetiere stammt sogar der letzte gemeinsame Vorfahre aller heute lebenden Arten aus dieser Zeit. Gleiches gilt für die Reptilien, die sich in der Trias bereits in ihre unterschiedlichen Untergruppen aufspalteten, inklusive derjenigen, die bis heute überlebt haben. Gelegentlich wird daher in Anlehnung an die kambrische Explosion der Baupläne der Tiere von der triassischen Explosion der Baupläne der Landwirbeltiere gesprochen. Unbestritten ist in jedem Fall, dass sich damals die Ökosysteme der Erde zu formen begannen, die wir heute kennen.

Zu Beginn der Trias spaltete sich die zu den heutigen Reptiliengruppen führende Linie der Diapsiden in zwei Hauptäste auf. Beide sollten erfolgreiche und bis heute bekannte Großgruppen der Reptilien hervorbringen.

Der eine dabei entstandene Ast führt zu den Schuppenechsen, die sich komplett häuten. In der zweiten Hälfte der Trias haben diese sich noch einmal in zwei Gruppen aufgeteilt. Eine davon dominierte zunächst und erlebte ihre Blütezeit im Jura, ab der Zeit vor etwa 200 Millionen Jahren. Heute lebt aus dieser großen Gruppe jedoch nur noch eine einzige Art, die Brückenechse. Sie kommt im nördlichen Neuseeland vor und wurde durch vom Menschen eingeschleppte Tiere so stark dezimiert, dass sie mittlerweile nur noch auf einigen kleinen, der neuseeländischen Nordinsel vorgelagerten Inseln zu finden ist.

Schuppenkriechtiere – die heute größte Reptiliengruppe

Die Schuppenkriechtiere, die die zweite Gruppe der Schuppenechsen darstellen, erlangten nach einem ersten Verbreitungsschub im Jura ihre Vormachtstellung in der Kreide. Fast alle haben eine gekerbte, manchmal tief zweigeteilte Zungenspitze, die bei vielen Arten eine wesentliche Rolle beim Riechen übernimmt. Reptilien werden auch als Kriechtiere bezeichnet, weil der Spreizgang der meisten Arten aufgrund der vom Körper seitlich abgespreizten Beine dazu führt, dass der Bauch beim Laufen auf dem Boden schleift und dadurch ein kriechender Eindruck entsteht (bei Säugetieren sind die Beine unter dem Körper und heben den Bauch beim Laufen an). Zu den Schuppenkriechtieren gehören die meisten der heutigen Reptilien, die bereits damals begannen, sich in unterschiedliche Entwicklungslinien aufzuspalten, die alle durch einen sehr beweglichen Kopf und Kiefer gekennzeichnet sind. Die evolutiv

---

Reptilien mit gespaltener Zunge gehören zur gleichen, großen Verwandtschaftsgruppe.

---

vielleicht älteste Gruppe sind die Schlangenschleichen, die heute wurmförmig sind und mit ihrer geringelten Körperoberfläche an einen Regenwurm erinnern. Sie kommen grabend mit noch einer Art in Mexiko und einer

Möglicherweise entstanden giftige Schuppenkriechtiere nur ein einziges Mal vor gut 200 Millionen Jahren in der späten Trias. Zu dieser Gruppe gehören heute die Schlangen (1), Leguane (2), Agamen (3), Chamäleons (4), Warane (5) und Krustenechsen (6) sowie einige weitere Untergruppen. Nicht alle heutigen Arten sind giftig.

Der Komodowaran ist das größte heutige Schuppenkriechtier und trottet, ohne mit dem Bauch den Boden zu berühren. Da sie über einen mehrkammerigen Lungenaufbau verfügen, können Warane sprinten und leben als sogenannte Laufjäger. Der Komodowaran erlegt dabei gelegentlich sogar Büffel.

zweiten Gattung mit gut 20 Arten in Südostasien vor. Die Schlangenschleichen sind die einzigen Schuppenkriechtiere, deren Zunge noch ungekerbt ist. Die Verwandtschaftsgruppe der Geckos wird ebenfalls als sehr früher Zweig der Schuppenkriechtiere angesehen.

Als nächstes entwickelten sich die Eidechsen mit ihren verwandten, ebenfalls meist bodenbewohnenden Gruppen wie den heute sehr artenreichen Skinken, gefolgt von den Doppelschleichen, die heute noch stärker

als die Schlangenschleichen an ein Leben unter der Erde angepasst sind. Aufgrund ihrer Seltenheit ist über sie bislang kaum mehr bekannt als der wurmförmige Körperbau und ihre Verbreitungsgebiete in Südamerika, der Südhälfte Afrikas sowie einiger kleinerer Gebiete wie Spanien, die arabische Halbinsel und einige mittelamerikanische Inseln.

Es folgte der Zweig, dessen Vertreter zur Produktion von Giften in der Lage sind, obwohl sich diese Fähigkeit nicht bei allen Arten bis heute erhalten hat (in einigen Fällen aber auch erst kürzlich entdeckt wurde): die Schlangen, von denen aus der Kreide Fossilien mit vier kleinen Füßen gefunden wurden, sowie die Gruppe, zu der Leguane einerseits und die Agamen sowie die Chamäleons andererseits gehören, und schließlich die Warane zusammen mit einer Reihe weiterer Untergruppen wie den Schleichen. Schon lange als giftig bekannt sind die Krustenechsen, von denen heute zwei Arten in Nordamerika vorkommen. Während ein im Norden Madagaskars lebendes Stummelschwanzchamäleon mit nicht einmal drei Zentimetern

---

Das größte giftige Tier war vor etwa 40 000 Jahren ein fast acht Meter langer Waran.

Länge nicht nur die kleinste Schuppenechse, sondern auch das kleinste Landwirbeltier überhaupt ist, ist der Komodowaran mit drei Metern Länge die größte heutige Schuppenechse. Mithilfe seiner Giftdrüsen ist er in der Lage, auch größere und wehrhafte Säugetiere zu erbeuten. Ein eng verwandter Waran, der vor etwa 40 000 Jahren in Australien lebte (also zur Zeit der ersten Aborigines), wurde bei einer Körpermasse von vielleicht einer Tonne fast acht Meter lang und war das größte Gifttier aller Zeiten.

Der Komodowaran ist als eine der wenigen Schuppenechsen zu etwas längeren Sprints in der Lage, was die Konstruktion des Atemapparates dieser Gruppe eigentlich verhindert. Dies liegt daran, dass ihre Lunge durch die gleichen Muskeln an den Körperseiten belüftet wird, die die Tiere auch für ihre schlängelnde Fortbewegung benötigen. Durch die Biegung des Körpers beim Laufen wird abwechselnd ein Lungenflügel komprimiert und der gegenüberliegende erweitert, sodass die verbrauchte Luft lediglich von einem Lungenflügel zum anderen wechselt, ohne ausgeatmet zu werden. Bei schnellem Lauf können die Tiere daher keine Luft holen. Dies ist beispielsweise bei Eidechsen gut zu beobachten, die in warmer Umgebung sehr schnell laufen, aber dabei nur kurze Sprints unternehmen, die von regelmäßigen Zwi-

Schlangen haben einen ausgeklügelten Atemapparat.

schenstopps zum Atmen unterbrochen sind. Warane und einige andere Arten ergänzen diese Atemtechnik um eine Schluckatmung, bei der sie im Gegensatz zu den Amphibien nicht nur das Mundvolumen, sondern den gesamten Rachenraum nutzen. Schlangen umgehen die Problematik, indem sie den linken Lungenflügel zurückgebildet haben und mit dem vergrößerten rechten Flügel funktional eine Lunge mit nur einem Lungenflügel besitzen.

Ein weiteres Problem bei der Atmung der meisten Gruppen innerhalb der Schuppenechsen ist das Fehlen eines zweiten Gaumens. Dieser trennt bei anderen Landwirbeltieren die Nasenhöhle von der darunter liegenden Mundhöhle und entspricht dem menschlichen Gaumen, gegen den sich unsere Zunge hebt. Fehlt er, ist beim Fressen kein Luftholen durch die gemeinsame Mund- und Nasenhöhle möglich. Auch hier sind die Schlangen wieder einen evolutiven Sonderweg gegangen, indem sie das Ende ihrer Luftröhre beim Fressen strohhalmartig aus dem Mund herausschieben können, um während des Herunterwürgens ihrer Beute nicht zu ersticken. Zusätzlich verfügen sie über hinter der Lunge

liegende Luftsäcke, mit denen sie ein kurzzeitiges Zusammendrücken ihrer Luftröhre überstehen können.

Unklare Verwandtschaftsverhältnisse bei den Schildkröten

Diese Einschränkungen bestehen beim zweiten Entwicklungsast der Diapsiden nicht. Zu ihm gehören nach neuesten, insbesondere genetischen, Erkenntnissen die Schildkröten, deren Abstammung lange unklar war, weil sich bei ihnen die beiden charakteristischen Schläfenfenster des Diapsidenschädels wieder geschlossen haben. Der Schildkrötenpanzer ist knöchern und hat sich als eine Art Außenskelett aus den Wirbelbögen und Rippen des ursprünglichen Innenskelettes gebildet. Dies ist von außen bei den meisten Arten gut an der Anordnung der Einzelschilde, die zusam-

Seeschlangen sind ins Meer zurückgekehrte Reptilien. Ihr rechter Lungenflügel reicht bis in die Schwanzspitze und ermöglicht ihnen neben bis zu zwei Stunden langen Tauchgängen eine optimierte Schwimmlage. Ihr Schwanz ist – ein wenig fischähnlich – seitlich abgeflacht.

men den Panzer bilden, zu erkennen, denn auf der Rückenseite verläuft im Gegensatz zur Bauchseite zwischen den beiden Streifen aus Rippenschilden noch ein Streifen aus Wirbelschilden. Der von außen sichtbare Teil der Schilde wird jedoch von einer entweder ledrigen oder komplett verhornten Haut gebildet, sodass man nicht direkt auf den Knochenpanzer blickt, unter dem direkt das Rückenmark verläuft. Die Form und Lage der Hornschilde ist so, dass sie die darunter liegenden Knochennähte abdecken, um eine größtmögliche Stabilität zu gewährleisten. Eine Konsequenz dieses Bauplans ist, dass Schildkröten als einzige Wirbeltiere den eigentlich vor (bzw. beim Menschen durch den aufrechten Gang über) dem Brustkorb liegenden Schultergürtel in den Brustkorb hinein verlegt haben. Nur dadurch ist es möglich, dass die Vorderbeine innerhalb des Panzers entspringen. Die ältesten bekannten Fossilien der Schildkröten stammen aus der zweiten Hälfte der Trias. Noch vor Ende der Trias traten Arten mit bereits komplett geschlossenem Panzer auf.

Während die genaue entwicklungsgeschichtliche Position der Schildkröten noch mit Unsicherheiten behaftet ist, ist die Großgruppe der Archosaurier auf dem zweiten Diapsidenast sicher verankert. Innerhalb der Archosaurier entwickelten sich zwei Gruppen mit heute noch lebenden Vertretern: die Krokodile sowie die Dinosaurier mit der einzigen bis heute überlebenden Linie der Vögel.

Der Schildkrötenpanzer hat sich aus miteinander verwachsenen Wirbeln (Rückenpanzer, links) und Rippen (Bauchpanzer, rechts) gebildet. Auf dem Rücken ist daher der Verlauf der Wirbelsäule erkennbar, auf der Bauchseite befindet sich in der Mitte nur eine Naht.

Krokodile – die letzten ihres Clans

Die Linie, die innerhalb der Archosaurier zu den modernen Krokodilen führte, trennte sich in der späten Trias von der Vielzahl verwandter Gruppen, die im weiteren Verlauf alle ausstarben. Immerhin überstanden drei Linien das Ende der Kreide bis in die Erdneuzeit. Eine Art lebte sogar noch bis vor etwa elf Millionen Jahren in Südamerika, wo es damals an Land kaum Konkurrenz von anderen Fleischfressern gab. Krokodile unterscheiden sich bei genauerem Hinsehen erheblich von den Schuppenechsen: Sie häuten sich nicht komplett, sondern ihre Haut schilfert mit der Zeit ab, und ihre Zunge ist nicht gespalten. Sie besitzen einen zweiten Gaumen, der den oberen Bereich der Mundhöhle als Nasenhöh-

Krokodile beherrschen vier Gangarten – darunter sogar kurze Strecken im Galopp.

le abtrennt. Dies erlaubt ihnen, nur die an der Spitze der Schnauze gelegene Nasenöffnung aus dem Wasser zu halten und gleichzeitig das Maul unter Wasser zu öffnen, ohne die Atmung zu stören. Die Beine der Krokodile können im Stemmgang nach unten gerichtet werden, wodurch sie ihren Körper beim Laufen kaum seitlich bewegen müssen (die langsamste ihrer vier Gangarten entspricht jedoch dem Spreizgang der Schuppenechsen). Sowohl die Positionierung der Beine unter dem Körper als auch der zweite Gaumen ermöglicht den Krokodilen, den Atemproblemen der Schuppenechsen zu entgehen. Dies führt wie bei den Säugetieren zu einem erheblichen Vorteil bei der Jagd gegenüber Schuppenechsen, da Krokodile beim Laufen nicht wie diese regelmäßig pausieren müssen.

Auch andere Entwicklungen haben bei den Krokodilen ähnliche Ergebnisse hervorgebracht wie bei den sich parallel entwickelnden Säugetieren. Dazu gehört unter anderem ein vierkammeriges Herz, das eine höhere Stoffwechselleistung ermöglicht als das drei-

Die seltenen Gaviale sind die einzigen heutigen Krokodile mit einer schmalen Kieferform. Diese ist eine Anpassung an die Fischjagd. Sie besitzen fast doppelt so viele Zähne wie ihre Verwandten mit V-förmigem Kiefer.

kammerige (zwei Vorhöfe, eine Hauptkammer) Herz der Schuppenechsen, die es von den Amphibien und diese wiederum von den Vorfahren der Lungenfische übernommen haben. Das vierkammerige Herz, in dessen Richtung die Entwicklung bei allen Amnioten geht, ist als Anpassung an eine vollständige Lungenatmung zu sehen, die bei den Amphibien noch durch einen relevanten Anteil an Hautatmung unterstützt wird. Durch die zweite Hauptkammer wird ein getrennter Blutkreislauf durch die Lunge möglich, wodurch sich sauerstoffreiches und sauerstoffarmes Blut bei Säugetieren und Vögeln überhaupt nicht mehr vermischen. Beim Herz der Schuppenechsen enthält die Hauptkammer aus demselben Grund zusätzlich unvollständige Zwischenwände, die bei den Waranen am deutlichsten ausgeprägt sind.

Die Krokodile haben ein Zwerchfell entwickelt, das dem der Säugetiere ähnelt. Es dient zur Belüftung der Lungen. Mit ihm kann die Lunge zum Auf- und Abtauchen nach vorne beziehungsweise hinten verlagert werden. Anders als bei den Säugetieren verläuft der Luftstrom in den Lungen der Krokodile jedoch wie bei den Vögeln und auch einigen Schuppenechsen immer nur in eine Richtung. Diese lange Zeit nur von den Vögeln bekannte Fähigkeit, die auf einem speziellen Bau des Atemapparates und einer im Vergleich zu Säugetieren sehr komplizierten Atemtechnik beruht, hat sich daher möglicherweise schon viel früher entwickelt, nämlich ebenfalls in der Trias.

Die Vielfalt der fossilen Krokodilformen ist den gut 20 heutigen, relativ ähnlichen Arten nicht mehr anzumerken. Viele ihrer Vorfahren in der Trias waren kleiner, lebten mehr an Land und liefen teilweise auf ihren Hinterbeinen. Nach einem Entwicklungsschub vor allem bei den meeresbewohnenden Fisch- und Kopffüßerjägern im Jura mit Anpassungen an verschiedene Jagdtechniken entwickelten sich wieder vermehrt landlebende Arten mit unterschiedlichen Ernährungsweisen und verschiedenartigsten Körperpanzerungen. Eine der merkwürdigsten war ein von den Proportionen dackelartiges Tier, dessen spätkreidezeitliche Fossilien auf dem heutigen Madagaskar gefunden wurden, das sich damals gerade von Indien abgetrennt hatte. Es stellte sich als ein landlebendes, hochbeiniges und pflanzenfressendes Kro-

Krokodile haben einen zweiten Gaumen, ähnlich wie der Mensch. Dadurch können sie unter Wasser das Maul öffnen und gleichzeitig durch die an der Schnauzenspitze gelegenen Nasenlöcher weiteratmen, weil die Atemluft oberhalb des Gaumens an der Mundhöhle vorbei in den Rachen strömt.

kodil heraus, das von vielen Knochenplatten wie mit einer Ritterrüstung fast am gesamten Körper vor seinen vielen räuberischen Zeitgenossen, insbesondere Dinosauriern, geschützt wurde.

Die sinkenden Temperaturen nach dem Ende der Kreide vor 66 Millionen Jahren setzten den überlebenden, bis heute wärmeliebenden Krokodilen ebenso zu wie Veränderungen der Lebensräume, zum Beispiel die Auffaltung der Anden Südamerikas in der Mitte des Neogens. So blieb schließlich nur noch die Linie der modernen Krokodile übrig und von dieser drei Untergruppen: die Alligatoren, die Echten Krokodile und die Gaviale, die nur noch mit zwei vom Aussterben bedrohten Arten im Norden des indischen Subkontinents und im Westen der südostasiatischen Inselwelt vorkommen.

Fischsaurier – Reptilien im Meer

Erstaunlich viele der später ausgestorbenen Entwicklungslinien kehrten in der Trias zu einem Leben im Wasser zurück, unter ihnen die bekannten Fischsaurier. Wie auch die anderen Gruppen gehören sie entgegen des

landläufig häufigen Sprachgebrauches nicht zu den Dinosauriern. Stattdessen zählen sie zu der im Stammbaum gegenüberliegenden Verwandtschaftsgruppe der Schuppenechsen. Fischsaurier lebten ausschließlich im Meer und hatten ein delfinartiges Äußeres mit einer fischartigen Schwanzflosse. In der Trias wurden manche Arten fast zehn Meter lang, eine Art wird aufgrund der gefundenen Einzelknochen sogar auf etwa 20 Meter geschätzt. Damit gehörten sie zu den größten Meeresreptilien, gemeinsam mit einem Vertreter der ebenfalls in der Trias entstandenen Gruppe der Plesiosaurier, die jedoch über einen teilweise sehr langen und beweglichen Hals an einem Körper mit paddelförmigen Flossen verfügten. Für beide Gruppen wird angenommen, dass sie ihre Körpertemperatur konstant zwischen 30 Grad Celsius und 40 Grad Celsius halten konnten.

Die Fischsaurier jagten in Tiefen von mehreren Hundert Metern, und viele waren als Tarnung komplett dunkel gefärbt, wie heutige Pottwale, die sich in ähnlichen Tiefen aufhalten. Deutlich weniger tief tauchende Tiere wie die heutigen Orcas haben stattdessen üblicherweise eine helle Unterseite, die von unten gesehen eine bessere Tarnung vor der in geringeren Tiefen noch sichtbaren, hellen Wasseroberfläche bietet. Um bis in möglichst großen Tiefen noch sehen zu können, besaßen Fischsaurier sehr große, lichtempfindliche Augen. Mit etwa 30 Zentimetern Durchmesser halten sie den Rekord für das größte Wirbeltierauge.

Fischsaurier waren nicht mehr in der Lage, zur Eiablage an Land zu kriechen, sodass sie – ebenfalls wie Delfine – zwar wenige, aber

---

Viele ins Meer zurückgekehrte Reptilien konnten das Wasser nicht mehr verlassen.

---

dafür fertig entwickelte, relativ große Jungtiere zur Welt brachten. Für diese wurden in der Kreide große Raubfische eine Gefahr, sodass

die Fischsaurier, vermutlich befördert durch eine Sauerstoffkrise in den Ozeanen, bereits im Niedergang begriffen waren, als sie im Zuge des katastrophalen Endes der Kreide schließlich ausstarben. Die Plesiosaurier ereilte in der Kreide das gleiche Schicksal, aber zu diesem Zeitpunkt hatten beide Gruppen die anderen Meeresreptilien der Trias lange überlebt, denn diese waren noch in der Trias wieder untergegangen.

In der späten Kreide hatten die Fischsaurier im Meer Gesellschaft von den Mosasauriern und ihren Verwandten bekommen, die der Linie der Warane zugerechnet werden und hochspezialisierte Meeresräuber mit sehr kräftigen Kiefern waren, bis sie am Ende der Kreide ebenfalls ausstarben. Die mehr oder weniger beinlosen, vor allem durch schlängelnde Körperbewegung schwimmenden Verwandten der Mosasaurier werden als mögliche Vorfahren der Schlangen betrachtet, sollten diese ihre Füße nicht an Land durch wurmartig grabende Weise verloren haben, sondern im Wasser schwimmend.

Die größte Art der Mosasaurier wurde mehr als 15 Meter lang, und ein Fossil ihres Schädels war es, das am Ende des 18. Jahrhunderts zu der Erkenntnis führte, dass Tierarten aussterben können und Fossilien ihre Überreste sind. Bis dahin hatte man angenommen, dass es sich um Knochen relativ kürzlich gestorbener, noch existenter Arten handelte.

Flugsaurier – Wirbeltiere steigen in die Lüfte

Neben den heutigen Krokodilen, Schildkröten und Dinosauriern (in Form der Vögel) sind die berühmtesten ausgestorbenen Archosaurier die Flugsaurier. In der Trias gab es mindestens eine Archosaurier-Gattung mit Gleitfliegern, ebenso wie eine frühe Diapsiden-Gruppe im Perm (siehe S. 154 f.). Die Flugsaurier dominierten jedoch als erste aktiv

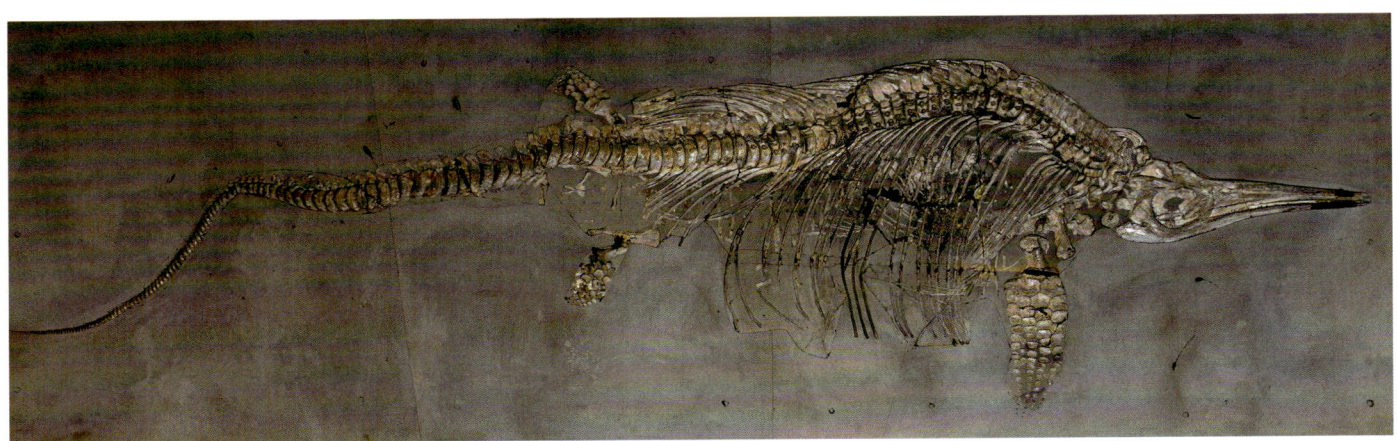

Flugsaurier beherrschten die Lüfte von der Trias bis zum Ende der Kreide und entwickelten eine große Vielfalt an Nahrungsvorlieben. Sie sind eine Schwestergruppe der Dinosaurier und daher weder Dinosaurier noch Vögel oder gar Fledermäuse.

fliegende Wirbeltiere die Lüfte. Auf einen kurzen Körper folgte ein langer Hals mit einem langen Kopf. Eine breite Flughaut spannte sich, am Oberschenkel beginnend, von den Seiten des Rumpfes bis zu einem extrem verlängerten äußeren Finger. Die übrigen drei Finger bildeten eine Greifhand auf etwa einem Drittel der Flügellänge. Die Knochen der Flugsaurier waren überwiegend hohl, wodurch sie kaum Gewicht hatten.

Zu den Flugsauriern der Kreide gehörten die größten fliegenden Tiere aller Zeiten, Spannweiten von mehreren Metern waren keine Seltenheit. Die größten ähnelten stehend in ihrer Größe und vielleicht auch Silhouette einem ausgewachsenen, bis zu sechs Meter hohen Giraffenbullen – mit dem Unterschied, dass der Kopf inklusive Schna-

Manche Flugsaurier hatten Spannweiten von mehreren Metern.

bel etwa zwei Meter lang war. Die Vorderbeine des Tieres bestanden aus jeweils auf etwa der Hälfte der Länge zusammengeklappten Flügeln, sodass es auf seinen Handknöcheln lief. Die vom Arm und den extrem verlängerten Fingergliedern aufgespannte Flughaut

ergab eine Spannweite von mehr als zehn Metern. Ob dieser Riese mit seinen mindestens einigen Hundert Kilogramm Körpermasse tatsächlich noch fliegen konnte, ist fraglich. Wahrscheinlicher und mit den fossilen Merkmalen am besten in Einklang zu bringen ist die Annahme, dass diese Giganten bodenlebend waren und sich dort wie Störche oder die überwiegend tropischen Nashornvögel von kleineren Tieren und Aas ernährten. Fußspuren zeigen, dass einige Flugsaurier im Vierfüßergang sehr gute Läufer waren.

Unterschiedlichste Schnabel- und vor allem Gebissformen (inklusive zahnloser Schnäbel) legen eine große Ernährungsvielfalt der etwa 140 bekannten Arten nahe, von Fleisch- und Insektenfressern sowie Fischjägern mit unterschiedlichen Jagdtechniken bis hin zu Filtrierern von Kleinstlebewesen mithilfe Hunderter langer, schmaler Zähne ähnlich dem Prinzip der Bartenwale. Wie die Fischsaurier waren auch die Flugsaurier mit hoher Wahrscheinlichkeit Warmblüter, um eine ausreichend hohe Stoffwechselrate für den energieaufwendigen Flug sicherzustellen. Die Behaarung ihres Körpers zum Schutz vor Wärmeverlust spricht ebenfalls dafür.

Nach dem Höhepunkt ihrer Artenvielfalt in der ersten Hälfte der Kreide neigte sich die Ära der Flugsaurier ihrem Ende entgegen. Vom Ende der Kreide sind nur noch eine Handvoll Arten bekannt, die alle sehr ähnlich und großwüchsig waren. Große Arten haben sich in der Geschichte des Lebens ohnehin meist als unflexibel und anfällig gegenüber negativen Umweltveränderungen erwiesen. Die Katastrophe am Ende der Kreide, der auch die Mehrzahl der Dinosaurier und viele andere Tiergruppen zum Opfer fielen, war daher vielleicht nur zufällig der letzte Auslöser, der die Flugsaurier endgültig aussterben ließ.

Dinosaurier – aus der Nische an die Spitze

Eine Schwestergruppe der Flugsaurier sind die Dinosaurier. Die zu diesen beiden führende Linie trennte sich innerhalb der Archosaurier während des Übergangs in die Trias von der Linie der Krokodile ab. Die ersten Dinosaurier entstanden auf ihr offiziell erst in der Mitte der Trias, vor knapp 240 Millionen Jahren, aber diese Datierung ist lediglich einer rein formalen, historischen Definition der Dinosaurier geschuldet und beruht nicht auf tiefgreifenden evolutiven Veränderungen der betroffenen Arten. Die entscheidenden Neuerungen hatten bereits mit der Trennung von den übrigen Archosauriern stattgefunden: Die neuen Tiere waren kraftvolle, schnell wachsende Läufer auf zwei Beinen. Aus seltenen, amselgroßen Vorfahren, die entwicklungsgeschichtlich zwischen den Dinosauriern und den Flugsauriern standen, zweibeinig laufen konnten und vielleicht bereits ähnlich wie

Vögel hüpften, entwickelten sich in Richtung der Dinosaurier immer größere Raubtiere. Diese liefen weiter sehr effizient auf zwei Beinen, hielten vermutlich mit ihrem langen Schwanz das Gleichgewicht und nutzten ihre Vorderbeine wie Arme mit Greifhänden. Schon ab Beginn der späten Trias vor 235 Millionen Jahren erreichten einige Arten Größen von ungefähr fünf Metern, und schon kurz darauf, noch deutlich vor dem Ende der Trias vor 201 Millionen Jahren, waren die Dinosaurier in vielen Regionen die häufigsten Landwirbeltiere.

Dabei waren die Dinosauriervorfahren in der ersten Hälfte der Trias nur eine kleine, wenig verbreitete Randgruppe neben vielen, zum Teil deutlich dominanteren Tiergruppen in den freuchtwarmen Regionen der Südhalbkugel. Die Gründe für ihren fulminanten Erfolg wurden in den vergangenen Jahrzehnten in der Forschung intensiv diskutiert. Viele frühere Annahmen sind verworfen, korrigiert

Die Dinosaurier bilden drei Hauptlinien: die massiven Sauropoden, die agilen, meist räuberischen Theropoden sowie die pflanzenfressenden Vogelbeckensaurier. Aus den Theropoden entwickelten sich die heutigen Vögel.

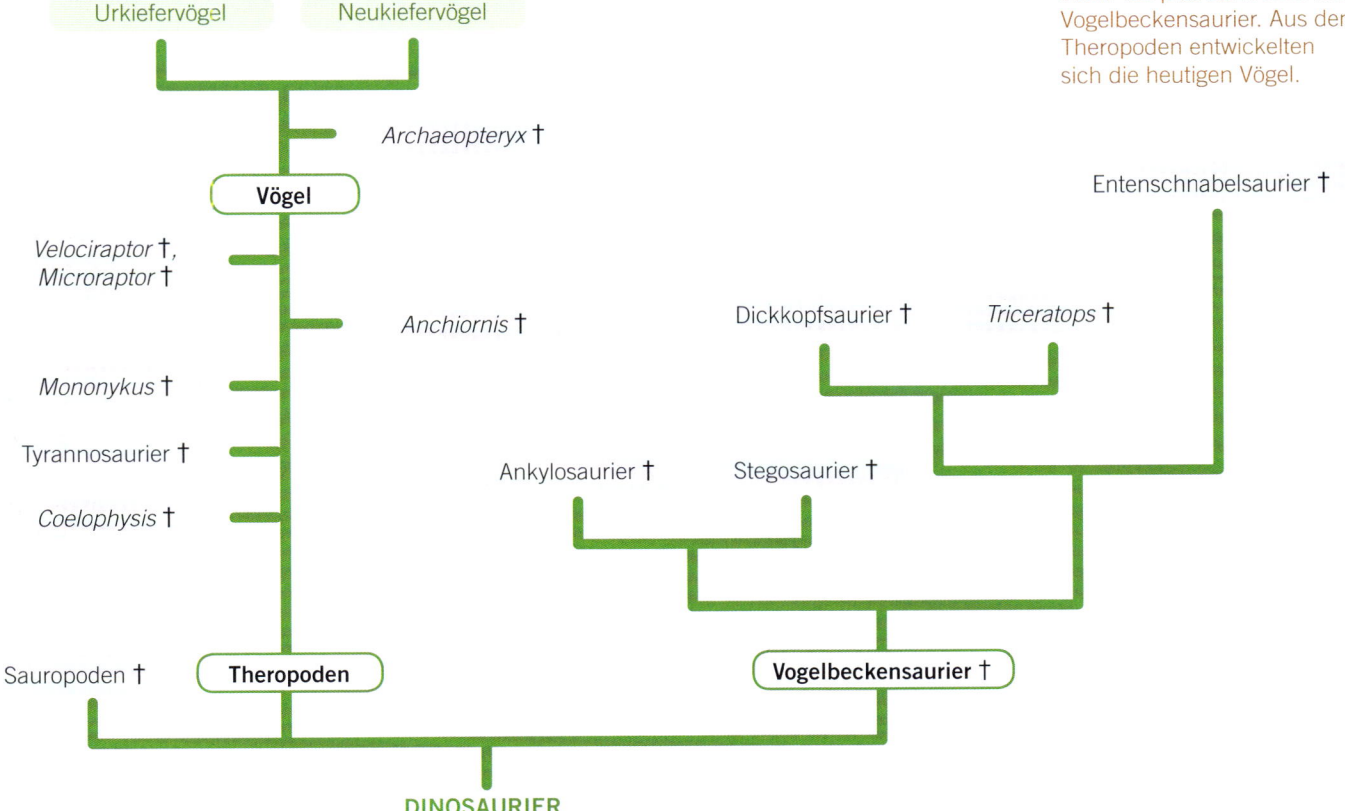

oder erweitert worden. Zu den ursprünglichen Hypothesen gehört, dass die frühen Dinosaurier den zeitgenössischen Landwirbeltieren evolutiv überlegen waren und sie dadurch verdrängten. Als Beispiele für derartige Eigenschaften wurden ihr zweibeiniger Gang und ihre Warmblütigkeit angeführt. Ein zweibeiniger Gang, bei dem der Körper stabiler gehalten werden kann, sodass die Lungenfunktion nicht beeinträchtigt wird, bringt tatsächlich Vorteile, zum Beispiel bei der Jagd auf oder der Flucht vor Schuppenechsen, die immer wieder Atempausen einlegen müssen und auch als konkurrierende Jäger schlechtere Chancen haben. Allerdings ist der zweibeinige Gang schon vor den Dinosauriern bei vielen Archosauriern unabhängig voneinander entstanden, ohne dass diese sich unter den Landwirbeltieren haben durchsetzen können. So liefen die zur selben Zeit lebenden Krokodilvorfahren häufig auch auf zwei Beinen und waren äußerlich kaum von den frühen Dinosauriern zu unterscheiden – in der Nahrungskette standen sie sogar höher als diese. Für die Warmblütigkeit gilt eine ähnliche Argumentation, denn wahrscheinlich entwickelte sie sich bereits bei den ältesten Archosauriern, noch bevor die Dinosaurier die Bühne der Trias betraten.

Eine andere Hypothese besagt, dass die Dinosaurier zur rechten Zeit am rechten Ort waren und Nutznießer einer markanten Umweltveränderung wurden, die sich vor 225 Millionen Jahren in

der späteren Trias ereignet hatte und mit der ersten Verbreitungswelle der Dinosaurier zusammenfällt: Auch die bis dahin noch gemäßigten Regionen erwärmten sich, und die Trockenheit hielt auch in den zuvor noch vom Monsun beeinflussten Bereichen Einzug. In der Pflanzenwelt führte dies zur endgültigen Verdrängung der Samenfarne durch die trockenheitsresistenteren Nadelhölzer. Diesem Wandel fielen die meisten der bisherigen Pflanzenfresser zum Opfer, sodass viele ökologische Nischen frei wurden, die von pflanzenfressenden Vertretern der sich gerade entwickelnden Dinosaurier rasch besetzt wurden. Dadurch veränderten sich auch die höheren Ebenen der damaligen Nahrungsketten, und auch hier kamen vermehrt Dinosaurier zum Zuge, deren fleischfressende Vertreter mittlerweile auch in der Lage waren, in trockenem Wüstenklima zu überleben.

Dennoch unterschieden sich die Dinosaurier in ihrer Evolutionsgeschwindigkeit nicht von verwandten Gruppen aus der gleichen Zeit. Teilweise waren die Dinosaurier ihren Verwandten sogar an Vielfalt unterlegen, sodass die Frage, warum gerade die Dinosaurier letztlich so erfolgreich waren, weiterhin offen ist.

Am Ende der Trias kam es zu einem weiteren Massenaussterben (siehe Zeitstrahl, S. 290). Die Auslöser und der weitere Verlauf waren vermutlich ähnlich wie 52 Millionen

Die Vorfahren der Sauropoden waren in der späten Trias noch zweibeinig laufende Pflanzenfresser. Mit Körperlängen zwischen fünf und zehn Metern blieben sie noch vergleichsweise klein, ihre Körperproportionen ähnelten aber bereits ihren vierbeinigen Nachfahren, den größten Landtieren aller Zeiten.

Die Frage, warum gerade die Dinosaurier letztlich so erfolgreich waren, ist weiterhin offen.

Jahre zuvor am Übergang vom Perm zur Trias, nur lagen die verantwortlichen Vulkanfelder dieses Mal in Äquatornähe und erstreckten sich einmal quer über den Superkontinent Pangaea. In der Folge der über etwa 600 000 Jahre erfolgenden Aktivitätsschübe brach Pangaea im Jura in einen Nord- und einen Südteil auseinander und dazwischen begann sich der Atlantische Ozean zu bilden.

Der Niedergang der Tier- und Pflanzenwelt war weniger ausgeprägt als im ausgehenden Perm, aber vergleichbar mit der Aussterbewelle am Ende der Kreide, der die Dinosaurier 135 Millionen Jahre später mit Ausnahme der Vögel schließlich zum Opfer fallen sollten.

Im Gegensatz zu den meisten anderen Tiergruppen gelang den Dinosauriern der Übergang von der Trias in den Jura relativ unbeschadet. Erneut besetzten sie in einer zweiten, sehr weitreichenden Ausbreitungswelle viele frei gewordene Lebensräume. Alles in allem sieht es nach aktuellem Forschungsstand so aus, als ob der Erfolg der Dinosaurier in bislang unbekannten Eigenschaften zu suchen ist, die ihnen erst im Angesicht von Aussterbeereignissen einen Überlebensvorteil gegenüber ihren Konkurrenten verschafften, den sie jeweils anschließend für einen Ausbreitungsschub nutzen konnten.

Bereits ab der späten Trias hatten sich die drei Hauptgruppen herausgebildet, auf die sich die Vielfalt der Dinosaurier in den folgenden Jahrmillionen verteilen sollte: die langhälsigen, pflanzenfressenden Sauropoden, die ebenfalls pflanzenfressenden Vogelbeckensaurier sowie die fleischfressenden Theropoden, die in Form der Vögel als einzige bis heute überlebt haben.

Sauropoden sind unübertroffene Kolosse

Die Sauropoden entwickelten sich aus Vorfahren, die auf zwei Beinen liefen, zu vierfüßigen Giganten. Zu ihnen gehörten die größten Landtiere, die je auf der Erde gelebt haben. Neben Details wie einem krallenbewehrten ersten Zeh ist für sie ein langer Hals aus mindestens zehn Halswirbeln mit einem im Vergleich zur Körpergröße kleinen Kopf ein charakteristisches Merkmal. Die bekannten Brontosaurier und Brachiosaurier lebten überwiegend im späten Jura, wurden mehr als 20 Meter lang und hatten mehr als zehn Meter lange Hälse. Übertroffen wurden sie von den danach lebenden Titanosauriern, von denen die Argentinosaurier der späten Kreide vermutlich die größten waren. Anhand der bislang nur unvollständig bekannten Ske-

lette, unter anderem mehr als eineinhalb Meter hohe Wirbel, wird ihre Länge auf etwa 30 Meter bei einer Körpermasse von ungefähr 70 Tonnen geschätzt. Aus dem heutigen Argentinien ist ein ausgedehnter Brutplatz von Titanosauriern bekannt, der Hunderte Nester mit Jungtieren und etwa 15 Zentimeter großen Eiern umfasst, die vermutlich zu jeweils ungefähr 30 Stück vergraben wurden.

Der lange Hals der Sauropoden ist vermutlich eine wichtige Anpassung, die ihnen ihre außergewöhnliche Körpergröße erlaubte. Große Tiere müssen insbesondere für zwei zentrale Probleme Lösungen finden, um überleben zu können: Sie benötigen riesige Mengen an Nahrung, um ihren Energiebedarf zu decken, und sie müssen ausreichend schnell und effizient für Nachwuchs sorgen. Denn das Sterberisiko durch Räuber oder eine feindliche Umwelt ist in der Wachstumsphase besonders hoch. Der Tod der Jungtiere vor der Fortpflanzungsfähigkeit würde den Fortbestand der Arten gefährden.

Zum Beginn des Jura brach der Superkontinent Pangaea in den Nordteil Laurasia und den Südteil Gondwana auseinander. Die damaligen Ereignisse führten zu einem erneuten Massenaussterben.

Pflanzliche Nahrung enthält vergleichsweise wenig Energie, aber der lange Hals ermöglichte es den Tieren, Pflanzen in einem großen Bereich nur durch die Bewegung des Halses abzuweiden, ohne den schweren Körper selbst bewegen zu müssen. Dies sparte erhebliche Energiemengen, und einige Brachiosaurier konnten bereits Höhen von etwa 15 Metern erreichen, was an ihren Skeletten in verschiedenen Naturkundemuseen eindrucksvoll zu sehen ist. Möglicherweise haben sie ihre Köpfe jedoch relativ niedrig gehalten und dadurch bodennah ein großes Areal abgeweidet. Um die Hebelkräfte möglichst klein zu halten, waren die Halswirbel gewichtssparend gebaut, und der Kopf am Ende des Halses durfte nicht zu groß und massiv werden. Es war den Tieren daher nicht möglich, die großen Mengen an Pflanzennahrung durch Kauen gründlich zu zerkleinern. Das schnelle Schlucken sparte andererseits Zeit, sodass größere Nahrungsmengen aufgenommen werden konnten. Aufgrund der Größe der Sauropoden ist davon auszugehen,

dass die Nahrung so lange im Körper verweilte, dass sie trotz mangelnder Zerkleinerung ausreichend verdaut werden konnte, was sich durch Funde fossiler Ausscheidungen bestätigen lässt.

Knochenuntersuchungen legen nahe, dass Sauropoden vor Erreichen ihrer Endgröße jedes Jahr grob gemittelt eine Tonne Körpermasse hinzugewonnen haben. Damit wären sie im Schnitt nach etwa 30 Jahren ausgewachsen und vermutlich schon etwas früher geschlechtsreif gewesen. Um ein derart schnelles Wachstum zu ermöglichen, ist eine hohe Stoffwechselrate erforderlich, die vermutlich durch Warmblütigkeit zustande gekommen ist, ergänzt um eine effiziente Atemtechnik, ähnlich der der Krokodile und Vögel, bei der die Luft mithilfe von Zwischenspeichern immer nur in einer Richtung durch die Lunge strömt.

Bei der Fortpflanzung der Sauropoden war offenbar entscheidend, dass sie Eier in großer Zahl legten. Im Gegensatz zur Strategie großer Säugetiere, die viel Zeit und Energie in

Die größten Sauropoden mit bis zu etwa 30 Metern Körperlänge lebten im späten Jura und der Kreide. Sie gehörten unter den Dinosauriern zu den artenreichsten und am weitesten verbreiteten Pflanzenfressern.

die Aufzucht von jeweils ein oder zwei Jungtieren investieren, bedeuten Eier nur einen geringen Aufwand für das Elterntier. Die große Anzahl an Nachkommen erhöht die Wahrscheinlichkeit, dass ausreichend Tiere bis zur Geschlechtsreife überleben. Die hohe Wachstumsgeschwindigkeit dürfte ihr Übriges dazu beigetragen haben, dass die Jungtiere so schnell so groß wurden, dass die meisten Raubtiere chancenlos waren.

Vogelbeckensaurier – vierbeinige Vegetarier

Die Gruppe der Vogelbeckensaurier ist, wie ihr Name vermuten lässt, durch eine Beckenform gekennzeichnet, die auf den ersten Blick der der heutigen Vögel entspricht. Im Detail stimmt dieser Vergleich jedoch nicht, und die Vögel stammen auch nicht von den Vogelbeckensauriern ab. Vogelbeckensaurier bewegen sich überwiegend vierbeinig und sind Pflanzenfresser. Bekannte und stammesgeschichtlich frühe Vertreter sind die Stegosaurier, die eine charakteristische Doppelrei-

Ankylosaurier waren stark gepanzerte, durch eine Knochenkeule am Schwanz wehrhafte Pflanzenfresser aus der Linie der Vogelbeckensaurier. Sie entstanden im Jura und erlebten ihre Blütezeit in der Kreide.

Die größten Dinosaurier konnten ihre Nahrung nicht zerkauen.

---

nen Knochen vor dem Oberkiefer, der dem Maul das Aussehen eines Vogelschnabels gab. Am auffälligsten war jedoch ein prominenter Nackenschild, dessen Funktion noch umstritten ist, ebenso wie die der beiden spitzen Hörner oberhalb der Augen und eines kleineren im Bereich der Nase. Rituelle Kämpfe oder tatsächliche Verteidigung sind vorstellbar, aber ob es mit ihnen tatsächlich zu den künstlerisch so oft dargestellten Zweikämpfen mit Tyrannosauriern gekommen ist, ist fraglich, obwohl der etwa acht Meter lange und etwa zehn Tonnen schwere *Triceratops* zu den Beutetieren der Tyrannosaurier gehörte. Wie die meisten seiner engen Verwandten lief er auf vier Beinen, und sein Skelett zeigt

he aus Knochenplatten oder Stacheln entlang ihres Rückens bis zum Schwanz trugen und zu einer Gruppe massiv gebauter, schwerfälliger, teils gepanzerter Arten gehören. Stacheln am Schwanzende wurden vermutlich zur Verteidigung eingesetzt, ebenso wie die zu einer Knochenkeule verwachsenen letzten Schwanzwirbel der nahe verwandten Ankylosaurier, wodurch beide sich vermutlich effektiv sogar gegen mächtige Räuber wie Tyrannosaurier zur Wehr setzen konnten.

Den mit weit mehr als zwei Metern Länge größten Kopf aller Landtiere besaß *Triceratops* oder eine der nah verwandten Arten seiner Entwicklungslinie innerhalb der Vogelbeckensaurier. Sie besaßen einen von oben betrachtet dreieckigen Schädel und einen zusätzlichen, nach vorne ausgezoge-

Triceratops, dessen Schädel hier gezeigt wird, war ein Pflanzenfresser am Ende der Kreide und ein Beutetier der Tyrannosaurier. Für ihre häufige Darstellung als Herdentiere gibt es jedoch kaum Belege.

Tyrannosaurus rex ist die allgemein wohl bekannteste Dinosaurierart. Ihre Linie spaltete sich schon früh von der zu den Vögeln führenden ab. Die meißelförmigen Zähne dieser größten bekannten Landraubtiere wurden inklusive Wurzel bis zu 30 Zentimeter lang.

Anpassungen, die ihm das Galoppieren ermöglicht haben. Im Gegensatz dazu blieb die Schwestergruppe der Dickkopfsaurier mit ihrem namensgebend verdickten Schädeldach, das offenbar zum Rammen aus vollem Lauf eingesetzt wurde, bei der zweibeinigen Fortbewegung.

Die erfolgreichsten Vertreter der jüngsten Linie der Vogelbeckensaurier waren die Entenschnabelsaurier, benannt nach ihrer abgeflachten und oft verbreiterten Schnauze. Ihr Erfolg geht möglicherweise auf ihren weit entwickelten Kieferbau mit vielen Zahnreihen zurück, mit dem sie wie nur wenige andere Dinosaurier in der Lage waren, ihre pflanzliche Nahrung mit mahlenden Seitwärtskaubewegungen zu zerkleinern, ähnlich wie es für pflanzenfressende Säugetiere typisch ist. Sie bewegten sich überwiegend auf vier Beinen, haben aber vielleicht auf den Hinterbeinen stehend Bäume abgeweidet und sind möglicherweise auch zweibeinig geflüchtet, wenn ein Raubtier ihren Herdenverband aufscheuchte. Viele Arten besaßen einen knöchernen, helmartigen Kopfschmuck, der von Luftröhren durchzogen und vermutlich mit Hautlappen verziert war. Die Form und Größe unterschied sich zwischen den Arten, zwischen den Geschlechtern und zwischen Jung- und Alttieren, sodass eine Funktion

bei der Arterkennung und der Partnerwahl angenommen wird. Außerdem konnten die Tiere damit sehr wahrscheinlich individuelle, trompetenähnliche Töne erzeugen.

Räuberische Theropoden, Vorfahren der Vögel

Die Theropoden waren nahezu ausschließlich Fleischfresser und liefen auf zwei Beinen. Im Vergleich zu den großen, pflanzenfressenden Dinosauriern waren sie eher klein, meist einige wenige Meter lang. Sie haben den Grundbauplan der ursprünglichen Dinosaurier kaum verändert. Eine frühe, in vielen naturkundlichen Ausstellungen zu sehende Art der späten Trias gehört zur Gattung *Coelophysis*, die im damals tropischen Südwesten Nordamerikas sowie einigen Regionen Afrikas lebte. Die Tiere wurden etwa zweieinhalb Meter lang, waren aber nur so schwer wie ein kleines Kind. Ein Grund für das geringe Gewicht sind die für Theropoden typischen hohlen Knochen. Weitere Merkmale der Gruppe sind Greifhände, ein großer Kopf, vorne liegende Augen, die dadurch wie bei den meisten fleischfressenden Landtieren ein gutes räumliches Sehen ermöglichen, und ein großes Mittelohr, was auf einen ebenfalls guten Gehörsinn schließen lässt.

Die vielleicht berühmtesten und berüchtigtsten aller Dinosaurier sind die Tyrannosaurier der späten Kreide, der Zeit von vor rund 70 Millionen Jahren, die ebenfalls zu den Theropoden zählen. Sie repräsentieren

Tyrannosaurier entstanden erst kurz vor dem Aussterben der Dinosaurier.

einen noch sehr ursprünglichen Abzweig der Linie, die zu den Vögeln führt und auf der bereits viele Arten mit Federn bekannt sind. Mit einer Länge von deutlich mehr als zehn Metern, einer Hüfthöhe von fast fünf Metern und einer Masse von knapp zehn Tonnen zählt *Tyrannosaurus rex* gemeinsam mit einigen verwandten Arten zu den größten landlebenden Raubtieren der Erdgeschichte, allerdings ernährte er sich zumindest auch von Aas. Entgegen häufigen Vorstellungen konnten Tyrannosaurier vermutlich nicht viel schneller laufen als ein Mensch. Ihre Vorderbeine waren so kurz, dass sie den Mund nicht erreichten und daher vermutlich nur zum Abstoßen dienten, wenn die Tiere sich nach dem Fressen wieder auf die Hinterbeine stellen wollten.

Zu den weiter in Richtung Vögel entwickelten Dinosauriern gehören die entwicklungsgeschichtlich jüngeren Vertreter der Linie wie *Mononykus*. Sie besaßen bereits Schnäbel und einen vogelähnlichen Schädel,

einen kurzen Körper, aber noch einen langen Schwanz. *Mononykus* war einen knappen Meter lang und ein schneller Läufer. Von verwandten Gruppen ist bekannt, dass sie ihre Eier in Nestern bebrüteten und mit unterschiedlichen Arten von Federn bedeckt waren.

Die fossile Überlieferung von Federn oder Körperbehaarung ist sehr selten und war bei Dinosauriern lange Zeit unbekannt. Seit dem Ende des 20. Jahrhunderts wurde jedoch vor allem in China eine Vielzahl von Dinosaurierfossilien gefunden, die zum Teil sehr deutliche Überreste unterschiedlicher Federtypen zeigen, teilweise sogar mit noch erhaltenen

WARMBLÜTIGKEIT – NICHT NUR IN DER NACHT EIN VORTEIL

Heutige Vögel und Säugetiere sind warmblütig, denn ihre Körpertemperatur liegt konstant hoch im Bereich von etwa 40 °C. Dazu ist eine Kombination aus guter Wärmeisolation (Federn, Fell, Fettgewebe) und eine hohe Stoffwechselrate zur Wärmeerzeugung erforderlich. Warmblüter benötigen daher viel Nahrung und ein optimiertes Atmungssystem, um genügend Sauerstoff aufnehmen zu können. Der Lohn dieser Investitionen ist die Fähigkeit zu schneller Bewegung in kalten Umgebungen. Warmblüter können daher kühle Regionen besiedeln und nachts jagen. Eine weitere evolutive Triebfeder könnte die Abwehr von

Pilzinfektionen sein, unter denen viele Kaltblüter leiden, denn nur sehr wenige Pilze sind in der Lage, bei den Körpertemperaturen von Warmblütern zu überleben.

Die hohe Energieverfügbarkeit in Warmblütern wird oft als Voraussetzung nicht nur für aktiven Flug angesehen, sondern auch für dauerhaft zweibeiniges Laufen. Letzteres entwickelte sich bei den Dinosauriern in der Linie der Theropoden, die schließlich zu den Vögeln führte. Vieles spricht dafür, dass Warmblütigkeit in allen Dinosauriergruppen weitverbreitet war. Durch ihre Größe ist ihnen – anders als bei den kleinen, heutigen Vögeln – die Aufrechterhaltung der Körpertemperatur vermutlich leichtgefallen, bei riesigen Arten dürfte sie sich fast von alleine ergeben haben. Perfektioniert wurden die Mechanismen zur Warmblütigkeit daher vermutlich zuerst in der Tiergruppe, die im Schatten der Dinosaurier evolutiv zunächst zu kleinen Körpergrößen gezwungen war und deren Vertreter daher schnell auskühlten: die Säugetiere, die zudem überwiegend nachts jagen mussten und eine spezielle, wärmeproduzierende Form des Fettgewebes entwickelten. Bei ihnen wird der Beginn der Warmblütigkeit bei ihren Therapsidenvorfahren im Perm vor gut 250 Millionen Jahren vermutet.

Meerechsen leben auf den Galapagos-Inseln. Sie müssen in kalten Meeresregionen tauchen, um an ihre Algennahrung zu gelangen. Da sie als kaltblütige Tiere im Wasser schnell erstarren und dann ertrinken würden, müssen sie regelmäßig an Land kommen und sich aufwärmen, wobei ihnen ihre schwarze Färbung hilft.

Microraptor zählt noch nicht zu den Vögeln, besaß aber Federn an Armen, Beinen und dem Schwanz, der – anders als bei modernen Vögeln – noch lang und wirbelhaltig war. Farbuntersuchungen haben ergeben, dass die Federn schwarz schillerten, ähnlich wie bei heutigen Staren. Die Tiere waren vermutlich Gleitflieger.

Farbpigmenten. Die häufigsten Federfunde beziehen sich auf Theropoden, die zu den Vögeln führende Linie. Da Federn aber auch bei einigen Arten der stammesgeschichtlich weiter entfernten Vogelbeckensaurier entdeckt wurden, wird vermutet, dass Federn in der einen oder anderen Form bei Dinosauriern generell verbreitet gewesen sein könnten. Sicher haben sie häufig kein vollständiges Federkleid gebildet, sondern standen vereinzelt und wurden eventuell zu besonderen Zwecken wie der Wahrnehmung von Bewegungen eingesetzt, wie viele Säugetiere es mit ihren Schnurrhaaren tun.

Da die meisten Dinosaurier eindeutig flugunfähig waren, stellt sich die Frage nach dem evolutiven Sinn ihrer Gefieder. Neben der Farbgebung zu Zwecken der Kommunikation oder Tarnung dienen Federn vor allem der Wärmeisolation. Da die heute einzigen gefiederten Tiere warmblütige Vögel sind und Säugetiere als einzige andere warmblütige Gruppe mit ihrer Behaarung einen vergleichbaren Schutz vor Auskühlung haben, wird die Entwicklung von Federn bei Dinosauriern als ein Zeichen für Warmblütigkeit gesehen. Das Problem der Auskühlung betrifft vor allem kleine Organismen, da sie eine im Vergleich zum warmen Körpervolumen große Körperoberfläche besitzen, über die sie auskühlen. Große Säugetiere sind daher oft weniger stark behaart als kleine, und diese Größenabhängigkeit scheint auch bei den Gefiedern der Dinosaurier vorzuliegen.

Analysen der für die Bewegung der verschieden großen Dinosaurier erforderlichen Energiemengen ergaben, dass mindestens diejenigen mit einer Körpermasse von mehr als 20 Kilogramm warmblütig sein mussten, um ausreichend Energie aus ihrer Nahrung produzieren zu können. Dies wird gestützt durch chemische Knochenanalysen, die Körpertemperaturen von etwa 37 Grad Celsius ergaben. Bei mittelgroßen und großen Dinosauriern kommt – ähnlich wie bei großen Säugetieren und großen heutigen Reptilien – hinzu, dass im Vergleich zur Körpermasse relativ wenig Wärme abgegeben wird. Die Körpertemperatur bleibt daher selbst ohne aktive Regulation durch den Organismus nahezu konstant, wenn die Umgebungstemperaturen ähnlich warm sind wie zu Zeiten des Jura und der Kreide. Es wird daher mittlerweile davon ausgegangen, dass die Dinosaurier eine relativ konstante, hohe Körpertemperatur besaßen und viele kleine Arten, ebenso wie Jungtiere größerer Exemplare, gefiedert waren.

Vögel – die einzigen noch lebenden Dinosaurier

Neben dem Schutz vor Auskühlung können Federn der Kommunikation dienen, sowohl innerhalb einer Art, etwa bei der Partnersuche, als auch gegenüber anderen Arten zur Verteidigung oder auch zur Tarnung. In diesen Funktionen wird üblicherweise der Grund für die Entwicklung von Flügeln vermutet – das spätere Fliegen spielte für ihre ursprüngliche Entstehung vermutlich keine Rolle. Neben der großflächigen Präsentation der Federn könnten Flügel gleichzeitig dazu gedient haben, Eier und Nachwuchs zu schützen und zu wärmen. Seit der Entwicklung vogelähnlicher Dinosaurier ab dem mittleren

Jura traten flügelartige Weiterentwicklungen immer häufiger auf, und zwar nicht nur an den Armen, sondern auch an den Beinen. Viele vogelähnliche Dinosaurier waren daher vierflügelig, wie beispielsweise *Microraptor* aus der frühen Kreide, ein inklusive des langen Schwanzes unter einem Meter großes, aber relativ leichtes Tier, das an Armen und Beinen bereits weit entwickelte Federn besaß, mit denen es wahrscheinlich gleiten konnte.

Durch immer mehr Fossilfunde in den letzten Jahren ist davon auszugehen, dass es seit dem Jura bis zum Ende der Kreide eine Vielzahl mehr oder weniger flugfähiger Dinosaurier gab, die ungefähr 100 Millionen Jahre lang parallel zu den viel besser bekannten, bodenlebenden Arten existiert haben. Kürzlich wurden sogar Dinosaurierfossilien mit Flughäuten wie bei Fledermäusen ge-

Federn entpuppten sich eher zufällig als Möglichkeit zum Fliegen.

funden, die jedoch ausstarben. Da sich in vielen Linien federbesetzte Flügel in unterschiedlichsten Ausführungen gebildet hatten, liegt die Vermutung nahe, dass die Tiere mit Flatterbewegungen und Gleitversuchen ihre Flugfähigkeiten testeten – je nach arttypischen Lebensgewohnheiten vom Boden aus nach oben oder von Bäumen aus nach unten. Die Evolution hatte dadurch vielfältig Gelegenheit, bestimmte Flugstile und dafür erforderliche Anpassungen zu fördern, etwa die Entwicklung flugtauglicher Federn, wie sie mit den typischen stabilen, asymmetrischen Flugfedern moderner Vögel zu finden sind. Tatsächlich ist an den Fossilien dieser Zeit abzulesen, dass sich die Evolutionsgeschwindigkeit am Übergang zur Flugfähigkeit erheblich beschleunigte. Die Definition, ab wann ein Tier als Vogel bezeichnet wird, ist daher vor allem eine akademische, letztlich willkürliche und deshalb umstrittene Festlegung, der keine eindeutige Veränderung im Entwicklungsstand zugrunde liegt.

Ein in zweifacher Hinsicht früher Urvogel ist der ikonische *Archaeopteryx* aus dem Solnhofener Plattenkalk. Das erste Exemplar wurde bereits 1861 gefunden und mit seinen erhaltenen Federn bereits richtig als ursprünglicher Vogel aus dem späten Jura vor etwa 150 Millionen Jahren gedeutet. Bis zum Fund weiterer Arten mit erhaltenen Federn sollten 135 Jahre vergehen, aber trotz unzähliger seitdem vor allem in China entdeckter Arten gilt *Archaeopteryx* weiterhin als ältester bekannter Vogel. Er weist eine Vielzahl von Merkmalen sowohl von Reptilien als auch von modernen Vögeln auf und gilt daher als Übergangsfossil zwischen beiden Gruppen, wodurch Darwins Evolutionstheorie, die ein Jahr vor dem Fossilfund veröffentlicht worden war, in idealer Weise unterstützt wurde. Neben einer Reihe von Skelettdetails besitzt

Archaeopteryx stammt aus dem Solnhofener Plattenkalk des späten Jura und gilt als ältester Vogel. Sein Gefieder war zu Lebzeiten matt schwarz.

Archaeopteryx noch Zähne, klauenbesetzte Finger und einen langen Schwanz, was dem ursprünglichen Bauplan der Dinosaurier entspricht. Am auffälligsten vogelartig ist das Gefieder, das bereits modern geformte Schwungfedern enthält.

Ein möglicherweise älterer Vogel als *Archaeopteryx* ist der ebenfalls vierflügelige *Anchiornis* aus dem heutigen China. Von ihm ist sogar die Färbung des Gefieders fossil überliefert. Trotz seines bereits sehr vogelähnlichen Äußeren wird er jedoch überwiegend noch zu den vogelähnlichen Dinosauriern gestellt. Viele der weit entwickelten Theropoden erinnern uns im Aussehen an Vögel. Dies liegt daran, dass eine Vielzahl der Merkmale, die wir heute erfahrungsgemäß als typisch für Vögel betrachten, beispielsweise die Beinform oder die Kopf- und Halshaltung bis hin zu den Federn, den Bewegungsabläufen und anderen Verhaltensmustern, eigentlich Merkmale sind, die typisch für Theropoden sind, also beispielsweise für *Tyrannosaurus* oder den sehr vogelnahen, durch Hollywood-Filme berühmt gewordenen *Velociraptor*. Wenn wir einen Vogel erkennen, sehen wir tatsächlich einen Dinosaurier der Theropoden-Linie, denn genau das sind die heutigen Vögel: die einzigen uns noch lebend bekannten Vertreter dieser Dinosaurier.

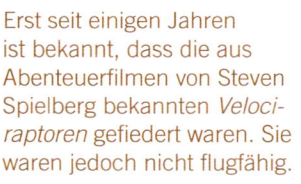

Erst seit einigen Jahren ist bekannt, dass die aus Abenteuerfilmen von Steven Spielberg bekannten *Velociraptoren* gefiedert waren. Sie waren jedoch nicht flugfähig.

Die Federn und die Flügel spezialisierten sich immer weiter und ermöglichten schließlich Flugbewegungen. Dies ging einher mit der Entwicklung eines leichteren und kleineren Körperbaus, einer stärkeren Brustmuskulatur, langen Armen und Händen, dem Verlust des Schwanzes und der Zähne sowie einigen weiteren Skelettveränderungen. Irgendwann auf diesem Weg passierte es: Die Linie der modernen Vögel war entstanden. Vögel verfügen zusätzlich über ein relativ großes Gehirn, denn der Flug stellt hohe Anforderungen bei der nun dreidimensional gewordenen Bewegung, die oft in hindernisreichen Räumen wie Wäldern stattfindet, zudem meist sehr schnell erfolgt und schon bald Jagd- und Fluchtmanöver umfasste.

Das entscheidende Nadelöhr war die Katastrophe am Ende der Kreide, vor 66 Millionen Jahren, die bis auf die Vorfahren der heutigen Vögel alle Dinosaurier einschließlich aller anderen fliegenden Formen wie den Nachkommen von *Archaeopteryx* und anderer aussterben ließ. Mit ihnen gingen viele, zum Teil große, lange existierende Tiergruppen unter – darunter die Flugsaurier, wodurch die Vögel diese mächtigen, räuberischen Konkurrenten nicht mehr fürchten mussten.

Es ist noch immer unklar, mit wie vielen Linien den modernen Vögeln vor 66 Millionen Jahren der Übergang von der Kreide ins Paläogen gelang. Stammbaumanalysen von Läusen zeigen, dass viele Linien gefiederbewohnender Arten noch in der Kreide ent-

Die Vorfahren der modernen Vögel waren nur eine von vielen vogelähnlichen Dinosauriergruppen des Jura und der Kreide.

standen und bis heute überlebten, was dann auch für ihre entsprechend vielfältigen Wirte gelten müsste. Die geringere Vielfalt und jüngere Abstammung von Läusen, die behaarte Säugetiere besiedeln, passt zu deren geringerer

Präsenz während der Kreide. Vielleicht überlebten insgesamt etwa fünf Linien der Vögel,
zwei der Urkiefervögel und drei oder vier der
Neukiefervögel. Beide Gruppen unterscheiden sich vor allem durch eine unterschiedliche Gaumenstruktur.

Zu den noch heute auf der Südhalbkugel
in den ehemaligen Gondwana-Regionen
vorkommenden Urkiefervögeln zählen neben
den kaum und nur schlecht fliegenden Steiß-
hühnern Mittel- und Südamerikas, die nicht
mit den Hühnern verwandt sind, viele Gruppen flugunfähiger Vögel: Strauße, Nandus,
Kiwis, Emus und Kasuare. Die neun Arten der
neuseeländischen Moas waren truthahn- bis
mehr als straußengroße Laufvögel, die nach
der menschlichen Erstbesiedelung Neusee-
lands im 13. Jahrhundert innerhalb weniger
Jahre ausgerottet wurden. Zuvor hatten sie
mit Kiwis und anderen bodenbewohnenden
Vogelarten die ökologische Nische der auf
Neuseeland (abgesehen von den Fledermäusen) nicht existierenden Säugetiere gefüllt.
Ein ähnliches Schicksal traf die bis zu drei Meter großen Elefantenvögel Madagaskars, von
denen noch heute unzählige Schalenbruch-
stücke der mehr als 30 Zentimeter großen
Eier gefunden werden. Ihre letzten Vertreter
starben spätestens im 17. Jahrhundert aus.

Alle anderen heutigen Vögel zählen zu
den Neukiefervögeln, von denen die Gänse-
und die Hühnervögel sich möglicherweise
schon in der Kreide entwickelt hatten und vor

**Der Erfolg der Dinosaurier reicht
bis heute, denn es gibt deutlich
mehr Vogel- als Säugetierarten.**

---

fast 60 Millionen Jahren in der ersten Hälfte
des Paläogens mit *Gastornis* eine Gattung
menschengroßer, kräftiger Laufvögel Nordamerikas und Europas mit massiven Schnä-
beln hervorgebracht hatte. Es spricht einiges
dafür, dass die anderen Vogelgruppen sich
im Paläogen explosiv innerhalb kürzester
Zeit entwickelt haben. Es war erst vor Kur-

zem möglich, vor allem mithilfe genetischer
Untersuchungen etwas mehr Licht in die Reihenfolge der evolutiven Abläufe in dieser Entwicklungslinie zu bringen. Zu den frühesten
Linien, die sich vermutlich noch in der Kreide
abgespalten haben, gehören die Hühnervögel
und die Tauben. Zu den Tauben gehörte auch
der im 17. Jahrhundert, wenige Jahrzehnte
nach seiner Entdeckung auf Mauritius aus-
gerottete, flugunfähige Dodo.

Die Jungtiere des im Norden Südamerikas lebenden Schopfhuhns besitzen am
Ende des zweiten und dritten Fingers Krallen,
mit denen sie Bäume erklimmen. Entgegen
früherer Vermutungen stellten diese jedoch
eine Neuentwicklung dar und gehen nicht
aus einer direkten Verwandtschaft etwa mit
Archaeopteryx hervor.

Zu den Neukiefervögeln zählten neben
Gastornis weitere große, flugunfähige Vögel,
beispielsweise ausgestorbene Pinguinarten,
die im mittleren Paläogen im heutigen Peru
menschengroß wurden, und vor allem die
einst in den Steppen Südamerikas lebenden
Terrorvögel. Weil sie schneller laufen konnten

Terrorvögel waren für mehr
als 50 Millionen Jahre die erfolgreichsten Raubtiere Südamerikas. Sie waren schnell,
und die größten Arten
konnten mit ihrem mächtigen
Hakenschnabel und den
kräftigen Füßen pferdegroße
Beutetiere erlegen.

als die dortigen Krokodil- und Beutelsäugerarten, waren die Terrorvögel über lange Zeit die dominierenden Fleischfresser Südamerikas. Dann aber wanderten Raubkatzen ein, deren Konkurrenz die bis zu drei Meter großen Vögel nicht gewachsen waren. Während der letzten Eiszeiten des Pleistozäns starben die Terrorvögel vor spätestens 18 000 Jahren aus. Die verwandten, kleineren Seriemas überlebten in den offenen Landschaften Südamerikas als Insektenjäger. Die im Gegensatz zu den Terrorvögeln viel kleineren Sperlingsvögel,

WARUM STARBEN DIE DINOSAURIER AUS?

Die bekannteste Theorie über das Aussterben der Dinosaurier vor 66 Millionen Jahren besagt, dass der Einschlag eines Meteoriten ihr Schicksal besiegelte. Die meisten Tiere und Pflanzen starben vermutlich schon durch die unmittelbaren Folgen des Einschlags: weltweite Erdbeben, gigantische Tsunamis, ein Regen aus geschmolzenem Gestein, das die Atmosphäre erhitzte und Wälder in Brand setzte, gefolgt von saurem Regen. Es wurden gewaltige Mengen Staub und Asche in die Atmosphäre geschleudert, der Himmel verdunkelte sich für Monate, vielleicht sogar Jahre und brachte die Fotosynthese zum Erliegen: Die Pflanzen gingen ein, pflanzenfressende Tiere fanden keine Nahrung mehr. Schließlich starben auch die Fleischfresser, weil es nicht mehr genug Beutetiere gab. Das fehlende Sonnenlicht ließ die Temperaturen vielerorts unter den Gefrierpunkt fallen, aber nachdem der Himmel aufklarte, setzte ein Treibhauseffekt ein, der die Temperaturen in die Höhe trieb.

Dieses Szenario beruht auf einem 1980 veröffentlichten Artikel des amerikanischen Geologen Walter Alvarez. Um zu klären, was vor 66 Millionen Jahren auf der Erde geschehen war, untersuchte er die in diese Zeit datierte Bodenschicht. Ihre besonderen Merkmale sind ihre dunkle Farbe und ihr hoher Aschegehalt, die sie von den umliegenden Bereichen abhebt. Nach chemisch-physikalischen Analysen vermutete Alvarez, dass die große in ihr enthaltene Menge des seltenen chemischen Elementes Iridium nicht von der Erde stammen konnte, was später zweifelsfrei bestätigt wurde. Der Geologe folgerte, dass ihr Ursprung ein Meteorit sein musste, der vor 66 Millionen Jahren auf der Erde einschlug und zum Sterben der Dinosaurier führte. Einige Jahre später wurde bekannt, dass Mitarbeiter einer Ölfirma bereits 1978 vor der Halbinsel Yucatán im Golf von Mexiko auf den gewaltigen Chicxulub-Krater mit einem Durchmesser von 180 Kilometern gestoßen waren. Dieser Krater schien in Verbindung mit Alvarez' Untersuchungen das Rätsel um das Verschwinden der Dinosaurier am Ende der Kreide endgültig zu lösen.

Vulkanausbrüche und andere Katastrophen

Zur Zeit des Einschlags war jedoch ein weitläufiges Vulkanfeld aktiv, dessen Ausbrüche das Klima nachhaltig beeinflussten. Stummer Zeuge dieser Ausbrüche ist der Dekkan-Trapp in Westindien, eine 2 000 Meter hohe, über 500 000 Quadratkilometer große Basaltformation aus erkaltetem Magma. Die mehrere Jahrtausende andauernde Vulkanaktivität hat insgesamt vermut-

Durch den Einsturz von Höhlendecken in Karstgebieten entstehen süßwassergefüllte Cenote. Diese Löcher im Untergrund kommen auf der Yucatán-Halbinsel gehäuft kreisförmig entlang der Gesteinsverwerfungen des Chicxulub-Kraters vor.

zu denen auch die Singvögel gehören, stellen heute mehr als die Hälfte aller Vogelarten und stammen ursprünglich wohl aus Australien, von wo aus sie sich über die Welt verbreiteten.

Während die Vögel sich im Paläogen dem bisherigen Höhepunkt ihrer Artenvielfalt mit mehr als 10 000 heute lebenden Arten entgegenbewegten und so das Erbe der Dinosaurier bis in die heutige Zeit trugen, traten parallel die Säugetiere aus dem dominierenden Schatten der Raubechsen und erreichten schließlich den Zenit ihrer Formenvielfalt.

lich zu wesentlich größeren Gas- und Ascheausstößen geführt als der Meteoriteneinschlag, selbst wenn es noch mehrere zusätzliche kleinere Einschläge gegeben haben sollte. Dies würde noch wesentlich plausibler die lange Verdunklungsperiode und den sich anschließenden Treibhauseffekt erklären, die das Sterben von Pflanzen und Tieren nach sich zogen und offenbar einige Zehntausend Jahre nach dem Meteoriteneinschlag ihren Höhepunkt erreichten.

Gegen Ende der Kreide sank zudem der Meeresspiegel dramatisch ab. Weltweit fielen große Flachmeere trocken, was nicht nur den Tod zahlreicher Arten bedeutete, sondern den globalen Klimawandel noch verstärkte. Es scheint also, als wären mehrere Entwicklungen zusammengekommen, die letztlich gemeinsam zum Aussterben der Dinosaurier geführt haben. Nach aktueller Einschätzung der meisten Wissenschaftler haben sich die unterschiedlichen Ereignisse verschieden stark auf die jeweiligen Organismengruppen ausgewirkt. Das Absinken des Meeresspiegels betraf durch den Lebensraumverlust vor allem Meeresbewohner, die Niederschläge und Waldbrände vor allem Landtiere, die Verdunklung alle fotosynthetisierenden Organismen von den Pflanzen an Land bis zu den diversen, vor allem einzelligen Gruppen im Meer. Der Vulkanismus schließlich veränderte durch die damit einhergehenden Klimaveränderungen alle Lebensräume. Zusätzlich haben die tektonischen Erschütterungen des Meteoriten vermutlich die Vulkanausbrüche erheblich intensiviert.

Anzunehmen ist allerdings auch, dass Klimaveränderungen und sinkende Meeresspiegel alleine keine so dramatischen Auswirkungen gehabt hätten, denn ähnliche Veränderungen hatten seit der Trias wiederholt stattgefunden, ohne dass es jedes Mal zu einem Massenaussterben kam. Es wäre von daher sehr unwahrscheinlich, wenn der Meteoriteneinschlag rein zufällig zeitgleich zu einem Massenaussterben stattgefunden hätte. Im Gegenteil, mehrere neue Untersuchungen zeigen, dass im Gegensatz zu früheren Einschätzungen die Entwicklung der Dinosaurier bis zum Einschlag stabil war und ein abruptes, gewaltsames Ende fand, zu dem der Einschlag des Meteoriten einen wichtigen Beitrag geleistet haben dürfte.

Der Dekkan-Trapp besteht aus treppenförmigen (Trapp) Basaltformationen, die für die Dekkan-Region im westlichen Indien charakteristisch sind. Hier, in der Nähe der Küste, etwas südöstlich von Mumbai, sind sie schon mehr als 1 000 Meter über dem Meeresspiegel.

IM SCHATTEN DER DINO-SAURIER: DIE SÄUGETIERE ENTWICKELN SICH

Vor etwa 340 Millionen Jahren, im Karbon, hatte sich die Entwicklungslinie der Amnioten, die ein Ei mit Schale entwickelt hatten, in die Linie der Reptilien und der Synapsiden aufgespalten. Die Synapsiden, deren Schädel nur ein Schläfenfenster aufweist und aus denen die Säugetiere hervorgehen sollten, hatten sich im Perm zu den dominierenden Landwirbeltieren entwickelt.

Ähnlich wie mit den Parareptilien aufseiten der Reptilien gab es bei den Synapsiden in der ersten Hälfte des Perm eine Reihe von Entwicklungslinien, die noch im Perm wieder ausstarben. Dazu gehörte die pflanzenfressende Synapsidenlinie, deren Vertreter neben ihrem auffälligen Rückensegel zur Regulation der Körpertemperatur bereits eine Kieferkonstruktion besaßen, die ihnen mahlende Kaubewegungen zum Zerkleinern pflanzlicher Nahrung erlaubte (siehe S. 156 f.).

Wie die Reptilien mit der Linie der Diapsiden überstanden die Synapsiden den dramatischen Übergang vom Perm in die Trias und das Massenaussterben dieser Zeit mit

Bereits sehr früh entwickelten sich bei den Säugetiervorfahren mahlende Kaubewegungen.

ihrer Linie der Therapsiden. Deren zunächst erfolgreichste Untergruppe waren die mit zwei auffälligen, namensgebenden Eckzähnen im Oberkiefer ausgestatteten Dicynodonten („Zwei-Hundezähner"). Sie wurden im Perm zu den am meisten auftretenden Pflanzenfressern und waren in vielen Regionen mit mehreren, sehr unterschiedlich großen Arten bis fast drei Meter Länge zeitgleich vertreten, sodass sie am Ende des Perm die häufigsten Landwirbeltiere darstellten. Durch mahlende Kieferbewegungen konnten sie ihre Nahrung im Mund bereits gut zerkleinern. Ihre Eckzähne nutzten die ähnlich wie heutige Schweine geformten Tiere vermutlich zum Graben nach Wurzeln, in einigen Fällen zum Anlegen unterirdischer Baue und vielleicht für Kämpfe ähnlich wie die heutigen Muntjak-Hirsche Südostasiens.

Einer der letzten Dicynodonten zählte am Ende der Trias zu den größten Pflanzenfressern seiner Zeit – mit einer Länge von 3,5 Metern und einer Masse von etwa einer Tonne. Um sich vor Landräubern zu schützen, verbrachten die Tiere vermutlich einen Teil ihrer Zeit wie heutige Flusspferde im Wasser und fraßen Ufervegetation mit ihrem kräftigen, schnabelartigen Maul.

Die Cynodonten haben sich über einen Zeitraum von etwa 60 Millionen Jahren entwickelt, bevor sich die Linien der heutigen Säugetiere voneinander trennten. Die gezeigten Arten lebten vom späten Perm (links) bis in den frühen Jura (rechts).

Möglicherweise waren die Dicynodonten bereits warmblütig. Dies legen Skelettmerkmale nahe sowie Haare in den Ausscheidungen damaliger Fleischfresser, die sich hauptsächlich von Dicynodonten ernährten. Eine Therapsidenlinie, die Jagd auf Dicynodonten machte, waren die Gorgonopsiden. Mit Größen zwischen der eines Hundes und bis zu mehr als vier Metern Länge und säbelzahnartig vergrößerten Eckzähnen erinnern sie ein wenig an die viel später entstandenen Säbelzahnkatzen aus dem 250 Millionen Jahre jüngeren Neogen. Beim Übergang in die Trias starben neben den Gorgonopsiden auch die meisten Dicynodonten aus. Obwohl gelegentlich Fossilien jüngeren Datums aus einigen Regionen der Erde berichtet werden, erlosch die Linie vermutlich bereits in der Trias zumindest weitgehend.

Die ersten Säugetiere

Die einzige langfristig überlebende Linie der Therapsiden war die der Cynodonten („Hundezähner"). Sie entwickelten sich im Laufe der Trias schrittweise zu Säugetieren. Die Frage, welches der vielen fossil bekannten Tiere das erste Säugetier ist, ist nicht eindeutig zu beantworten. Dies liegt vor allem daran, dass das aus unserer heutigen Sicht entscheidende Merkmal eines Säugetiers das Säugen des Nachwuchses mit Milch aus den Milchdrüsen der Mutter ist, was an Fossilien nicht oder bestenfalls indirekt erkennbar ist. Daher ist die Festlegung einer evolutiven Grenze eine Frage der Definition, auf die es verschiedene Antworten gibt. Ein weitverbreiteter, pragmatischer Ansatz ist es, das Auftreten des säugetiertypischen Kiefergelenkes bei der äußerlich einer Spitzmaus ähnelnden Gattung *Morganucodon* mit ungefähr 200 Millionen

Jahre alten Funden aus der Trias und dem Jura als Übergang zum Säugetier festzulegen. Ein anderer Kompromiss ist, als Säugetiere nur die Arten zu betrachten, die vom letzten gemeinsamen Vorfahren aller heute noch lebenden Säugetiere abstammen. Dies fasst die Gruppe der Säugetiere enger und verschiebt ihren Ursprung auf den Übergang von der Trias in den Jura.

Merkmale der Säugetiere

Die Merkmale der Säugetiere entwickelten sich in den Cynodonten schrittweise über einen Zeitraum von etwa 40 Millionen Jahren und betreffen verschiedenste Bereiche des Körpers. Die meisten davon können wir an unserem eigenen Körper noch gut wiederfinden, denn als Säugetier ist der Mensch letztlich ein weiterentwickelter Cynodont.

Ein wichtiger Aspekt sind die Zähne, bei denen sich aus den gleichförmigen Zähnen der ursprünglichen Amnioten die unterschiedlichen Zahntypen der Schneide-, Eck- und Backenzähne entwickelten. Die im Ober- und Unterkiefer gegenüberliegenden Backenzähne passen mehr oder weniger nahtlos aufeinander, sodass sie ideal dazu geeignet sind, Nahrung fein zu zerkauen, was die Verdauung erleichtert und effizienter macht. Um dies dauerhaft zu gewährleisten, verzichteten die Vorfahren der Säugetiere auf den ursprünglich laufenden Ersatz alter Zähne, sodass der erste, heute Milchgebiss genannte Satz an Zähnen nur ein einziges Mal ersetzt wurde. Der enge Abschluss der Zähne gegeneinander ermöglichte es den Cynodonten, ihre Zähne genau an die Bedürfnisse ihrer Nahrung anzupassen. So wurden einige Linien der grundsätzlich fleischfressenden Cynodonten wieder zu Pflanzenfressern.

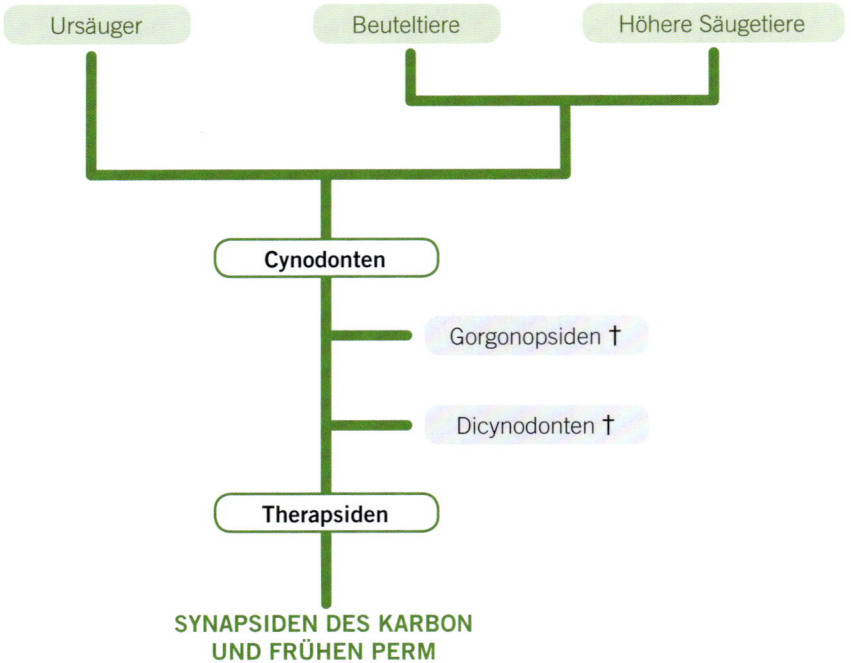

Ursäuger

Beuteltiere

Höhere Säugetiere

Cynodonten

Gorgonopsiden †

Dicynodonten †

Therapsiden

**SYNAPSIDEN DES KARBON
UND FRÜHEN PERM**

Schnabeltier und den Ameisenigeln. Diese heutigen Vertreter der Ursäuger haben ihre Zähne jedoch zurückgebildet, nur bei jungen Schnabeltieren kommen noch einige vor.

Die Entwicklung neuer Kaumuskeln war erforderlich, um mahlende Vor- und Seitwärtsbewegungen des Kiefers zu ermöglichen. Typisch ist auch ein im Vergleich zum Oberkiefer etwas schmalerer Unterkiefer, wodurch Säugetiere ihre Nahrung wechselnd auf nur einer der beiden Kieferseiten kauen. Außerdem wurde die Kaumuskulatur insgesamt stärker, was sich an verschiedenen Stellen auf die Konstruktion des Schädels auswirkte, etwa die stärkere Vorwölbung des zwischen unterem Augenrand und Ohr tastbaren, knöchernen Jochbogens. Unter diesem verläuft ein wichtiger Kaumuskel, ein weiterer ist an seiner Unterkante befestigt.

Um die Statik des Kopfes angesichts der höheren Kaukräfte weiter zu verbessern, verlängerte sich der bei den frühen Synapsiden im vorderen Bereich der Mundhöhle entstandene, sekundäre Gaumen (siehe S. 163) immer weiter nach hinten. Er ermöglichte außerdem – wie aufseiten der Reptilien bei den Archosauriern, den späteren Krokodilen – das Atmen während des Kauens, was für die hohe Stoffwechselrate der warmblütigen Säugetiere und ihrer Vorfahren eine wichtige Anpassung war. Nicht zuletzt ermöglicht die Abtrennung der Mundhöhle durch den Gaumen von den Luftwegen das Saugen der späteren Säugetiere.

Zur Aufrechterhaltung der hohen Stoffwechselrate dienten neben der effizienten Nahrungsaufnahme noch eine Reihe weiterer Veränderungen des ursprünglichen Bauplans: Die Rippen der Lendenwirbel bildeten sich zurück, vermutlich, um einem Zwerchfell Raum zu verschaffen, das die Atmung erleichterte. Veränderungen in der Beweglichkeit der Wirbelsäule gingen mit veränderten Bewegungsmustern einher, die wie bei vielen heutigen vierbeinigen Säugetieren im Laufen das Einatmen mit der Streckung der Wirbelsäule verbinden und das Ausatmen mit der Krümmung (selbst für uns mittlerweile aufrecht gehende Menschen ist es anders

Von den Synapsiden gelang nur den Therapsiden der Übergang in die Trias, und von diesen überlebten wiederum nur die Cynodonten bis in den Jura. Dort trennten sich die Linien der bis heute existierenden Säugetiere voneinander und es entstanden viele weitere Gruppen, die jedoch überwiegend in der Kreide (in Einzelfällen auch später) ausstarben.

Ein letzter, für die Säugetiere sehr wichtiger Schritt war die Weiterentwicklung der Oberflächen der Backenzähne in eine speziell strukturierte „Berg-und-Tal-Landschaft", die so aufgebaut ist, dass die Erhöhungen der oberen Backenzähne beim Schließen der Kiefer in den Vertiefungen der jeweils unteren Backenzähne liegen. Die Zerkleinerung der Nahrung erfolgt zwischen solchen Zähnen nicht durch

Die Formänderung eines Backenzahns führte zu einer rasanteren Entwicklung der Säugetiere.

Rupfen und Reißen, sondern wie in einem Mörser: Dadurch wird die Nahrung stärker zerkleinert und besser verdaulich. Diese Zahnform ist möglicherweise im Jura zweimal unabhängig voneinander entstanden: auf der Nordhalbkugel in der Hauptlinie, die zu den meisten heutigen Säugetieren inklusive der Beuteltiere führt, und in etwas reduzierter Form in einer Nebenlinie auf der Südhalbkugel, die zu den heutigen Ursäugern führt, dem herum meist ungewohnt). Dies führt gleichzeitig zu einer Verlängerung der Schrittweite der bei Säugetieren anatomisch unter dem Körper (statt seitwärts) platzierten Beine. Der mit dieser Position verbundene Wechsel vom ursprünglichen Spreizgang der Amnioten zum Stemmgang vollzog sich überwiegend zunächst an den Hinterbeinen und erst später am vorderen Extremitätenpaar, sodass es bis in die Kreide hinein Arten gab, die sich wie ein Mischwesen aus Reptil (meist vorne) und Säugetier (meist hinten) fortbewegten. In der heute noch existierenden Linie der Ursäuger hat sich die seitliche Position der Extremitäten jedoch bis heute erhalten.

Ein immer größer werdendes Gehirn (die Gründe für das Größerwerden sind weiter unbekannt) war Grundlage für komplexeres Verhalten, inklusive des Beginns der Brutpflege der zunächst weiterhin eierlegenden, teilweise in sozialen Gruppen lebenden Tiere. Die Umstrukturierungen des Schädels, um Platz für das wachsende Gehirn zu schaffen, lösten möglicherweise die Verlagerung des ursprünglichen Kiefergelenkes ins Mittelohr aus. Der Unterkiefer bewegte sich nun durch ein parallel entstehendes, davor liegendes zweites Kiefergelenk. Das ursprüngliche Gelenk wandelte sich im Innenohr zu zwei zusätzlichen Gehörknöchelchen um, Hammer und Amboss, die gemeinsam mit dem Steigbügel aller Amnioten den Schall aus dem Mittelohr ins Innenohr weiterleiten. Durch

---

Das ursprüngliche Kiefergelenk der Säugetiere wurde zu einem Teil ihrer Ohren.

---

die beiden zusätzlichen Gehörknöchelchen funktioniert bei den Säugetieren die Schallübertragung im Ohr besser. Sehr früh in der Entwicklungslinie finden sich Hinweise auf die für heutige Säugetiere typischen Tasthaare an der Schnauze. Direkte Nachweise für die ebenfalls säugetiertypische, generelle Körperbehaarung stammen erst von jüngeren

Funden, aber aufgrund der vermutlich früh entwickelten Warmblütigkeit wird davon ausgegangen, dass die Bildung eines Fells ähnlich früh stattfand.

Im Schatten der Dinosaurier

Während die Dinosaurier ab dem Übergang zum Jura die Lebensräume weltweit dominierten, haben sich die Vorfahren der heutigen Säugetiere in wenige ökologische Nischen zurückgezogen und dort im Schatten der Dinosaurier-Übermacht überlebt. Sie waren meist nur mausgroß oder wenig größer und ähnelten äußerlich oft heutigen Nagetieren, zu dieser Zeit vielleicht noch häufig ohne äußere Ohren. Durch ihre geringe Größe ernährten sich die weiterhin fleischfressenden Linien überwiegend von Insekten. Abgesehen von einigen Schwimmern, Baumkletterern und sogar Gleitfliegern hat die Mehrheit in unterirdischen Bauen gelebt und war nachtaktiv.

Die Entwicklung der frühen Säugetiere unter den damaligen Umständen hat bis heute Spuren hinterlassen. Noch immer lebt ein großer Teil der Säugetiere in selbst gegrabenen Höhlen oder Gruben und ist nachtaktiv, die entwicklungsgeschichtlich ursprünglichen Säugetiere sogar vollständig. Dazu passend

Am Querschnitt eines menschlichen Ohres sind die Funktion und die Entwicklungsschritte des Säugetierohres gut erkennbar. Die Säugetiere besitzen zwei zusätzliche, also insgesamt drei, Gehörknöchelchen.

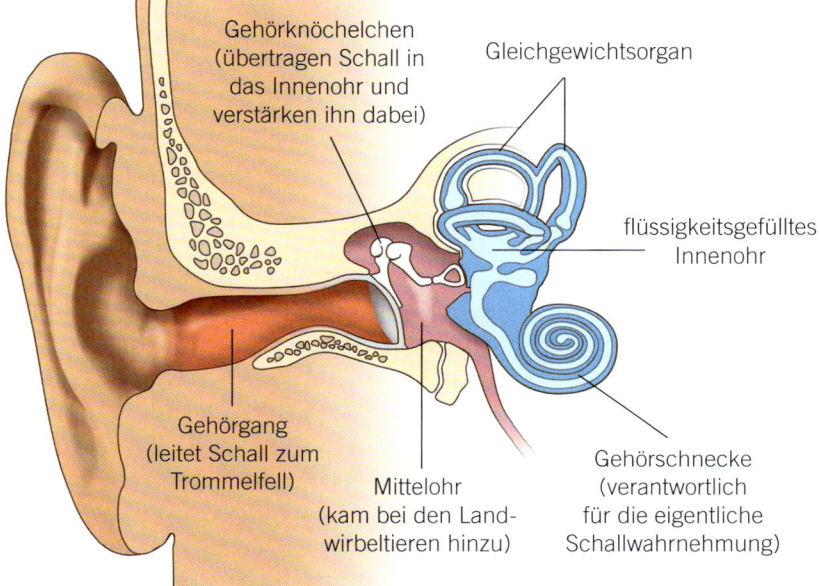

Gehörknöchelchen (übertragen Schall in das Innenohr und verstärken ihn dabei)

Gleichgewichtsorgan

flüssigkeitsgefülltes Innenohr

Gehörgang (leitet Schall zum Trommelfell)

Mittelohr (kam bei den Landwirbeltieren hinzu)

Gehörschnecke (verantwortlich für die eigentliche Schallwahrnehmung)

Auch zu Beginn der mittleren Kreide waren die frühen Säugetiere überwiegend klein (ca. zehn Zentimeter) und nagetierartig. Es gab flexible Landbewohner (links) und die besonders typischen, nächtlichen Insektenfresser (Mitte). Bei beiden Arten waren die Beine noch überwiegend seitlich ausgerichtet. Eines der größten Säugetiere vor dem Ende der Kreide wurde etwa einen Meter lang und konnte daher kleine Dinosaurier fressen (rechts).

verfügen Säugetiere über keinen ausreichenden Schutz vor der ultravioletten Strahlung der Sonne, was sich bei uns durch Sonnenbrand bemerkbar macht. Als Anpassung an das Nachtleben ist der Tast-, Hör- und teilweise auch Geruchssinn vieler Säugetiere sehr weit entwickelt – Primaten einschließlich des Menschen bilden hier vielfach eine Ausnahme. Beim Sehen spielen in der Nacht Farben nur eine untergeordnete Rolle, sodass sich in der Netzhaut der Säugetiere die Anzahl der Farbrezeptoren zugunsten der empfindlicheren, aber farbenblinden Helligkeitsrezeptoren reduziert haben. Es gingen sogar zwei der ursprünglich vier Farbrezeptoren für die Einzelfarben, aus denen sich die Farbwahrnehmung zusammensetzt, genetisch komplett verloren, sodass das Farbensehen bei Säugetieren generell sehr schlecht ausgebildet ist. Eine Ausnahme stellt der Mensch dar, denn in der Linie der tagaktiven Primaten hat sich ein verloren gegangener Farbrezeptor aus einem der beiden verbliebenen neu gebildet. Dadurch ist der Mensch trotz im Vergleich schlechter Sinnesleistungen zumindest Rekordanwärter bei der Fähigkeit, möglichst viele verschiedene Farben unterscheiden zu können. Gegen Auskühlung schützt die Säugetiere nicht nur ein Fell, sondern auch eine spezielle Form des Fettgewebes, mit dessen Hilfe der Körper vor dem Beginn der Aktivität in der kühlen Nacht aktiv aufgeheizt werden kann. Bei nachtaktiven Nagetieren oder Fledermäusen ist diese Erhöhung der Körpertemperatur kurz vor Ende der Tagesschlafphase gegen Abend mit einer Wärmebildkamera gut zu beobachten. Die für das Aufheizen benötigte Energie wird von den Mitochondrien bereitgestellt, den endosymbiontischen Zellbestandteilen der Eukaryonten (siehe S. 40), die bei Säugetieren um ein Vielfaches leistungsfähiger sind als bei Reptilien.

Ein vierkammeriges Herz treibt die bei Säugetieren vollständig voneinander getrennten Blutkreisläufe durch Körper und Lunge an. Dadurch wird die für die hohe Stoffwechselrate benötigte Sauerstoffversorgung optimiert, ein Konstruktionsprinzip, das sich sonst nur noch bei Vögeln findet.

Säugetiere verfügen zusätzlich über schleimhauttragende Nasenmuscheln, die die Austrocknung der Lunge reduzieren, sowie über fortentwickelte rote Blutkörperchen, die zugunsten des Sauerstofftransportes auf sämtliche dafür nicht erforderlichen Zellbestandteile verzichten – nicht einmal ein Zellkern ist in den roten Blutkörperchen mehr vorhanden.

Die Katastrophe am Ende der Kreide vor 66 Millionen Jahren fügte den Säugetieren schwere Verluste zu. Im Gegensatz zu ihren bis dahin überlegenen Konkurrenten, den Dinosauriern, von denen nur einige Linien der Vorfahren der heutigen Vögel überlebten, gelang jedoch einer Reihe von Säugetiergruppen der Übergang ins Paläogen. Diesen

Die oft im Untergrund lebenden Säugetiere überstanden die globale Katastrophe vor 66 Millionen Jahren besser als die Dinosaurier.

meist kleinen, allesfressenden Arten standen nun ähnlich wie den frühen Dinosauriern zu Beginn der Trias eine Vielzahl ungenutzter Lebensräume zur Verfügung, die die Säugetiere schnell zu besiedeln begannen. Nach der Pause von etwa 150 Millionen Jahren im Schatten der Dinosaurier war ihr Aufstieg nun nicht mehr aufzuhalten: Die Ära der Säugetiere hatte begonnen.

DIE ERDE ERBLÜHT: EINE KOOPERATION VON BLÜTENPFLANZEN UND INSEKTEN

Das Ende der Kreide war eine Zeit des Umbruchs. Vor 66 Millionen Jahren näherte sich nicht nur das Ende des Millionen Jahre langen, versteckten Lebens der Säugetiere, auch für die Blütenpflanzen war der Zeitpunkt gekommen, die Vormachtstellung im Reich der Pflanzen zu übernehmen.

Bereits vor den dramatischen Umwälzungen in der Tierwelt, die mit dem Aussterben der Dinosaurier ihren Höhepunkt erreichten, nahmen tiefgreifende Veränderungen in der Pflanzenwelt ihren Lauf. Nachdem die nacktsamigen Pflanzen die Vegetation über Jahrmillionen dominiert hatten, eroberte ab Mitte der Kreide die neue Pflanzengruppe der Bedecktsamer immer mehr Raum für sich. Anders als bei den Nackt

produziert werden: die Blüte. Die Bedecktsamer werden daher auch als Blütenpflanzen bezeichnet.

Die urtümlicheren Nacktsamer verlassen sich für ihre Vermehrung typischerweise ganz auf den Wind, der ihre Pollen mit sich trägt und durch die Bestäubung der Pflanzen für

Die Blüte war eine revolutionäre Neuentwicklung im Reich der Pflanzen.

samern liegt bei ihnen die Samenanlage in einem Fruchtknoten verborgen. Aus diesem entsteht zur Reifezeit die Frucht, die den Samen als schützende Hülle umgibt, wie es zum Beispiel bei der Kirsche oder dem Pfirsich gut zu sehen ist. Diese Fruchthülle ist oft wohlschmeckend und nahrhaft, wodurch sie Tiere motiviert, sie zu fressen und den unverdaulichen Samen im Inneren an anderer Stelle wieder auszuscheiden und dadurch zu verbreiten. Grundlage dieser Weiterentwicklung ist ein neu entwickeltes Organ der Pflanzen, in dem männliche und weibliche Geschlechtszellen

Die Blüte ist entwicklungsgeschichtlich ein verkürzter Stängelabschnitt mit umgebildeten Blättern.

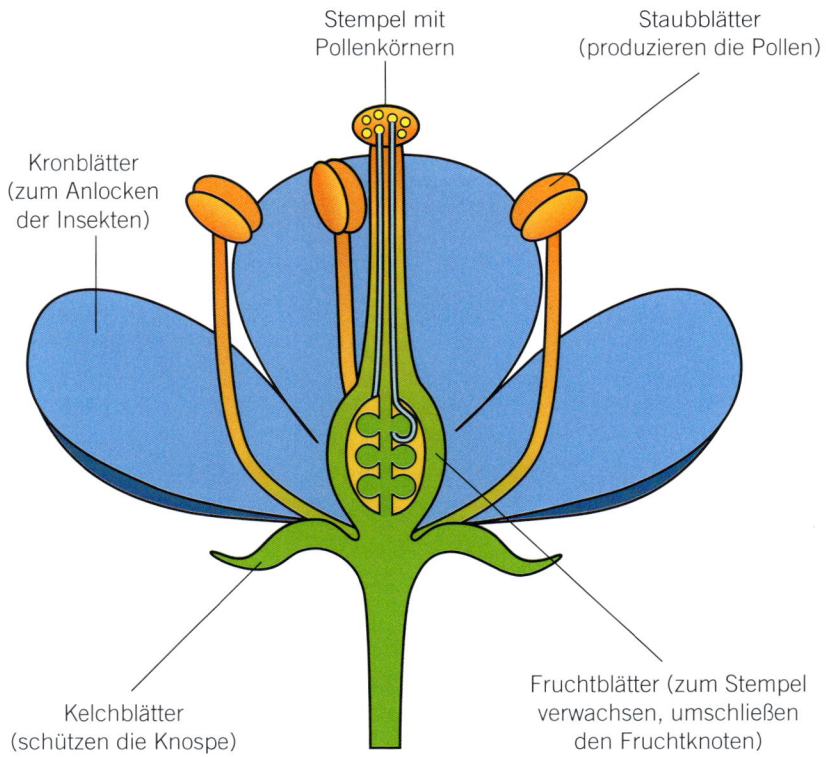

Stempel mit Pollenkörnern

Staubblätter (produzieren die Pollen)

Kronblätter (zum Anlocken der Insekten)

Kelchblätter (schützen die Knospe)

Fruchtblätter (zum Stempel verwachsen, umschließen den Fruchtknoten)

deren Vermehrung sorgt. Doch der Wind ist kein zielgerichteter Verteiler der Pflanzenpollen. Aus diesem Grund müssen die Nacktsamer sicherstellen, dass wenigstens ein Teil der wertvollen Fracht sein Ziel erreicht, indem sie überproportional große Pollenmengen produzieren – viele Autofahrer finden sie im Sommer als gelben Teppich auf ihren Fahrzeugen wieder. Da die Pollenproduktion für die Pflanzen einen sehr hohen Energieaufwand bedeutet, lag es nahe, dass im Laufe der Evolution Alternativen entstehen würden. Die jüngeren Bedecktsamer schlugen daher einen neuen Weg ein und verlassen sich bei der Bestäubung statt auf den Wind auf tierische Helfer, genauer gesagt fast ausschließlich auf Insekten.

Viele kennen aus Kindertagen die Geschichte von den Bienen und den Blumen als ein elterliches Bemühen um die kindgerechte Darstellung der Entdeckung der Sexualität – doch mit Blick auf die Pflanzen verbirgt sich hinter dieser harmlosen Bildhaftigkeit eine der spektakulärsten Leistungen der Evolution, die in der Zusammenführung zweier einander fremder Gruppen von Lebewesen besteht, die das Gesicht der Welt auf immer veränderte.

Blütenpflanzen und Insekten haben eigentlich nichts miteinander gemein, und doch sind sie im Laufe der Jahrmillionen eine derart enge Verbindung eingegangen, dass schon bald die einen nicht mehr ohne die anderen leben konnten. Die Tiere nutzen die Blütenpflanzen als Nahrungsquelle, die Pflanzen bedürfen der Tiere, um ihre Pollen zu verteilen und belohnen sie dafür mit einem Teil der Pollen und vor allem mit extra für die Insekten produziertem, zucker- und damit energiereichen Nektar. Diese zunehmende gegenseitige Abhängigkeit begann vor gut 125 Millionen Jahren und entwickelte sich nach und nach zu dem hoch spezialisierten Zusammenspiel zwischen Blüte und Insekt, das wir auch heute noch bei einem Spaziergang über eine blühende Wiese oder am heimischen Balkonkasten beobachten können. Die Ko-Evolution von Pflanzen und Insekten ist eine überwältigende Erfolgsgeschichte, deren Ergebnisse uns tagtäglich umgeben. Nicht zuletzt ist ein großer Teil unserer Nutzpflanzen in unterschiedlichem Ausmaß auf die Bestäubung durch Insekten angewiesen, unter anderem Gemüse, Obst, Sojabohnen, Ölpalmen und Baumwolle.

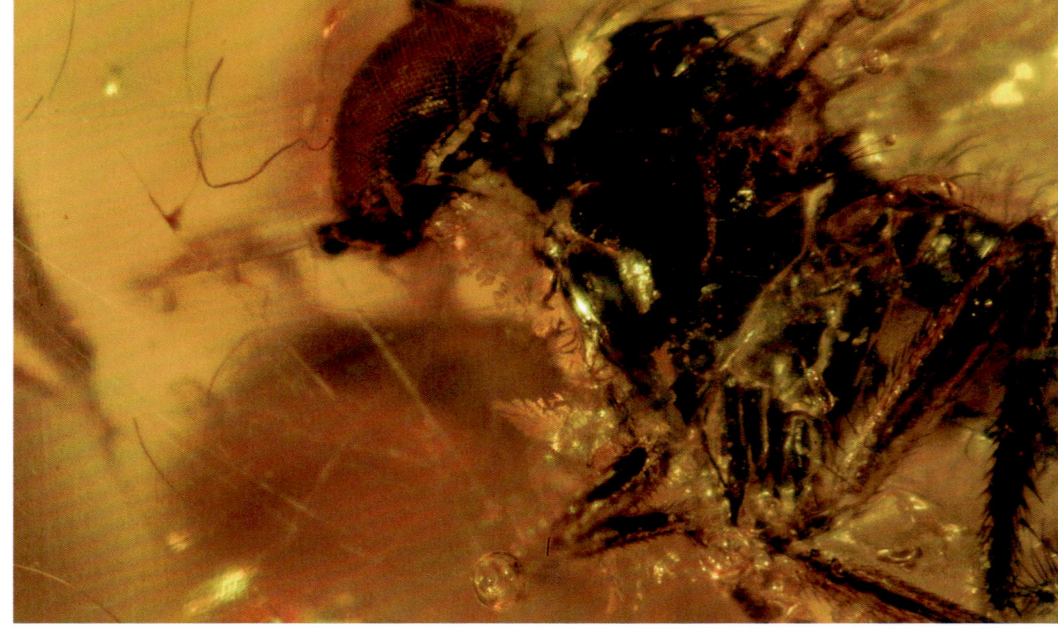

Viele kreidezeitliche Insekten werden als Fossilien in Bernstein eingeschlossen gefunden, dabei werden auch kleinste Details wie Härchen und der Aufbau der Komplexaugen erhalten. Bernstein ist ausgehärtetes Baumharz, das gegebenenfalls zuvor kleine Tiere oder Pflanzenteile eingeschlossen hat. Die ältesten Bernsteine stammen aus der frühen Kreide.

Die ersten Blütenpflanzen

Die ersten fossilen Nachweise der Blütenpflanzen stammen aus der Kreide. Sie zeigen, dass die Bedecktsamer in dieser erdgeschichtlichen Epoche schon vergleichsweise weit entwickelt waren und in einem so großen Artenreichtum auftraten, dass ihre wahren Ursprünge weiter in der Vergangenheit liegen müssen. Aber wo? Charles Darwin bezeichnete diese auch heute noch ungeklärte Frage als ein „unerträgliches Rätsel".

Die Suche nach den Vorfahren unserer Blütenpflanzen stützt sich auf Indizien. Wissenschaftler gehen davon aus, dass die frühesten Vertreter beziehungsweise die unmittelbaren Vorläufer der Bedecktsamer bereits im Perm auftraten, also etwa 150 Millionen Jahre vor den fossilen Funden. Als Beleg dient die heute ausschließlich in Blütenpflanzen vorkommende chemische Substanz Oleanan, die in Bodenschichten aus dieser Zeit gefunden wurde. Forscher vermuten, dass diese von farnartigen Gewächsen stammen, die

---

Blütenpflanzen sind mindestens so alt wie Dinosaurier, ihre Ursprünge liegen mehr als 250 Millionen Jahre zurück.

---

am Ende des Perm ausstarben und heute als Schwestergruppe der Blütenpflanzen gelten. Die Fähigkeit zur Bildung von Oleanan muss sich folglich vor der Trennung dieser beiden Linien entwickelt haben. Genetische Analysen ergeben den frühen Jura – allerdings nur für den letzten gemeinsamen Vorfahren aller heute noch lebenden Blütenpflanzen, da nur diese genetisch untersucht werden können. Der Ursprung der Blütenpflanzen muss daher früher liegen, was zu einer Entstehung im Perm passen würde. Der feurige Übergang von der Trias in den Jura, von dem die verkohlten Überreste vieler Waldbrände überliefert sind, ist jedoch ein wahrscheinlicher evolutiver Flaschenhals, nach dem sich die Linien der

Nach ihrer Entdeckung wurde aus den fossilen Überresten von *Archaeamphora* eine Pflanze rekonstruiert, die den heutigen fleischfressenden Schlauchpflanzen ähnelt. Diese ursprüngliche Interpretation als frühe fleischfressende Pflanze wird jedoch mittlerweile angezweifelt. Mittlerweile scheint es sogar möglich, dass es sich nicht um eine Blütenpflanze, sondern einen Nacktsamer handeln könnte.

heutigen Blütenpflanzen gebildet haben könnten.

Aussagekräftiger als chemische Nachweise oder genetische Rückrechnungen sind als vollständige Fossilien erhaltene Pflanzen. Zu den bislang ältesten gehören Funde in der Yixian-Formation in China, die sich als wahre Fundgrube für die Paläobotanik erwies. Sie besteht aus riesigen, 4 700 Meter starken Gesteinsschichten, die in der Kreide vor etwas mehr als 120 Millionen Jahren durch vulkanische Aktivität entstanden sind. Die Formation gilt heute als eine der weltweit bedeutendsten Fundstellen, da in ihr viele gut erhaltene Tier- und Pflanzenfossilien entdeckt wurden. Obgleich die Flora dieser Zeit noch von Nadelhölzern, also Nacktsamern, dominiert wurde, umfasste sie bereits zahlreiche frühe Vertreter der Blütenpflanzen. Eine um die Jahrtausendwende dort entdeckte Pflan-

TAFELBERGE SÜDAMERIKAS

Die Tepuis sind eine Gruppe von gut einhundert Tafelbergen im nördlichen Südamerika, durch Erosion entstandene Hochplateaus mit bis zu 1 000 Meter hohen Steilflanken. Durch ihre Höhe und die nahezu unüberwindlichen Steilwände sind sie vom umgebenden Regenwald räumlich und klimatisch weitgehend isoliert. Dadurch hat sich auf ihnen eine einzigartige Tier- und Pflanzenwelt entwickelt – eine Evolution im Kleinen. Sie ist im Gegensatz zum Klima im tropisch warmen Tiefland an kühl-gemäßigte Witterung und große Niederschlagsmengen angepasst. Eine Vielzahl von Arten ist weltweit nur dort und zum Teil nur auf einzelnen der Berge zu finden, und viele von ihnen sind bislang vom Menschen noch gar nicht entdeckt worden.

Aufgrund der schweren Regenfälle hält sich auf dem steinigen Untergrund kaum Erde. Zudem gibt es auf den Tafelbergen für Pflanzen fast keine Nährstoffe – ähnlich wie in Hochmooren,

„Inseln über dem Regenwald" werden die Tepuis auch genannt. Mit ihrer einzigartigen, von der Umgebung isolierten Pflanzen- und Tierwelt sind sie mit den Galapagos-Inseln vergleichbar.

die ebenfalls nur von Regenwasser durchdrungen werden. Unter diesen Extrembedingungen für Pflanzen haben sich auf den Tepuis ebenso wie in Hochmooren viele Pflanzen auf den Insektenfang spezialisiert, um an zusätzliche Nährstoffe zu gelangen, oder beherbergen kleine Frösche in Wassertrichtern, um deren Ausscheidungen als Dünger zu verwerten. Zu den typischen Vertretern der fleischfressenden Pflanzen der Tepuis gehören die Sumpfkrüge, eine mit den Schlauchpflanzen verwandte Gruppe, deren Fangblätter flüssigkeitsgefüllte Trichter bilden.

Der Kleine Sumpfkrug ist ausschließlich auf dem venezolanischen Auyan-Tepui beheimatet, einem 700 Quadratkilometer großen Tafelberg, von dem der mit 979 Metern höchste Wasserfall der Erde, der Salto Ángel, in die Tiefe stürzt. Das Innere der Krüge ist mit abwärts gerichteten Härchen besetzt, die die Flucht hineingefallener, durch Nektar angelockter Insekten behindern.

zengattung mit je nach Art bis fast einem halben Meter hohen Exemplaren ist ein guter Kandidat für die vielleicht ursprünglichste aller bis heute bekannten Blütenpflanzen. Da der genaue Aufbau ihrer Blüten trotz gut erhaltener Fossilien allerdings nicht eindeutig erkennbar ist, ist die genaue Interpretation der damals größtenteils im Wasser lebenden Pflanzen unsicher. Vermutlich ist die Linie jedoch ohne heute lebende Nachfahren ausgestorben.

Eine ebenfalls sehr alte Blütenpflanze stammt auch aus der Yixian-Formation und erinnert in ihrem Aussehen an moderne fleischfressende Pflanzen, die heutigen Sumpfkrüge Südamerikas und die nordamerikanischen Schlauchpflanzen. Ob es sich bei ihr wirklich um einen Vorfahren der fleischfressenden Pflanzen handelt, ist jedoch fraglich.

Sehr viel besser untersucht ist *Amborella trichopoda*, denn diese Art lebt noch heute. Nach aktuellem Kenntnisstand stellt *Amborella* die Fortsetzung einer frühen Nebenlinie der Bedecktsamer dar, die sich vor etwa 130 Millionen Jahren abgespalten hat, also direkt vor der Ablagerung der Yixian-Formation. Der urtümliche Blütenaufbau dieses heute in Neukaledonien beheimateten immergrünen Strauches vermittelt einen lebendigen Eindruck davon, wie die ersten Blütenpflanzen ausgesehen haben könnten und eröffnet dem Betrachter ein Fenster in eine längst vergangene Ära.

Die Kooperation mit den Insekten beginnt

Zwar jünger als *Amborella*, dafür aber ein bekannterer, früh-kreidezeitlicher Spross der Hauptlinie der Blütenpflanzen sind die Seerosen und ihre Verwandten, die heute in Gärten und Teichanlagen als Blickfang geschätzt werden. Ihr evolutiver Ursprung liegt zeitlich nahe an der Yixian-Zeit. An den Seerosen lässt sich auch heute noch anschaulich beobachten, wie das Zusammenspiel von Blütenpflanzen und Insekten begann: Die ersten Blütenpflanzen wurden vermutlich eher „nebenbei" durch pollenfressende Käfer bestäubt, so wie

es sich auf manchen Seerosen in unseren Gärten noch immer ereignet. Während sich das Insekt auf der Suche nach Nahrung in Form von Blütenpollen über die Blüte bewegt, bleiben einige dieser Pollen an seinem Körper haften. Beim Verlassen der Blüte trägt es diese kostbare Fracht mit sich und streift sie an der nächsten Blüte, die es aufsucht, wieder ab. So sorgen damals wie heute die Käfer, ohne es zu wissen, für die Bestäubung der Pflanzen.

Nicht lange nach den Käfern entdeckten die ersten Hautflügler die Blüten der Bedecktsamer für sich und betätigten sich ebenfalls

Im Unterwuchs der seit dem Beginn des Paläogen vor 66 Millionen Jahren klimatisch und ökologisch relativ stabilen tropischen Regenwälder Neukaledoniens wächst *Amborella trichopoda*. Sie ist die einzige Art der ältesten, heute noch existierenden Schwestergruppe aller anderen Blütenpflanzen. Sie ist sowohl durch Wind als auch durch Tiere bestäubbar.

unbewusst als Bestäuber. Die Hautflügler bestehen heute aus den verschiedensten Wespen im weiteren Sinne, inklusive der Bienen, Hummeln und Ameisen, und sind Nachfahren der artenreichen, auch heute noch vereinzelt vorkommenden Urblattwespen aus der Trias, die wiederum zu den ältesten heute noch lebenden Insektengruppen zählen.

Während die ersten Urblattwespen vermutlich Schmarotzer an Nadelbäumen waren, stellten sich ihre Nachkommen mehr und mehr auf das Nahrungsangebot der bedecktsamigen Pflanzen ein. Zu ihnen gesellten sich die erstmals im Jura vor 190 Millionen Jahren auftretenden Schmetterlinge, die in ihrer gemeinsamen Entwicklung mit den Blüten-

EINS ODER ZWEI – DIE KEIMBLÄTTER DER BLÜTENPFLANZEN

Keimen die Samen einer Blütenpflanze, streckt der entstehende Sämling der Sonne meist zwei Keimblätter entgegen. Es sind seine ersten Blätter, sie sind bereits im Samenkorn angelegt. Dies ist bereits bei *Amborella* der Fall, ebenso wie bei den übrigen, evolutiv sehr alten Gruppen der Blütenpflanzen: den Seerosen und ihren Verwandten sowie einer Gruppe, zu der Sternanis zählt, dessen Früchte als weihnachtliches Gewürz bekannt sind. Genauso verhält es sich bei den Magnolien und ihren Verwandten, wie der Lorbeer- und der Pfeffer-Gruppe, die zum Teil in Nordamerika vorkommen, überwiegend aber in Asien zu finden sind und oft tropische Bedingungen lieben.

Bei einer ökologisch und für den Menschen wichtigen Gruppe, die sich entwicklungsgeschichtlich anschließt, den Einkeimblättrigen Pflanzen, besitzt der Keimling jedoch nur ein Keimblatt. Zu diesen Pflanzen zählen die Lilien sowie eine Reihe weiterer, häufig genutzter Zierpflanzen aus der Spargelverwandtschaft (beispielsweise Orchideen und die vielen Arten, die aus einer Zwiebel wachsen, vom Krokus über Lauch bis zur Amaryllis), sowie Palmen und Gräser. Nach der Sämlingsphase erkennt man Einkeimblättrige Pflanzen gut an den parallel (nicht netzförmig) verlaufenden Blattadern. Meist sind sie außerdem mehrjährig, haben unverzweigte Stängel und Blätter ohne Stiele.

Nach den Einkeimblättrigen Pflanzen folgt eine kleine Zwischengruppe, die aus etwa zehn Arten der weltweit im Süßwasser vorkommenden Hornblätter besteht. Das vor ein paar Jahren in Spanien gefundene, mit etwa 130 Millionen Jahren bislang älteste Blütenpflanzenfossil scheint zur Verwandtschaft dieses vergleichsweise modernen Abzweigs zu gehören. Nach diesem entwickelte sich die heute „aktuellste" Gruppe der Blütenpflanzen, die Zweikeimblättrigen Pflanzen im Sinne einer einheitlichen Abstammungslinie. Sie machen etwa zwei Drittel der ungefähr 370 000 bekannten Blütenpflanzen aus und spannen sich von den früh entstan-

Die netzadrige Blattaderung ist ein typisches Merkmal zweikeimblättriger Pflanzen. Bei den Einkeimblättrigen verlaufen die Blattnerven parallel.

pflanzen so erfolgreich wurden, dass sie heute nach den Käfern die zweitgrößte Insektengruppe darstellen.

Einige frühe Blütenpflanzen entwickelten die Fähigkeit, eine zuckerhaltige, nahrhafte Flüssigkeit, den Nektar, zu produzieren. Für die Pflanzen ist er wesentlich weniger aufwendig herzustellen als Pollen, für die Insekten aber stellt er eine mindestens ebenso attraktive Nahrungsquelle dar. Die Bedeutung des Nektars für die Ernährung der Insekten wird unter anderem daran deutlich, dass die Schmetterlinge ihre ursprünglich vorhandenen Beißwerkzeuge im Laufe der Jahrmillionen in einen hocheffizienten Saugrüssel zur Nektaraufnahme umwandelten.

denen Arten wie Mohn, Berberitzen und Windröschen über die Buchsbäume bis hin zu den Verwandtschaftsgruppen der Rosen und Astern. Zu den Spitzen der Stammbaumverästelungen zählen Pflanzen wie Kartoffeln und Feldsalat oder bei den Zierpflanzen die Petunien und Spornblumen.

Die Zierpflanzenzüchtung stellt eine neue Form der evolutiven Entwicklung der Blütenpflanzen dar. Durch das Interesse des Menschen an schönen Blüten hat die Pflanzenzüchtung als Selektionsmechanismus gewirkt. Züchter haben Pflanzen mit Blüten ausgewählt, die von vielen als besonders schön empfunden werden. Diese üppigen, oft gefüllten Blüten produzieren häufig nicht nur keinen Nektar mehr für die evolutiv darauf eingestellten Insekten, sondern funktionieren auch nicht mehr als Fortpflanzungsorgan. Die so gezüchteten Pflanzen sind daher vollkommen auf die „künstliche" Vermehrung durch den Menschen angewiesen – zwischen Mensch und Zierpflanze ist eine für vermehrungsunfähige Zierpflanzen lebensnotwendige Symbiose entstanden.

Die Verwandtschaftsverhältnisse und damit die evolutive Entstehungsgeschichte ausgewählter Blütenpflanzengruppen sind hier an beispielhaften Vertretern dargestellt. Dabei werden einzelne Pflanzen stellvertretend für ihre größeren oder kleineren Verwandtschaftsgruppen genannt. Die Darstellung ist bei Weitem nicht vollständig, da es innerhalb der Blütenpflanzen bereits mehr als 60 Großgruppen gibt.

Kartoffeln Petunien

Feldsalat Spornblumen

Rosenverwandte

Asternverwandte

Berberitzen

Windröschen

Buchsbäume

Mohn

Zweikeimblättrige

Amaryllis

Krokusse

Orchideen

Gräser

Palmen

Hornblätter

Magnolien

Lorbeer

Lilien

Einkeimblättrige

Pfeffer

Sternanis

Seerosen

Amborella

BLÜTENPFLANZEN / BEDECKTSAMER

Die Urblattwespen zählen mit ihrem Ursprung in der Trias vor mindestens 220 Millionen Jahren zu den ältesten heute noch existierenden Insektengruppen. Viele Arten ernähren sich noch heute von Nacktsamern.

Bienen und Schmetterlinge zählen zu den häufigsten Bestäuberinsekten. Daneben kommen auch andere Insektengruppen vor, aber – vor allem in den Tropen – auch Vögel oder Säugetiere, zum Beispiel Fledermäuse, Nager und einige Beuteltiere betätigen sich als Bestäuber von Pflanzen, die sich durch ihren Blütenbau darauf eingestellt haben.

Der Nektar ist für die Pflanzen selbst zunächst bedeutungslos. Da er für die Insekten jedoch ein wertvoller Energielieferant ist, fungiert er als eine Art „billiges Lockmittel": Es schützt den für die Pflanzen wertvollen Pollen vor Insektenfraß, ohne das Interesse der bestäubenden Insekten an den Blüten zu schmälern. Der mit dem Schutz und Erhalt des Pollens verbundene evolutive Vorteil führte zu einer größeren Verbreitung der Nektar produzierenden Pflanzen, was wiederum ein größeres Nahrungsangebot für die Insekten bedeutete, die gelernt hatten, den Nektar als Nahrungsquelle zu nutzen. Diese wechselseitige Spezialisierung wurde von ei-

nigen Hautflüglern weiter ausgebaut. Forscher vermuten, dass räuberische Nachfahren der ersten Urblattwespen ursprünglich pollenbestäubte Blütenbesucher gefressen haben und so auf das Nahrungsangebot der Blüten aufmerksam wurden. Nach und nach entwickelten sie sich selbst zu immer effizienteren Bestäubern: den Bienen. Wie die Schmetterlinge bildeten sie einen Saugrüssel aus, um die Nektarquellen der Blüten optimal erreichen zu können. Darüber hinaus finden sich bei den Bienen, zu denen auch die Hummeln gehören, „Pollenhöschen" an den Beinen, in denen Blütenpollen gesammelt und sicher transportiert werden können. Zusätzlich ist ihr Körper von einem dichten Pelz bedeckt,

Bestäubende Insektengruppen entwickelten eine erstaunliche Vielfalt.

in dem Pollen leicht so lange hängen bleiben, bis sie auf der nächsten Blüte wieder abgestreift werden. Der älteste Fund einer Biene, die in Bernstein eingeschlossene sogenannte Ur-Biene, ist 100 Millionen Jahre alt und mit nur drei Millimetern Körperlänge sehr viel kleiner als unsere heutigen Arten.

Um die bestäubenden Insekten besser auf sich aufmerksam zu machen, entwickelten die Pflanzen verschiedene Duftstoffe. Die auch für den Menschen wohlriechenden richten sich vor allem an Hautflügler und Schmetterlinge. In Einzelfällen haben Pflanzen sich aber zum Beispiel auch auf Fliegen als Bestäuber spezialisiert – einige von ihnen, wie der auch als Zierpflanze gehaltene Aronstab, verströmen deshalb einen Aasgeruch. Bei dem fast drei Meter hohen Blütenstand der Titanenwurz ist dieser so intensiv, dass Menschen es nur kurze Zeit in seiner Nähe aushalten.

Durch diese Lockstoffe können Pflanzen die Insekten auch aus weiterer Entfernung anlocken, was einen zusätzlichen Vorteil bedeutet. Doch die Pflanzen beließen es nicht bei der Produktion von Duftstoffen, sondern rüsteten auch optisch auf, indem sie weitere

grüne Blätter opferten und durch bunte Blütenblätter ersetzten. Durch diese werden die Tiere, nachdem sie in die Nähe der Pflanzen gelangt sind, direkt zu den Nektarquellen geleitet.

Pflanzen locken Insekten unter anderem durch Duftstoffe an.

Die Farbstoffe in den Blütenblättern, die Duftstoffe im Nektar – all das sind Ausdrucksformen der evolutiven Kräfte, die aufseiten der Blütenpflanzen die Kooperation mit den Insekten vorantrieben. Das immense Interesse vor allem der Hautflügler an den von der Evolution hervorgebrachten Blüten war die Ursache für den gewaltigen Entwicklungssprung, den diese Tiere über Millionen Jahre in Form der gesteigerten Spezialisierung auf das Nahrungsangebot der Blütenpflanzen erlebten. Die zunehmende Differenzierung der Insekten ebenso wie die der Pflanzen führte zwar zu einer immer deutlicher hervortretenden gegenseitigen Abhängigkeit, doch diese bedeutete für beide Gruppen auch ein hohes Maß an Sicherheit in Bezug auf den exklusiven Zugang zu Nahrungsquellen beziehungsweise die Vermehrung durch gezielte Bestäubung. Die daraus resultierenden Vorteile führten für Blütenpflanzen und Insekten nicht nur zu einem sprunghaften Anstieg ihrer Individuen-, sondern auch ihrer Artenzahl. Die Bedecktsamer setzten sich dadurch ab der zweiten Hälfte der Kreide gegen ihre Vorläufer, die nacktsamigen Pflanzen, durch. Am Ende der Kreide ersetzten hohe Laubbäume mit schon erkennbaren Vorläufern heutiger Eichen und anderer Arten die Nadelbäume und leiteten damit den Umbau der Ökosysteme in die Form ein, die wir heute kennen. Im Paläogen breiteten sich viele weitere, neue Pflanzengruppen aus, von denen die aus der heutigen Vegetation und menschlichen Ernährung nicht wegzudenkenden Gräser (Getreide, inklusive Mais und Reis) zu den späteren gehörten. Diese Vormachtstel-

lung, die den Aufstieg und die Weiterentwicklung der Insekten, der Säugetiere und letztlich auch der Vögel begleitete, behaupten die Bedecktsamer bis in unsere Gegenwart.

Die vorerst letzte große Prüfung musste die Pflanzenwelt – wie auch die Tierwelt – in den letzten 2,5 Millionen Jahren während der Eiszeiten des Pleistozäns bestehen. Gletscher wanderten von den Polen und den Gebirgen aus aufeinander zu und erdrückten die Pflanzen gleichsam unter und zwischen sich. Die Zeiten des tropischen Europas waren vorbei. Einigen Pflanzen gelang es, in geschützten Regionen zu überleben und das kahle Land wieder zu besiedeln, das Jahrtausende unter den Gletschern gelegen hatte. In Europa überlebte nur ein Bruchteil der vielen ursprünglich heimischen Baumarten. Dies ist noch heute daran erkennbar, dass europäische (Ur-)Wälder sehr artenarm sind – typischerweise sind es reine Buchenwälder. In Nordamerika und China hingegen überlebten sehr viel mehr Arten, sodass die Zusammensetzung der Wälder dort heute erheblich vielfältiger ist.

Auf normal feuchten Standorten, die sich selbst überlassen werden, hat sich in Mitteleuropa außerhalb von Gebirgslagen seit den letzten Eiszeiten über Jahrzehnte und Jahrhunderte aus langsam verbuschenden Wiesen immer ein Buchenwald gebildet. Der wegen Lichtmangel fehlende Unterwuchs und die glatten Stämme erzeugen den Eindruck einer „natürlichen" Kathedrale.

VOM EI ZUM MUTTERLEIB: DER SIEGESZUG DER SÄUGETIERE

Die frühen Säugetiere haben wie ihre Vorfahren Eier gelegt. Als namensgebende Weiterentwicklung zogen sie ihre frisch geschlüpften Jungen jedoch mit Muttermilch auf. Aus dieser frühen Phase der Säugetierentwicklung existiert heute noch eine einzige Linie mit nur noch fünf verschiedenen Arten.

Zu diesen Arten zählen das in Australien lebende Schnabeltier und vier Arten von Ameisenigeln, die auf Neuguinea heimisch sind (und in einem Fall zusätzlich in Australien). Dies sind die Ursäuger, sozusagen die Relikte aus dem Jura.

Andere Säugetiermerkmale sind weniger deutlich ausgeprägt, beispielsweise die Furchungen der Backenzähne (welche bei den ausgewachsenen heutigen Ursäugern ohnehin nicht mehr vorhanden sind), die senkrecht stehenden Extremitäten und die Körpertemperatur, die zwar mehr oder weniger gleichbleibend ist, aber mit nur etwas über 30 Grad Celsius merklich unter den sonst typischen 37 Grad bleibt. In einer Reihe anderer Eigenschaften unterscheiden sich die Ursäuger noch eindeutig von der Mehrzahl der heutigen Säugetiere.

Die nur gut einen Zentimeter großen Eier des Schnabeltiers und der Ameisenigel sind mit pergamentartigen Schalen umschlossen. Die nach einigen Tagen schlüpfenden Jungtiere sind wenig entwickelt, können sich aber mit ihren Vorderbeinen bei der Mutter festhalten. Sie müssen die Milch aus dem Fell der Mutter auflecken, da die Milchdrüsen bei den Ursäugern noch nicht in Form von Zitzen gebündelt sind. Dies spiegelt die vermutete Entwicklung der Milchdrüsen aus Schweißdrüsen wider, deren Aufgabe zunächst darin bestand, die Eier feucht zu halten, indem das Muttertier das später zur Milch gewordene Sekret mit dem Fell auf den Eiern verrieb.

Die Linie der heutigen Ursäuger ist in Australien entstanden. Die ältesten Fossilien sind etwa 120 Millionen Jahre alt und stammen aus der ersten Hälfte der Kreide. Sie ist mit ihrem vermuteten Ursprung im Jura eine der jüngsten und mit Abstand langlebigsten Linien der schon aus der späten Trias gefundenen, ursprünglichen Säugetiere. Von vielen, den Ursäugern nachfolgenden Linien überlebten nur zwei weitere ebenfalls

Das australische Schnabeltier gehört zu den Ursäugern, den ursprünglichsten heute noch lebenden Säugetieren. Es legt Eier, ist aber als Säugetier eingeordnet, weil es seine Jungen mit Milch ernährt und ein Fell hat.

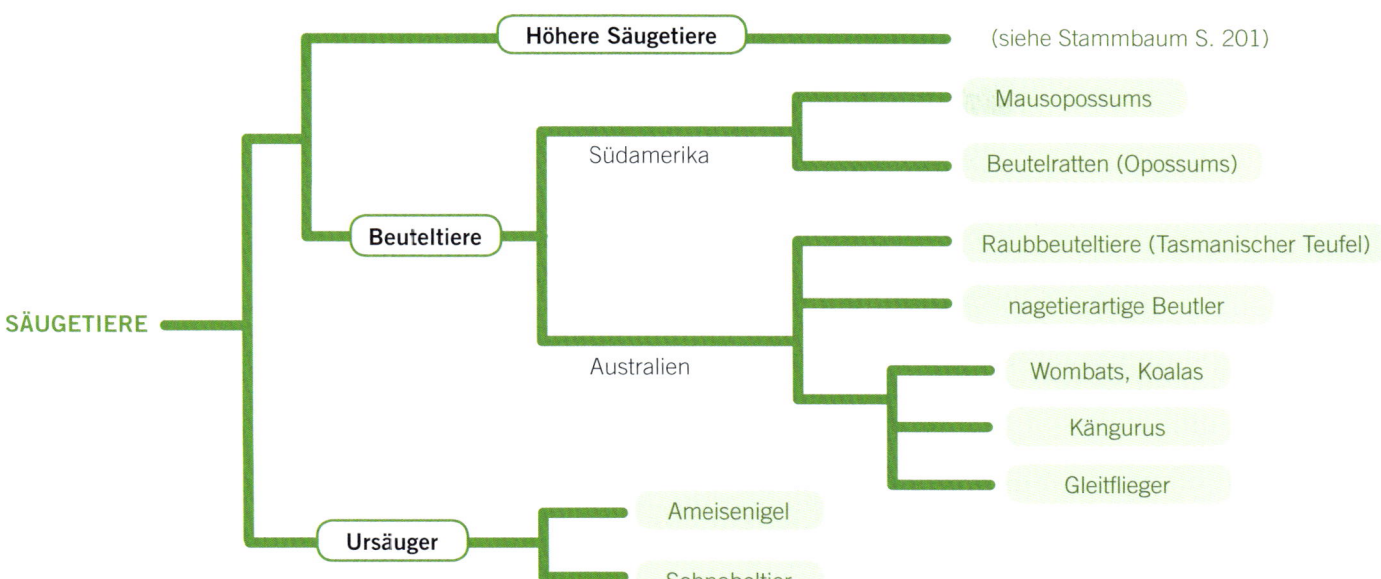

Höhere Säugetiere — (siehe Stammbaum S. 201)

Beuteltiere

Südamerika
- Mausopossums
- Beutelratten (Opossums)

Australien
- Raubbeuteltiere (Tasmanischer Teufel)
- nagetierartige Beutler
- Wombats, Koalas
- Kängurus
- Gleitflieger

SÄUGETIERE

Ursäuger
- Ameisenigel
- Schnabeltier

das Ende der Kreide. Diese nagetierähnlichen Pflanzen- und Allesfresser starben dann aber aus, sodass neben den Ursäugern nur noch zwei Gruppen der Säugetiere verblieben, die beide bis heute existieren: Die etwas mehr als 300 heutigen Arten der Beuteltiere repräsentieren dabei den letzten Entwicklungsschritt vor der „aktuellen" Fortpflanzungstechnik der mehr als 6 000 heutigen Höheren Säugetiere, die überwiegend fertig entwickelte Jungtiere zur Welt bringen. Zu den Höheren Säugetieren gehört auch der Mensch.

Beuteltiere – quasi ein bisschen schwanger

Beuteltiere, oder Beutelsäuger, sind lebendgebärend und bringen winzige, unvollständig entwickelte Jungtiere zur Welt, die zu den Zitzen der Mutter krabbeln und sich dort festsaugen. Bei den meisten Arten geschieht dies in einem schützenden, namensgebenden Beutel, den der Nachwuchs bis zum Abschluss aller relevanten Entwicklungsprozesse nicht mehr verlässt. Die Vorfahren der heutigen Beuteltiere entstanden in der frühen Kreide in Asien und wanderten über Europa nach Nord- und Südamerika und schließlich über das damals klimatisch noch mildere Antarktika bis Australien. Die meisten damaligen

Beuteltiergruppen starben am Ende der Kreide aus, aber es scheint, als hätten Beuteltiere auf mehr als einem Kontinent überlebt und sich neu verbreitet. Die heutigen Gruppen verteilen sich auf (Süd-)Amerika und Australien. Die spitzmausähnlichen Mausopossums leben in Süd- und Mittelamerika, ebenso die Beutelratten – mit Ausnahme des Nordopossums, dem einzigen Beuteltier Nordamerikas. Diese Gruppen haben sich seit der späten Kreide im damals geografisch isolierten Südamerika entwickelt. Erst seit der Bildung einer Landbrücke nach Nordamerika vor etwa drei Millionen Jahren war ein Austausch der Arten wieder möglich.

Auch in Australien entwickelten sich die Beuteltiere weitgehend isoliert. Räuberische Gruppen, zu denen der berühmte Tasmanische Teufel und der 1936 ausgestorbene Beutelwolf gehören, stehen neben einer Reihe ungewöhnlicher, zum Teil sehr urtümlicher Arten wie den Beutelmullen: Diese Tiere graben sich wie Maulwürfe durch den Boden, aber so flach, dass sie eher in der Erde „schwimmen", weil ihre Gänge hinter ihnen sofort wieder zusammenfallen. Darüber hinaus gibt es eine große Verwandtschaftsgruppe, die die bekanntesten Beuteltiere enthält: die Koalas und Wombats, Kängurus und

Die ursprünglichsten Linien der heutigen Säugetiere sind die Ursäuger und die Beuteltiere. Während die Ursäuger nur im australischen Raum vorkommen, haben sich die Beuteltiere in einen australischen und einen südamerikanischen Zweig aufgespalten. Das Schema ist mit Blick auf einige unbekanntere Untergruppen vereinfacht.

Bei Kängurus ist der Nachwuchs im Beutel leicht zu erkennen – aber erst wenn er schon größer ist und den Beutel regelmäßig verlässt. Vorher saugen sich die nur etwa einen Zentimeter großen, unreif geborenen Jungtiere an einer der Zitzen im Beutel der Mutter fest, in dem sie erst einige Monate später wieder sichtbar werden.

einige Gleitflieger. Neben einigen weiteren, heutigen Arten zählten zu ihr viele große Beuteltiere wie der Beutellöwe, bis zu drei Meter hohe Kängurus und *Diprotodon optatum*, das größte bekannte Beuteltier, ein Verwandter der Wombats mit mehr als drei Metern Länge bei einer Schulterhöhe von fast zwei Metern und einer Masse von fast drei Tonnen. Sie starben gemeinsam mit den Großsäugern in anderen Teilen der Welt im Laufe des Pleistozäns, der Phase der jüngsten Eiszeiten, aus.

Die Ähnlichkeiten in der Entwicklung der Beuteltiere im isolierten Australien, in dem es nahezu keine weiteren Säugetiere gab, mit der Entwicklung der Säugetiere auf anderen Kontinenten beschränkte sich nicht nur auf ökologische Aspekte, indem beispielsweise die Kängurus die Weidetierrolle der Huftiere übernahmen, sondern galt auch für viele anatomische Merkmale. Zu den auch fossil sicheren Erkennungsmerkmalen eines Beuteltieres gehört jedoch eine in jedem Fall größere Anzahl an Schneidezähnen im Vergleich zu allen anderen Säugetieren.

Bei einigen Beuteltieren ist bereits eine einfache Form der Plazenta, des sogenannten Mutterkuchens, vorhanden. Sie besteht sowohl aus dem Gewebe des Fötus als auch aus dem Gewebe der Mutter und bildet sich im Bereich der Hülle des letztlich amnioti-

schen, schalenlosen Säugetier-Eies, in dem der Nachwuchs reift. Ab der Entwicklungsstufe der Beuteltiere verlässt dieses Ei den Körper des Muttertieres nicht mehr. Die Plazenta hat unter anderem die Aufgabe, das mütterliche Immunsystem so zu beeinflussen, dass der Nachwuchs nicht abgestoßen wird. Da das Gewebe des sich entwickelnden Nachwuchses aufgrund der geschlechtlichen Fortpflanzung zur Hälfte „väterlich" ist, würde es vom mütterlichen Immunsystem eigentlich als körperfremd erkannt und angegriffen werden. Beim Menschen kann es beispielsweise bei einer Unverträglichkeit der Rhesus-Faktoren des mütterlichen und kindlichen Blutes – ausgelöst durch eine ungünstige Kombination mütterlicher und väterlicher Gene – trotzdem dazu kommen, dass das mütterliche Immunsystem die roten Blutkörperchen des Kindes angreift und auflöst. Erst im späteren Verlauf der Entwicklung der Säugetiere übernahm die Plazenta auch die Versorgung des ungeborenen Nachwuchses mit Nährstoffen.

Höhere Säugetiere – auf dem Weg zum Menschen

Aufgrund der fehlenden oder unvollständigen Funktion der Plazenta sind bei den Beuteltieren nur sehr kurze Tragzeiten zwischen einigen Tagen bis wenigen Wochen möglich. Diese Einschränkung wurde durch eine voll funktionsfähige Plazenta in der Linie der Höheren Säugetiere, die auch Plazentatiere genannt werden, überwunden. Zu diesen zählen mehr als 90 Prozent der heutigen Säugetierarten, einschließlich des Menschen. Eine lange Tragzeit ermöglicht die Geburt vollständig entwickelter Jungtiere, was deren Überlebenschancen deutlich erhöht, allerdings müssen die Muttertiere dafür sehr viel Zeit und Energie aufwenden. Bei Afrikanischen Elefanten beträgt die Tragzeit bis zu 25 Monate. Die Versorgung des Nachwuchses und damit die Verbesserung seiner Überlebenschancen setzen sich nach der Geburt durch das Säugen fort. Diese Strategie der Säugetiere, die Überlebenschancen jedes einzelnen der wenigen Jungtiere zu erhöhen, funktioniert entgegengesetzt zur Strategie der Reptilien und Amphibien. Bei diesen findet üblicherweise keine Brutpflege statt, und die Gelege mit den sich entwickelnden Jungtieren sind meist wenig gegen Räuber geschützt – stattdessen wird die Wahrscheinlichkeit für überlebenden Nachwuchs durch eine große Anzahl von Eiern erhöht. Ein eindrucksvolles Beispiel ist der Massenschlupf einiger Meeresschildkröten aus an Stränden vergrabenen und dann verlassenen Eiern: Räuberische

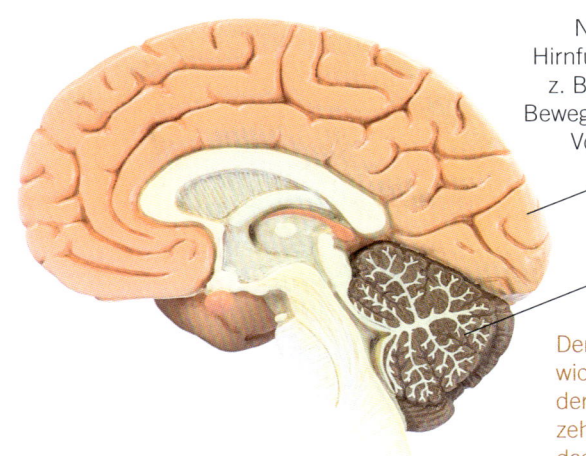

Neocortex (für höhere Hirnfunktionen verantwortlich, z. B. Sinneswahrnehmung, Bewegungsplanung, räumliches Vorstellungsvermögen)

Kleinhirn

Der Neocortex ist eine Entwicklung der Säugetiere, deren Gehirn dadurch etwa zehnmal so groß ist wie das gleich große Reptilien. Reptilien verfügen neben dem Kleinhirn nur über die Entsprechungen der hellen Bereiche im Zentrum dieses menschlichen Hirnmodells.

Die Beuteltiere sind für eine lange Trächtigkeit nicht weit genug entwickelt.

Vögel, die schon bei der Eiablage einige der Eier gefressen haben, bevor die Muttertiere sie vergraben konnten, warten bereits auf die schlüpfenden Jungschildkröten, die sich aus dem Sand graben und so schnell sie können ins Wasser flüchten. Nur die große Anzahl – zuerst der Eier und dann der Jungtiere – stellt sicher, dass ausreichend Tiere im Meer ankommen.

Elefanten sind neben Affen (zu denen auch die Menschen gehören) die einzigen Säugetiere, bei denen sich die Milchdrüsen zwischen den Vorderbeinen befinden. Die Milchdrüsen entwickeln sich aus einer Milchleiste, die während der Embryonalentwicklung auf beiden Körperseiten entsteht. Sie zieht sich jeweils vom Ursprung der Vorderbeine bis zum Ansatz der Hinterbeine. Die Anzahl der Milchdrüsen entspricht üblicherweise ungefähr der doppelten mittleren Wurfgröße – auch hier stimmen Elefanten und (Menschen-)Affen überein. Gegenüber beispielsweise Hunden oder Schweinen, deren viele Milchdrüsen in zwei Reihen entlang der beiden Milchleisten zwischen Brustkorb und Leiste angeordnet sind, bilden sich die Milchleisten bei der Embryonalentwicklung des Menschen kurz nach ihrer Entstehung in der 7. Schwangerschaftswoche bis auf den vorderen Teil zurück. Gelegentlich fällt diese Rückbildung geringer als üblich aus, sodass

zusätzliche Brustwarzen entstehen können, die demzufolge immer unterhalb der Brust Richtung Leiste liegen.

Die Vergrößerung des Gehirns ist ein Merkmal der Säugetiere, das an der Form fossiler Schädel nachvollzogen werden kann und bei den Höheren Säugetieren am stärksten ausgeprägt ist. Dies ermöglicht komplexeres Verhalten, beispielsweise detaillierter abgestufte und erlernte Reaktionen auf Umweltreize, aufwendigere Jagdtechniken und vielschichtiges Sozialverhalten. Der bei

Auch nach der Geburt werden junge Säugetiere weiter versorgt, um ihre Überlebenschancen zu erhöhen. Die Milchdrüsen entstehen während der Embryonalentwicklung aus Milchleisten auf der Bauchseite – nur bei Affen und Elefanten befinden sich die Milchdrüsen zwischen den Vorderbeinen.

Im lange isolierten Südamerika haben sich aus moderner Sicht ungewöhnliche Gruppen der Höheren Säugetiere mit heute insgesamt 30 Arten entwickelt: Die Faultiere (links) mit einem sehr sparsamen Stoffwechsel, die zahnlosen Ameisenbären (oben rechts) mit einer sehr langen Zunge und die gepanzerten Gürteltiere (unten). Bis auf eine Gürteltierart im südlichen Nordamerika kommen sie heute (wieder) nur in Süd- und Mittelamerika vor.

den Säugetieren hinzugekommene Gehirnbereich ist der Neocortex, der für Sinneswahrnehmungen und Bewegung zuständig ist. Beim Menschen macht er etwa 90 Prozent der Großhirnrinde aus.

Die neuen Fähigkeiten der Säugetiere ermöglichten es ihnen, nach der Aussterbewelle am Ende der Kreide schnell in die frei gewordenen Lebensräume vorzudringen und verschiedenste ökologische Nischen zu besetzen.

Nach dem Aussterben der Dinosaurier entwickelten sich die Säugetiere explosionsartig.

Während die Säugetiere vom Ende der Trias bis zum Ende der Kreide relativ einheitlich waren – kleine, nachtaktive, oft nagetierähnliche Insekten- und gelegentlich Pflanzenfres-

ser –, erhöhte sich ihre Evolutionsgeschwindigkeit im Paläogen erheblich. Innerhalb von weniger als 20 Millionen Jahren entstand, zu Beginn explosionsartig, eine große Formenvielfalt. Dazu gehörten auch eine Reihe kurzlebiger Entwicklungslinien, die bald darauf wieder ausstarben. Viele davon fielen einem kurzen, steilen Temperaturanstieg und dessen Umweltfolgen zum Opfer, der sich vor 56 Millionen Jahren ereignete und gleichzeitig die Entwicklung neuer Linien anstieß, darunter die der Primaten, die sehr viel später zum Menschen führte. Seit dem mittleren Paläogen vor ungefähr 40 Millionen Jahren existieren alle der etwa 20 Hauptlinien der heutigen Höheren Säugetiere, einschließlich so spezialisierter Gruppen wie der Fledermäuse und der ins Wasser zurückgekehrten Wale.

Höhere Säugetiere der Südhalbkugel

Genetische Untersuchungen haben vor einigen Jahren überraschend offenbart, dass sich der Stammbaum der Höheren Säugetiere in drei Hauptäste aufgeteilt hat, die noch in der Kreide vor etwa 120 Millionen Jahren durch das Auseinanderdriften der Kontinentalplatten geografisch voneinander getrennt wurden. Zwei Äste entsprechen dem ehemaligen Kontinent Gondwana im Süden. Von diesem spaltete sich das heutige Südamerika ab, auf dem die Höheren Säugetiere mit den sehr ursprünglichen Gürteltieren sowie den Faultieren und Ameisenbären vertreten sind. Der zweite „südliche" Ast entwickelte

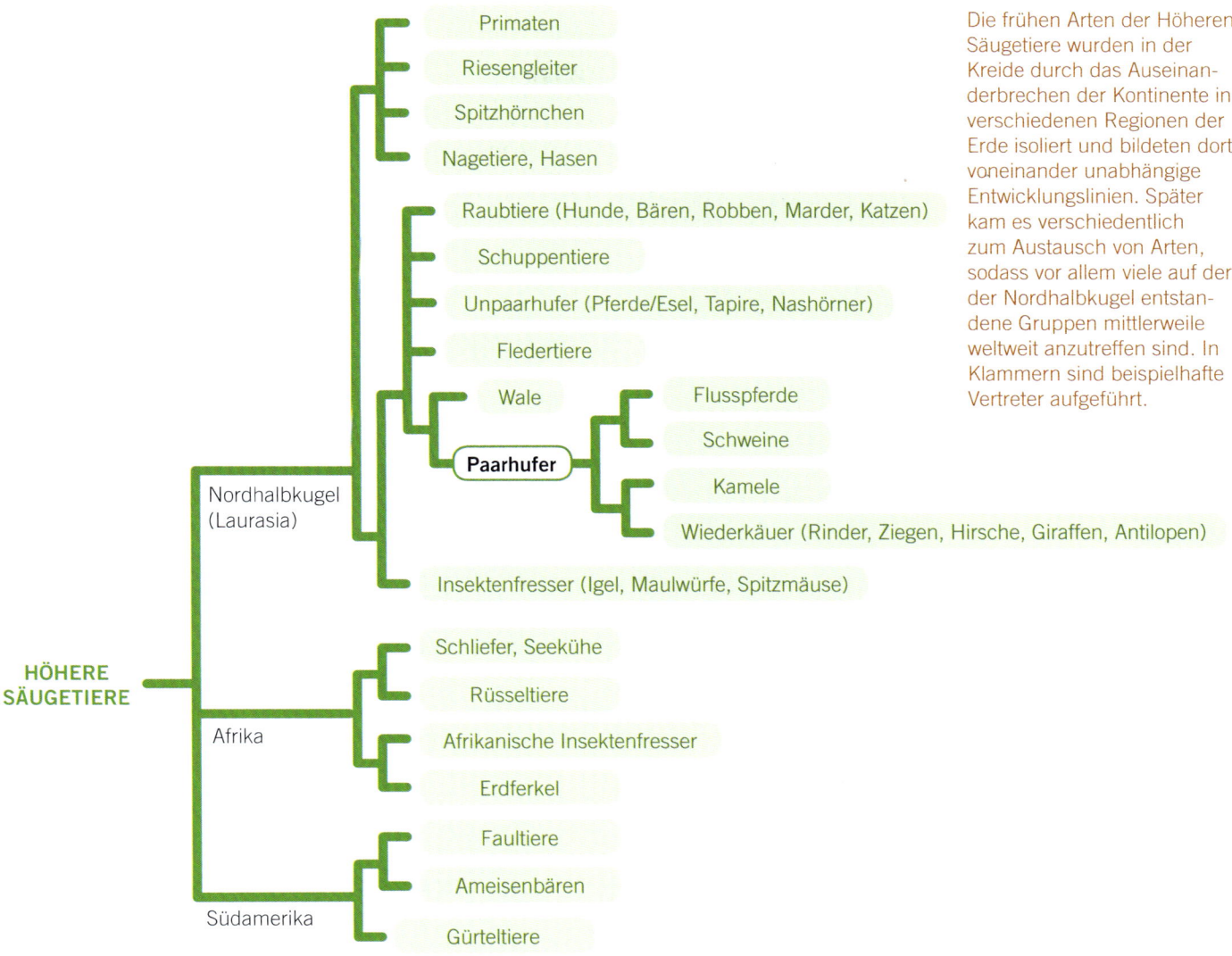

Primaten

Riesengleiter

Spitzhörnchen

Nagetiere, Hasen

Raubtiere (Hunde, Bären, Robben, Marder, Katzen)

Schuppentiere

Unpaarhufer (Pferde/Esel, Tapire, Nashörner)

Fledertiere

Wale

Flusspferde

Schweine

Paarhufer

Kamele

Wiederkäuer (Rinder, Ziegen, Hirsche, Giraffen, Antilopen)

Insektenfresser (Igel, Maulwürfe, Spitzmäuse)

Nordhalbkugel (Laurasia)

Schliefer, Seekühe

Rüsseltiere

Afrikanische Insektenfresser

Erdferkel

Afrika

Faultiere

Ameisenbären

Gürteltiere

Südamerika

HÖHERE SÄUGETIERE

Die frühen Arten der Höheren Säugetiere wurden in der Kreide durch das Auseinanderbrechen der Kontinente in verschiedenen Regionen der Erde isoliert und bildeten dort voneinander unabhängige Entwicklungslinien. Später kam es verschiedentlich zum Austausch von Arten, sodass vor allem viele auf der der Nordhalbkugel entstandene Gruppen mittlerweile weltweit anzutreffen sind. In Klammern sind beispielhafte Vertreter aufgeführt.

sich in Afrika. Zu ihm gehören heute so unterschiedliche Säugetiergruppen wie die Rüsseltiere, mit den Elefanten als einzigen noch lebenden Vertretern, und die beiden mit ihnen verwandten Gruppen der Seekühe und der murmeltierartigen, gut kletternden Schliefer. (Die Seekühe sind neben Walen und Robben die dritte Säugetiergruppe, die ins Meer zurückgekehrt ist und es wie die Wale nicht einmal kurzzeitig mehr verlassen kann.) Von allen diesen Gruppen leben heute nur noch jeweils eine Handvoll Arten. Etwas zahlreicher sind die Arten der nagetierähnlichen, insektenfressenden Linien, die zu dieser Großgruppe der in Afrika

entstandenen Säugetiere hinzukommen. Das nachtaktive, in Erdhöhlen wohnende Erdferkel, das in Afrika weit verbreitet ist und sich von Ameisen und Termiten ernährt, ist die einzige verbliebene Art der ursprünglichsten dieser Insektenfresser. Insgesamt besteht der „afrikanische Ast" heute aus weniger als 100 Arten, die fast alle (wieder) nur noch in Afrika vorkommen.

Höhere Säugetiere der Nordhalbkugel

Während sich in Australien nahezu ausschließlich die Beutelsäuger ausbreiteten, repräsentiert der dritte Hauptast der Höheren

Blauwale sind die größten Tiere, die je auf der Erde gelebt haben. Das Herz des Blauwals hat die Größe eines Kleinwagens. Ein Jungtier trinkt täglich mehrere Hundert Liter Muttermilch, die den zehnfachen Fettgehalt von menschlicher Muttermilch hat.

Säugetiere den Kontinent Laurasia, aus dem Nordamerika, Europa und Asien hervorgingen. Die Angehörigen dieses Hauptastes sind heute weltweit verbreitet. Auch sie spalteten sich noch deutlich in der Kreide, vor ungefähr 90 Millionen Jahren, in zwei Untergruppen auf. Fast 3 000 Arten entfallen auf die vielgestaltigste der beiden Gruppen aus etwa sieben Entwicklungslinien (beispielhafte Vertreter in Klammern): Insektenfresser (Igel, Maulwürfe), Paarhufer (Schweine, Rinder, Schafe), Wale (inklusive Delfinen), Fledertiere (Fledermäuse, Flughunde), Unpaarhufer (Pferde, Nashörner), Schuppentiere und Raubtiere (Katzen, Hunde, Bären, Robben, Marder).

Die Insektenfresser im Sinne einer entwicklungsgeschichtlichen Säugetiergruppe stellen die ursprünglichste Linie dar. Wieder handelt es sich noch heute um vorwiegend insektenfressende, nachtaktive Tiere. Zu ihnen zählen auch die Spitzmäuse, die daher nicht mit den eigentlichen Mäusen verwandt sind, welche statt zu den Insektenfressern zu den Nagetieren gehören.

Die Gruppe der Paarhufer enthält mit den artenreichen Wiederkäuern die bedeutendsten Weidetiere der heutigen Erde. Zu ihnen zählen unter anderem Rinder, Büffel, Gazellen, Antilopen, Schafe, Ziegen, Gämsen, Hirsche und Giraffen. Im Paläogen waren die Unpaarhufer mit Pferden, Nashörnern und den ausgestorbenen, nashornähnlichen Donnerhuftieren die dominanten Pflanzenfresser, während die noch relativ jungen Gräser langsam begannen, sich auf immer größeren Flächen auszubreiten. Wiederkäuer sind das Paradebeispiel für die Verdauung zellulosehaltigen Pflanzenmaterials mithilfe endosymbiontischer Darmbakterien, für die sich ihr Verdauungstrakt zu einem komplizierten System unterschiedlicher Mägen entwickelt hat. Die drei unterschiedlich gearteten Gehörn-Typen der Wiederkäuer – hautüberzogen bei Giraffen, jährlich abgeworfen bei Hirschen und dauerhaft bei den übrigen Gruppen – haben sich vermutlich unabhängig voneinander zum Kampf entwickelt. Neben den Wiederkäuern zählen zu den Paarhufern die Schweine, die Flusspferde und die Kamele. Schweine sind auf den amerikanischen Kontinenten mit den vier Arten der relativ kleinen Nabelschweine vertreten. Die Kamele entstanden in Nordamerika. Dort starben sie allerdings aus, nachdem die Vorfahren der Altweltkamele über die Beringstraße nach Asien und in Richtung Afrika ausgewandert waren und die Neuweltkamele sich in Südamerika angesiedelt hatten. Heutige Altweltkamele sind Trampeltier und Dromedar, Neuweltkamele sind das Guanako, domestiziert als Lama, und das Vikunja, domestiziert als Alpaka.

Die Wale haben mit dem bis zu 33 Meter langen Blauwal, der bis zu 200 Tonnen wiegt, das größte Tier hervorgebracht, das je auf der

Erde gelebt hat. Der Pottwal, der bei einem Tauchgang für bis zu zwei Stunden in der Tiefsee verbleiben kann und dort Tintenfische inklusive des zehn Meter langen Riesenkalmars jagt, ist mit mehr als 20 Metern Länge das größte lebende Raubtier. Der Grönlandwal führt die Liste der oft langlebigen Walarten mit einem Höchstalter von mehr als 200 Jahren an. Lange wurde angenommen, dass die Wale von einer heute ausgestorbenen Gruppe früher fleischfressender Säugetiere abstammen, zu denen möglicherweise das größte, mehr als fünf Meter lange fleischfressende Säugetier aller Zeiten, *Andrewsarchus*, gehörte. Es ist bislang nur von einem mehr als 80 Zentimeter langen und mehr als einen halben Meter breiten Schädelfund bekannt. Stattdessen scheint mittlerweile sicher, dass sich die Linie der Wale vor etwa 60 Millionen Jahren von den Paarhufern abtrennte. Ihre engsten heute lebenden Verwandten sind vermutlich die Flusspferde. Mit dem Verlust der Hinterbeine entwickelte sich der von oben nach unten gehende Schlag der waagerecht stehenden Schwanzflosse. Diese

Wale sind eine ins Meer zurück-gekehrte Säugetiergruppe. „Walfisch" ist daher klarer Unsinn.

Spitzmäuse sind mit den eigentlichen Mäusen nur sehr entfernt verwandt und stehen stattdessen den Maulwürfen und Igeln nahe. In Deutschland kommen etwa neun der weltweit mehr als 400 Spitzmausarten vor.

WAS HABEN WALE UND WÜSTENTIERE GEMEINSAM?

Wale haben Nieren entwickelt, die denen der wüstenbewohnenden Säugetiere ähneln. Die Gemeinsamkeit scheint zunächst widersinnig: Beide müssen Wasser sparen. Bei Wüstentieren ist dies leicht einsehbar – sie finden nur wenig Trinkwasser, sodass sie größtenteils oder sogar vollständig auf das Wasser angewiesen sind, das bei der Verdauung ihrer Nahrung entsteht. Chemisch ist die Energiegewinnung aus Nahrung eine Verbrennung, und bei jeder Verbrennung, auch von ganz trockenen Substanzen, wird Wasser frei – im Kamin als Wasserdampf, der manchmal als Beschlag an der zunächst noch kalten Kaminscheibe erkennbar ist. Um dieses kostbare Wasser nicht zu verlieren, ist die Niere dieser Tiere durch eine anatomische Besonderheit extrem leistungsfähig: Sie kann dem Harn fast alles Wasser entziehen und es im Körper zurückhalten. Dadurch wird nur die Flüssigkeitsmenge ausgeschieden, die unbedingt erforderlich ist, um die Ausscheidungsprodukte zu transportieren. Bei Walen ist dies genauso: Sie sind zwar von Wasser umgeben – aber es ist Salzwasser. Schiffbrüchige verdursten an Meerwasser, weil der Mensch zur Ausscheidung des überschüssigen Salzes mehr Wasser benötigt, als er Salzwasser getrunken hat. Damit Wale nicht auf die gleiche Weise innerlich vertrocknen, hält ihre Niere mit demselben anatomischen Trick wie bei den Wüstentieren viel mehr Wasser zurück als die menschliche Niere, sodass der Harn der Wale mehr Salz enthält als das Meerwasser. Dadurch betreiben sie letztlich eine biologische Entsalzungsanlage, mit der sie Süßwasser gewinnen.

Die knapp 50 Millionen Jahre alten Urpferde aus der Grube Messel blieben inklusive Schwanz unter einem Meter klein und waren etwa einen halben Meter hoch. Sie besaßen noch mehrere Zehen, von denen der mittlere am stärksten ausgebildet war. Ihr Mageninhalt zeigt, dass sie sich von Blättern und Früchten ernährten.

aus dem Wasser seihen können. Auch der riesige Blauwal ernährt sich auf diese Weise.

Die Fledertiere sind mit fast 1 400 Arten nach den Nagetieren die heute mit Abstand artenreichste Säugetiergruppe. Es sind jedoch keine Fossilien früher Übergangsformen bekannt, sodass weitgehend ungeklärt ist, wie sich zum Beispiel die Flugfähigkeit entwickelt hat. Fledertiere wurden früher in Fledermäuse und die generell größeren Flughunde unterteilt. Vermutlich ausgelöst durch die Bedrohung durch Raubvögel sind sie zu einer nächtlichen Lebensweise übergegangen und haben zur Orientierung in der Dunkelheit schon vor mindestens 50 Millionen Jahren die Echoortung entwickelt.

Die zum Teil tagaktiven, statt Insekten Früchte fressenden Flughunde verfügen nicht über diese Fähigkeit. Es hat sich jedoch herausgestellt, dass sie von Fledermäusen mit Echoortung abstammen und daher die Gegenüberstellung von Flughunden und Fledermäusen entwicklungsgeschichtlich nicht sinnvoll ist.

Mit ihren nach hinten gerichteten Hinterbeinen konnten Fledertiere sich schon früh kopfüber zum Schlafen aufhängen. Dabei

Bewegungsrichtung entspricht der besten Beweglichkeit der Wirbelsäule der Säugetiere mit ihrer Beinanordnung unter dem Körper. Sie kommt auch beim Menschen zum Einsatz, wenn er mit der „Delfinstil" genannten Schwimmtechnik schwimmt, bei der die Beine geschlossen auf und ab bewegt werden. Schon an diesem Bewegungsmuster und der Ausrichtung der Schwanzflosse ist der mehr als 300 Millionen Jahre lange, entwicklungsgeschichtliche Abstand zwischen Walen und Fischen zu erkennen, da die Schwanzflosse der Fische passend zu deren schlängelnder Seitwärtsbewegung der Wirbelsäule senkrecht steht. Vor etwa 30 Millionen Jahren starben die meisten Übergangsformen zwischen

Die Schwanzflosse unterscheidet Wale und Fische.

frühen Flusspferden und heutigen Walen, die noch Hinterbeine besaßen oder wie riesige Schlangen aussahen, aus. Die Wale teilten sich in die beiden heutigen Hauptgruppen der Zahn- und Bartenwale auf. Letztere besitzen aus dem Oberkiefer herabhängende Hornplatten statt Zähnen, mit denen sie Plankton

In Neuseeland waren Fledermäuse bis zur Ankunft des Menschen die einzigen Säugetiere.

ziehen sich die Zehen durch das Gewicht der Tiere von selbst zusammen, sodass sie sich nicht aktiv festhalten müssen und selbst tote Tiere nicht herunterfallen. Auf einigen Inseln, beispielsweise Neuseeland, waren Fledermäuse bis zur Ankunft des Menschen die einzigen Säugetiere.

Die Pferde sind unter den Unpaarhufern ein klassisches Beispiel fossil gut belegter Anpassungen an sich wandelnde Umwelt- und Lebensbedingungen. Die ersten, weniger als einen Meter großen Vertreter besaßen vor etwa 55 Millionen Jahren an den Vorder- und Hinterbeinen noch vier beziehungsweise drei

Zehen, die sich auf dem Boden spreizten. Dadurch trugen sie die Tiere gut auf dem weichen Boden der Wälder, in denen sie lebten und Blätter von Büschen und niedrigen Bäumen fraßen. Mit der Zeit änderte sich das Klima, die Wälder wichen zurück und bald darauf dehnten sich grasbewachsene Flächen aus. Die Urpferde waren ihrer Deckung beraubt und wandelten sich in den offenen Landschaften zu Fluchttieren. Um höhere Laufgeschwindigkeiten zu erreichen, verlängerten sich die Beine, die Zehen hoben sich an und reduzierten sich zu einem pro Bein. Dadurch laufen heutige Pferde letztlich auf den Zehenspitzen in Form ihrer Hufe. Durch die fehlenden Büsche und Bäume waren die Pferde gezwungen, krautige Pflanzen am Boden abzuweiden, wodurch Sand zwischen die Zähne gerät und diese schnell abnutzt. Parallel zur Entwicklung des Hufes wurden daher die Zähne robuster. Als sich gegen Ende des Paläogens Gräser ausbreiteten, die den Zahnabrieb durch einen hohen Silikatanteil weiter verstärkten, erhöhten sich die ursprünglich relativ kleinen Zähne durch eine komplizierte Kronenstruktur, um der Abnutzung mehr Zahnmaterial gegenüberzustellen.

Die Umweltveränderungen im späten Paläogen ließen viele Urpferdgruppen aussterben, einschließlich aller europäischen Vertreter. Die Wiederbesiedelung erfolgte aus Nordamerika, wo die modernen Pferde entstanden. Vor ungefähr zehn Millionen Jahren brach die Vielfalt der Pferde zusammen, sodass heute nur noch eine Gattung mit etwa zehn Arten der Pferde, Esel und Zebras existiert. Die übrigen der heute noch etwa 20 Arten der Unpaarhufer verteilen sich relativ gleichmäßig auf Tapire und Nashörner. Heutige Nashörner sind die Überlebenden einer der anpassungsfähigsten und erfolgreichsten Säugetiergruppen, die in den letzten 50 Millionen Jahren nahezu alle Lebensräume auf dem Land besiedelten. Drei der fünf heutigen Nashornarten sowie viele Unterarten sind heute vom Aussterben bedroht. Fossil sind jedoch etwa 60 Gattungen mit Hunderten von Arten bekannt.

Schuppentiere sind selten gewordene, grabende, nachtaktive Ameisen- und Termitenfresser mit dachziegelartig übereinanderliegenden Schuppen und einer Zunge, die länger ist als ihr Kopf. Sie kommen mit acht Arten im südlichen Afrika, Indien und Südostasien vor. Schuppentiere sind scheu und können sich bei fehlender Fluchtmöglichkeit zu einer durch die Schuppen wie ein Tannenzapfen aussehenden Kugel zusammenrollen. Über ihre verborgene Lebensweise ist wenig bekannt. Auch fossil lässt sich diese vermutlich etwa 50 Millionen Jahre alte, zahnlose Gruppe kaum zurückverfolgen. In vielerlei Hinsicht ähneln sie den südamerikanischen Ameisenbären und Gürteltieren, aber dies ist

Schuppentiere sind eine weitere Version der evolutiven Spezialisierung „Ameisenfresser": Als meist nachtaktive, zahnlose Tiere mit langer Zunge sind sie die afrikanisch-asiatische Ausgabe der australischen Ameisenigel, der südamerikanischen Ameisenbären und des afrikanischen Erdferkels, das als einzige Ausnahme nicht zahnlos ist.

DIE GRUBE MESSEL: EINZIGARTIGE FOSSILIEN

Vor 48 Millionen Jahren, im mittleren Paläogen, war Europa durch das damalige Treibhausklima ein tropisches Inselarchipel, ähnlich dem heutigen Indonesien. Vulkanausbrüche führten in dieser Zeit zur Bildung von Maaren, die sich mit Wasser füllten und schließlich durch Sedimente aufgefüllt wurden. Eines dieser Maare liegt in der Nähe des heutigen Frankfurt und wurde zum Tagebau von Ölschiefer genutzt. Mittlerweile ist es UNESCO-Weltnaturerbe, denn seine über einen Zeitraum von etwa einer Millionen Jahre entstandenen Sedimente enthalten eine Vielzahl hervorragend erhaltener Fossilien, an denen teilweise sogar Reste von Körpergewebe und Farben zu erkennen sind.

Die gefundene Artenvielfalt ist extrem groß, allerdings haben vermutlich nicht alle Arten zeitgleich dort gelebt. Bislang wurden mehr als 200 Pflanzenarten aller Großgruppen von einzelligen Algen über Sporenpflanzen und Nacktsamer bis zu höheren Blütenpflanzen gefunden. Die Wirbellosen sind mit Schwämmen, Schnecken, Spinnentieren, Krebsen und vor allem Insekten vertreten. Bei den etwa 17 000 gefundenen Insekten dominieren Käfer, gefolgt von den Hautflüglern. Am spektakulärsten sind jedoch die mehr als 130 fossilen Wirbeltierarten: Fische, Amphibien, Krokodilartige, Echsen, Schlangen, Schildkröten, Säugetiere und Vögel, welche die artenreichste Gruppe in Messel darstellen, darunter Vorfahren der Kolibris, Papageien, verschiedene Laufvögel und viele weitere Vertreter heutiger Linien.

Besonders wertvoll sind die Säugetierfunde, denn die mehr als 40 bislang entdeckten Arten stammen aus einer Zeit, als die Entwicklung der Säugetiere auf ihren Höhepunkt zusteuerte. Neben Beuteltieren wurden Vertreter verschiedenster Gruppen gefunden, unter anderem Nagetiere, Raubtiere, frühe Paarhufer und Unpaarhufer, von denen die Urpferdchen zu den berühmtesten Funden gehören. Wie die Tiere einst in den See gerieten, ist meist unklar. Einige wurden von krokodilartigen Jägern ins Wasser gezerrt und dort fallen gelassen, wie vereinzelte Bissspuren und Zahnfunde an den Skeletten zeigen. Ein Rätsel sind in dieser Hinsicht auch die mehr als 700 gefundenen Fledermäuse. Bei „Ida", dem berühmtesten der sehr wenigen Primatenfunde in Messel, haben vielleicht schlecht verheilte Knochenbrüche dazu geführt, dass das Tier nicht mehr gut klettern konnte, sodass es am Seeufer von vulkanischen Gasen überrascht wurde und bewusstlos ins Wasser fiel. Seine Position im Stammbaum der Primaten ist noch nicht abschließend geklärt, es handelt sich jedoch nicht um einen direkten Vorfahren der Linie, die zum Menschen führte, sondern um eine ausgestorbene Schwestergruppe der heute auf Madagaskar vorkommenden Lemuren.

Das Ökosystem, das Messel darstellt, ist von großem Forschungsinteresse, denn es zeigt eine Lebensgemeinschaft in tropischem Klima, in der es dementsprechend nur geringe Temperaturschwankungen und keinen Frost gab, die aber gleichzeitig aufgrund ihrer geografischen Lage Jahreszeitenrhythmen und schwankenden Tageslängen ausgesetzt war. Diese Konstellation gibt es heute auf der Erde nicht mehr, sie wird aber aufgrund der erwarteten Klimaerwärmung in den kommenden 200 Jahren vielleicht wieder häufig werden.

„Ida" ist eines der berühmtesten frühen Primatenfossilien und wurde in der Grube Messel exzellent erhalten. Die genaue Positionierung im Stammbaum ist weiterhin stark umstritten, es handelt sich aber nicht um einen direkten Vorfahren des Menschen.

ausschließlich auf Parallelentwicklungen der ähnlichen Lebens- und Ernährungsgewohnheiten zurückzuführen.

Die Schuppentiere sind eine Schwesterlinie der Raubtiere im engeren, zoologisch-systematischen Sinne. Deren Kennzeichen ist ein sogenanntes Scherengebiss, in dem es zusätzlich zu den oft zu Fangzähnen verlängerten Eckzähnen links und rechts je ein Paar Reißzähne gibt. Diese bestehen aus je einem Zahn im Ober- und Unterkiefer, die nicht aufeinanderstoßen, sondern deren scharfe Kanten scherenartig aneinander vorbeigleiten, sodass sie Fleisch effizient durchtrennen können. Jedes Raubtier gehört zu einer der zwei Hauptgruppen und ist damit entweder katzen- oder hundeartig. Zu den katzenartigen Raubtieren, die stammesgeschichtlich eher der Südhalbkugel zuzuordnen sind, zählen neben einigen exotischeren Gruppen auch die Hyänen und natürlich die Katzen selbst. Letztere teilten sich im frühen Neogen vor etwa 20 Millionen Jahren in zwei Linien, von denen sich eine vor zehn Millionen Jahren in die modernen Großkatzen (Löwe, Tiger, Jaguar, Leoparden und Parder) und Kleinkatzen (u. a. Wildkatzen und Luchse, aber auch Pumas und der Gepard) teilte. Die zweite Linie führte zu den vor 10 000 Jahren – vermutlich gemeinsam mit ihren großen Beutetieren – ausgestorbenen Säbelzahnkatzen, von denen die „Säbelzahntiger" genannten Arten die bekanntesten sind. Die zu Säbelzähnen verlängerten Eckzähne entstanden in mehreren Säugetierlinien, auch bei Beutelsäugern, zu unterschiedlichen Zeitpunkten und an unterschiedlichen Orten unabhängig voneinander. Bei heutigen Arten sind sie jedoch unbekannt. Die evolutiven Gründe sowohl für das Auftreten als auch für das Verschwinden dieser ungewöhnlichen Zahngröße sind ungeklärt.

Die hundeartigen Raubtiere repräsentieren vor allem die Nordhalbkugel und verbreiteten sich ähnlich wie die Pferde und Kamele überwiegend aus Nordamerika heraus.

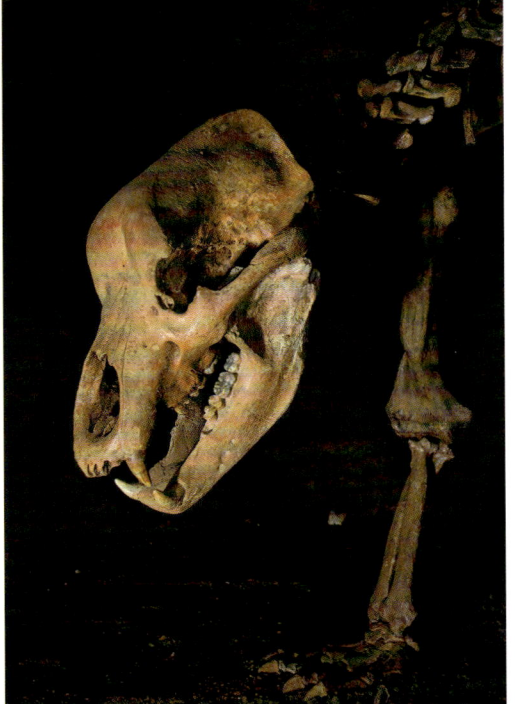

Hunde selbst sind die vor etwa 15 000 Jahren domestizierten Formen des Wolfs, deren Züchtungsgeschichte nach wie vor unklar ist. Zu den Hunden im weiteren Sinne zählen neben den Wölfen noch die Schakale und die Füchse. Ihnen steht innerhalb der hundeartigen Raubtiere eine zweite Entwicklungslinie gegenüber, die sich in mehrere Untergruppen aufspaltete. Beispiele sind die Bären, die

„Säbelzähner" sind eine große Gruppe unterschiedlichster Arten mit stark verlängerten Eckzähnen. Am bekanntesten sind die vor 15 Millionen Jahren entstandenen Säbelzahnkatzen, innerhalb derer die besonders kräftigen Säbelzahntiger eine Gattung bilden.

Die Höhlenbären des Pleistozäns waren mit einer Länge von bis zu 3,5 Metern deutlich größer als Eisbären, die heute größten Bären. Genetische Analysen zeigen, dass Höhlenbären zu der Entwicklungslinie gehören, auf der von den acht heutigen Bärenarten nur der Eisbär und die Braunbären zu finden sind. Wie bei vielen Bären waren auch Pflanzen ein wichtiger Bestandteil ihrer Ernährung.

Marder inklusive der Otter sowie die Robben. Alle Robben stammen von einem gemeinsamen, bärenartigen Vorfahren ab, der vermutlich vor knapp 30 Millionen Jahren seinen Lebensraum wieder überwiegend ins Wasser verlegte. Im Gegensatz zu den Walen gewinnen Robben ihren Antrieb durch ihre Füße, die ans Ende des Körpers verlagert sind. Vor etwa 2,5 Millionen Jahren, mit dem Beginn des Quartär, übernahmen die hundeartigen Raubtiere die Vorherrschaft von den katzenartigen.

Die zweite Untergruppe des nördlichen der drei Hauptäste der Höheren Säugetiere ist die artenreichste: Fast 3 200 Arten verteilen sich auf die Riesengleiter, die Spitzhörnchen, die Primaten, die Nagetiere und die Hasenartigen. Diese hohe Artenzahl kommt vor allem durch die mehr als 2 500 Nagetierarten

zustande, von denen ein Großteil Mäuse sind. Tatsächlich ist weit mehr als jede vierte heutige Säugetierart eine Maus (im engeren, zoologisch-systematischen Sinne) oder ein verwandtes, mausähnliches Tier. Im Bereich dieser großen Gruppe der Nagetiere, den zwei Dutzend waldlebenden Spitzhörnchenarten Südostasiens und den beiden ebenfalls dort lebenden Riesengleitern, befindet sich noch eine weitere stammesgeschichtliche Wurzel: Ihr entspringt die Linie der Primaten, zu der auch wir Menschen gehören – als eine neben immerhin noch gut 500 weiteren, heutigen Arten der Primaten.

Die Riesengleiter sind mit großen Flughäuten zwischen Armen, Beinen, Hals und Schwanz ausgestattet und dadurch zu weiten Gleitflügen in der Lage. Nur der Kopf, die Finger und die Zehen ragen über die Flughaut hinaus. Die Tiere sind etwa so groß wie eine Hauskatze, aber mit einer Masse von deutlich weniger als zwei Kilogramm erheblich leichter. Der Gleitflug mit Flughäuten hat sich bei Beutelsäugern und Höheren Säugetieren jeweils mehrfach unabhängig voneinander entwickelt. Die Riesengleiter haben jedoch die mit Abstand größte Flughaut aller Gleitflieger. Heute kommen noch der Philippinen-Gleitflieger und der Malaien-Gleitflieger vor.

Ein charakteristisches Merkmal der Nagetiere wie auch der mit ihnen eng verwandten Hasenartigen (Hasen und Pfeifhasen) sind die unbegrenzt weiterwachsenden Schneidezähne. Die vor ungefähr 60 Millionen Jahren entstandenen Tiere sind so anpassungsfähig, dass sie mittlerweile weltweit vorkommen

Riesengleiter sind die nächsten Verwandten der Primaten. Ihre Jungtiere werden ähnlich wie bei den Beuteltieren unreif geboren und verbringen die ersten sechs Monate ihres Lebens ausschließlich am Bauch der Mutter.

Ungefähr jede vierte Säugetierart ist eine Maus.

und Konkurrenzkämpfe mit vielen anderen Arten gewinnen. Viele Tierarten von Reptilien über Vögel bis hin zu Spitzmäusen und anderen, weniger konkurrenzstarken Säugetieren sind in Gebieten ausgestorben, wo vor allem Ratten und Mäuse auf Entdecker-

fahrten der Neuzeit vom Menschen einge-
schleppt wurden. Die individuellen Lebensgemeinschaften auf Inseln wurden durch die
Nager besonders häufig zerstört. Interessanterweise sind Nagetiere bis auf wenige fossile
Ausnahmen durchweg kleine bis sehr kleine
Tiere. Das wird auf ihr Flucht- und Versteck-
verhalten zurückgeführt, woraus ihnen seit
jeher ein großer Überlebensvorteil erwachsen
sein dürfte. Das größte heute lebende Nage-
tier ist das südamerikanische Wasserschwein
mit gut einem Meter Länge und dem Gewicht
eines erwachsenen Menschen. Die fossilen
Rekordhalter stammen ebenfalls alle aus Südamerika und erreichten bei Körperlängen von
mehr als drei Metern und Schulterhöhen von
etwa 1,5 Metern eine Masse von möglicherweise einer Tonne oder sogar mehr.

Die Entwicklung der Säugetiere be-
schreibt seit dem Aussterben der „Nicht-Vo-
gel-Dinosaurier" am Ende der Kreide einen
Bogen. Seit dem Beginn des Paläogens vor
66 Millionen Jahren nahmen die Säugetiere
an Vielfalt und Artenreichtum zu, bis im
Neogen ein Höhepunkt erreicht war. Ab dem
späten Neogen begann der Stern der Säugetiere zunächst langsam zu sinken. Im darauf
folgenden Pleistozän mit seinen markanten
Eiszeiten beschleunigte sich der Niedergang
bis vor gut 10 000 Jahren immer mehr. In diesen Verlauf fallen zwei bedeutende Prozesse:
die Entwicklung der Säugetiere in Südamerika, das lange Zeit vom Rest der Welt isoliert
war, sowie die Entwicklung der sogenannten
Megafauna, der vielen riesenhaften Arten, die
seit etwa 40 Millionen Jahren alle Erdteile besiedelten, und ihr relativ plötzliches und erst
kurz zurückliegendes Aussterben.

Die Entwicklung der Säugetiere in Südamerika

Noch in der Kreide trennte sich Südamerika
von Afrika, als der südliche Atlantische Ozean
sich zu bilden begann. Eine Verbindung von
Süd- nach Nordamerika existierte bestenfalls kurzzeitig vor etwa 70 Millionen Jahren.
Nachdem alle Dinosaurier bis auf die Vögel
ausgestorben waren, entwickelten sich die
Säugetiere auf der „Insel" Südamerika aus

ähnlichen Vorfahren der Ursäuger, Beuteltiere
und Höheren Säugetiere, aber unabhängig
vom Rest der Welt. Das Ergebnis war eine
einzigartige Tierwelt, in der sich Tiere mit den
gleichen ökologischen Funktionen – Weidetiere, Raubtiere usw. – entwickelten wie
anderswo, jedoch übernahmen in Südamerika die Arten zum Teil ganz anderer Entwicklungslinien diese Aufgaben. Die ähnlichen
evolutiven Rahmenbedingungen führten in
vielen Fällen zu ganz ähnlichem Aussehen
der südamerikanischen Arten und ihren Entsprechungen auf den anderen Kontinenten,
obwohl es sich durchaus in einem Fall um ein
Beuteltier und im anderen Fall um ein Höhe-
res Säugetier handeln konnte. Entsprechendes passierte in Australien, wo die Ursäuger
und vor allem die Beutelsäuger dominierten.

Bei den Beuteltieren Südamerikas traten
spitzmausähnliche Formen auf sowie weitere
kleine Insekten- und Pflanzenfresser, aber
auch ernstzunehmende Fleischfresser, die
Beutelhyänen. Diese ähnelten Hunden, Bären
und Säbelzahnkatzen auf verblüffende Weise.
Beutelhyänen teilten sich die ökologische
Nische der Raubtiere mit den mittlerweile
ebenfalls ausgestorbenen Terrorvögeln und
Krokodilverwandten. Heutige Überlebende
der südamerikanischen Beuteltiere sind die
Opossums.

Die südamerikanischen
Wasserschweine sind die
größten heute lebenden
Nagetiere, weswegen diese
Vegetarier zoologisch ungern
als „Schwein", sondern
zunehmend als Capybara
(„Grasfresser" in der Sprache
der Tupi) bezeichnet werden.
Ihre Körpermasse kann
70 Kilogramm oder mehr erreichen, bleibt aber klein im
Vergleich zu den mehreren
Hundert Kilogramm einiger
fossiler Verwandter.

Südamerikanischen Huftiere waren eine vielgestaltige Gruppe, diese Art ähnelt einem Kamel mit einem Tapir-Rüssel. Sie starb als eine der letzten am Ende des Pleistozäns aus.

Einige Arten der Riesenfaultiere erreichten auf allen Vieren bereits eine Schulterhöhe von zwei Metern. Gut halb so groß war das Exemplar der Gattung *Mylodon*, das der deutsche Abenteurer Hermann Eberhard 1895 in einer chilenischen Höhle fand, die nach dem Tier benannt wurde und nun diese Rekonstruktion zeigt.

Die vor etwa 12 000 Jahren am Ende des Pleistozän ausgestorbene Linie der Südamerikanischen Huftiere ist vermutlich eine Schwestergruppe der Unpaarhufer. Ihre Vorfahren haben sich am Ende der Kreide voneinander getrennt und unabhängig voneinander weiterentwickelt. Sie fungierten auch in Südamerika als wichtige Weidetiere. Optisch, im Verhalten und mit Blick auf die Lebensräume haben die Südamerikanischen Huftiere Arten hervorgebracht, die Pferden, Flusspferden, Tapiren und Kamelen, aber auch Kaninchen entsprechen.

Vor gut 30 Millionen Jahren sind offenbar einige Nagetiere aus der Verwandtschaft der Stachelschweine vielleicht auf natürlichen „Flößen" aus Treibholzansammlungen aus Afrika über den damals noch schmaleren Südatlantik gelangt und haben sich dort zum Zweig der Meerschweinchenverwandten weiterentwickelt. Zu ihnen zählen die riesigen fossilen Nagetiere Südamerikas ebenso wie das Wasserschwein, der heutige Größenrekordhalter, die hochbeinigen Pampashasen und andere, relativ große Arten, beispielsweise die Chinchillas, die alle als Weidetiere betrachtet werden können. Eine ähnliche Seereise müssen ungefähr zur gleichen Zeit die Vorfahren der Neuweltaffen zurückgelegt haben, und auch Fledermäuse gesellten sich zu dieser Zeit zu den Neuankömmlingen.

Spektakuläre Erscheinungen waren nashorngroße Verwandte der Gürteltiere mit einem im Gegensatz zu diesen starren, kuppelförmigen Panzer und einem gepanzerten, teilweise dornenbewehrten Schwanz, der als Waffe ideal austariert war. Noch größer als diese riesigen Schildkröten ähnelnden Tiere waren einige Arten der Faultiere, die bei einer Masse von mehreren Tonnen und einer Schulterhöhe von zwei Metern bis zu sechs Meter lang wurden. Sie lebten als Pflanzenfresser auf dem Boden und konnten sich auf den Hinterbeinen aufrichten. Von Menschen bearbeitete Knochen der Tiere sind in frühen menschlichen Lagerstätten gefunden worden,

Einige Arten der Faultiere wogen mehrere Tonnen, waren zwei Meter hoch und bis zu sechs Meter lang.

was bedeutet, dass die Riesenfaultiere den Untergang der Megafauna zunächst überlebten und erst vor weniger als 10 000 Jahren ausstarben.

Vor ungefähr drei Millionen Jahren endete die Isolation Südamerikas mit der Ausbildung einer Landbrücke nach Nordamerika. Die Folge war ein Wechsel zahlreicher Tierarten zwischen Nord- und Südamerika über die Landenge von Panama. Dies wurde lange als Grund für das Aussterben vieler südamerikanischer Arten gesehen und die Anpassung der Tierwelt Südamerikas an die übrigen Kontinente. Genauere Untersuchungen legen jedoch nahe, dass andere Ursachen, vielleicht Klimaveränderungen, für das Aussterben verantwortlich gewesen sein müssen.

Eine heutige, bislang unverstandene Besonderheit der Tierwelt Südamerikas ist, dass die Arten im Vergleich zum Rest der Welt relativ klein geworden sind. Besonders bekannt ist dieses Phänomen bei den Katzen: Die einzige Großkatze Südamerikas, der Jaguar, ist etwa einen Meter kleiner als ein Tiger oder ein Löwe, und der ebenfalls in Südamerika lebende Puma zählt bereits zu den Kleinkatzen.

Megafauna

Im Zeitalter der Dinosaurier unterlagen die Säugetiere starken Beschränkungen hinsichtlich ihrer Körpergröße. Der Entwicklungsschub ab der Zeit vor 66 Millionen Jahren,

nach dem Ende der Kreide, führte daher auf allen Kontinenten zu einer stetigen Zunahme der Körpergrößen vieler Säugetiergruppen. Dadurch füllten sie die ökologischen Nischen, die nur von großen Tieren besetzt werden können. Im späten Paläogen überschritten Verwandte der heutigen Nashörner die Zehntonnengrenze. In der zweiten Hälfte des Neogens, vor etwa zehn Millionen Jahren, als die Unpaarhufer mit den Nashörnern ihren Zenit überschritten hatten, wurden dann manche Rüsseltiere schwerer als zehn Tonnen und übernahmen die frei gewordenen ökologischen Nischen. Auch die Haie brachten in dieser Zeit ihren mit 20 Metern Länge größten bekannten Vertreter hervor, den Megalodon. Fossile Zähne aus seinem 3 Meter mal 2,5 Meter großen Maul werden häufig gefunden.

Mit steigender Körpergröße wird der Darm länger. Dadurch bleibt die Nahrung länger im Körper und kann vollständiger verwertet werden. Dies ist insbesondere für die schwer verdauliche Nahrung der Pflanzenfresser relevant, sodass alle besonders großen Tierarten zu den Pflanzenfressern

Grasfressende Verwandte der Gürteltiere erreichten in Südamerika die Größe von Nashörnern. Zeitgleich mit vielen anderen Großsäugern starben sie im Pleistozän aus. Einige sind dabei noch auf die ersten menschlichen Siedler getroffen, insbesondere eine erst im Holozän vor etwa 8 000 Jahren ausgestorbene Art mit einer vermutlich dornenbesetzten Schwanzkeule.

EXTREME DER EVOLUTION: VON NASEN UND HÄLSEN

Die schwerste Nase im Tierreich ist der Rüssel der Elefanten. Er entstand als Greifhand vermutlich gemeinsam mit der typischen Beinanatomie der Rüsseltiere, bei der alle vier Beine säulenartig unter dem Körper stehen. Der lange Rüssel ermöglicht trotz der eingeschränkten Bewegungsmöglichkeiten des Kopfes die Nahrungsaufnahme. Darüber hinaus ist er für die Tiere Multifunktionswerkzeug, Waffe und Schnorchel und dient der sozialen Interaktion und Kommunikation. Er besteht aus mehr als 100 000 Muskeln. Im Zuge seiner Entwicklung ist es zu weitreichenden Veränderungen des Schädels gekommen. Dazu zählt der Verlust der Schneidezähne (mit Ausnahme der nach außen zeigenden Stoßzähne), deren Funktion durch den Rüssel übernommen wird und an deren Stelle ein massiverer Oberkiefer als Ansatzpunkt für die Rüsselmuskulatur dient. Echte Rüssel gibt es außer bei den Elefanten heute nur noch bei Tapiren, bei denen die Entwicklung aber deutlich weniger weit fortgeschritten ist. Bei einigen ausschließlich fossilen Entwicklungslinien werden tapirähnliche Rüssel angenommen, unter anderem bei einigen Südamerikanischen Huftieren.

Den längsten Hals heutiger Säugetiere haben die Giraffen. Auch er verschafft den Tieren einen Vorteil bei der Nahrungsaufnahme, da er ihnen erlaubt, Blätter in Höhen abzuweiden, die für andere, bodenlebende Weidetiere unerreichbar sind. Wie bei fast allen anderen Säugetieren auch, besteht der Hals der Giraffe aus sieben Halswirbeln. Diese sind jedoch extrem verlängert. (Ein allgemeines Kriterium für Säugetiere sind die sieben Halswirbel hingegen nicht, denn Seekühe und eine Faultierart haben nur sechs.) Der Hals wird nur von einer einzigen Sehne gehalten. Ein weiteres Paradebeispiel dafür, dass die Evolution bestehende Konstruktionsprinzipien üblicherweise beibehält, ist der Kehlkopfnerv: Er ist entwicklungsgeschichtlich der sechste Kiemenbogennerv der

Tapire sind heute neben Elefanten die einzigen Tiere mit einem Rüssel. Sie sind allerdings nicht näher verwandt, denn die Tapire sind eine alte Linie der Unpaarhufer, deren Vorfahren schon in Messel gefunden wurden.

Fische und verläuft in einer Schlinge am Herzen vorbei, bevor er an der Luftröhre entlang den oben liegenden Kehlkopf erreicht. Diese Konstruktion ist in der Embryonalentwicklung festgelegt und entsteht vor der – entwicklungsgeschichtlich jüngeren – Verlängerung der Halswirbel bei den Giraffen. Dadurch verlängert sich der Nerv bei den Giraffen auf fast fünf Meter.

gehörten. Tierische Nahrung ist wesentlich leichter zu verwerten. Da sich eine räuberische Lebensweise nicht mit der relativen Behäbigkeit eines mehrtonnigen Tieres verträgt, blieben die Fleischfresser grundsätzlich kleiner. Die Wiederkäuer waren ebenfalls kleiner. Selbst die größten Giraffen- und Kamelverwandten wurden nur wenig schwerer als heutige Hausrinder. Der Grund dafür ist das spezielle Verdauungssystem der Wiederkäuer, das bereits bei geringeren Körpergrößen so effizient ist, dass eine weitere Größenzunahme keine weiteren Vorteile mehr bietet, sondern die Bilanz der bakteriellen Nahrungsverwertung ungünstiger würde.

Durch das Aufkommen der Gräser standen Weidetieren ergiebige Nahrungsquellen zur Verfügung. Tatsächlich hat vermutlich eine parallele Evolution der Gräser und der Weidetiere stattgefunden, die gleichzeitig die landschaftliche Entwicklung weiter Regionen und damit auch vieler anderer Tier- und Pflanzengruppen beeinflusste: Die Weidetiere hielten die Landschaft offen, sodass große Flächen für die Gräser zur Verfügung standen, die aufgrund ihres unter der Erde liegenden Wachstumspunktes durch die Beweidung nicht dauerhaft geschädigt wurden. Viele

Die gemeinsame Verbreitung von Gräsern und Weidetieren vor etwa 50 Millionen Jahren veränderte das Landschaftsbild tiefgreifend.

heutige, zweikeimblättrige Wiesenpflanzen scheinen auf Abbiss angewiesen zu sein, um sich „normal" – kräftig und verzweigt – zu entwickeln.

Zu den Rüsseltieren gehören die bekanntesten Vertreter der Megafauna, die Mammuts. Sie spalteten sich vor etwa sechs Millionen Jahren von der Linie des heutigen Asiatischen Elefanten ab. Mit den Elefanten teilen sie viele Eigenschaften,

inklusive Stoßzähnen, Rüssel und den speziell geformten Backenzähnen, die besonders viele Schneideflächen zur Zerkleinerung der pflanzlichen Nahrung besitzen. Da Elefanten und ihre Verwandten viele Jahrzehnte

Elefanten können ihre Zähne mehrfach im Leben ersetzen.

alt werden, nutzen sie ihre insgesamt sechs Backenzähne auf jeder Kieferseite nacheinander: Wenn sie das Alter erreichen, in dem die vorderen abgenutzt sind, ist einer der hinteren, verzögert durchgebrochenen Zähne nachgerückt.

Eine Serie von Kaltzeiten, die letzte endete vor etwa 11 000 Jahren, setzte der Entwicklungsvielfalt der Säugetiere im Pleistozän ein Ende. Viele Säugetiergattungen starben aus. Die Lebensgemeinschaften veränderten sich insbesondere im Zeitraum zwischen

Die letzten Wollhaarmammuts lebten noch vor 4 000 Jahren oder sogar etwas später. Es war eine eher kleine Art, nicht viel größer als Afrikanische Elefanten – das schon vor 200 000 Jahren ausgestorbene Steppenmammut war einen Meter höher. Die an Eismumien gefundene rote Fellfarbe geht vermutlich überwiegend auf nachträgliche Farbveränderungen zurück.

Der Zahn eines Urelefanten (links) zeigt noch eine relativ typische Kronenstruktur, wie sie auch beim Menschen vorkommt. Es deutet sich jedoch schon die für Rüsseltiere typische Entwicklung schneideartiger Rillen an, die beim Mammut (rechts) klar erkennbar ist.

15 000 und 10 000 Jahren vor heute. Die großen Säugetiere (und auch Reptilien) waren von der weltweiten Aussterbewelle besonders betroffen, lediglich in Afrika und im südlichen Asien überlebten einige Arten, beispielsweise Elefanten, Nashörner und Giraffen.

Noch immer ist weder klar, was der (entscheidende) Auslöser für das Massenaussterben war, noch, warum gerade große Tiere besonders betroffen waren und warum einige überlebten: Die letzten Mammuts lebten noch auf der heute russischen Wrangelinsel, als im Alten Ägypten am Nil die großen Pyramiden von Gizeh erbaut wurden – 500 Jahre später starben sie aus. Die Afrikanischen Elefanten überlebten jedoch. Die tonnenschweren Riesenfaultiere Südamerikas starben aus, aber die Zweifinger- und die Dreifingerfaultiere, ihre kaum rucksackgroßen Verwandten, überlebten in Süd- und Mittelamerika. Größere Tiere vermehren sich zwar oft langsamer als ihre kleineren Verwandten, fielen in anderen Phasen der Erdgeschichte jedoch nicht durch erhöhte Aussterberaten auf.

Für die populäre Annahme, dass das Eintreffen des Menschen auf den verschiedenen Kontinenten durch Überjagung oder Lebensraumveränderungen der Auslöser für das Aussterben war, gibt es – mit Ausnahme verschiedener Inseln – keine belastbaren Hinweise. Es könnte sich daher um einen gedanklichen Reflex handeln, der davon ausgeht, dass ein kaum berührtes Ökosystem durch das

Eindringen des Menschen zwangsläufig kollabieren muss. Das ist aber historisch gesehen nicht unbedingt der Fall, denn in Australien koexistierte der Mensch für mehrere Zehntausend Jahre mit der dortigen Megafauna. Auch für die amerikanischen Kontinente passen die zeitlichen Zusammenhänge nicht mehr gut zusammen, nachdem neuere Erkenntnisse eine immer frühere Anwesenheit des Menschen nahelegen.

Die wichtigste Alternativhypothese ergibt sich aus den wiederholten Klimaschwankungen, von denen eine vor etwa 13 000 Jahren besonders schnell und heftig war. Dies könnte die Anpassungsfähigkeit der Tiere überstiegen haben und Nahrungsketten könnten zusammengebrochen sein. Vermutlich gilt auch hier, dass eine Mischung beider Entwicklungen sowie einer Reihe weiterer möglicher Gründe, beispielsweise Infektionen, verantwortlich waren und dass die unterschiedlichen Auslöser für die jeweiligen Tiergruppen eine unterschiedlich große Rolle gespielt haben. Dennoch besteht ein großes Interesse am Verständnis der genauen Aussterbemechanismen, die erdgeschichtlich betrachtet erst vor so kurzer Zeit stattgefunden haben. Dies könnte wertvolle Erkenntnisse zum Umgang mit der möglicherweise gerade beginnenden Aussterbewelle liefern, bei der es offenbar erneut zu einem Wechselspiel von menschlichen Einflüssen und Klimaveränderungen kommt.

15 TONNEN SCHWERE NASHÖRNER

Die Größenrekordhalter der Megafauna zählen zu den Rüsseltieren und zur Nashornverwandtschaft. Das sibirische Steppenmammut lebte um die Zeit vor 500 000 Jahren herum, während des mittleren Pleistozäns, wurde fast zwei Stockwerke hoch mit bis zu fünf Meter langen Stoßzähnen und einer Masse von zehn Tonnen oder mehr. Diese erste, stark behaarte Art ernährte sich vorwiegend von Gras und verbreitete sich im nördlichen Eurasien.

Übertroffen wurde es von *Paraceratherium*, dem vermutlich größten Säugetier aller Zeiten, einem hornlosen Nashornverwandten, der am Ende des Paläogens zwischen Osteuropa und Westasien lebte. Bei ähnlicher Schulterhöhe wie das Steppenmammut waren die größten Vertreter mit ihrem langen Hals ungefähr acht Meter lang bei einer Masse von möglicherweise mehr als 15 Tonnen. Sie lebten in offenen Baumlandschaften und weideten Blätter ab.

In der Paläontologie werden häufig Superlative verkündet. Es darf aber nicht vergessen werden, dass Körpergrößen nur dann relativ zuverlässig anzugeben sind, wenn mehr oder weniger vollständige Skelette gefunden wurden. Dies ist häufig nicht der Fall, sodass anhand ähnlicher fossiler oder lebender Arten geschätzt werden muss. Auch ist nicht immer klar, ob es sich tatsächlich um ein ausgewachsenes Tier handelte oder um das größere der beiden Geschlechter. Noch sehr viel unsicherer sind Gewichtsangaben, da sie fossil nicht direkt zugänglich sind und die Schätzungen anhand heutiger Arten mit großen Unsicherheiten behaftet sind. Sicher ist jedoch, dass die größten Vertreter der als Megafauna bezeichneten Tierarten in Bezug auf ihre Körpergröße und ihr Gewicht mehr als eindrucksvoll waren. Sie veranschaulichen, zu welchen Extremen sich Organismen evolutiv entwickeln können.

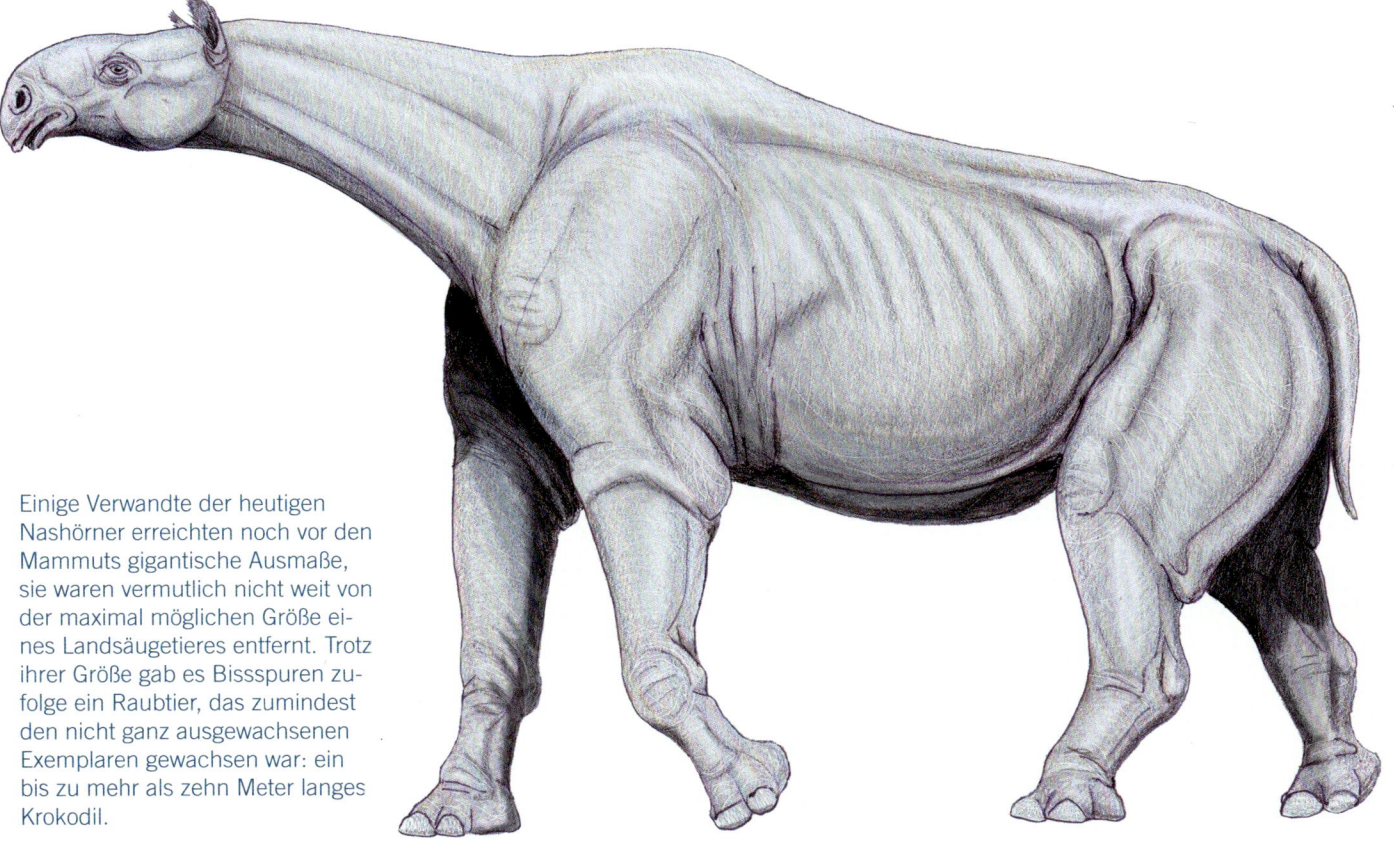

Einige Verwandte der heutigen Nashörner erreichten noch vor den Mammuts gigantische Ausmaße, sie waren vermutlich nicht weit von der maximal möglichen Größe eines Landsäugetieres entfernt. Trotz ihrer Größe gab es Bissspuren zufolge ein Raubtier, das zumindest den nicht ganz ausgewachsenen Exemplaren gewachsen war: ein bis zu mehr als zehn Meter langes Krokodil.

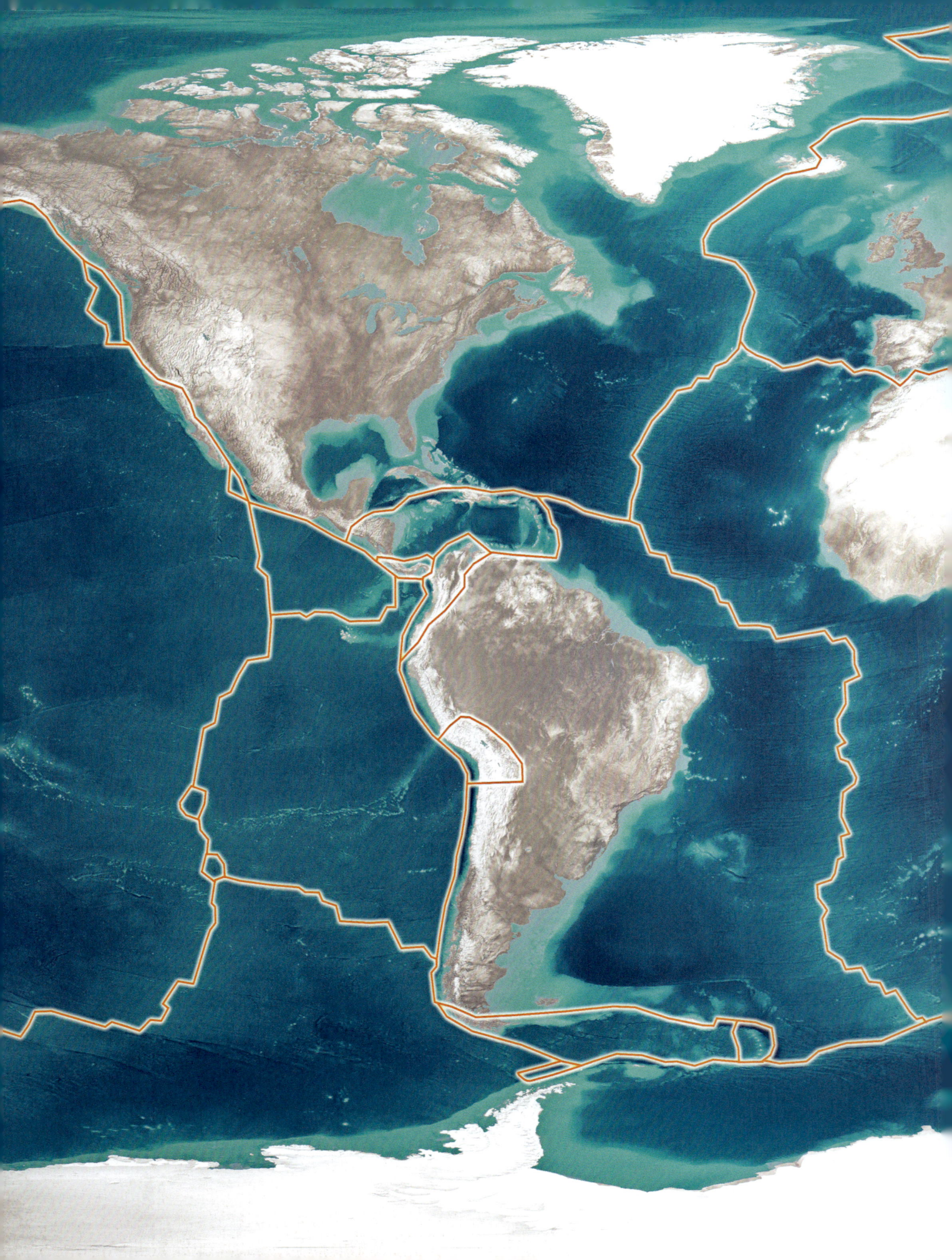

KLIMA, KONTINENTE, KATASTROPHEN: DIE KULISSE DER GESCHICHTE DES LEBENS

Eine sich ständig verändernde Welt hat ihre Spuren hinterlassen. Kontinentalverschiebungen, Klima-schwankungen und immer wieder neue Katastrophen gaben die entscheidenden Impulse, die das Leben über Milliarden von Jahren zu dem machten, was uns heute umgibt und dessen Teil wir sind.

DIE ENTWICKLUNG DER KONTINENTE UND IHR EINFLUSS AUF DIE EVOLUTION

Viele Eigenschaften der Erde haben die Entwicklung des Lebens entscheidend beeinflusst oder überhaupt erst ermöglicht. Für einige Aspekte liegt das auf der Hand, beispielsweise für das Vorhandensein flüssigen Wassers. Andere hingegen scheinen zunächst oft überraschend.

Zu den in ihrer großen Bedeutung eher unterschätzten Rahmenbedingungen zählt das flüssige Erdinnere. Sein vielfacher Einfluss auf die Entwicklung des Lebens wird erst in den letzten Jahrzehnten zunehmend verstanden.

Im Zentrum der Erde herrschen Temperaturen von etwa 6 000 °C. Diese Hitze ist ein Überbleibsel aus der Entstehungszeit der Erde. Sie stammt zu großen Teilen aus der Energie, die damals durch die Millionen Jahre andauernden Meteoriteneinschläge auf die Erde ge-

bracht wurde. Seitdem kommt kontinuierlich ein nicht genau bekannter Anteil an Wärme durch radioaktive Zerfallsprozesse und einige andere Vorgänge im Erdinneren hinzu. Dieser Wärmevorrat, von dem der Mensch heute im Rahmen der Geothermie einen winzigen

---

Die „Hitze der Erde" wird vermutlich noch in fünf Milliarden Jahren erhalten sein.

Anteil nutzt, wird theoretisch länger halten als der Brennstoff der Sonne, denn die Erde ist gut isoliert: Das Vakuum des Weltalls wirkt wie eine ideale Thermoskanne um das durch kilometerdicke Gesteinsschichten zusätzlich isolierte Erdinnere.

Trotz der hohen Temperaturen ist der innere Kern der Erde aufgrund des hohen Druckes fest. Er besteht aus einer Eisen-Nickel-Kugel mit einem Durchmesser von etwa 2 500 Kilometern. Um sie herum befindet sich der äußere Erdkern, eine mehr als 2 000 Kilometer dicke Schicht aus geschmolzenem Eisen, Nickel und weiteren chemischen Elementen, die so dünnflüssig ist wie Wasser. Aufgrund der Erddrehung bilden sich in dieser Flüssigkeit Verwirbelungen. Der Mecha-

Viele Geothermiekraftwerke nutzen beispielsweise auf Island extrem heißes Wasser, das an den Nahtstellen der Kontinentalplatten gewonnen wird. Außerhalb vulkanisch aktiver Gebiete sind die nutzbaren Energiemengen deutlich geringer.

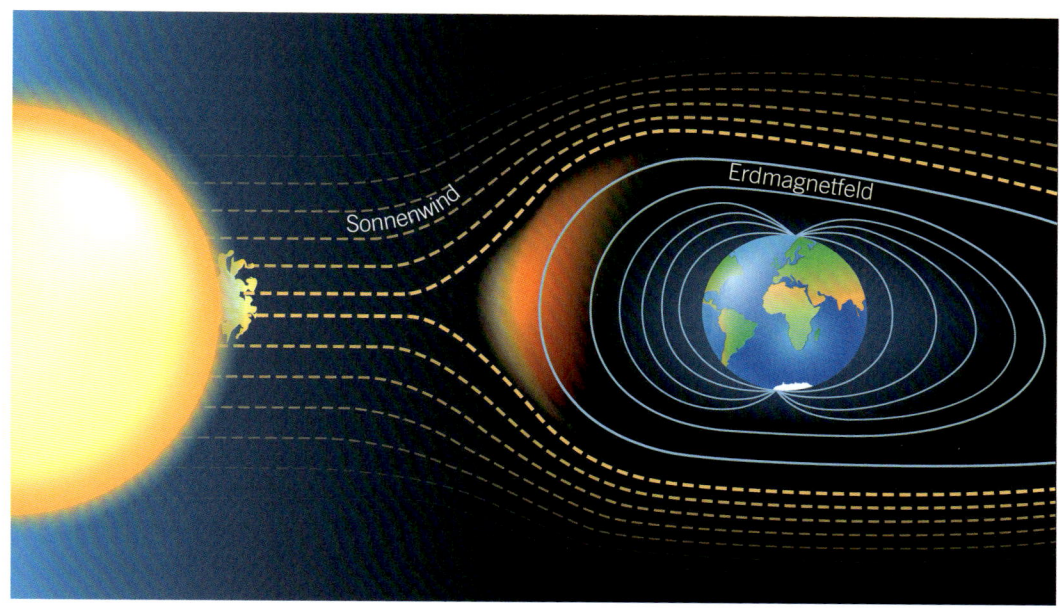

Das Magnetfeld der Erde führt den Sonnenwind, einen von der Sonne ausgehenden, hochenergetischen Teilchenstrom, an der Erde vorbei. Ist der Sonnenwind besonders stark, durchdringt er in den Polregionen den magnetischen Schutzschild und führt zu Polarlichtern, Schäden an Satelliten und Störungen im Funkverkehr.

nismus ähnelt letztlich dem der Entstehung von Wirbelstürmen in der Atmosphäre, nur dass die Wirbel im Erdkern die Ursache für das Magnetfeld der Erde sind. Das Magnetfeld verhindert, dass energiegeladene Teilchen des Sonnenwindes die Erdoberfläche erreichen. Bei sehr starken Sonnenwinden dringen diese Teilchen besonders in den Polregionen trotzdem in die Atmosphäre vor und führen dort zu Polarlichtern, indem sie mit den Gasteilchen der Luft kollidieren. Ob die im Mittel zweimal pro Jahrmillion vorkommenden Umpolungen des Magnetfeldes und sein damit verbundener, zwischenzeitlicher Zusammenbruch einen nachhaltigen Einfluss auf die Entwicklung des Lebens hatten, ist noch nicht abschließend geklärt. Gleiches gilt für die gelegentliche Verschiebung der Erdachse, für die ein Einfluss auf das Leben aber recht wahrscheinlich ist.

Auf den Erdkern folgt der fast 3 000 Kilometer mächtige Erdmantel aus geschmolzenem Gestein. Auf ihm schwimmt die erstarrte Erdkruste, die am Ozeanboden nur ungefähr fünf bis zehn Kilometer dick ist. Im Bereich der Kontinente erreicht sie jedoch einige wenige Dutzend Kilometer Mächtigkeit, von denen nur die obersten rund zehn Meter von der Sonne erwärmt werden.

Der innere Aufbau der Erde war lange unbekannt. Insbesondere ein heißes Erdinneres galt noch in der zweiten Hälfte des 19. Jahrhunderts als nicht viel mehr als eine provokante These. Ähnlich ist es mit der Kontinentaldrift: Schon im ausgehenden 16. Jahrhundert war aufgefallen, dass die Küstenlinie des östlichen Südamerikas mit der des südwestlichen Afrikas erstaunlich gut „zusammenpasst". Es dauerte aber bis ins beginnende

Das Innere der Erde ist mehrere tausend Grad heiß. Das Zentrum besteht aus einem festen inneren Kern, der von einem flüssigen äußeren Kern umgeben ist. Darauf liegt der ebenfalls flüssige Erdmantel, auf dem die feste Erdkruste schwimmt.

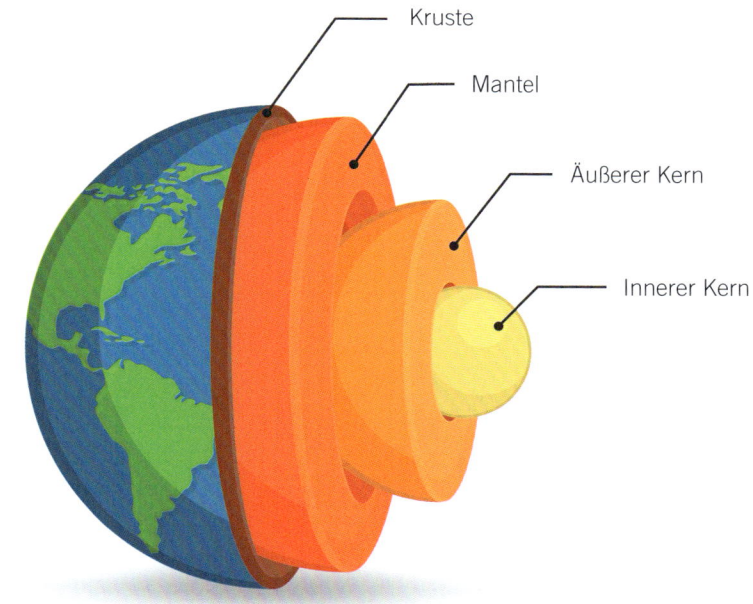

Kruste

Mantel

Äußerer Kern

Innerer Kern

20. Jahrhundert, bis Alfred Wegener glaubhaft zeigen konnte, dass die Kontinente sich tatsächlich bewegen. Erst ab den 1960er-Jahren wurde die Plattentektonik entdeckt: Die Kontinente sind Erhebungen auf einzelnen Kontinentalplatten, die auf dem flüssigen Erdmantel schwimmen. Strömungen in der Mantelflüssigkeit führen zu langsamen Bewegungen der Kontinentalplatten in der Größenordnung von wenigen Millimetern pro Jahr, sodass sich über Jahrmillionen immer wieder neue Anordnungen der Kontinente ergeben. Unter Wegeners Argumenten waren auch viele letztlich biologische Befunde, unter anderem die identischen Fossilienfunde bestimmter Samenfarne des Perm und eines Süßwasserreptils aus der gleichen Zeit sowohl in Südamerika als auch in Afrika.

Kontinentalplatten können sich aufeinander zu oder voneinander wegbewegen. Kollidieren sie, kann es zur Auffaltung von Gebirgen kommen wie dem Himalaya an der Stelle, an der sich die Indische Platte in die Eurasische Platte schiebt, oder der Alpen durch die Drehung Afrikas gegen Europa. Entfernen sich zwei Platten voneinander, wie aktuell die Nordamerikanische Platte und die Eurasische Platte sowie die Südamerikanische Platte und die Afrikanische Platte, steigt an der Nahtstelle Material aus dem Erdmantel

auf, in diesem Fall auf einer Nord-Süd-Linie im Atlantik. An diesen Stellen entstehen am Ozeanboden Hydrothermalquellen als schwarze Raucher im Kontakt mit heißem Gestein und weiße Raucher im Kontakt mit kühlem Gestein, das jedoch bislang noch keinen Kontakt mit Wasser hatte. Diese Zonen

---

Die Kontinente schwimmen auf dem flüssigen Gestein des Erdmantels.

---

sind heute sehr besondere, außergewöhnlich zusammengesetzte Lebensräume, und vor vier Milliarden Jahren hat das Leben vielleicht genau dort begonnen (siehe S. 23 ff.).

Präkambrische Kontinente

Die Kontinentaldrift auf dem flüssigen Erdinneren hat immer wieder zu entscheidenden Veränderungen geführt, die die Entwicklung des Lebens nachhaltig geprägt haben. Die Bewegungen der Kontinente lassen sich halbwegs verlässlich bis vor rund einer Milliarde Jahren zurückverfolgen. Damals vereinigten sich alle Kontinente zu einer einzigen, großen Landmasse, einem Superkontinent, der Rodinia genannt wird. Er befand sich zu dieser

Mesosaurier-Fossilien aus dem Perm wurden sowohl in Südamerika gefunden als auch in Afrika. Der Grund dafür ist, dass die beiden Kontinente damals, vor der Öffnung des Atlantiks, miteinander verbunden waren.

Die Kontinentalplatten verraten sich in ihrer heutigen Anordnung durch vulkanische Aktivitäten an den Nahtstellen und Gebirge in Kollisionszonen. Neben den größeren Hauptplatten gibt es noch eine Reihe kleinerer Platten.

Zeit auf der Südhalbkugel und erstreckte sich bis zum Südpol. Auf ihm verbreiteten sich vielleicht die ersten landlebenden Flechten und Algen.

Aus der Zeit vor 900 bis 800 Millionen Jahren sind erste Kontinentalrisse bekannt – Rodinia begann zu zerfallen. Das Zentrum des Kontinentes befand sich mittlerweile etwas nördlich des Äquators. Vor gut 800 Millionen Jahren begann eine unruhige, etwa 100 Millionen Jahre andauernde Phase, in der mehrfach starke Aufwärtsströmungen im Erdmantel große Mengen flüssigen Gesteins von Innen gegen die Erdkruste drückten. Spuren schwerer Vulkanausbrüche aus dieser Zeit sind auf nahezu allen Kontinenten gefunden worden. Als sich die Mantelströmungen vor etwa 720 Millionen Jahren wieder beruhigten, existierte Rodinia nicht mehr. Die Bruchstücke des Urkontinents trieben im Bereich des Äquators. Zeitgleich begann mit der Sturtischen Eiszeit die lange Kaltphase des Cryogeniums, für die das Auseinanderbrechen Rodinias verantwortlich gemacht wird. Während dieser zeitweise nahezu weltweiten Vereisungen entwickelten sich in den Ozeanen zwischen den nun wieder getrennten Kontinenten die ersten Tiere (siehe S. 66 f.).

Vor ungefähr 600 Millionen Jahren hatten sich die meisten Bruchstücke von Rodinia wieder getroffen und bildeten kurzzeitig einen weiteren Superkontinent, Pannotia, diesmal um den Südpol herum. Pannotia beeinflusste die Strömungsverhältnisse in der Atmosphäre durch eine zentrale, etwa 8 000 Kilometer lange Gebirgskette, die sich durch die Plattenkollision seit der Zeit vor etwa 640 Millionen Jahren aufgefaltet hatte. Abrieb der Gebirgsgletscher und in den Ozean gespülte Sedimente vergrößerten die den Kontinenten vorgelagerten Schelfmeere. Bei ihnen handelt es sich um flache, typischerweise nur bis zu 200 Meter tiefe Meeresregionen an den Randbereichen der Kontinente, deren Boden noch aus kontinentaler Erdkruste gebildet wird statt aus ozeanischer Kruste, welche auf die deutlich tieferen Hauptregionen der Ozeane beschränkt ist. Schelfmeere werden gelegentlich auch als Flachmeere bezeichnet und sind in gewisser Weise im Meer versunkene Bereiche der Kontinente. Damals wie heute sind Schelfmeere biologisch hochproduktive Lebensräume mit komplexen, vielfältigen und dichten Lebensgemeinschaften, die sich im Laufe der Erdgeschichte gelegentlich sogar bis weit ins Innere der Kontinente hineinzogen.

Diese Falschfarbenkarte zeigt die aktuellen Festland-höhen beziehungsweise Ozeantiefen. Die türkisen Bereiche, die an Küsten anschließen, markieren die heutigen Schelfmeere. Sie sind nördlich von Eurasien besonders ausgeprägt sowie im Bereich Südostasiens und Australiens.

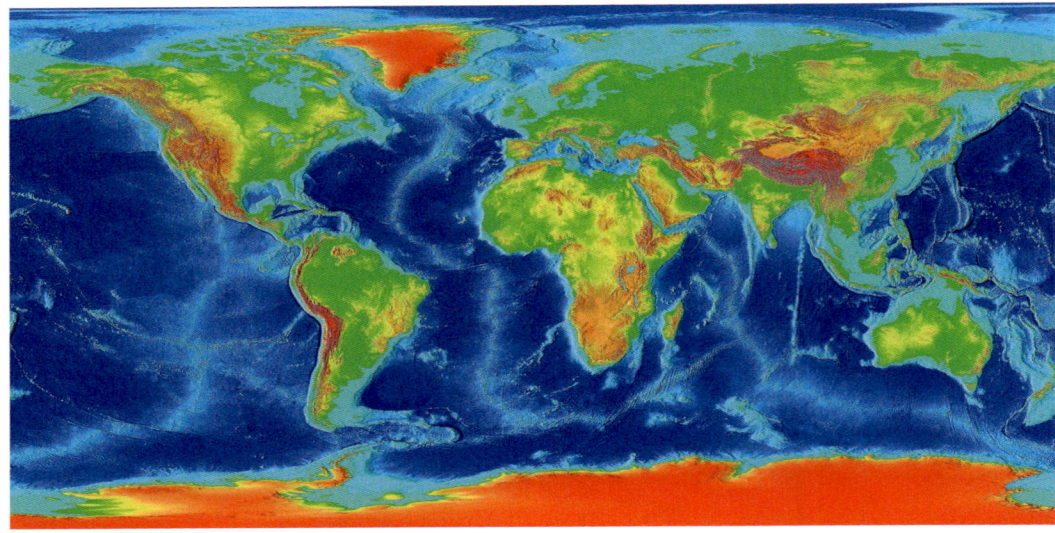

In den Schelfmeeren entwickelte sich das Leben mit den nacheiszeitlich steigenden Temperaturen explosionsartig – nicht zuletzt auch, weil der durch die Gletscher verursachte Gesteinsabrieb nun verstärkt in die Ozeane gelangte und diese „düngte". Das erste, fossil ab der Zeit vor etwa 580 Millionen Jahren belegte Ergebnis dieser Entwicklungen waren die geheimnisvollen Lebensgemeinschaften des Ediacariums auf dem Grund dieser Schelf-meere. In ihrem Schatten entwickelten sich auf dem gleichen Nährboden die Organis-men, die vor 541 Millionen Jahren für den Be-ginn der Kambrischen Explosion verantwort-lich waren. Zu diesem Zeitpunkt war Pannotia gerade vollständig zerfallen, und die Zahl der Schelfmeere hatte sich um die Bruchstücke herum noch einmal deutlich erhöht.

Belebte Kontinente

Die Kontinente, in die Pannotia zu Beginn des Kambriums zerfallen war, prägten in unterschiedlichen Anordnungen und Zu-sammenschlüssen den Großteil der Zeit bis heute: Gondwana, Laurentia, Baltica und Sibiria. Gondwana ist auch als Südkontinent bekannt, da er sich den Großteil seiner Ge-schichte auf der Südhalbkugel befand. Er war ein Großkontinent, der sich aus Bruchstü-cken Rodinias bildete und das heutige Afrika, Südamerika, Australien, Antarktika sowie Ma-

dagaskar, Indien, Neuguinea und Arabien ent-hielt. Laurentia hingegen existierte schon vor der Bildung Rodinias und bestand aus Teilen des heutigen Nordamerika sowie Grönland.

Die Kontinente ordneten sich in unterschiedlichen Zeiten immer wieder neu an.

Es enthält im heutigen Kanada die mit mehr als vier Milliarden Jahren ältesten bekannten Gesteine der Erde. Bis in das Silur hinein lag Laurentia auf dem Äquator. Dann kam es vor etwa 430 Millionen Jahren zur Kollision mit dem südlich davon liegenden Baltica, dem heutigen Nord- und Osteuropa. Das Ergeb-nis des Zusammenstoßes war der Kontinent Laurussia, auch Euramerika genannt, der ab dem mittleren Devon vor knapp 400 Mil-lionen Jahren über den Äquator mehr und mehr auf die Nordhalbkugel wanderte. Zu diesem Zeitpunkt war es bereits vom südöst-lich gestarteten Sibiria überholt worden, das heute den zentralen Teil Sibiriens bildet und damals in mittleren nördlichen Breiten am längsten eigenständig blieb. In dieser Phase der Landbesiedelung durch Pflanzen und Tiere lagen sich also das riesige Gondwana am

Südpol und Laurussia mit Sibiria im Bereich des Äquators gegenüber. Zwischen ihnen befanden sich verschiedene kleine Festlandblöcke, und alles war umgeben vom weltumspannenden Ozean Panthalassa, der mehr als die Hälfte der Erdoberfläche bedeckte und als Vorläufer des heutigen Pazifik aufgefasst werden kann.

Das sich ab dem mittleren Devon beschleunigende Zusammenrücken der Kontinente führte zunächst zu einer Verkleinerung der Flächen, die von Schelfmeeren gebildet wurden. Dadurch schrumpften die Lebensräume vieler der im Meer lebenden Arten. Die plötzlich miteinander verbundenen Lebensräume führten zu einer Abnahme der Artenvielfalt, da einzelne Arten nicht mehr räumlich voneinander isoliert waren und sich daher nicht mehr unabhängig voneinander weiterentwickelten. Stattdessen breiteten sich wenige Arten über weite Regionen aus. So wurden Fossilien der frühen Landwirbeltiere des Devon mittlerweile in den meisten Regionen der damaligen Welt gefunden. Die Verschmelzung von Kontinenten reduzierte die begehrten Küstenlebensräume noch weiter, denn die Vereinigung zweier Kontinente geht notwendigerweise mit einem Verlust an Küstenlinie einher.

Die Situation wurde noch verschärft durch die Bildung von Gletschern auf den Kontinenten, die sich über den Polen befanden, zunächst Gondwana über dem Südpol. Eisschichten auf dem Inland werden – wie auch heute auf Antarktika erkennbar – deutlich mächtiger als das Eis über dem Meer wie am Nordpol und binden zudem Wasser auf dem Festland, was den Meeresspiegel absinken lässt. Dadurch fielen Schelfmeere zwischen den Kontinenten trocken und wandelten sich in zusätzliche Landlebensräume um. Es liegt nahe zu vermuten, dass dieser Lebensraumverlust im Meer eine relevante Triebkraft für viele Organismengruppen war, mit einem Leben auf dem Land zu experimentieren.

Nachdem auf dem Laurussia des Devon in Äquatornähe erste Wälder im heutigen Kanada gewachsen waren, kühlte sich das Klima ab dem Übergang zum Karbon ab. Eine Eiskappe bildete sich über der Südpolarregion Gondwanas und ließ die Meeresspiegel weltweit sinken. Dies zwang die frühen Landwirbeltiere endgültig zum Wechsel auf das Land. Ihre Fossilien wurden ebenfalls weiträumig verteilt gefunden, allerdings im Wesentlichen auf die tropische Äquatorregion beschränkt, da die Temperaturen in Richtung der Pole offenbar schnell zu niedrig wurden und die Sumpflandschaften trockeneren Lebensräumen wichen.

Bereits im frühen Karbon vor rund 350 Millionen Jahren bekam das heutige Nordwestafrika als Teil des nordwärts driftenden Gondwana Kontakt mit der Südküste Laurussias. Gegen Ende des Karbon vor 300 Millionen Jahren hatten Laurussia und Gondwana sich zu einer gemeinsamen Landmasse vereinigt, die vom Südpol bis in mittlere nördliche Breiten reichte: dem Superkontinent Pangaea. Die Kollision hinterließ den

Der Superkontinent Pangaea enthielt bereits die heutigen Kontinente in ungefähr der Verteilung, in der wir sie heute kennen. Südlich des heutigen Eurasiens lag eine riesige Meeresbucht, die Tethys. Die Pfeile zeigen die Bewegungsrichtungen der Kontinentalplatten.

Die nordamerikanischen Appalachen (oben), die schottischen Highlands (Mitte) und der marokkanische Antiatlas (unten) entstanden einst als eine verbundene Gebirgskette auf dem Superkontinent Pangaea. Durch die Bewegung der Kontinentalplatten sind die Gebirgszüge voneinander getrennt worden.

Südteil der Appalachen, die dadurch zu einer Gebirgskette wurden, die sich grob entlang des Äquators quer über den neuen Superkontinent Pangaea zogen. Durch den späteren Zerfall der Kontinente ist diese Gebirgskette heute aufgeteilt in die nordamerikanischen Appalachen, die schottischen Highlands und den marokkanischen Antiatlas. Ein großer Teil der europäischen Mittelgebirge entstand

ebenfalls in dieser Zeit. Die niedrigen Temperaturen gegen Ende des Karbon hatten die Vereisung eines großen Teils der Südhalbkugel zur Folge, während die tropischen Kohlesümpfe um den Äquator herum Stück für Stück verschwanden.

Pangaea war der bislang letzte Superkontinent der Erdgeschichte und enthielt schließlich auch das heutige Asien, das einen großen Landbogen im Nordosten bildete. Gemeinsam mit einem südöstlichen Bogen aus dem heutigen Indien, Antarktika und Australien bildete Pangaea rund um den Äquator eine riesige, sich nach Osten öffnende Bucht, die Tethys. Die fossilienhaltigen Sedimente ihrer Schelfregionen sind heute in jungen Faltengebirgen Europas und Südasiens zu finden, beispielsweise den Alpen und dem Himalaya. Das östliche Mittelmeer und östlich davon das Schwarze Meer sowie das Kaspische Meer sind neben einem Meeresbodenbereich vor der Nordwestküste Australiens die heutigen Überreste der Tethys.

Durch Pangaea bestand zeitweise eine Landverbindung vom Südpol bis zum Nordpol. Auf dieser für etwa 150 Millionen Jahre existierenden Landmasse verlief ein großer Teil der Entwicklungsgeschichte der Landtiere und der Pflanzen: Auf ihr entwickelten sich aus den Reptilien nicht nur die Dinosaurier und die Säugetiere, auch die Ausbreitung und Weiterentwicklung der Samenpflanzen, insbesondere der Nacktsamer und der Blütenpflanzen, fand auf dieser gigantischen Bühne

---

In der Trias hätte man zu Fuß vom Nordpol zum Südpol laufen können.

---

des Landlebens statt. Zahlreiche Krisen spielten sich ebenfalls hier ab: Nach Wüstenbedingungen in großen Bereichen Westpangaeas während des Perm kam es an seinem Ende vor 252 Millionen Jahren zum dramatischen Massenaussterben beim Übergang in die Trias, das entscheidend durch starken Vulkanismus im Bereich des im Norden Pangaeas liegenden

Sibiria ausgelöst wurde. Während der Trias erlebte Pangaea seine größte Ausdehnung, und Tier- und Pflanzenarten breiteten sich neu auf dem Kontinent aus.

Das Ende Pangaeas

Im mittleren Jura, vor etwa 170 Millionen Jahren, begann Pangaea infolge zunehmender vulkanischer Aktivitäten zu zerfallen. Ein Riss hatte sich von der Tethys nach Westen gebildet, der den Kontinent schließlich in der Mitte teilte: in Gondwana im Süden und Laurasia, einen Zusammenschluss aus dem späteren Nordamerika und Europa (das ehemalige Laurentia) sowie Asien, im

---

Indien war der schnellste Kontinent bei der Kontinentaldrift.

Norden. Der Riss weitete sich zunächst zum nördlichen Atlantik zwischen Nordamerika und Afrika. 30 Millionen Jahre später, am Beginn der Kreide, begann Gondwana zu zerfallen. Erst vor etwa 100 Millionen Jahren öffnete sich der Südatlantik durch die Abspaltung Südamerikas von Afrika. Etwa zeitgleich lösten sich Madagaskar und Indien von Antarktika, und Indien wanderte mit Rekordgeschwindigkeiten von zeitweise mehr als zehn Zentimetern pro Jahr nordwärts durch die ehemalige Tethys, um vor etwa 50 Millionen Jahren im Paläogen mit der Eurasischen Platte unter der Bildung des Himalaya zu kollidieren, eine Bewegung, die noch immer anhält. Ungefähr zur selben Zeit löste sich Australien als letztes Gondwana-Bruchstück von Antarktika, und Nordamerika und Grönland trennten sich von Eurasien. Noch heute sind die Nachwirkungen der Kräfte, die Pangaea zerfallen ließen, messbar, denn noch immer ist der Erdmantel unter Afrika – der ehemaligen Position Pangaeas – heißer als in anderen Regionen, und der Kontinent wird durch eine seit 250 Millionen Jahren stabile Aufwärtsströmung im Erdmantel angehoben.

Die Trennung der Kontinente seit der Übergangszeit vom Jura in die Kreide vor etwa 150 Millionen Jahren trennte auch die Populationen der damaligen Organismen voneinander. Diese entwickelten sich anschließend unabhängig voneinander weiter und bildeten neue Arten. Dies erklärt die zunächst überraschend nahe Verwandtschaft von Arten, die heute auf unterschiedlichen Kontinenten leben, die durch große Ozeane voneinander getrennt sind. Ein Beispiel sind die Afrikanischen Lungenfische und ihre südamerikanische Schwesterart, deren Vorfahren vor 100 Millionen Jahren durch das Auseinanderbrechen Westgondwanas den Kontakt verloren. Die noch relativ lange bestehende Verbindung von Australien mit Antarktika und dadurch mit Südamerika erklärt die heu-

Im Jura zerfiel Pangaea wieder in einen Nordkontinent (Laurasia) und einen Südkontinent (Gondwana). Der Nordatlantik, der sich zwischen Nordamerika und Afrika gebildet hatte, sollte sich erst merklich später nach Süden erweitern. Die Pfeile zeigen die Bewegungsrichtungen der Kontinentalplatten.

Die mit wenigen Millionen Jahren jüngste, folgenschwere Veränderung zwischen den Kontinenten war die Ausbildung der zentralamerikanischen Landbrücke zwischen Süd- und Nordamerika. Sie beendete die lange Insellage Südamerikas und ging mit tiefgreifenden Umwälzungen der dortigen Tierwelt einher.

tigen, weit getrennten Verbreitungsgebiete der Beuteltiere auf diesen Kontinenten. Die Vereisung Antarktikas nach der Loslösung von den anderen beiden Kontinenten und die Ausbildung einer kalten Meeresströmung rund um den Kontinent führten zum Aussterben aller dortigen Landsäugetiere.

Die Bewegung der Kontinentalplatten ist heute jedoch nicht nur an den Ergebnissen der Trennung bereits bestehender Populationen abzulesen. Entwicklungslinien, die erst auf bereits isolierten Erdteilen entstanden, blieben zunächst auf diese beschränkt. Ein besonders eindrückliches Beispiel ist die erst kürzlich durch genetische Untersuchungen erkannte Zweiteilung der heutigen Höheren Säugetiere in eine südliche Entwicklungsline, die in Afrika entstand, und eine „laurasische" Linie, die den nördlichen Kontinenten entspricht. Alfred Wegener war daher sehr weitsichtig, als er vor etwa 100 Jahren auch entwicklungsgeschichtliche Argumente

nutzte, um das Konzept der Kontinentaldrift zu stützen, das das Leben auf der Erde so sehr geprägt hat.

Für die Zukunft ist davon auszugehen, dass der Atlantik sich immer mehr verbreitert, während der Pazifik zunehmend schmaler wird und schließlich verschwindet. Afrika wandert nach Norden und wird innerhalb der kommenden 100 Millionen Jahre das Mittelmeer in eine neue Gebirgskette umwandeln. Schon in etwa 20 Millionen Jahren spaltet sich Ostafrika entlang des dortigen Grabenbruches ab, und Europa verliert die Iberische Halbinsel. Langfristig werden Nord- und Südamerika getrennt und sich gemeinsam mit Grönland auf der Südhalbkugel befinden. Australien ist dann auf die Nordhalbkugel gewandert, hat dabei neue Gebirge im heutigen Indopazifik gebildet und ist dann mit Japan zusammengestoßen. Indien hingegen wird vielleicht vollständig unter dem Himalaya verschwunden sein.

KLIMAVERÄNDERUNGEN UND KATASTROPHEN

Kaum etwas hat die Entwicklung des Lebens so sehr beeinflusst wie die Veränderungen des Klimas, und wenig wird durch so viele Faktoren beeinflusst wie das Klima. Klimatrends haben in der Geschichte des Lebens Entwicklungen angestoßen und befördert.

Klimakatastrophen haben das Leben bisweilen an den Rand des Aussterbens gebracht und dadurch tiefgreifende Umwälzungen in den Lebensräumen der Erde herbeigeführt. Zu den wichtigsten Einflussfaktoren auf das Klima zählt die Sonneneinstrahlung. Im einfachsten Fall verändert sich die Strahlungsintensität der Sonne selbst. So war die von der Sonne ausgesandte Licht- und Wärmemenge in der Frühphase des Lebens, beispielsweise vor etwa drei Milliarden Jahren, noch deutlich geringer als heute. Dies bedeutet jedoch nicht automatisch, dass die Erde damals kühler war als zu späteren Zeitpunkten mit mehr Sonneneinstrahlung. Die Temperatur der Erdatmosphäre hängt stattdessen entscheidend davon ab, wie viel der Sonnenstrahlung als Wärme auf der Erde verbleibt.

Wie das Klima funktioniert

Wie bei einem Auto mit weißen Sitzen, das sich in der Sonne nicht so schnell aufheizt wie ein Auto mit schwarzer Innenausstattung, reflektiert die Erde einen großen Teil der Sonnenstrahlen direkt zurück in den Weltraum, wenn sie von größeren – weißen – Eisflächen bedeckt ist, etwa zu Zeiten mit vereisten Polkappen. Dadurch geht ein Teil der Sonnenenergie sofort wieder verloren und die Temperaturen bleiben niedrig. Dies ist ein gutes Beispiel für sich selbst verstärkende Klimaprozesse, wie sie auch in der aktuellen Diskussion um den Klimawandel von Bedeutung sind: Ist es auf der Erde kalt, sind die eisbedeckten Flächen groß, sodass viel Sonnen-

energie reflektiert wird und die Temperaturen niedrig bleiben. Möglicherweise fallen sie sogar weiter, als Folge entsteht noch mehr Eis, das noch mehr Sonnenstrahlen reflektiert, sodass die Temperaturen immer weiter fallen.

Viele Klimaentwicklungen verstärken und verselbstständigen sich.

Diese Kettenreaktion wird für verschiedene Phasen der Erdgeschichte vermutet, in denen es auf diese und ähnliche Weisen offenbar zu

Helles Eis und Wolken reflektieren Sonnenstrahlen größtenteils wieder ins Weltall, sodass sich die Erde durch sie kaum erwärmt. Eisfreie Wasser- und Landflächen nehmen die Energie des Sonnenlichtes jedoch auf und erwärmen sich.

mehr oder weniger vollständigen Vereisungen der gesamten Erdoberfläche gekommen ist und die daher „Schneeball-Erde-Episoden" genannt werden. Umgekehrt führen steigende Temperaturen zu schmelzendem Eis, wodurch mehr Sonnenstrahlung auf der Erde verbleibt und die Temperaturen immer höher treibt, bis kein Eis mehr vorhanden ist.

Ein weiterer Effekt in diesem Zusammenhang ergibt sich durch die sogenannten Treibhausgase. Sonnenlicht, das auf die mehr oder weniger dunkle Erdoberfläche fällt, erwärmt diese. Abgestrahlt wird die Wärme in Form unsichtbarer Infrarotstrahlung, die beispielsweise bei einem Holzkohlegrill dafür verantwortlich ist, dass das Grillgut stark erhitzt wird (die aufsteigende warme Luft spielt dafür praktisch keine Rolle). Das unsichtbare Infrarotlicht wird jedoch im Gegensatz zum eintreffenden sichtbaren Sonnenlicht in der Atmosphäre von bestimmten Gasen auf die Erde zurückreflektiert. Dadurch ähnelt die Situation der in einem Treibhaus, in dem die Sonnenstrahlen durch die Scheiben ins Innere gelangen, die dort entstehende Wärme jedoch durch die Scheiben zurückgehalten wird, wodurch die Temperatur ansteigt. Es gibt mehrere für diesen Treibhauseffekt verantwortliche Gase. Am bekanntesten ist Kohlendioxid, aber noch sehr viel größer ist

die Wirkung von Methan, der Hauptkomponente von Erdgas, das auf biologischem Wege nur von einigen Archaeen produziert werden kann (siehe S. 27). Diese Organismen sind ein wichtiger Bestandteil im Verdauungssystem von Wiederkäuern, sodass heute vor allem die landwirtschaftliche Schaf- und besonders die Rinderhaltung die Methanproduktion ansteigen lässt. Außerdem leben methanproduzierende Archaeen in überschwemmten Böden, sodass auch der immer größere Flächen einnehmende Reisanbau viel Methan freisetzt. In der Geschichte der Erde haben – wie auch in aktuellen Klimaentwicklungsszenarien – immer wieder große Methanvorräte am Boden kühler Ozeanregionen eine Rolle gespielt, denn diese setzen ihr Methan frei, wenn es wärmer wird. Dadurch wird der Trend zur Erwärmung verstärkt, wenn eine kritische Mindesttemperatur erreicht ist, was wiederum eine immer schneller werdende Kettenreaktion auslöst. Hinzu kommt, dass auch Wasserdampf, von dem bei steigenden Temperaturen durch Verdunstung immer mehr in die Atmosphäre gelangt, als Treibhausgas die Erwärmung der Atmosphäre immer weiter vorantreibt.

Es gibt jedoch auch gegenläufige Mechanismen, die steigenden Temperaturen entgegenwirken. Dazu gehören die Kohlenstoffzyklen der Erde. Vergleichsweise kurzfristig kann sich die Menge des Treibhausgases Kohlendioxid im Rahmen des biologischen Kohlenstoffzyklus ändern. Dabei steigt die Aktivität fotosynthetisierender Organismen an, also von Pflanzen und mengenmäßig durch die große Ozeanfläche vor allem von Algen. Sie verbrauchen das Kohlendioxid und produzieren daraus Biomasse und Sauerstoff. Wird gleichzeitig weniger Biomasse abgebaut, bleibt das Kohlendioxid darin eingeschlossen und kann nicht mehr als Treibhausgas wirken. Dieser Mechanismus führte beispielsweise zur Abkühlung im Karbon, in dem die biologisch nicht abgebaute pflanzliche Biomasse zu der Kohle wurde, die heute in Kraftwerken verbrannt wird, sodass das vor mehr als 300 Millionen Jahren gebundene Kohlendioxid jetzt wieder frei wird.

Sonnenlicht (gelb) erreicht durch die Atmosphäre die Erdoberfläche, die sich dadurch erwärmt. Die von der warmen Erdoberfläche abgegebene Infrarotstrahlung (orange) wird von den Treibhausgasen in der Atmosphäre (heller Ring) zurückgeworfen, wodurch sich die Atmosphäre wie in einem Treibhaus erwärmt.

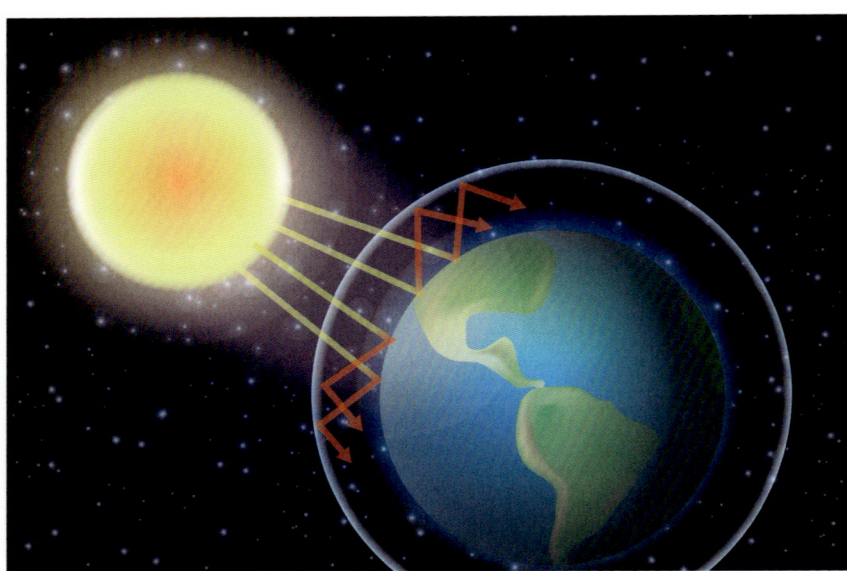

Der geologische Kohlenstoffzyklus ist ein wichtiger, mengenmäßig bedeutender Prozess, der jedoch sehr viel mehr Zeit benötigt als der biologische Kohlenstoffzyklus und auf Zeitskalen von Jahrmillionen viel langsamer verläuft als die beschriebenen Temperaturanstiege. Wenn es wärmer wird, nimmt weltweit betrachtet üblicherweise die Niederschlagsmenge zu, und zusätzlich beschleunigt

Die natürliche Absenkung des Kohlendioxidgehaltes der Atmosphäre benötigt Tausende bis Millionen von Jahren.

sich ein chemischer Vorgang, an dem das Niederschlagswasser beteiligt ist: die Erosion von Gesteinen. Die Erosion von Gesteinen bindet das Kohlendioxid, das vom Regen aus der Atmosphäre gewaschen wird, sodass es nicht wieder in die Atmosphäre zurückkehrt, sondern über die Flüsse in die Ozeane getragen wird. Dort wird es von Mikroorganismen aufgenommen, die schließlich auf den Meeresboden absinken und von Sedimenten bedeckt werden. Die Kreidefelsen auf Rügen

sind besonders reine Ablagerungen dieser Art, die wie in vielen anderen Regionen der Erde in der Zeit der Kreide häufig entstanden. Das im Gestein gebundene Kohlendioxid fehlt in der Atmosphäre, wodurch die Temperaturen sinken. Irgendwann gelangt dieses Gestein an den Rand einer Kontinentalplatte und sinkt in den flüssigen, heißen Erdmantel ab. Dort wird es aufgeschmolzen, und das dabei freigesetzte Kohlendioxid gelangt schließlich durch Vulkanismus wieder in die Atmosphäre, wodurch sich der Kreislauf nach vielen Millionen Jahren schließt. Der geologische Kohlenstoffkreislauf reguliert daher langfristig nicht nur zu hohe Temperaturen wieder herunter, sondern auch zu niedrige wieder nach oben: Ist es kalt oder ein großer Teil der Gesteinsoberflächen sogar mit Eis bedeckt, findet kaum noch Verwitterung statt, wodurch kaum noch Kohlendioxid gebunden wird. Gleichzeitig setzen Vulkane aber weiterhin Kohlendioxid frei, das viele Millionen Jahre früher gebunden wurde. Dadurch steigt die Menge an atmosphärischem Kohlendioxid wieder, das durch seine Treibhauswirkung die Temperaturen wieder steigen lässt.

Viele Forscher gehen davon aus, dass vor allem dieses Thermostat unseren Planeten vor zu extremen Temperaturschwankungen

Unter den geologisch hochaktiven Molukken treffen sich gleich mehrere Kontinentalplatten. Tauchen diese in den Erdmantel ab, werden sie aufgeschmolzen und das in ihnen enthaltene Kohlendioxid gelangt durch Vulkane in die Atmosphäre. Durch Regen und Gesteinsverwitterung kehrt es in die Ozeane zurück, um dort von Mikroorganismen und Korallenriffen aufgenommen zu werden. So wird es schließlich wieder Teil des Meeresbodens.

schützt, sodass das Leben schon über einen so langen Zeitraum existieren konnte. Da diese langfristige Temperaturregulation durch den geologischen Kohlenstoffkreislauf nur stattfinden kann, weil die Erde ein heißes, flüssiges Inneres hat, auf dem sich die Kontinental-

---

Die langfristige Temperaturregulation der Erde ist nur aufgrund ihres geschmolzenen Inneren möglich.

---

platten bewegen, kommt dieser Eigenschaft unseres Planeten erneut eine Schlüsselrolle für unsere eigene Existenz zu: Würde das

Wie auch das englische Dover ist Rügen für seine Kreidefelsen berühmt. Sie entstanden in der Kreide aus Ablagerungen der Schalen bestimmter Meereseinzeller und enthalten Kohlendioxid, das vor Jahrmillionen mit dem Regen aus der Atmosphäre gewaschen wurde.

im Meeresboden abgelagerte Kohlendioxid nicht wieder freigesetzt werden, indem die Sedimente im Erdmantel aufgeschmolzen werden, wären die Temperaturen auf einer Erde ohne Treibhauseffekt schon vor langer Zeit weit unter den Gefrierpunkt gesunken.

Extreme Klimaentwicklungen in der Erdgeschichte

Mittlerweile stehen immer mehr und immer genauere Methoden zur Verfügung, mit denen Rückschlüsse auf das Klima zu unterschiedlichen Zeiten in der Vergangenheit gezogen werden können. Insgesamt ergeben die Messungen für die meisten Phasen der Erdgeschichte einen stimmigen, weitgehend verlässlichen Überblick über die Klimaentwicklungen der Vergangenheit.

Zu einer frühen, dramatischen Klimaschwankung kam es bereits im Zusammenhang mit der Großen Sauerstoffkatastrophe vor etwa 2,3 Milliarden Jahren (siehe S. 33 f.). Archaeen hatten zuvor durch die Produktion des starken Treibhausgases Methan die Atmosphäre so verändert, dass die damals noch schwachen Strahlen der Sonne trotzdem zu lebensfreundlichen Temperaturen oberhalb des Gefrierpunktes führten. Die beginnende Freisetzung von Sauerstoff durch die Vorfahren der heutigen Cyanobakterien führte zur chemischen Umwandlung des Methans in Kohlendioxid, welches ein im Vergleich schwächeres Treibhausgas ist. Außerdem verbrauchten die Cyanobakterien Kohlendioxid als Ausgangssubstanz für ihre Fotosynthese (siehe S. 29), sodass der Treibhauseffekt zusammenbrach. Die Erde kühlte sich immer weiter ab und stürzte in die Huronische Eiszeit. Geologische Befunde legen nahe, dass die Erde damals fast vollständig von einer Eisschicht überzogen war. Derartige weltweite Vereisungsepisoden werden als „Schneeball-Erde" bezeichnet. Das Leben konnte in diesen Phasen fast nur noch unter der Oberfläche existieren, aber es hatte dort keinen Zugang zum Sonnenlicht, sodass das biologische Gleichgewicht aus den Fugen geriet und schließlich zum Tod fast aller Organismen führte.

Wir wissen nicht genau, wie knapp das Leben damals der vollkommenen Aus-löschung entging, zumal der damals erst-malig freigesetzte Sauerstoff für die meisten Organismen ein Gift war. Bei knapp -80 Grad Celsius gefriert Kohlendioxid und lagert sich als Trockeneis ab. Wäre dies damals an den besonders kalten Polen geschehen, so wie es

Vor gut zwei Milliarden Jahren wäre die Erde beinahe für immer ein Eisplanet geworden.

heute an den Polen des Mars zu beobachten ist, hätte es vermutlich keinen Weg mehr aus der Abwärtsspirale der Temperaturen gegeben, weil alles Kohlendioxid aus der Atmosphäre als Trockeneis herabgeschneit wäre. Statt-dessen sorgte die Vereisung dafür, dass die entsprechenden Organismen keine Fotosyn-these mehr durchführen konnten und daher kein Kohlendioxid mehr verbraucht wurde. Der Gehalt an diesem Gas in der Atmosphäre stieg durch Vulkanismus langsam wieder an. Irgendwann war der Treibhauseffekt wieder-hergestellt und das Eis schmolz. Die Einzeller,

die vermutlich in kleinen, eisfreien „Wärme-oasen" im Bereich hydrothermaler Quellen (siehe S. 23 f.) überlebt hatten, breiteten sich wieder über die Erde beziehungsweise in den Ozeanen aus.

1,6 Milliarden Jahre später gab es erneut eine lange Vereisungsphase. Nach ihr wur-de eine gesamte Periode der Erdgeschichte benannt: das Cryogenium. Es begann vor 720 Millionen Jahren mit den ersten Anzei-chen der Sturtischen Eiszeit und endete vor

Vor 2,3 Milliarden Jahren sah es überall auf der Erde aus wie heute in der Nähe des Südpols: Die gesamte Erde war von einer Eisschicht bedeckt, weil die erstmalige Produktion von Sauerstoff die Erde in eine schwere Eiszeit gestürzt hatte.

Am Nordpol des Mars wird es im Winter so kalt, dass Kohlendioxid zu Trocken-eis gefriert. Es legt sich auf das selbst im Sommer nicht tauende, mit Marsstaub be-deckte Wassereis.

Die Niederschlagsmengen nehmen landeinwärts merklich ab. Dieses kontinentale Klima ist im Osten Deutschlands (Brauntöne) bereits merklich spürbar. Vor Gebirgen wie den Alpen im Süden und dem Erzgebirge im Südosten stauen sich die Wolken und regnen ebenfalls ab (Blautöne).

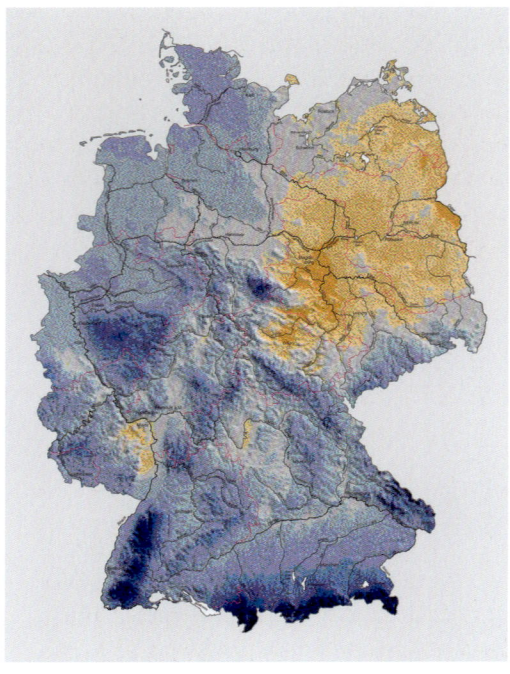

635 Millionen Jahren, der Zeit der letzten Ablagerungen der Marinoischen Eiszeit. Die Ursachen für diese beiden, jeweils in mehreren Wellen abgelaufenen Vereisungen sind nicht abschließend geklärt, aber beide Eiszeiten waren so intensiv, dass die Erde in weiten Teilen von einer dicken Eisschicht überzogen war.

Ein möglicher Grund ist der Zerfall des Superkontinents Rodinia direkt vor dem Beginn des Cryogeniums (siehe S. 221). Schon damals regnete es im Inneren der Kontinente weniger als an den Küsten, so wie wir es heute beispielsweise vom schon relativ kontinentalen Klima Berlins kennen, das trockener ist als das ozeanischere Klima Hamburgs, in dem fast ein Drittel mehr Niederschlag fällt. Während es zu Zeiten des Superkontinents Rodinia über weiten Landbereichen kaum regnete, nahmen nach dessen Auseinanderbrechen die Niederschläge und die damit verbundene Kohlendioxid verbrauchende Verwitterung von Gesteinen deutlich zu. Das Treibhausgas Kohlendioxid verschwand aus der Atmosphäre und die Temperaturen sanken.

Eine weitere, vielleicht ergänzende Ursache für die Abkühlung im Cryogenium ist eine frühe Ausbreitung fotosynthetisierender

Organismen auf den Kontinenten dieser Zeit. Möglicherweise hat es sich sogar um die Vorläufer der späteren Pflanzen gehandelt (siehe S. 108). Ihr Wachstum und damit ihre Biomasseproduktion hätte ebenfalls Kohlendioxid verbraucht und außerdem mehr Sauerstoff produziert. Tatsächlich scheint die – insgesamt noch sehr niedrige – Sauerstoffmenge in dieser Phase etwas angestiegen zu sein. Dies war vielleicht die letzte Voraussetzung für die Entstehung komplexer Vielzeller, der Tiere. Ihre ersten Vertreter haben sich nach aktuellem Wissensstand in der klimatisch gemäßigten Phase zwischen der Sturtischen und der Marinoischen Eiszeit entwickelt, nachdem bereits zuvor die Vielfalt der eukaryontischen Einzeller merklich zugenommen hatte (siehe S. 65).

Trotz der weltweiten Vereisung blieben kleine Meeresregionen in der Nähe heißer Quellen eisfrei. Die damaligen Organismen, inklusive der direkten Vorfahren der Tiere, überlebten vermutlich in diesen Wärmeoasen. Sie waren dadurch für lange Zeit isoliert und konnten sich daher in verschiedene Richtungen entwickeln. Nach dem Ende des Cryogeniums trafen diese Organismen aufeinander und traten in direkte Konkurrenz. Die charakteristische Fauna des Ediacariums war möglicherweise ein Entwicklungszweig, dem ein früher Erfolg beschieden war, der sich aber langfristig nicht gegen die Linie der Tiere durchsetzen konnte, die seit der Kambrischen Explosion bis heute dominiert (siehe S. 70 f.) und aus der auch wir Menschen hervorgegangen sind.

Ein Absinken des Kohlendioxidgehaltes der Atmosphäre wird für eine weitere Kalt-

Die Meeresspiegel schwankten im Laufe der Erdgeschichte um mehrere hundert Meter.

phase verantwortlich gemacht, dieses Mal am Ende des bis dahin warmen Devon. Ab der Zeit vor etwa 370 Millionen Jahren schwankte das Klima offenbar mehrmals stark. In den Kaltphasen kam es zur Bildung von Inlandseis auf dem über dem Südpol liegenden Gondwana. Dadurch sanken die Meeresspiegel stark ab, um bei der nächsten Klimaerwärmung plötzlich wieder anzusteigen. Zu unterschiedlichen Zeiten während dieser instabilen Phase wurden sowohl Meeresorganismen als auch Landbewohner stark dezimiert, inklusive der gerade an Land gegangenen Wirbeltiere (siehe S. 145 f.).

Katastrophen haben im Lauf der Erdgeschichte immer auch zu neuen Entwicklungen geführt. Nach jedem Massenaussterben waren viele ökologische Nischen unbesetzt, die von Organismen erobert wurden, die sich nach der Aussterbewelle neu entwickelten. Davon profitierten beispielsweise die Dinosaurier nach dem schwersten Massenaussterben, das die Tier- und Pflanzenwelt je erlebt hat, am Übergang vom Perm zur Trias (siehe S. 156 ff.), und später ebenso die Säugetiere nach dem Meteoriteneinschlag am Ende der Kreide (siehe S. 186). Die Kaltphase am Ende des Devon führte jedoch noch zu einer anderen Neuerung: Die Pflanzen, die bis dahin überwiegend aus Stängeln bestanden, entwickelten Blätter (siehe S. 112), denn die niedrigeren Temperaturen sorgten dafür, dass die Blätter nicht überhitzten. Gleichzeitig waren die Blätter nötig, um mit ihren vielen Spaltöffnungen genug des seltener werdenden Kohlendioxids als Nährstoff aufzunehmen. Durch die verstärkte Kohlendioxidaufnahme und der im Zuge der massiveren Baupläne mit Stämmen, ausladenden Blättern und stabilen Wurzeln deutlich gestiegenen Biomasseproduktion haben die Pflanzen direkt zur damaligen Klimaabkühlung beigetragen. Hinzu kam ein indirekter Effekt ihrer plötzlich tiefreichenden Wurzelsysteme: Die Durchwurzelung beschleunigte die Erosion des Gesteins und band auf diese Weise noch mehr Kohlendioxid, sodass sich bereits Ende des Devon die Vorboten des kühlen Klimas im anschließenden Karbon zeigten.

Insgesamt sind seit dem Kambrium fünf Massenaussterben bekannt, bei denen jeweils mindestens 50 Prozent der Arten weltweit verschwanden, in einigen Fällen sogar 90 Prozent und mehr. Am Ende des Ordoviziums starben in einer Kaltzeit mit dramatischen ökologischen Folgen vor 444 Millionen Jahren vermutlich fast alle tropischen Arten und viele weitere in anderen Erdregionen aus. Ende des Devon starben in zwei Hauptwellen bis vor 360 Millionen Jahren jeweils bis zu

---

Der Meteoriteneinschlag am Ende der Kreide war nicht die einzige und nicht die folgenreichste Katastrophe.

---

drei Viertel der Arten im Wasser und auf dem mittlerweile ausgiebig besiedelten Land. Vor 252 Millionen Jahren, am Übergang vom Perm zur Trias, starb das Leben im Meer fast vollständig aus, und auf dem Land war die Lage nur wenig besser. Am Ende der Trias kam es vor 200 Millionen Jahren beim Übergang in den Jura erneut zur Katastrophe, wieder starben ganze Großgruppen von Organismen restlos aus, andere wurden stark dezimiert. Den bisherigen Abschluss bilden die vernichtenden Folgen des Meteoriteneinschlags am Ende der Kreide vor 66 Millionen Jahren.

Tiefreichende Wurzelsysteme schließen den Boden auf und machen ihn für Regenwasser durchlässiger. Dadurch beschleunigt sich die chemische Erosion und damit wird auch der Atmosphäre mehr Kohlendioxid entzogen.

LEBEWESEN IN IHRER UMWELT

Evolutive Veränderungen sind ungeplant und ungerichtet. Zufällige Veränderungen der Organismen führen zu neuen Eigenschaften, die sich bewähren und zu mehr Fortpflanzungserfolg führen oder nachteilig sind, sodass ihre Träger aussterben.

Die Blätter der Gräser sprießen aus einem Wachstumspunkt, der am oder sogar etwas im Boden liegt. Dadurch überstehen die Pflanzen Beweidung – oder als Kulturpflanze einen regelmäßigen Schnitt – sehr gut, denn sie können sich von dort aus problemlos regenerieren. Dafür benötigen Gräser aber viel direktes Sonnenlicht. Weidetiere, die konkurrierende, eventuell beschattende Pflanzen in Schach halten, sind daher ideale Partner der Gräser.

Ob eine Neuentwicklung vorteilhaft oder nachteilig ist, entscheidet sich immer im Wechselspiel mit der Umwelt und den Anforderungen, die diese an die Organismen stellt. Ist eine ökologische Nische noch unbesetzt, fällt es sich neu entwickelnden Organismen leicht, sie zu besetzten, wohingegen es deutlich schwerer ist, eine bereits etablierte Art von dort zu verdrängen. Diesem Problem sahen sich beispielsweise die Vorfahren der Säugetiere ausgesetzt, die in der Trias das Rennen um die Vorherrschaft in der katastrophengeschüttelten Welt nach dem Ende des Perm gegen die Dinosaurier verloren hatten. Sie mussten mit einer Nische am Ran-

de des Ökosystems vorlieb nehmen – es waren kleine, versteckt lebende und nachtaktive Tiere (siehe S. 185). Erst nach dem Massensterben am Ende der Kreide bekamen sie eine zweite Chance, die sie dann auch nutzten. In der ersten Hälfte des auf die Kreide folgenden Paläogen gab es mehr und mehr verschiedene Säugetiere. Schnell besiedelten die neuen Formen alle freien Lebensräume, sodass nach dieser Expansionsphase weitere Entwicklun-

---

Viele Entwicklungsschübe sind durch Katastrophen ausgelöst worden.

---

gen im Wesentlichen durch Umweltveränderungen ausgelöst wurden, etwa die Wandlung der Pferde von waldbewohnenden Blätterfressern zu weidenden Fluchttieren der offenen Landschaften, die sich damals ausbreiteten (siehe S. 204 f.). Hierbei spielen häufig enge und kaum vorhersagbare Wechselwirkungen zwischen ganz unterschiedlichen Organismengruppen eine Rolle: Die offenen Landschaften waren ein idealer Lebensraum für die sich in dieser Zeit stark ausbreitenden Gräser, die als neue, schwer verdauliche Nahrungsgrundlage der Weidetiere die Entwicklung der Wiederkäuer vorantrieb. Das Aufkommen offener Landschaften wird wiederum zumindest in Teilen der sich entwickelnden „Großtiere" (Megafauna) zugeschrieben, die aufgrund ihrer Größe in der Lage war, ganze

Waldgebiete in Freiflächen zu verwandeln. Ein weiteres Beispiel ist die gemeinsame Evolution von Insekten und Blütenpflanzen (siehe S. 187 ff.).

Ein klassisches Wechselspiel ist das evolutive Wettrüsten zwischen Raubtieren und ihrer Beute oder allgemeiner zwischen Parasiten und ihren Wirten: Ein neuer Schutzmechanismus des Opfers zwingt den Angreifer zur Entwicklung neuer Angriffsfähigkeiten, um nicht auszusterben. Umgekehrt ist eine neue Abwehrtechnik nötig, sobald sich neue Bedrohungen entwickelt haben. Da alles ungeplant entsteht, können Entwicklungen in evolutive Sackgassen führen. Eine Einzellergruppe, die ihren vielzelligen Fressfeinden über lange Zeit durch eine ständige Größenzunahme entgeht, stirbt schließlich aus, denn in der Folge wachsen auch die Räuber, bis die Einzeller schließlich das Größenlimit für einzellige Organismen erreichen und nicht mehr entkommen können.

Eine Hypothese besagt, dass Organismen sich kontinuierlich weiterentwickeln müssen, um sich in der ständig verändernden Umwelt zu behaupten. Die Hypothese gilt nicht nur für Räuber-Beute-Beziehungen (z. B. Räuber entwickeln Zähne, Beutetiere harte Schalen) oder sich klimatisch verändernde Lebensräume, sondern ist auch ein wichtiges Argument für die Auseinanderentwicklung der Geschlechter (siehe S. 52 f.). Auch das Immunsystem und Krankheitserreger zwingen sich gegenseitig zu ständigen Weiterentwicklungen, um ihre zugehörigen Arten zu erhalten.

Evolutionsbiologen haben aus der Geschichte des Lebens auf der Erde weitere evolutionäre Mechanismen abgeleitet. Dazu gehört, dass die Evolution in vielen, voneinander getrennten Populationen produktiver ist als beispielsweise auf Superkontinenten. Auf diesen können Organismen über große Entfernungen wandern, und neue Eigenschaften vermischen sich sofort, statt sich isoliert voneinander anzusammeln und dadurch viele neue Arten hervorzubringen. Unüberwindlichen Gebirgsketten und Wüstengürteln kommt daher eine große Bedeutung in der Trennung von Lebensräumen zu. In der

Vom Menschen angelegte, genetisch identische Monokulturen sind dem evolutiven Erfolg von Parasiten schutzlos ausgeliefert. Es ist eine reale Gefahr, wenn nicht sogar unausweichlich, dass wir in ein paar Jahren unsere aktuell liebgewonnene Bananensorte nicht mehr kaufen können.

Vergangenheit haben jedoch auch andere, aus heutiger Sicht leicht zu übersehende Effekte eine Rolle gespielt. Der Sauerstoffgehalt der Atmosphäre war zu verschiedenen Zeiten deutlich niedriger als heute. Zum Beispiel

Viele kleine, voneinander getrennte Lebensräume sind für die Evolution günstig.

um den Beginn der Trias herum, vor etwa 250 Millionen Jahren, war er so gering, dass die Sauerstoffmenge auf Meereshöhe damals dem heutigen Gehalt in der „dünnen" Luft in Hochlagen des Himalaya entsprach. Bereits ab Höhen von tausend Metern oder sogar weniger konnten Tiere aufgrund von Sauerstoffmangel nicht mehr leben, was nicht nur die Gesamtfläche des nutzbaren Lebensraumes erheblich einschränkte, sondern dazu führte, dass bereits Hügelketten von wenigen hundert Metern Höhe zu unüberwindbaren Barrieren wurden. So zerfiel der damalige Superkontinent Pangaea in eine Vielzahl voneinander getrennter Lebensräume, in denen sich die Tiere unabhängig voneinander entwickeln konnten.

Die Schnäbel der Darwin-
finken sind das Ergebnis
ihrer Evolution aus nur einer
Stammart auf den verschiedenen Inseln des Galapa-
gos-Archipels. Samenfres-
sende Grundfinken haben
kompakte, kräftige Schnäbel
(rechts) und stehen damit
nicht mehr in Konkurrenz
zu Insektenfressern wie dem
Waldsänger-Darwinfinken
(Mitte). Eine weitere ökologische Nische nutzt der
Dickschnabel-Darwinfink
(links), indem er weiche
Pflanzenteile frisst.

Leben nach einem Massenaussterben

Interessante Funde sind Fossilien von Organismen, die aus Zeiten kurz nach einem
Massenaussterben stammen, während dem
eigentlich die gesamte Großgruppe, zu der
das Fossil gehört, ausgestorben ist. Dieses
Phänomen wird als „Dead clade walking" bezeichnet. Im engeren Sinn kommt es dadurch
zustande, dass einige Arten den Verlust ihres
Lebensraumes noch einige Zeit überstehen,
ohne jedoch eine langfristige Chance auf ein
Überleben zu haben, oder einzelne Individu-
en, beispielsweise einige Bäume, so langlebig sind, dass sie noch existieren, obwohl
Umweltveränderungen eine Fortpflanzung
unmöglich machen. Ein aktuelles Beispiel
könnte die Welwitschie werden, eine Pflanze
aus einer evolutiv sehr alten Entwicklungslinie an der Basis der Samenpflanzen, die

in der südwestafrikanischen Wüste Namib
wächst. Sie wird vermutlich bis zu 2 000 Jahre alt, kann sich aber nur bei ausreichend
Niederschlag fortpflanzen. Nimmt dieser wie
aktuell weiterhin ab, erreichen die Sämlinge
mit ihren Wurzeln das Grundwasser nicht
mehr. Die Population wäre technisch ausgestorben, obwohl die existierenden Pflanzen
noch hunderte Jahre weiterleben würden. Im
weiteren Sinne erklärt sich das Phänomen aus
dem Umstand, dass die genetische Vielfalt
weniger überlebender Organismen für die

Aus nur wenigen Individuen kann
meist keine neue Population mehr
hervorgehen.

---

erforderlichen Umweltanpassungen oft nicht
mehr ausreicht, sodass die Population bald
ganz ausstirbt. Ein Beispiel für diesen „genetischen Flaschenhals" sind die Schwierigkeiten
bei Wiederansiedelungsprogrammen fast ausgestorbener Arten, für deren Nachzucht nur
wenige Ausgangsindividuen zur Verfügung
stehen.

Demgegenüber gibt es jedoch auch sogenannte Katastrophentaxa, also Arten, die von
den Bedingungen während oder direkt nach
einem Massenaussterben profitieren und
sich in der Folge stark verbreiten. Sie werden
deshalb häufig auch „Pionierarten" genannt,
wie etwa die Lystrosaurier (siehe S. 158), die
sich zu Beginn der Trias über Pangaea verbreiteten. Sie werden üblicherweise nach einiger
Zeit durch neue Arten verdrängt. Nach dem
Meteoriteneinschlag am Ende der Kreide

Welwitschien bilden nur ein
Paar aus teils meterlangen, in
Streifen zerfallenden Blättern.
Mit einer langen Pfahlwur-
zel erreichen sie in ihrem
Wüstenlebensraum das
Grundwasser. Sie sind extrem
langlebig und können daher
jahrhundertelange Phasen
ungünstiger Bedingungen
überstehen.

hatten vermutlich die Vögel die besten Überlebenschancen, weil sie sehr mobil waren und mit wenig Nahrung auskamen. Samenfresser waren besonders im Vorteil, weil ihre Nahrung auch unter widrigen Bedingungen noch über lange Zeit aufzufinden ist.

So hat die Evolution zu allen Zeiten unter immer anderen Rahmenbedingungen immer neue Ergebnisse hervorgebracht. Es scheint, als ob die Evolution zwar immer wieder aufgrund gleicher Grundprinzipien sich wiederholende Muster hervorbringt, aber in einer Entwicklungslinie nie etwas einmal Abgelegtes ein zweites Mal auf die gleiche Weise entwickelt – der zwischenzeitlich verschwundene Fischschwanz der Wirbeltiere sieht daher bei Walen, Robben und Ottern jeweils ganz anders aus.

UNGEWÖHNLICHE ERGEBNISSE DER EVOLUTION

In allen Regionen der Erde hat die Evolution Organismen hervorgebracht, die ungewöhnlich sind, weil sie entweder selten und einzigartig sind oder so merkwürdig anmuten, dass selbst ein großes Maß an Fantasie für ihre Erschaffung kaum auszureichen scheint. Besondere und stark abgegrenzte Lebensräume sind gute Orte für die Suche nach solchen Organismen. Aquarianer kennen die unglaubliche Vielfalt bunter Fischarten afrikanischer Seen, wo nicht nur jeder See, sondern oft auch jede neue Uferregion ihre eigenen Arten hervorgebracht hat. Im kalten und klaren Wasser des russischen Baikalsees, dem aktuell tiefsten und ältesten Süßwassersee der Welt, leben – wie auf vielen Inseln – besonders viele endemische Arten, also Arten, die auf der gesamten Welt nur dort vorkommen. Dazu gehören nicht nur viele Fische, unter anderem die mit unter 1 000 Metern am tiefsten lebenden Süßwasserfische, sondern auch die einzige ausschließlich im Süßwasser lebende Robbe.

In den Tropen sind die Lebensbedingungen besonders günstig. Dies hat nicht nur zu einer besonders hohen Artenvielfalt und Artendichte geführt, sondern auch zu komplizierten Interaktionen und Abhängigkeiten der Lebewesen. Es gibt nicht nur Pilze, die Insekten befallen und deren Verhalten so verändern, dass es für ihre Fortpflanzung günstig ist, sondern es gibt auch Pflanzen, die ihre Blüten nicht mehr öffnen. Zu letzteren zählen die mehr als 1 000 Feigenarten, die nur von hoch spezialisierten Feigenwespen bestäubt werden. Diese dringen nach zum Teil kilometerlanger Suche nach einem passenden Baum in die geschlossenen Blüten, die Feigen, ein, legen ihre Eier und bestäuben die Feigen dabei. Die geschlüpften Larven ernähren sich vom Blütengewebe. Die fertig entwickelten Männchen befruchten die Weibchen und sterben, ohne die Feige je zu verlassen. Da eine Art der Feigenwespen typischerweise nur eine Feigenart bestäubt, stirbt mit der Feigenwespe auch die Feige aus und umgekehrt. Das System wird noch komplizierter, da die Evolution parasitäre Wespen hervorgebracht hat, die Feigen entdecken können, in denen Feigenwespen heranwachsen. Aus den Eiern, die sie dort ablegen, schlüpfen Larven, die sich wiederum von den Larven der Feigenwespen ernähren.

Baikalrobben kommen nur im Baikalsee vor. Es ist nach wie vor nicht endgültig geklärt, wie die Robben oder ihre Vorfahren dorthin gelangten, denn die kürzeste Wasserverbindung zum nächsten Ozean ist mehrere tausend Kilometer lang, und der See hatte seit dem Jura – lange vor der Entwicklung der Robben – keinen Kontakt mehr zu einem Ozean. Vermutlich wanderten sie über sibirische Seen ein, die während der letzten Eiszeiten existierten.

10 MILLIONEN JAHRE BIS HEUTE

DIE ENTWICKLUNG DES MENSCHEN

Im Vergleich mit der mehrere Hundert Millionen Jahre langen Entwicklung der Tiere ist der Mensch bislang kaum mehr als ein Wimpernschlag in der Geschichte des Lebens auf der Erde. Doch in dieser im Vergleich so kurzen Zeit haben seine Vorfahren und er nicht nur eine besondere biologische Evolution durchlaufen, sondern auch eine bislang einzigartige kulturelle Entwicklung erlebt.

DIE ENTWICKLUNG DER PRIMATEN

Der auf den schwedischen Naturforscher Carl von Linné zurückgehende Begriff „Primaten" ist aus dem Lateinischen abgeleitet (*primus* = der Erste). Dahinter verbirgt sich die heute – mindestens wissenschaftlich – überholte Idee des Menschen als „Krone der Schöpfung".

Die vereinfachende Gleichsetzung des Begriffes mit dem deutschen Wort „Affen" ist irreführend, da die Affen nur eine von mehreren Untergruppen der Primaten sind, welche sich in die Feuchtnasenprimaten (zum Beispiel Loris, Buschbabys und Lemuren wie der Katta) und Trockennasenprimaten aufteilen. Trockennasenprimaten, zu denen auch der Mensch zählt, haben einen schlechteren Geruchssinn und umfassen neben den kleinen Koboldmakis die Entwicklungslinie der Affen. Aus ihr zweigt schließlich die Linie ab, die zu uns, zum Menschen, führt. Die Linie der Affen hat sich in die Neuweltaffen Amerikas und die Altwelt-

affen aufgespalten. Zu letzteren zählen neben der Verwandtschaftsgruppe der Meerkatzen auch die Menschenaffen inklusive des Menschen und ihre Schwesterlinie, die Gibbons (siehe Stammbaum S. 297).

Insgesamt existieren heute rund 430 Primatenarten. Die meisten sind Baumbewohner und verfügen über ein im Verhältnis zu ihrer Körpergröße größeres Gehirn als andere Landsäugetiere. Ihre Augen sind groß und vorne im Kopf platziert, die typische Säugetierschnauze ist stark zurückgebildet und das Gesicht dadurch flach. Die überlappenden Blickfelder der Augen ermöglichen den Primaten ein dreidimensionales Sehen, das zum Beispiel für die Bewegung im Geäst und Sprünge von einem Ast zum anderen vorteilhaft ist. Außerdem kann ein fehlender Bildausschnitt durch das zweite Auge ergänzt werden, wenn dem ersten beispielsweise durch einen nahen Ast oder ein Blatt der Blick versperrt ist. Das größere Gehirn erlaubt es nicht nur, den jeweiligen Lebensraum differenzierter wahrzunehmen, sondern ermöglicht auch ein komplexes soziales Zusammenleben der Primaten.

Die ersten Vertreter der heute als Primaten bezeichneten Gruppe entwickelten sich vermutlich schon im Schatten der Dinosaurier, in der zweiten Hälfte der Kreide vor rund 80 bis 90 Millionen Jahren. Die ersten eindeutig als Primaten zu identifizierenden fossilen Nachweise stammen jedoch erst aus dem mittleren Paläogen vor rund 55 Mil-

Carl von Linné (1707–1778) führte Mitte des 18. Jahrhunderts mit seinen Hauptwerken *Species Plantarum* und *Systema Naturæ* das bis heute verwendete System für die Vergabe wissenschaftlicher Namen für Pflanzen und Tiere ein.

lionen Jahren. Zu diesem Zeitpunkt hatte sich jedoch bereits die bis heute bestehende Aufteilung der Primaten in Feucht- und Trockennasenprimaten etabliert, sodass man den eigentlichen Ursprung der Primaten entsprechend früher ansetzen darf. Diese frühen Primaten kann man sich als rattenähnliche Baumbewohner vorstellen, die auf vier Beinen liefen, lange Schwänze hatten und wahrscheinlich überwiegend nachtaktiv waren. So konnten sie den größeren, tagaktiven Räubern aus dem Weg gehen, die zu dieser Zeit die Vorherrschaft innehatten: Solange die Dinosaurier und Flugsaurier das Tierreich bestimmten, bot sich den Säugetieren keine Chance, größer zu werden und sich auszubreiten. Dies gelang erst im Anschluss an die große Meteoritenkatastrophe am Ende der Kreide, der ein Großteil aller Tier- und Pflanzenarten zum Opfer fiel. Auch die Säugetiere erlitten schwere Verluste, doch anders als bei den Dinosauriern gelang gleich einer ganzen Reihe von Säugetierarten der Übergang in das Paläogen. Die Dinosaurier starben mit Ausnahme der Vögel zu Beginn des Paläogens aus, was neben der verstärkten Weiterentwicklung

---

Die Säugetiere, die den Meteoriteneinschlag vor 66 Millionen Jahren überlebten, waren zumeist kleine Allesfresser und breiteten sich danach rasant aus.

---

der Linie der Vögel auch den Säugetieren mehr Raum gab. Direkt im Anschluss, vor etwa 65 bis 56 Millionen Jahren, kam es zu einer sprunghaften Zunahme der Vielfalt der kleinen Säugetiere. Ihr Erscheinungsbild und ihre Verhaltensweisen wurden vielgestaltiger und ermöglichten ihnen die Anpassung an zahlreiche neue Lebensräume, die ihnen zuvor nicht zugänglich gewesen waren. Das Klima, das erheblich wärmer und feuchter war als heute, begünstigte diese Entwicklung. Subtropische Vegetation gedieh bis über die Polarkreise hinaus und bildete eine ideale

Vertreter der Primatengruppe Adapiformes entstanden vermutlich vor rund 50 Millionen Jahren. Sie werden zur Linie der Feuchtnasenprimaten gezählt, während der Mensch zur Schwesterlinie der Trockennasenprimaten gehört.

Bühne für den Auftritt der neuen dominierenden Lebensformen, die in den kommenden Jahrmillionen unter anderem die Entwicklungslinie der Affen hervorbringen sollte, aus deren zahlreichen Seitenarmen schließlich auch der Mensch hervorging.

Vom Affen zum Menschenaffen

Der Übergang vom Affen zum Menschenaffen ist schwer zu fassen: zu dünn ist die fossile Beweislage, zu vielfältig sind die damals vertretenen Arten, die sich in der Grauzone zwischen beiden Gruppen bewegten. Irgendwo auf dieser diffusen Schwelle steht die Gattung *Proconsul*, deren Angehörige bereits zu den Trockennasenprimaten gehören und wie später alle Vertreter der Menschenaffen schon ihren Schwanz verloren hatten. Sie lebten im ersten Teil des Neogens ab der Zeit vor rund 20 Millionen Jahren. Bislang sind aus fossilen Funden, beispielsweise auf der Insel Rusinga im kenianischen Victoriasee, vier Arten der Gattung *Proconsul* bekannt. Der Name, der übersetzt „Vor dem Konsul" bedeutet, leitet sich von dem in den 1930er-Jahren im Londoner Zoo lebenden Schimpansen „Consul" ab. Diese Namensgebung spiegelt die damalige Überzeugung wider, dass es sich bei den Fossilien in Kenia um unmittelbare Vorfahren der Schimpansen handelte. Die ersten Funde wurden 1927 in Koru im Westen Kenias gemacht. Dort baute man 20 Millionen Jahre alte Ablagerungen aus dem Neogen ab, um Düngekalk zu produzieren. Zum Glück wurde die weitreichende Bedeutung der Funde schnell deutlich, sodass in der Folge eine systematische Erschließung beginnen konnte. Gemeinsam sind allen Vertretern der *Proconsul*-Gattung die noch stark an einen Affen erinnernde Schädelform und das schon auf die Menschenaffen vorverweisende kurzschnauzige, zierliche Gesicht. Zähne und Gebissform lassen ähnlich wie der bereits nicht mehr vorhandene Schwanz erkennen, dass *Proconsul* eine Schwellengattung ist, die Übergangsmerkmale von einer Lebensweise zu einer anderen zeigt: An dem Wuchs und der Form der Zähne lässt sich ablesen, dass *Proconsul* sich nicht nur von Früchten, sondern auch von Blättern ernährte und seine Nahrungspalette dadurch vielfältiger wurde. Die Fortbewegungsweise, die sich aus Funden von Hand- und Fußknochen ableiten lässt, bildet wahrscheinlich ebenfalls ein Übergangsstadium ab. Vermutlich bewegten

sich die Vertreter der Gattung *Proconsul* zwar noch unter Zuhilfenahme aller Gliedmaßen durch das Geäst der Bäume, doch sie waren nicht so beweglich, wie baumlebende Affen es typischerweise sind. Einen entscheidenden Hinweis in diese Richtung lieferten Untersuchungen der Bogengänge, gekrümmter Strukturen im Innenohr, die für den Gleichgewichtssinn benötigt werden. Diese sind umso größer, je agiler und akrobatischer sich ein Tier bewegt. Aufgrund ihrer schwungvollen, schwinghangelnden Bewegungen verfügen beispielsweise die heutigen Gibbons über große Bogengänge. Bei *Proconsul africanus* und vermutlich auch den anderen Arten der Gattung weisen die Bogengänge eine mittlere Größe auf: Sie sind merklich kleiner als bei den agilen Gibbons, aber immer noch größer als bei den im Vergleich eher behäbigen Schimpansen. *Proconsul* wäre damit mit Blick auf seine Bewegungsart vermutlich mit den heutigen Brüllaffen vergleichbar. Die Gliedmaßen weisen eine ähnliche Länge auf, woraus sich ableiten lässt, dass *Proconsul* sich häufig auf allen Vieren fortbewegte. Insgesamt lassen die Körpermerkmale jedoch den Schluss zu, dass er sich zeitweise auch bereits am Boden aufhielt.

Wie genau die Arten der Gattung *Proconsul* im Verhältnis zur Entwicklungslinie des Menschen stehen, ist nach wie vor umstritten. Lange Zeit galten sie als unmittelbare Vorfahren der Schimpansen und Gorillas. Vielfach werden die Vertreter dieser Gattung heute jedoch eher als eine Schwestergruppe der Vorfahren der Menschenaffen eingeordnet.

Schwierige Beweislage

Die Entwicklungslinie des Menschen nachzuvollziehen, erweist sich als erstaunlich schwierig. Dafür lassen sich mehrere Gründe anführen, die überwiegend mit dem Vorgang der Fossilierung, also der Entstehung von Fossilien, zu tun haben. Der Mensch und all seine Verwandten sind Landtiere, ihre Fossilien finden sich also überwiegend in Sedimenten, die an Land entstanden sind. Diese machen jedoch nur einen geringen Anteil der globalen Gesteinsmasse aus, der

Die zeichnerische Rekonstruktion veranschaulicht, dass *Proconsul* sich im Geäst noch auf allen vier Extremitäten fortbewegte, dabei aber wahrscheinlich weniger agil war, als baumbewohnende Affen es üblicherweise sind. Der typische Affenschwanz ist bereits verloren gegangen.

Großteil stammt aus dem Meer und kann daher keine Überreste des frühen Menschen und seiner Vorfahren enthalten. Darüber hinaus reduziert sich die mögliche Fundzahl dadurch, dass Kadaver häufig von anderen Tieren geplündert und Knochen zerbrochen wurden, um an das nahrhafte Mark zu gelangen. Für die Entstehung eines Fossils muss aber nicht nur der Körper erhalten bleiben, er muss auch möglichst schnell und vollständig bedeckt werden. Dies kann auf natürliche Weise zum Beispiel durch Sand oder Schlamm erfolgen oder aber im Rahmen einer Bestattungshandlung. Da letztere jedoch erst eine vergleichsweise junge kulturelle Errungenschaft ist, wird angesichts all dieser Überlegungen ersichtlich, weshalb das Fossilarchiv

Fossilien des Menschen und seiner Vorfahren sind nur in einem kleinen Teil der weltweit vorhandenen Gesteinsmassen zu finden.

des Menschen und seiner Vorfahren recht spärlich ausfällt. Nur wenige Vertreter der menschlichen Entwicklungslinie sind durch vollständige Skelette belegt, von vielen haben nur besonders widerstandsfähige Fragmente

wie Schädelknochen oder Zähne bis heute überdauert. Aus ihnen die Stammesgeschichte des Menschen nachzuzeichnen, ist die große Herausforderung der Paläoanthropologie, die in den vergangenen rund 160 Jahren in akribischer Kleinarbeit das komplexe Bild einer weitverzweigten Großfamilie entworfen hat, deren einziger heute noch lebender Vertreter die Angehörigen der Art *Homo sapiens* sind – wir Menschen.

Die in Mittel- und Südamerika vorkommenden Brüllaffen sind Baumbewohner, die sich eher selten am Boden aufhalten. Obwohl sie sich im Geäst geschickt und sicher bewegen, sind ihre Bewegungsabläufe vergleichsweise langsam. Ein ähnliches Bewegungsbild wiesen vermutlich die Vertreter der Gattung *Proconsul* auf.

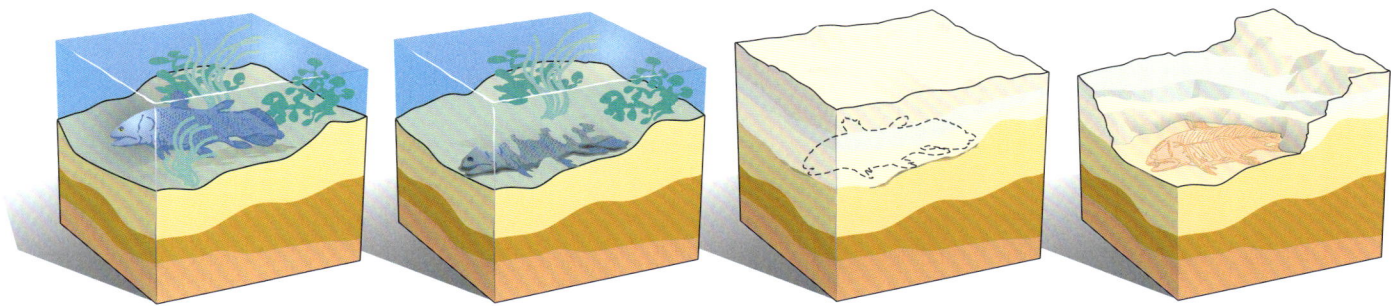

Entstehung eines Fossils: In der Zeit der Dinosaurier sinkt ein toter Fisch auf den Grund eines Gewässers.

Nach und nach wird der Körper von Sedimenten wie Sand oder Schlamm bedeckt.

Über einen längeren Zeitraum dringen die Sedimente in das Gewebe und die Knochen des Fisches ein. Unter Druck verwandeln sie sich in ein festes Substrat: Es entsteht ein Fossil.

Durch Bodenbewegungen und Erosion nähert sich das Fossil der Erdoberfläche.

MENSCHENAFFEN BEVÖLKERN EUROPA

Es gibt unterschiedliche Gründe dafür, warum Populationen ihren Standort wechseln und mitunter große Wanderbewegungen auf sich nehmen: Sich verändernde klimatische Bedingungen, Nahrungsmangel und Bevölkerungsdruck sind dabei die entscheidenden Faktoren.

Die Primaten werden 55 Millionen Jahre vor heute aufgrund fossiler Funde erstmals für uns fassbar. Aber damals blickten sie bereits auf rund 30 Millionen Jahre der Evolution zurück. Der große Schub in der Arten- und Individuenzahl, der nach dem großen Aussterbeereignis vor 66 Millionen Jahren stattfand, das die Vorherrschaft der Dinosaurier beendet hatte, brachte mit der Zeit eine Vielzahl von Primaten hervor, die in Bäumen lebten und deren Erscheinungsbild vermutlich dem heutiger Lemuren ähnelte. Im feuchtwarmen Paläogen verbreiteten sie sich über fast alle Kontinente. Ihre Spuren finden sich entsprechend nicht nur in Afrika, sondern auch in Nordamerika, Asien und Europa.

Vor rund 17 Millionen Jahren begann sich das Klima nachhaltig zu verändern: Es wurde trockener und gleichzeitig traten über den Jahresverlauf verstärkte Temperaturschwankungen auf. Die Zahl der an die feucht-warmen Bedingungen angepassten Arten der Gattung *Proconsul* und ihre Verwandten ging in der Folge dramatisch zurück, wodurch es den Altweltaffen (siehe S. 297) gelang, sich zu den dominierenden Gruppen der Primaten weiterzuentwickeln. Etwa eine Million Jahre später breiteten sich diese Arten von Afrika bis in das heutige Europa und nach Südostasien hin aus.

Dass auch der moderne Mensch seinen Ursprung in Afrika hat, haben in den vergangenen Jahrzehnten neben fossilen Funden besonders genetische Untersuchungen be-

---

Bereits Menschenaffen wanderten von Afrika bis nach Europa und Asien.

---

stätigt, obwohl vereinzelt auch Europa immer wieder als möglicher Entstehungsort genannt wird. Weitgehend anerkannt ist, dass es von dort aus mehr als nur eine Auswanderungswelle gegeben hat: Bereits die frühen Men-

Trotz ihres Namens sind Meerkatzen keine Katzen, auch wenn ihre Körpersilhouette eine gewisse Ähnlichkeit aufweist. Die Verwandtschaft mit dem Menschen innerhalb der Altweltaffen zeigt sich unter anderem in der Übertragbarkeit von Viruserkrankungen wie dem gefürchteten Marburg-Virus.

schenaffen verließen Afrika und wanderten vermutlich bis weit nach Asien und ins nördliche Europa hinein. Vor etwa 15 Millionen Jahren spaltete sich im asiatischen Raum die Verwandtschaftsgruppe der Orang-Utans von

Vor knapp zehn Millionen Jahren brachte eine erneute Klimaveränderung einen drastischen Wandel der Ökosysteme mit sich.

den anderen Menschenaffen ab. Eine dieser Gattungen, *Ramapithecus*, wurde im Norden Indiens gefunden und galt in den 1960er- und 1970er-Jahren fälschlich als Vorfahre des Menschen. Heute sind von diesen Gattungen

nur die Orang-Utans selbst übrig geblieben, doch sie sind massiv bedroht, da ihr Lebensraum durch Raubbau immer mehr schwindet und sie von Wilderern bejagt werden.

In den folgenden sechs bis sieben Millionen Jahren nahm die Arten- und Individuenzahl der Menschenaffen im heutigen Europa kontinuierlich zu. Erst eine nachhaltige klimatische Veränderung in Europa und im nordöstlichen Afrika setzte dieser Entwicklung vor etwa 9,6 Millionen Jahren ein Ende. Die immergrünen Wälder verschwanden, und an ihre Stelle traten Bäume, die ihr Laub abwarfen, und ausgedehnte Steppen. Hinter dem Klimawandel steckte vermutlich eine Neuausrichtung der Meeresströmungen, die wahrscheinlich das Ergebnis der fortschreitenden Kollision der Indischen Kontinentalplatte mit der Eurasischen Platte in der Region

Orang-Utans sind nach Meinung vieler Wissenschaftler die letzten Überlebenden der Entwicklungslinie, die sich vor rund 13 bis 15 Millionen Jahren von der trennte, die zu den Gorillas, Schimpansen, Bonobos und schließlich dem Menschen führte. Es werden heute drei Orang-Utan-Arten unterschieden, die alle auf den südostasiatischen Inseln Sumatra und Borneo leben.

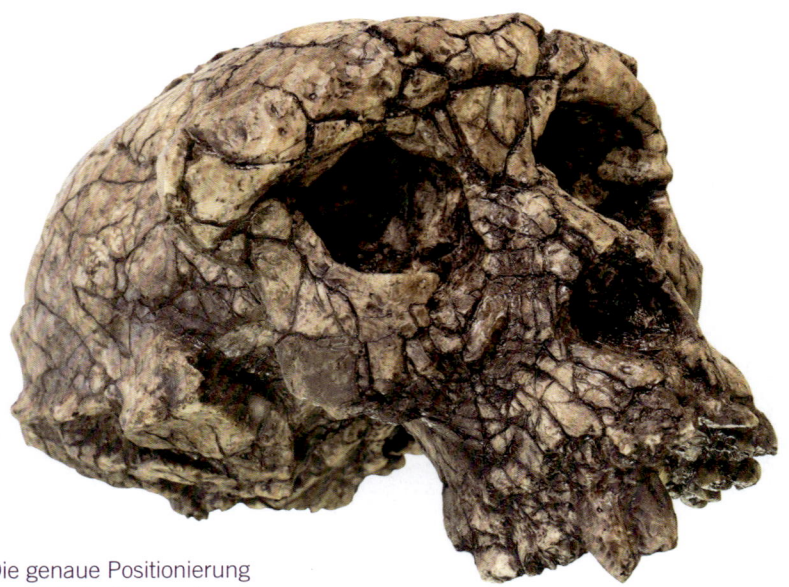

Die genaue Positionierung von *Sahelanthropus* im menschlichen Stammbaum ist ungewiss. Einige Merkmale lassen ihn als frühen Vertreter der zum Menschen führenden Linie erscheinen, andere sprechen für eine Zugehörigkeit zu der der Schimpansen oder Gorillas.

Dieser zur großen Zehe gehörige Mittelfußknochen eines *Ardipithecus ramidus* legt nahe, dass diese Art, die sich bereits aufrecht auf zwei Beinen bewegen konnte, trotzdem noch viel Zeit auf Bäumen verbrachte: Die weit abgespreizten großen Zehen eigneten sich noch hervorragend zum Umklammern von Ästen.

des heutigen Himalaya war. In der Folge starben die meisten Menschenaffen in diesen Regionen aus. Nur Vertreter der Gattung *Oreopithecus* überlebten vermutlich auf einer Mittelmeerinsel, die sich während eines Teils des Neogens aus dem heutigen Sardinien, der Toskana und Korsika zusammensetzte. Weitere Spuren – im wahrsten Sinne des Wortes – finden sich auf der griechischen Insel Kreta, wo rund 5,7 Millionen Jahre alte fossile Fußspuren entdeckt wurden. Wissenschaftlich ist allerdings umstritten, ob diese tatsächlich einer nicht näher bestimmten Menschenaffenart zugeordnet werden können.

Was in Afrika geschah

Im mittleren Neogen vor mehr als zehn Millionen Jahren existierten auch in Afrika diverse Menschenaffen. Vor etwa acht bis

sechs Millionen Jahren trennte sich hier die Entwicklungslinie der Gorillas von der der Schimpansen/Bonobos und der Hominini (Linie des Menschen inklusive der ausgestorbenen Vorfahren). Über die weitere Entwicklungsabfolge hin zum Menschen gibt es in der Forschung aufgrund fehlender oder mehrdeutiger fossiler Belege unterschiedliche Theorien. Ein Grund dafür ist, dass die exakte Datierung von Funden oft mit einer hohen Unsicherheit behaftet ist. Außerdem ist es aufgrund der in der Regel nur fragmentarisch erhaltenen Skelette meist schwierig, die Fossilien einer konkreten Art zuzuordnen sowie Verwandtschaftsbeziehungen zu erkennen. Dies macht es schwer, die Funde in eine zeitliche Reihenfolge zu bringen. Hinzu kommt, dass die üblicherweise einzeln gefundenen Individuen – ebenso wie heutige Menschen – individuelle Abweichungen beim Skelettaufbau aufweisen. Daher ist anhand der Einzelfunde oft kaum zu entscheiden, ob einzelne Abweichungen von einem bekannten arttypischen Skelett nur individuelle Variationen sind oder ob es sich gegebenenfalls tatsächlich um eine neue Art handelt.

Aus den genannten Gründen ist in hohem Maße umstritten, wie die sechs bis sieben Millionen Jahre alten Gattungen *Sahelanthropus* und *Orrorin* einzuordnen sind, die in Nordostafrika gefunden wurden. Weder konnte bislang ermittelt werden, aus welchen Vorläufern sie sich entwickelt haben, noch, ob sie Teil der Linie sind, die später zum modernen Menschen führte. Beide Gattungen konnten vermutlich bereits aufrecht gehen. Sie wurden daher von einigen Wissenschaftlern als älteste bisher bekannte Arten der Hominini interpretiert. Dies passt jedoch nicht zu der von anderen Forschern aus genetischen Befunden abgeleiteten Annahme, dass sich die Linie der Schimpansen erst vor fünf bis sechs Millionen Jahren von der der Hominini getrennt habe.

In den 1990er-Jahren waren in Äthiopien Fossilien einer weiteren Art entdeckt worden, die den Namen *Ardipithecus ramidus* erhielt. Sie sind rund 4,4 Millionen Jahre alt, und ihre Vertreter konnten sich mit großer

Wahrscheinlichkeit ebenfalls auf zwei Beinen auf dem Boden fortbewegen. Welcher Art die verwandtschaftlichen Beziehungen zwischen allen drei Gattungen, *Sahelanthropus*, *Orrorin* und *Ardipithecus* waren, ist nach wie vor ungeklärt.

Fossile Überreste scheinen zunächst wenig über das Ausmaß der Beziehungen zwischen den lebenden Individuen einer Gemeinschaft aussagen zu können. Die Idee der Versorgung von hilfsbedürftigen Mitgliedern einer Gruppe oder eines Familienverbandes ist beim modernen Menschen in besonderer Weise ausgeprägt. Bei unseren nächsten Verwandten, den Menschenaffen, kann man beobachten, dass Fürsorge, Rücksichtnahme und Schutz sich üblicherweise nur auf die Jungtiere, die sich noch nicht selbst versorgen können, erstreckt. Es ist schwer zu sagen, wann sich dieses Fürsorgeverhalten bei unseren Vorfahren auch auf andere Angehörige der Gruppe ausweitete. Tatsächlich lassen jedoch einige fossile Funde Rückschlüsse darauf zu, dass sich dieses Verhalten, das nicht zuletzt eine ausgeprägte Befähigung zur Empathie voraussetzt, schon früher entwickelte als vermutet. Beispielsweise wurde Anfang der 2000er-Jahre im georgischen Dmanissi

Gruppenzusammenhalt förderte bereits bei unseren frühesten Vorfahren die Überlebenschancen.

ein auf 1,85 Millionen Jahre datierter, zahnloser Schädel inklusive Unterkiefer gefunden, die einem älteren, männlichen Individuum zugeordnet wurden. Die verschlossenen Zahnfächer in den Kiefern deuten darauf hin, dass der Mann noch längere Zeit nach dem Verlust seiner Zähne am Leben blieb. Da er grobe Nahrungsmittel sicher nicht mehr zerkauen konnte, liegt die Vermutung nahe, dass er von anderen Mitgliedern der Gemeinschaft mit zerkleinerter Nahrung versorgt wurde. Ähnliches gilt für ein rund 450 000 Jahre altes Fossil eines männlichen

Vertreters der sehr viel später verorteten Art *Homo heidelbergensis*, das in der berühmten Grabungsstätte in der Sierra de Atapuerca in Spanien gefunden wurde: Die Wirbelsäule des Mannes zeigt Anzeichen für diverse Rückenleiden, die vermutlich bedeuteten, dass er sich nur unter Schmerzen und mithilfe einer Gehhilfe bewegen konnte – was in der damaligen Zeit eigentlich einem Todesurteil gleichkam und vermutlich nur durch die Fürsorge der Gemeinschaft ausgeglichen werden konnte. Funde wie diese legen nahe, dass soziales Verhalten schon früh eine Eigenart der Vorfahren des heutigen Menschen war.

Der sogenannte „Schädel 4" eines älteren, zahnlosen Mannes wird als Indiz für soziale Fürsorge unter den häufig als „Dmanissi-Menschen" bezeichneten frühen Hominini gewertet.

Wer ist mit wem auf welche Weise verwandt?

Charles Darwins Aussage, dass der Mensch einen gemeinsamen Vorfahren mit dem Affen habe, ließ ihn auch vermuten, dass die ältesten fossilen Funde der frühen, direkten Menschenvorfahren in Afrika zu finden sein würden. Mit dieser Vorhersage sollte er Recht behalten. Die Geschichte des modernen Menschen begann irgendwann in der Zeit vor fünf bis sieben Millionen Jahren, als sich unsere Entwicklungslinie von der der Schimpansen trennte. Beide Linien haben sich seitdem weiterentwickelt und sich immer wieder an sich wandelnde Umweltbedingungen angepasst. Seit vor rund 150 Jahren erkannt wurde, dass es sich beim modernen Menschen und dem (eng mit ihm verwandten) Neandertaler um zwei verschiedene Arten handelt, wurden noch mehr als 20 weitere Arten entdeckt,

DIE ENTWICKLUNGSGESCHICHTE DES MENSCHEN IST IMMER NOCH UMSTRITTEN

Der Begriff „Stammbaum" erweckt den Eindruck einer geordneten Abfolge, die zwar Verzweigungen beinhaltet, im Ganzen aber doch einen linearen Verlauf aufweist, der einen Anfangspunkt eindeutig mit einem Endpunkt verbindet. Vor diesem Hintergrund ist der Stammbaum des Menschen wohl eher als ein „Stammbusch" zu bezeichnen: Von einer erkennbaren klaren Linie ist wenig zu sehen, viele Beziehungen zwischen den zahlreichen Arten der Vor- und Frühmenschen liegen noch immer im Dunkeln. Zahlreiche Arten kamen mitunter parallel vor, und es ist aus den fossilen Funden häufig nicht rückzuschließen, ob sie auseinander hervorgingen oder sich parallel aus älteren Arten entwickelt haben. Die vergleichsweise geringe Zahl der gefundenen Individuen macht es nicht leicht, die Arten abzugrenzen, da schwer zu erkennen ist, ob Unterschiede im Skelettbau wirklich gleich auf eine neue Art hinweisen oder aber Folge individueller Abweichungen, Erkrankungen, angeborener Fehlbildungen, unterschiedlicher Ernährungsweisen oder Ähnlichem sind. Datierungsmethoden liefern oft keine sicheren Ergebnisse. Dass viele Fossilienfunde unvollständig sind, erschwert es zusätzlich, sie in die Stammesgeschichte des *Homo sapiens* einzuordnen. Die vorhandenen Daten zu Wanderungsbewegungen des Menschen und seiner Vorfahren sowie deren zeitliche Abfolge sind nicht immer schlüssig oder widersprechen einander sogar. Immer deutlicher zeigt sich, dass der Mensch nicht auf eine einzige Abstammungslinie zurückgeht, sondern dass es in seiner Entwicklung immer wieder zu einem genetischen Austausch mit evolutiven Seitenlinien kam. Diese genetischen Vermischungen verwischen die Spuren der Menschwerdung, da Merkmale aus unterschied-

lichen Entwicklungslinien in den gemeinsamen Nachkommen verschmolzen. Fest steht jedoch, dass am Ende nur eine Art bis heute überdauerte und dass *Homo sapiens* der letzte Überlebende einer weitverzweigten Großfamilie ist.

die in der Gruppe der Hominini zusammengefasst werden. Und immer wieder kommen neue Funde und damit neue Zweige der menschlichen Abstammungslinie hinzu. Die Stammesgeschichte des modernen Menschen stellt sich daher weniger als ein gradliniger Stammbaum dar, als vielmehr als ein recht „struppiges Gebüsch", von dessen Zweigen wir bislang nur einen kleinen Teil erkennen können.

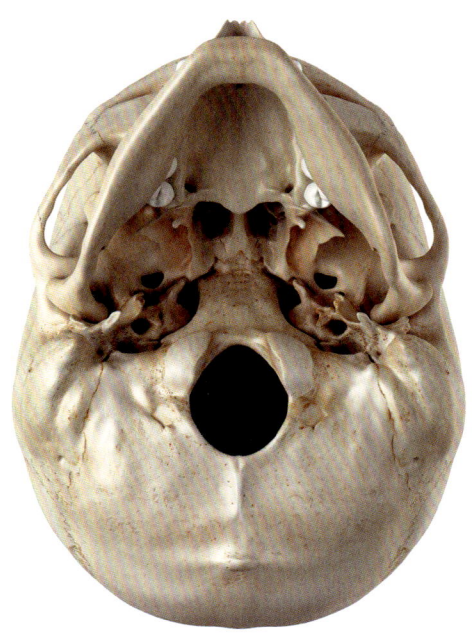

Ansicht des Schädels eines modernen Menschen von unten: Ungefähr mittig liegt das Große Hinterhauptsloch, durch das Gehirn und Rückenmark miteinander verbunden sind. Bei Affen hingegen liegt es bis heute deutlich näher am Hinterkopf. Die Verschiebung beim Menschen ist eine Folge des aufrechten Gangs, die an fossilen Schädeln unserer Vorfahren schrittweise nachvollzogen werden kann.

Sahelanthropus, der möglicherweise an der Schwelle zu den Hominini steht, weist bereits eine auffällige anatomische Veränderung auf: Bei Affen – inklusive der Menschenaffen – ist die Austrittsstelle der Hirnnerven an der Schädelbasis in Richtung des Hinterkopfes orientiert. An dieser Durchtrittsstelle für das Zentrale Nervensystem gehen Rückenmark und Gehirn ineinander über. Bei den Hominini einschließlich des Menschen ist die Position unter dem Schädel zur Mitte hin verschoben. Dies ist für den aufrechten Gang vorteilhaft,

Es gibt beim Menschen eigentlich keinen Stammbaum, sondern eher einen „Stammbusch" – er ist der letzte Überlebende einer weitverzweigten Großfamilie.

So vielfältig der *Homo sapiens* heute ist, so verwoben ist seine Entwicklungsgeschichte. In uns stecken die Gene verschiedenster Linien unserer Vorfahren.

bei dem der Kopf gerade über der senkrechten Körperachse steht. Bei *Sahelanthropus* deutet sich diese Verschiebung bereits an. Die Fortbewegung auf zwei Beinen hat sich also vermutlich bereits kurz nach der Aufspaltung der Entwicklungslinien des Schimpansen und des modernen Menschen entwickelt.

AUFRECHTER GANG UND BESSERE ERNÄHRUNG: DER WEG ZUR MENSCHWERDUNG

Den aufrechten Gang auf zwei Beinen beherrschen bis heute verschiedene Primatenarten, allerdings konnten und können sie – wie auch eine Reihe von Reptilien – sich nur für kurze Zeit auf diese Weise fortbewegen.

Dauerhaft ist dies nur dem modernen Menschen und seinen unmittelbaren Vorfahren möglich. Forscher bargen im heutigen Äthiopien und im benachbarten Kenia einige Schlüsselfunde für diese

PLATE I.

TROGLODYTES NIGER.

Lizars sc.

Noch weit bis ins 19. Jahrhundert hinein war man davon überzeugt, dass nur der Mensch in der Lage sei, ohne Hilfsmittel aufrecht auf zwei Beinen zu gehen. Menschenaffen wurden daher häufig mit einem Stock dargestellt, wie auf diesem Stich aus dem Jahr 1833.

Entwicklung: Manche der dort entdeckten Fossilien zeigen eine verwirrende Mischung anatomischer Eigenarten, von denen einige den Vorfahren des Menschen, andere der Linie der Schimpansen zugeschrieben werden. Die zu beobachtende Umgestaltung der Arme, Hände und Beine sowie des Rumpfskeletts zeigen, dass bereits unsere frühesten Vorfahren die nach vorne geneigte Fortbewegungsart auf allen vier Gliedmaßen zugunsten einer aufrechten Gangart aufgaben. Für die dauerhafte Fortbewegung auf zwei Beinen war eine Verschiebung des Körperschwerpunkts erforderlich, hin zu einer aufgerichteten Körperachse in senkrechter Linie oberhalb der

Der aufrechte Gang erforderte bei unseren frühen Vorfahren umfangreiche Umbauten des Skeletts.

Füße. Die dafür erforderlichen anatomischen Veränderungen sind praktisch im gesamten Körper nachweisbar, konzentrieren sich aber im Bereich der Wirbelsäule, des Beckens und der Hüftgelenke sowie der Knie und Füße. Darüber hinaus zeigte bereits *Sahelanthropus* die Verschiebung der Durchtrittsstelle für das Zentrale Nervensystem an der Schädelbasis, wo Rückenmark und Gehirn ineinander übergehen (siehe S. 249). Diese Anpassung erlaubt auch in aufrechter Position und bei gerader Kopfhaltung ein nach vorne gerichtetes Blickfeld und trägt gleichzeitig dem verschobenen Körperschwerpunkt Rechnung. Beides zusammen befördert die stabile, gradlinige Fortbewegungsweise des modernen Menschen beim Gehen und macht den dauerhaften aufrechten Gang erst möglich.

Eine weitere auffällige Besonderheit ist die Umgestaltung des Fußes von einem Greif- zu einem Lauforgan: Da bei Affen der große Zeh ebenso wie der Daumen frei beweglich ist, können sie mit ihren Füßen auf ähnliche Weise geschickt greifen wie mit ihren Händen. Dies ist für die Fortbewegung im Geäst von großem Vorteil. Beim Menschen ist diese Fähigkeit verloren gegangen.

Die menschlichen Hände sind nach wie vor zu solchen Greifbewegungen in der Lage: Dank des frei beweglichen Daumens, der den anderen Fingern jeweils mit der Fingerspitze gegenübergestellt werden kann, wird ein besonders genaues Greifen möglich. Die Hand des Menschen ist damit nicht nur zu kräftigem Zupacken in der Lage, sondern zeichnet sich auch durch eine besondere Befähigung zu feinmotorischen Arbeiten aus.

Auffällig ist, dass schon die ersten Hominini offenbar in sehr unterschiedlichen Lebensräumen zurechtkamen. Manche von ihnen lebten bereits überwiegend auf dem Boden, andere waren noch gut an das Leben in den Bäumen angepasst. Ein Beispiel dafür ist ein in den 1990er-Jahren in Äthiopien gemachter Fossilienfund. Die Form des fossilen Beckens stellt eine einzigartige Mischform zwischen der menschlichen Linie und der der Schimpansen dar: Der vergleichsweise breite Teil des oberen Beckenbereichs hätte zwar das für Affen typische Hin- und Herpendeln im auf-

rechten Gang verhindert, doch gleichzeitig zeigt der untere Teil des Beckens die typische Form eines Schimpansenbeckens und bietet einen Ankerpunkt für die kräftigen Beinmuskeln, die während des Kletterns in Bäumen zum Einsatz kommen. Auch Hände und Füße weisen einzigartige Eigenschaften auf: Während die Hände mit den gebogenen Fingern auf eine auf das Leben in Bäumen angepasste Lebensweise schließen lassen, sind die Knochen in den Handflächen kleiner als bei Schimpansen, und das Handgelenk ist flexibler. Beides sind Hinweise auf den allmählichen Wandel vom Vier- zum Zweifüßer.

Auf dem Weg zum Menschsein – die Australopithecinen

Die aus wissenschaftlicher Sicht vermutlich bedeutendste Gattung dieser Zeit ist *Australopithecus*. Ihre Vertreter lebten vor rund zwei bis vier Millionen Jahren. Aus ihren Fossilienfunden lässt sich ableiten, dass sich der aufrechte Gang lange vor der Vergrößerung des Gehirns entwickelte. Die lange favorisierte These, dass die frühen Vertreter der Hominini in offenen Steppen und Savannen gelebt hätten und der aufrechte Gang daher vorteilhaft war, gilt mittlerweile weitgehend als widerlegt, da die Begleitfunde eher das Bild eines von lichten Wäldern geprägten Lebensraums nahelegen.

Vermutlich verbrachten unsere Vorfahren daher zunächst noch viel Zeit auf den Bäumen, waren aber aufgrund des begonnenen Skelettumbaus speziell im

Die Austrittsstelle des Rückenmarks und damit die Ansatzstelle der Wirbelsäule liegt beim Menschen mittig unter dem Schädel (siehe Pfeil). Die Position ist eine Folge der aufrechten Körperhaltung, bei den nach vorne gebeugt laufenden Affen befindet sie sich wie auch noch bei unseren frühesten Vorfahren weiter hinten am Schädel.

Der Fuß des Gorillas besitzt aufgrund seines relativ frei beweglichen ersten Zehs noch hervorragende Greiffähigkeiten. Dies ist beim Menschen verloren gegangen.

Geschickt nutzt dieser Orang-Utan (rechts) die durch das Aufrichten frei gewordenen Hände, um sich einerseits festzuhalten und gleichzeitig einen begrünten Zweig zu greifen. Aufrecht durchqueren zwei Bonobos (links) das Wasser, das Baby auf dem Rücken der Mutter. Möglicherweise nutzten auch unsere Vorfahren diese Technik, um Gewässer zu durchqueren bzw. im Wasser nach Nahrung zu suchen.

Bereich der Hüftknochen und -gelenke bereits in der Lage, sich auch regelmäßig aufrecht auf dem Boden fortzubewegen. Dies legen berühmte Fossilienfunde wie „Little Foot" und „Lucy" nahe (siehe Kasten, S. 255). Auch die rund 3,6 Millionen Jahre alten Fußspuren, die 1979 in Laetoli im afrikanischen Tansania gefunden wurden, belegen eine eindeutig zweibeinige Fortbewegung. Im Jahr 2010 konnte mithilfe eines biomechanischen Experiments gezeigt werden, dass das Abdruckprofil bereits weitgehend mit dem heutiger Menschen übereinstimmt (siehe Abbildung gegenüberliegende Seite). Es gibt diverse Hypothesen,

die zu erklären versuchen, wie es zur Entwicklung des aufrechten Ganges kam. Sicher ist, dass diese Art der Fortbewegung einen Vorteil gebracht haben muss, andernfalls hätte sie sich im Lauf der Evolution nicht weiterverbreitet. Hinzu kommt, dass diese Gangart mit dem Verlust des hochfunktionellen Greiffußes einherging. Vermutlich spielten mehrere Gründe bei der Entwicklung des aufrechten Ganges eine Rolle: Sich im Geäst von Bäumen zu voller Größe aufrichten zu können hatte für unsere frühesten Vorfahren wohl einen Vorteil bei der Nahrungssuche. Beispielsweise konnten sie vielleicht auf diese Weise Früchte

an den Spitzen dünnerer Zweige besser erreichen. Dieses Verhalten konnten Forscher bei Orang-Utans auf Sumatra beobachten. Die Tiere nutzen die auf diese Weise frei gewordenen vorderen Extremitäten darüber hinaus dazu, sich an höher gelegenen Zweigen festzuhalten oder sich auszubalancieren, um so ihre Stabilität zu erhöhen. Wenn diese Annahme korrekt ist, hätte sich dieses Verhalten bereits früher entwickelt als bislang angenommen, und nach dem Rückgang der Wälder wäre eine Perfektionierung der neuen Fortbewegungsmethode am Boden erfolgt. Dies passt zu der Erkenntnis, dass die Lebensräume der Australopithecinen (zunächst noch) überwiegend bewaldet waren.

Auch im Zusammenhang mit dem Nahrungserwerb steht die Überlegung, dass der aufrechte Gang Vorteile beim Waten durch flache Gewässer mit sich brachte. Dies kann heute bei Bonobos, Schimpansen, Flachlandgorillas und Nasenaffen beobachtet werden, die auf diese Weise zum Beispiel nach Muscheln suchen. Das aufrechte Waten bietet dabei den Vorteil, dass einerseits der Kopf zum Atmen über Wasser bleibt, andererseits eine kontinuierliche Beobachtung der Umgebung möglich wird, was die Wahrscheinlichkeit reduziert, von einem Raubtier überrascht zu werden.

Die fossilen Funde legen nahe, dass sich der aufrechte Gang mehrfach unabhängig voneinander entwickelte. Es ist daher anzunehmen, dass verschiedene potenzielle Vorteile jeweils unterschiedlich wichtig waren. Bemerkenswert ist, dass Kinder in ihrer

---

Der aufrechte Gang entwickelte sich vermutlich mehrfach unabhängig voneinander.

---

frühen Entwicklung nach der weitestgehend immobilen Anfangsphase über den Vierfüßlerstand zu ihren ersten Schritten kommen, indem sie sich instinktiv an höher gelegenen Objekten festhalten, bis sie schließlich in der Lage sind, den für Menschen typischen

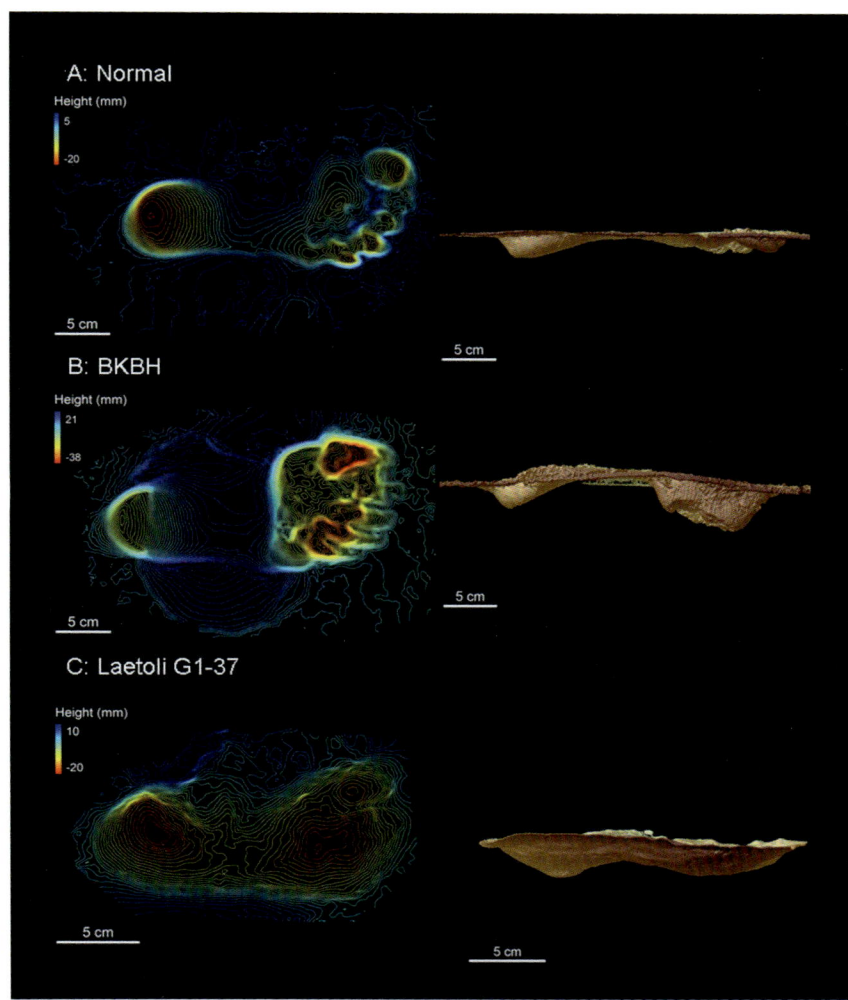

freien aufrechten Gang anzunehmen. Dieses frühkindliche Verhalten kann als zeitgeraffte Wiederholung der menschlichen Stammesgeschichte gedeutet werden. Es untermauert also, dass bei der Entwicklung des menschlichen Ganges das gelegentliche Aufrichten im Geäst von Bäumen und das Greifen nach stabilisierenden Objekten eine wesentliche Rolle spielten. Bei den anderen Menschenaffen sind diese Phänomene bis heute auch im Erwachsenenalter zu beobachten.

Du bist, was du isst – die Ernährung wird zum Evolutionsmotor

Die Auswahl der Nahrung und die Art und Weise des Nahrungserwerbs sind entscheidende Aspekte der Überlebensfähigkeit einer

Das Abdruckprofil des aufrechten Gangs eines modernen Menschen (A) zeigt eine fast identische Abdrucktiefe der Zehen und der Ferse. Versuchen Menschen, den vornübergebeugten Gang eines Schimpansen nachzuahmen, drücken sich die Zehen sehr viel tiefer in den Grund (B). Die Abdrücke aus Laetoli (C) zeigen mit ihrer ausgeglichenen Druckverteilung eine deutlich größere Ähnlichkeit mit Profil A. Daraus wurde gefolgert, dass die Australopithecinen bereits aufrecht gingen.

Mit *Homo habilis* (hier die Rekonstruktion eines Weibchens) beginnt die Wandlung des Menschen zum Allesfresser.

Art. Wenn man speziell den Zahnschmelz fossiler Zähne untersucht, erfährt man viel darüber, wie die Nahrung des „Besitzers" während der Entwicklung seiner Zähne aussah. Der moderne Mensch wird von der Wissenschaft als „Allesfresser" eingestuft. Für die frühesten der Gattung *Homo* zugerechneten fossilen Funde gilt jedoch, dass sie sich zu Lebzeiten offenbar wie zuvor die Australopithecinen und andere von einer pflanzlichen Mischkost ernährten. 3,3 Millionen Jahre alte Wildtierknochen, die in Dikika im Afar-Dreieck von Äthiopien gefunden wurden, deuten jedoch darauf hin, dass auch Fleisch die Ernährung ergänzt haben könnte: Auf den Knochen sind Einkerbungen zu erkennen, die von ersten Werkzeugen herrühren könnten, was wiederum auf frühen Fleischverzehr hinweisen könnte. Sie werden üblicherweise *Australopithecus afarensis* zugeschrieben. Einige Forscher geben jedoch zu bedenken, dass vergleichbare Spuren auch von Krokodilen stammen könnten, sodass dieser Nachweis nicht gesichert ist.

Es ist heute weitgehend wissenschaftlicher Konsens, dass die ersten Arten der Gattung *Homo* – *Homo habilis* und *Homo rudolfensis* – sich aus den Australopithecinen des nordöstlichen Afrika entwickelten. Sie waren es, die vor rund zwei Millionen Jahren damit begannen, sich durch den Verzehr des Fleisches von Antilopen, Schildkröten, Krokodilen und Fischen sowie Knochenmark zunehmend proteinreicher zu ernähren. Zugänglich wurden diese neuen Nahrungsquellen nicht zuletzt durch die Entwicklung von Steinwerkzeugen, da menschliche Zähne die Haut eines Beutetieres nicht zu öffnen vermögen. Diese neue Form der Nährstoffversorgung beförderte in der Folge die allmähliche Vergrößerung des Gehirns, was wiederum ein entscheidender Faktor bei der global erfolgreichen Verbreitung der Gattung *Homo* war.

Homo habilis (links) und *Homo rudolfensis* (rechts) sind die frühesten bislang bekannten Arten der Gattung *Homo*. Die Stellung des letzteren im menschlichen Stammbaum ist nach wie vor umstritten. Diskutiert wird vor allem, ob *Homo rudolfensis* tatsächlich eine eigenständige Art ist oder ob es sich vielleicht doch nur um eine Variante von *Homo habilis* handelt.

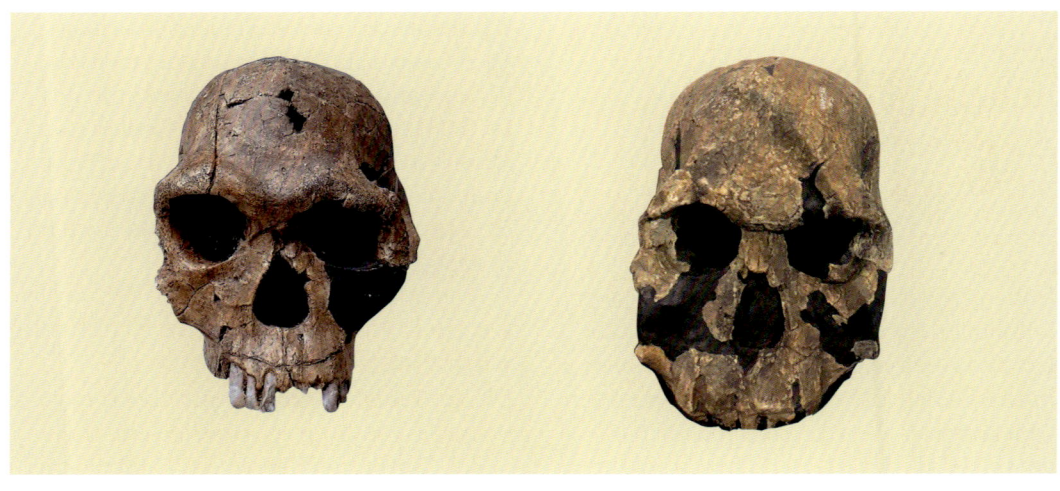

DIE BEMERKENSWERTEN SKELETTFUNDE ZU *AUSTRALOPITHECUS*

Manche Fossilien begeistern nicht nur Paläontologen, sondern sorgen über die Fachwelt hinaus für Aufsehen. Dies gilt auch für fünf spektakuläre, der Gattung *Australopithecus* zugeschriebene Funde: 1924 wurde im südafrikanischen Taung der fast vollständig erhaltene Schädel eines Vormenschen entdeckt und auf ein Alter von zwei Millionen Jahren geschätzt (heute: 2,4 bis 2,8 Millionen Jahre). Das „Kind von Taung" war das erste in Afrika gefundene Fossil eines Vorfahren des Menschen und revidierte die bis dahin geltende Auffassung, dass dieser in Asien entstanden sei. „Lucy" ist der populäre Name eines 1974 in Äthiopien gefundenen Teilskeletts eines vermutlich weiblichen *Australopithecus afarensis*, dessen Alter auf 3,2 Millionen Jahre datiert wurde. Becken und Oberschenkel zeigen fortgeschrittene Anpassungen an den aufrechten Gang. Es wird berichtet, dass im Forschercamp öfter der Beatles-Song „Lucy in the Sky with Diamonds" lief. Aus dem Spitznamen Lucy wurde dann eine weitverbreitete Abkürzung für den Fund.

1975 wurde, ebenfalls in Äthiopien, ein besonders umfangreicher Fossilienfund gemacht: 17 Individuen von *Australopithecus afarensis*, die ebenfalls auf 3,2 Millionen Jahre geschätzt wurden. Die als „erste Familie" bekannt gewordenen Funde erlauben aufgrund der verschiedenen Lebensalter vom Kind bis zum Erwachsenen aufschlussreiche Einblicke in die Individualentwicklung.

„Little Foot" ist der Spitzname eines außergewöhnlich vollständigen fossilen Skeletts, dessen erste Teile 1980 in Südafrika gefunden wurden. Die Datierung ist umstritten und variiert zwischen 2,1 und vier Millionen Jahren. Die Fußknochen legen nahe, dass „Little Foot" bereits aufrecht gehen konnte, er besitzt jedoch noch einen beweglichen großen Zeh. Rund 3,3 Millionen Jahre alt sind die fossilen Überreste eines etwa dreijährigen weiblichen *Australopithecus afarensis*, der nach seinem Fundort „Mädchen von Dikika" genannt wird. Das außergewöhnlich vollständige Skelett gibt Einblicke in Bewegungsabläufe und Verhaltensweisen.

Zum „Kind von Taung" (oben) gehört ein vollständig erhaltener Unterkiefer mit Milchzähnen und bereits einigen bleibenden Zähnen. Die rötliche Versteinerung bildet die Form des ehemaligen Gehirns nach. Das Skelett von „Little Foot" (links) war in besonders hartes Gestein eingeschlossen, wodurch die Präparation außerordentlich langwierig und schwierig war.

DIE GATTUNG *HOMO:* WORAN ERKENNT MAN EINEN MENSCHEN?

Was macht uns als Menschen aus? Wodurch unterscheiden wir uns von unseren nächsten Verwandten und von den uns vorausgegangenen homininen Arten? Wenn man nur die fossilen Überreste betrachtet, ist die Frage sehr viel schwieriger zu beantworten, als man zunächst denken würde.

Nimmt man alle zivilisatorischen „Accessoires" wie Kleidung, Sonnenbrille, Auto- und Wohnungsschlüssel weg und betrachtet nur den Körperbau, wäre es für einen Laien sehr schwer, zwischen einem zwei Millionen Jahre alten Skelett und dem eines modernen Menschen zu unterscheiden.

Die Frage, woran man einen Menschen erkennt, stellt sich Paläoanthropologen immer wieder. Die Grenzen zwischen unseren menschlichen und noch-nicht-menschlichen Vorfahren sind fließend. Zahlreiche großfamiliäre Seitenlinien erschweren die Identifizierung und Zuordnung fossiler Funde. „Typisch Mensch" scheinen – so der weitgehende wissenschaftliche Konsens – jedoch besonders der dauerhafte aufrechte Gang, das vergrößerte Gehirn, das Gebiss mit den auffallend kleinen Eckzähnen und dem durch die Rückbildung der Schnauze verkürzten Zahnbogen sowie die lange Kindheit beziehungsweise der späte Eintritt der Geschlechtsreife zu sein. Da die fossilen Funde jedoch häufig nicht eindeutig zu identifizieren sind, werden kulturelle Errungenschaften zur

---

Viele Frühmenschenarten werden weniger „biologisch" definiert als über ihre kulturellen Errungenschaften.

Artabgrenzung hinzugezogen. Dazu gehören beispielsweise Objekte der materiellen Kultur (Werkzeuge, Waffen), aber auch soziale und kulturelle Kompetenzen (Grablegung, Arbeitsteilung, Techniken der Nahrungszubereitung).

Neue Familienmitglieder

Die erste fossile Art der Gattung *Homo* wurde Anfang der 1960er-Jahre durch das berühmte Paläoanthropologenpaar Louis und Mary

Louis Leakey und seine Frau Mary suchten Mitte des 20. Jahrhunderts in Afrika nach den Ursprüngen des modernen Menschen. Sie stellten sich damit gegen die damalige Lehrmeinung, nach der Asien favorisiert wurde.

Leakey in Tansania entdeckt. Die zugehörigen Fossilien werden heute auf ein Alter von 1,9 Millionen Jahre datiert. Sie weisen derart besondere Eigenschaften auf, dass sie von den Leakeys 1964 als neue Art der Gattung *Homo* beschrieben wurden. Gegenüber *Australopithecus* hatten sie ein vergrößertes Gehirn und ein dem Menschen ähnlicheres Gebiss. Die neue Art erhielt den Namen *Homo habilis*, „der geschickte Mensch". Ein wichtiger Aspekt bei der Namensgebung war, dass in der gleichen Gesteinsschicht einfache Steinwerkzeuge gefunden wurden und man damals (noch) davon ausging, dass die Fähigkeit zur Werkzeugherstellung auf den Menschen und

Nicht nur Menschen, auch verschiedene Tiere benutzen Werkzeuge, um bestimmte Ziele zu erreichen.

seine unmittelbaren Vorfahren beschränkt sei – das weiß man heute besser: Affen, Elefanten, Otter oder diverse Vögel benutzen Dinge als Werkzeuge, um die Fähigkeiten ihres Körpers zu erweitern.

In der Folge nahm die Zahl der Fossilienfunde in Ostafrika zu. Mit der steigenden Zahl der gefundenen Individuen wurden auch größere Unterschiede im Körperbau erkennbar, allen voran mit Blick auf die Körper- und Gehirngröße. Aufgrund dieser Beobachtung

wurde eine weitere neue Art benannt, *Homo rudolfensis*. Ihr ordnete man die größeren gefundenen Exemplare zu. Der Name leitet sich von dem Fundort ab, dem kenianischen Rudolfsee (heute Turkana-See). Möglicherweise noch ein Zeitgenosse dieser beiden Arten war *Homo erectus*, dessen Herkunft weitgehend im Dunkeln liegt. Sein Name bedeutet so viel wie „der aufgerichtete Mensch". Zwar gilt er als unser erster Vorfahre, der bereits deutliche Merkmale des modernen Menschen aufwies, wie genau er sich jedoch in den menschli-

Hochkonzentriert führt ein Schimpanse ein Stöckchen in eine Futterbox ein, um sich einen Leckerbissen zu angeln.

Die Trennung der Arten *Homo erectus*, *Homo ergaster* und *Homo heidelbergensis* (v. l. n. r.) ist unter Forschern stark umstritten. *Homo rudolfensis* (ganz rechts) qualifiziert sich nach Ansicht mancher Forscher als Vorfahr von *Homo erectus*.

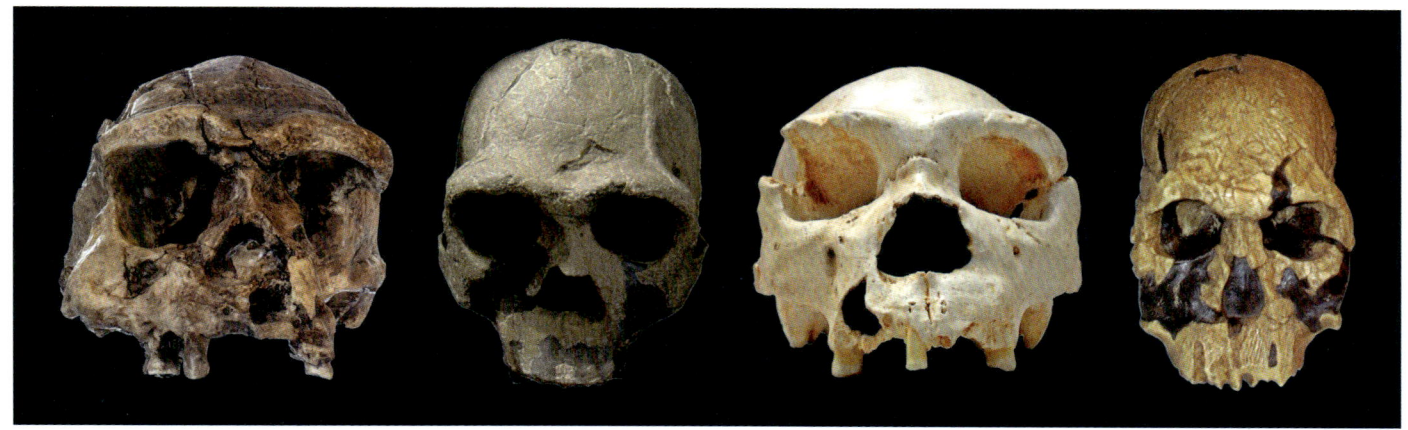

chen Stammbaum einfügt, ist unter Forschern umstritten. Er könnte sich aus *Homo rudolfensis* entwickelt und dann von Afrika aus Europa und Asien besiedelt haben. Alternativ lassen fossile Funde auch die Vermutung zu, dass er seinen Ursprung in Asien hatte und sich dort aus einer noch unbekannten Vorläuferart entwickelte. Fakt ist, dass diverse aus Asien stammende Fossilien, die ursprünglich eigene Art- und Gattungsnamen erhalten hatten, heute als lokale Varianten von *Homo erectus* verstanden werden, so zum Beispiel der „Java-Mensch" (ursprünglich *Anthropopithecus*) und der „Peking-Mensch" (ursprünglich *Sinanthropus pekinensis*). Sollte *Homo erectus* tatsächlich aus Asien stammen, wäre denkbar, dass er von dort aus nach Afrika einwanderte, um den Kontinent später erneut zu verlassen und sich in Europa über die Zwischenstufe des *Homo heidelbergensis* zum Neandertaler weiterzuentwickeln. Eine in Afrika verbliebene Population von *Homo erectus* könnte dann der Ursprung noch einer weiteren Art gewesen sein: des *Homo sapiens*.

Wie man Arten unterscheidet

Spaltet eine Art sich in zwei Arten auf, sind diese einander zunächst noch sehr ähnlich. Erst wenn sich beide getrennt voneinander weiterentwickeln, wird die Anzahl der Unterschiede größer und gleichzeitig die Unterscheidung der Arten leichter. Tatsächlich ist es bei manchen fossilen Funden schwer zu

entscheiden, ob es sich um einen frühen Hominini – und wenn ja, welchen – oder doch noch um eine ausgestorbene Affenspezies handelt. Viele anatomische Unterschiede, die zwischen beiden Gruppen bestehen, basieren auf dem Konzept des aufrechten Ganges, dessen Voraussetzung eine starke Korrektur der Körperhaltung ist (siehe S. 250 f.).

Ein weiteres, gut erkennbares Unterscheidungskriterium sind die Eckzähne. Diese sind bei Affen, wie beispielsweise beim heutigen Schimpansen, stark ausgeprägt und verlängert. Bei den Hominini haben sie eine allmähliche Verkleinerung erfahren, bis sie – wie beim modernen Menschen – in die Reihe der weiteren Zähnen eingepasst wurden. Zähne sind in mehrfacher Weise ein dankbares Vergleichsobjekt in der Paläoanthropologie, denn sie sind extrem widerstandsfähig gegen Umwelteinflüsse, weshalb sie zu den

---

Zeige mir deine Zähne, und ich sage dir, wer du bist.

---

häufigsten fossilen Funden zählen. Darüber hinaus können durch sie nicht nur Aussagen über die stammesgeschichtliche Einordnung ihres ehemaligen Trägers getroffen werden, sondern auch über seine Nahrung und seinen Ernährungszustand. Das Gebiss und die Kie-

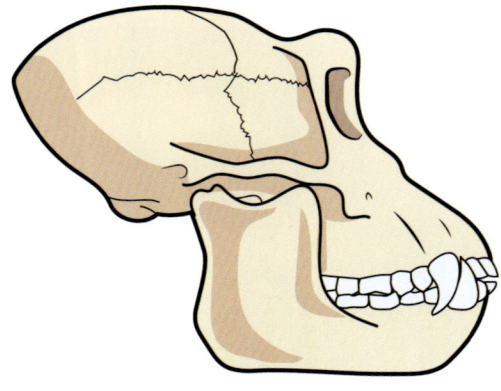
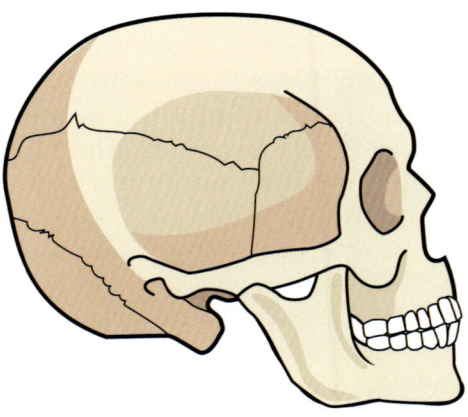

Deutlich sind beim Schimpansen (links) die stark verlängerten Eckzähne zu erkennen, die in die jeweils darüber bzw. darunter liegende Zahnreihe hineingreifen. Beim Menschen (rechts) sind sie in die Zahnreihen integriert.

Schimpanse   Mensch

Faustkeile wie diese aus Hornstein gefertigten Exemplare, die zwischen 300 000 und 500 000 Jahre alt sind, könnte auch *Homo erectus* genutzt haben.

ferstruktur gehören daher, soweit vorhanden, in der Regel zu den zuerst betrachteten anatomischen Details, wenn es um die Frage geht, wie ein fossiler Fund einzuordnen ist. Unsere frühesten Vorfahren besaßen – genauso wie alle heutigen Menschenaffen außer dem Menschen – im Oberkiefer lange Eckzähne sowie rechts und links zwischen Eck- und Schneidezähnen je eine Lücke im Zahnbogen, in die die Eckzähne des Unterkiefers bei geschlossenem Mund hineingriffen. Bereits bei den Fossilien von *Homo erectus* lässt sich erkennen, dass sich die Zähne tendenziell verkleinern, was üblicherweise als Ergebnis des zunehmenden Gebrauchs von Steinwerkzeugen gedeutet wird. Dies entlastet Zähne und Kiefer nicht nur im Moment des Beutefangs (da die Beute nicht mehr mit den Zähnen festgehalten oder gar getötet werden muss), sondern auch beim späteren Verzehr der Nahrung, da diese mithilfe der Werkzeuge bereits vorher zerkleinert werden konnte. Es gibt wissenschaftlich umstrittene Überlegungen, das in den 1990er-Jahren gefundene, 4,4 Millionen Jahre alte Fossil eines *Ardipithecus ramidus* in die Entwicklungslinie der Hominini einzuordnen. Das würde aber bedeuten, dass die Anfänge der Zahnverkleinerung aus bislang noch unbekannten Gründen schon in die Zeit vor dem ersten Gebrauch von Steinwerk-

zeugen zu verlegen wären. Der Umbau des Gebisses ist eine der auffälligsten Veränderungen im Gesichtsbereich. Vergleichsweise spät verloren unsere Vorfahren auch die ausgeprägten Überaugenwulste, wodurch sich ihr Erscheinungsbild nochmals stark veränderte. Im Zusammenhang mit dieser äußeren Wandlung erfolgte eine Neuausrichtung der

Homo sapiens

1500 ml

Homo neanderthalensis

Homo erectus

Australopithecus

500 ml

Millionen Jahre   -7   -6   -5   -4   -3   -2   -1   0

Die Entwicklung der Schädelform und des Gehirnvolumens hängen unmittelbar zusammen. Nach einem zunächst allmählichen Volumenanstieg setzte vor etwa zwei Millionen Jahren ein sprunghafter Zuwachs ein.

Muskeln und Muskelansätze. Möglicherweise war dies eine entscheidende Voraussetzung dafür, dass sich eine immer aussagekräftigere Mimik entwickeln konnte: Unsere Vorfahren konnten sich so immer besser miteinander verständigen, was das Zusammengehörigkeitsgefühl in der Gruppe förderte. Gefühlsregungen konnten so schon durch kleine Muskelbewegungen im Gesicht ausgedrückt werden, wodurch sich die Möglichkeiten des sozialen Austausches erheblich ausweiteten. Um solche Fähigkeiten wirklich nutzen zu können, musste auch die notwendige Gehirn-

leistung gegeben sein. Die an den Fossilien zu beobachtende Zunahme des Hirnvolumens und der Hirnoberfläche fand besonders im Bereich der Großhirnrinde statt, die unter anderem für die Verarbeitung von Sinneseindrücken, für Emotionen und Gedächtnisleistungen verantwortlich ist. Damit eröffneten sich den frühen Hominini ganz neue Möglichkeiten. Die zunehmende Leistungsfähigkeit des Gehirns schuf die Grundlage für materiellen ebenso wie kulturellen Fortschritt und beförderte die sozialen Kompetenzen unserer Vorfahren. Zusammen stellen diese

WERKZEUGE UND ERFINDUNGEN: WIE DER MENSCH UND SEINE VORFAHREN IHRE FÄHIGKEITEN ERWEITERTEN

Die Herstellung von Werkzeugen ist eine Fähigkeit, die zunächst nur bei der Gattung *Homo*, nicht aber ihren Vorfahren vermutet wurde. Diese Ansicht änderte sich in den 1960er-Jahren, als Jane Goodall auf Anregung von Louis Leakey begann, freilebende Schimpansen zu beobachten. Sie stellte als erste deren regelmäßigen und kreativen Gebrauch von Werkzeugen fest, mit deren Hilfe die Tiere beispielsweise Termiten aus Holzgängen herausangeln. Forscher vermuten, dass – ähnlich wie Schimpansen – auch Australopithecinen bereits in der Lage waren, Holzstöcke als einfache Werkzeuge zu gebrauchen, diese sich aber fossil nicht erhalten haben. Aus Stein gefertigte Hilfsmittel halten der Zeit sehr viel besser stand: 3,3 Millionen Jahre alte Steinwerkzeuge (Geröllgeräte), die in Kenia am Westufer des Turkana-Sees gefunden wurden (Lomekwi-Fundstätten), werden aufgrund ihres Alters der Gattung *Australopithecus* zugeordnet. In Tansania entdeckte Steinwerkzeuge der Oldowan-Kultur sind bis zu 2,6 Millionen Jahre alt. Da Knochen mit Schnittspuren zu den Beifunden gehören, gilt auch ihre Verwendung als Werkzeug als zumindest weitgehend gesichert. Paläoanthropologen gehen davon aus, dass die Verwendung von Werkzeugen auch positive Effekte auf das Sozial- und Lernverhalten innerhalb einer Gruppe hatte, da die Techniken zur Herstellung von einer Generation an die nächste weitergegeben werden mussten. Die heutigen handwerklichen und im weiteren Sinne technischen Fähigkeiten des modernen Menschen stellen die jüngste Entwicklungsstufe dieser Fertigkeiten dar, die vor mehr als drei Millionen Jahren ihren Anfang nahmen.

Geröllgeräte wie dieses in Marokko gefundene und der Oldowan-Kultur zugeordnete waren die ersten Steinwerkzeuge, die unsere früheren Vorfahren beginnend vor rund 2,6 Millionen Jahren herstellten. Es handelte sich in der Regel um Flussgeröll, an dem häufig durch nur einen einzigen Abschlag eine scharfe Kante erzeugt wurde.

Aspekte vermutlich auch den Schlüssel zum Verständnis des evolutiven Erfolgs von *Homo sapiens* dar. Auch das individuelle Leistungsvermögen, die Lernbereitschaft und -fähigkeit sowie das Verständnis komplexer Zusammenhänge sind in der Großhirnrinde angesiedelt. Eine Zunahme der Intelligenz bedeutete

Das Hirnwachstum war ein entscheidender Entwicklungsschritt bei der Menschwerdung.

einen unmittelbaren Evolutionsvorteil, denn sie ermöglichte flexiblere und bessere Reaktionen auf spontane Ereignisse ebenso wie auf sich längerfristig wandelnde Umweltbedingungen. Bessere Planungsfähigkeiten und bessere Jagdwaffen bedeuteten eine Erweiterung des Nahrungsangebotes. Unsere Vorfahren konnten auch ihr Essen auf neue Art zubereiten und hatten so größere Energiemengen zur Verfügung, die dem sich vergrößernden Gehirn zugutekamen. Dazu passt, dass heute das Gehirn des modernen Menschen zwar im Schnitt nur rund zwei Prozent seines Körpergewichts ausmacht, jedoch ganze 20 Prozent der Stoffwechselenergie verbraucht.

Ein interessanter Zusammenhang besteht zwischen dem Größenwachstum des Gehirns in der Zeit der Australopithecinen und *Homo erectus* vor etwa zwei bis drei Millionen Jahren und der Abkühlung des Klimas in Afrika: Einige Forscher gehen davon aus, dass durch diese Temperaturverringerung eine Art Wachstumsbremse entfiel und sich ein größeres, mehr Wärme produzierendes Gehirn überhaupt erst entwickeln konnte. Andere Forscher meinen, dass die Triebfeder der Gehirnvergrößerung darin lag, dass höhere soziale Kompetenzen einen hierarchischen Vorteil innerhalb einer Gruppe bedeuteten.

Im Zusammenhang mit der Größenzunahme des Gehirns lassen sich zwei weitere Beobachtungen aus der Stammesgeschichte des Menschen machen: Erstens ist eine merkliche Vergrößerung des weiblichen Becken-

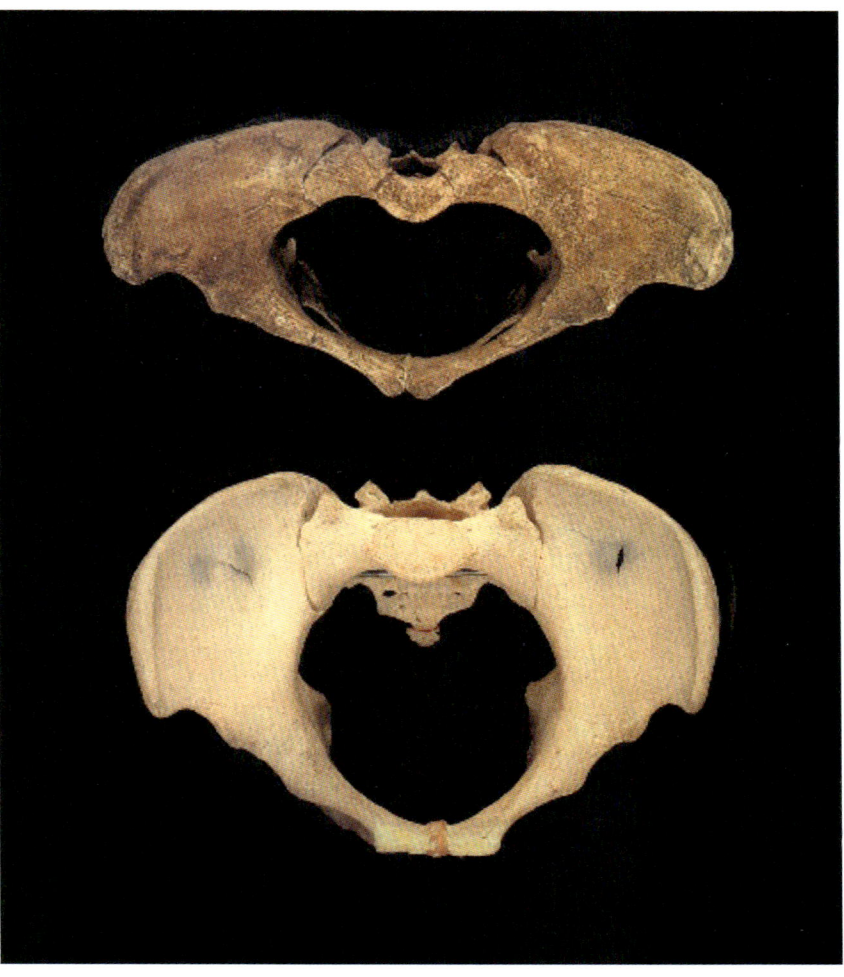

kanals zu verzeichnen, was eine Folge des zunehmenden Gehirn- und damit Schädelvolumens des im Mutterleib heranwachsenden Kindes ist. Zweitens wächst das Gehirn vor der Geburt im Vergleich weniger stark als nach der Geburt, damit die Kopfgröße bei der Geburt vertretbar bleibt. Dies bedeutet jedoch, dass die Kindheit länger andauert, weil das Gehirn mehr wachsen muss.

Eine schnelle Anpassungsfähigkeit, Geschicklichkeit in der Jagd und bei der Nahrungszubereitung sowie ein guter Zusammenhalt in der Gruppe waren Ergebnis und zugleich auch Triebfeder für die Weiterentwicklung unserer frühen Vorfahren. Dies war vermutlich auch einer der Gründe für ihre erfolgreiche Besiedelung ganz neuer Lebensräume jenseits des heimischen Afrikas.

Der Vergleich der Beckenstruktur des *Australopithecus afarensis* „Lucy" (oben) und einer modernen Frau (unten) zeigt zwei wichtige Unterschiede: Zum einen ist „Lucys" Becken breiter angelegt, die Tiefe hingegen sehr viel geringer ausgeprägt. Zum anderen ist der Beckenknochen bzw. Geburtskanal bei der modernen Frau größer, was der evolutiven Volumenzunahme des kindlichen Gehirns Rechnung trägt.

AUSZUG AUS AFRIKA

Die meisten Forscher gehen heute davon aus, dass sich die Wiege des modernen Menschen in Afrika befand. Von dort aus habe er sich in einer oder mehreren großen Wanderbewegungen über Europa und Asien ausgebreitet und schließlich auch Australien und Nord- und Südamerika als Lebensraum für sich erobert.

Große Unstimmigkeit herrscht jedoch über die Frage, wann und wie diese Migrationen stattgefunden haben und besonders, in welchem Verhältnis die im eurasischen Raum gefundenen frühmenschlichen Fossilien zueinander und zu den in Afrika gefundenen stehen. Zusätzlich unübersichtlich wird die Lage durch eine häufige Umbenennung der Fossilien und den uneinheitlichen Gebrauch der vergebenen Artnamen.

Homo erectus gilt den meisten Forschern heute als der erste Angehörige der Gattung *Homo*, der seine Heimat Afrika verließ. Vermutlich teilten sich die Auswanderer im Bereich der Länder des östlichen Mittelmeerraums (Levante) auf: Einige zogen nordwärts Richtung Europa, andere setzten ihren Weg in östlicher Richtung fort und gelangten so – auch wenn sich die einzelnen Stationen dieser Wanderung paläontologisch nicht fassen lassen – schließlich nach Asien. Die Route gen

Europa lässt sich beispielsweise anhand der Funde in Dmanissi im heutigen Georgien verfolgen, die ein Alter von 1,8 Millionen Jahren aufweisen und die ältesten bislang entdeckten Fossilien von *Homo erectus* außerhalb von Afrika sind. Einige Wissenschaftler bezeichnen allerdings nur die im asiatischen Raum gefundenen Fossilien als zu *Homo erectus* gehörend, während die in Afrika und Europa entdeckten einer Schwesterart mit der Bezeichnung *Homo ergaster* zugeschrieben werden. Andere wiederum gehen davon aus, dass die beiden Arten eigentlich identisch sind. Auch mit Blick auf jüngere Funde aus dem Mittelpleistozän, also der Zeit vor ungefähr einer halben Million

---

Der erste Auszug aus Afrika vor rund zwei Millionen Jahren war vermutlich die erste große Wanderbewegung der Menschheitsgeschichte.

Jahren, herrscht Uneinigkeit in der Forschergemeinschaft: Während manche in Ergänzung zu *Homo heidelbergensis* noch weitere Arten annehmen, sich dabei aber nicht auf eine zeitliche Abfolge verständigen können, möchten andere in den entsprechenden Funden lediglich lokal abweichende Spezialisierungen von *Homo erectus* sehen. Obwohl die Fossilienzahl für diesen Abschnitt der Menschheitsgeschichte vergleichsweise hoch ist, herrscht in Fachkreisen hier mindestens so viel Unstimmigkeit wie in den früheren, weniger gut belegten Zeitabschnitten.

Ein Archäologe deutet auf 2011 in einem Vorort von Peking (China) gefundene fossilierte Zähne. In dieser Region waren in den 1920er- bis 1960er-Jahren u. a. Fossilien des sogenannten „Peking-Menschen" gefunden worden, der heute *Homo erectus* zugerechnet wird. Aschereste könnten darauf hindeuten, dass die hier ansässigen Frühmenschen bereits das Feuer nutzten.

Bereits seit 1969 wird im thüringischen Bilzingsleben nach Spuren unserer frühen Vorfahren gesucht. Ein auf ein Alter von etwa 370 000 Jahre geschätzter Lagerplatz des *Homo erectus* verhalf dem Ort zu weltweiter Bedeutung. Im Mittelpunkt der Ausgrabung steht ein nahezu kreisförmiger, mit Knochen und Steinen befestigter Platz von etwa neun Metern Durchmesser. An seinem Rand wurden Schädelfragmente und ein steinerner Amboss gefunden.

Homo erectus war möglicherweise der erste Hominini, der sich mit Blick auf sein Gangbild tatsächlich wie ein moderner Mensch fortbewegte. Mit einer ungefähren Existenzdauer von 1,5 Millionen Jahren ist er bis heute die langlebigste Art der Gattung Mensch. Eine der brennenden Fragen mit Blick auf diese außergewöhnliche und in vielerlei Hinsicht so fortschrittliche Art ist, wie es dazu kommen konnte, dass sie vor rund 50 000 Jahren verschwand. Fest steht, dass der Lebensraum von *Homo erectus* sich in dieser Zeit veränderte. Eine zunehmende Wüstenbildung machte das Überleben schwieriger, doch als alleinige Ursache für sein Aussterben scheint dies nicht auszureichen. Forscher haben vor Kurzem eine verblüffende Theorie dazu vorgestellt: Möglicherweise mangelte es dem *Homo erectus* an Innovationsfreude und Engagement. Bei Grabungen in Saudi-Arabien stellten die Wissenschaftler fest, dass die dortige *Homo-erectus*-Population offenbar in keiner Weise auf die sich verändernden Umweltbedingungen reagierte, sondern stoisch an alten Gewohnheiten festhielt. Das habe ebenso für die Wahl der Rastplätze als auch für die Nutzung von Ressourcen gegolten. Exzellente Materialquellen, beispielsweise für die Herstellung von Steinwerkzeugen, seien nicht genutzt worden, stattdessen wurden qualitativ schlechtere verwendet, die sich aber in unmittelbarer Nähe befanden. An Fundstellen von Neandertalern und *Homo sapiens* wurden ganz andere Beobachtungen gemacht, die darauf hindeuten, dass diese Vertreter der Gattung *Homo* kontinuierlich nach Weiterentwicklungsmöglichkeiten suchten und diese aktiv nutzten. Manche Forscher vermuten daher, dass *Homo erectus* sein bequemer Lebensstil zum Verhängnis wurde. Die Deutung der Fundumstände ist jedoch – wie so oft – umstritten.

Vergleichsweise viel Zuspruch findet die These, dass sich *Homo erectus* in Europa über die Zwischenstufe des *Homo heidelbergensis* zum Neandertaler weiterentwickelte. Die Wanderer gen Asien, vermutlich ebenfalls *Homo erectus*, hinterließen hingegen weniger klare Hinweise auf ihre räumliche Ausbreitung und mögliche evolutive Veränderungen, sodass ihre Entwicklung kaum nachvollzogen werden kann. Ebenfalls im asiatischen Raum beheimatet waren die Denisova-Menschen.

Sie sind nach einer Höhle im Altai-Gebirge benannt, einen wissenschaftlichen Namen hat diese Art, die 2010 erstmals beschrieben wurde, bislang nicht. Sie ist jedoch offenbar eng mit dem Neandertaler verwandt. Die ältesten Funde werden auf rund 200 000 Jahre datiert, laut einer 2019 veröffentlichten Studie haben Vertreter der Denisova-Kultur noch vor 76 000 bis 52 000 Jahren gelebt. Interessanterweise konnte nachgewiesen werden, dass sowohl Neandertaler als auch Denisova-Menschen phasenweise die gleiche Höhle bewohnten – unklar ist nur, ob zur selben Zeit. Dass beide Gruppen aber mindestens zeit-

---

Neandertaler und andere Frühmenschen hatten gemeinsame Nachkommen.

---

weilig in Kontakt standen, scheint durch den Fund der Knochen eines Mädchens bestätigt, deren Mutter Neandertalerin und deren Vater Denisova-Mensch war. Zur Überraschung der Forscher wurden 2013 auch genetische Spuren der Denisova-Menschen in Fossilien im weit entfernten Spanien in der Sierra de Atapuerca gefunden, die mit dem Neandertaler assoziiert ist. Es muss also vermutlich auch über weite Distanzen Wanderbewegungen von Frühmenschengruppen in beide Richtungen gegeben haben.

Auch der zwergwüchsige *Homo floresiensis,* dessen Fossilien 2003 auf der indonesischen Insel Flores gefunden wurden, gibt den Wissenschaftlern nach wie vor Rätsel auf. Nachdem man zunächst glaubte, die Art sei noch ein Zeitgenosse des *Homo sapiens* gewesen, geht man aktuell davon aus, dass die Fossilien mindestens 60 000 Jahre alt sind. 2015 wurden auf der philippinischen Insel Luzon erste Spuren einer weiteren neuen Menschenart entdeckt, die nach ihrem Fundort den Namen *Homo luzonensis* erhielt. 2019 wurden erste Ergebnisse veröffentlicht: *Homo luzonensis* lebte demnach noch bis vor 50 000 Jahren auf der Insel. Die Fossilien weisen eine verwirrende Mischung aus jungen und alten Merkmalen der Vorgänger des modernen Menschen auf: Gebiss und Zähne ähneln denen von *Homo erectus* ebenso wie denen von *Homo sapiens,* Zehen- und Fingerknochen erinnern dagegen an *Australopithecus afarensis*. Die Ursprünge beider neuer Arten liegen weitgehend im Dunkeln. Forscher mutmaßen, dass es sich um länger-

Blick aus der Liang-Bua-Höhle auf der indonesischen Insel Flores. Hier wurden 2003 die fossilen Überreste von sechs Individuen von *Homo floresiensis* entdeckt. Jüngere Untersuchungen deuten darauf hin, dass *Homo floresiensis* möglicherweise eine unabhängige Art ist und sich nicht aus *Homo erectus* ableitet.

fristig isolierte Populationen von *Homo erectus* handeln könnte. Ebenso wird diskutiert, dass eine oder beide unabhängig von *Homo erectus* sein könnten und die zugehörige Vorläuferart noch unbekannt ist.

Unsere unmittelbaren Vorfahren verlassen Afrika

Die Erstbesiedelung anderer Kontinente durch Vertreter der Gattung *Homo* war nicht die einzige Migrationswelle: Eine ähnliche, sogar noch weiter führende Wanderbewegung haben frühe Vertreter des *Homo sapiens* vermutlich vor rund 100 000 Jahren ein zweites Mal vollzogen und dabei nicht nur Europa und Asien erneut besiedelt, sondern sich dieses Mal über die ganze Welt ausgebreitet. Diese These wurde in den 1980er-Jahren unter dem Namen „Out-of-Africa-Theorie" bekannt. Diese populäre Bezeichnung für die erstmals 1982 unter dem sehr viel spröderen Namen „Afro-europäische Sapiens-Hypothese" vorgestellte Theorie ist von dem erfolgreichen Filmepos *Jenseits von Afrika* (original: *Out of Africa*) aus dem Jahr 1985 entlehnt. Sie machte diese Theorie plötzlich auch außerhalb von Fachkreisen bekannt. Heute werden die beiden postulierten Migrationen der Arten *Homo erectus* und *Homo sapiens* mitunter als „Out-of-Africa I" (*H. erectus*) und „Out-of-Africa II" (*H. sapiens*) bezeichnet.

Ende der 1980er-Jahre erlebte die fachinterne, teils heftig geführte Auseinandersetzung über Ursprung und Verbreitung des frühen Menschen und seiner Vorgänger einen Höhepunkt. Die Wissenschaftler konzen-

---

Mithilfe molekularbiologischer Methoden wurde die Urmutter aller heute lebenden Menschen gefunden, die „Eva der Mitochondrien".

---

trierten sich dabei auf die DNA der Mitochondrien (siehe S. 40), die ausschließlich von der Mutter an ihre Nachkommen vererbt wird (während die restliche DNA eines Menschen

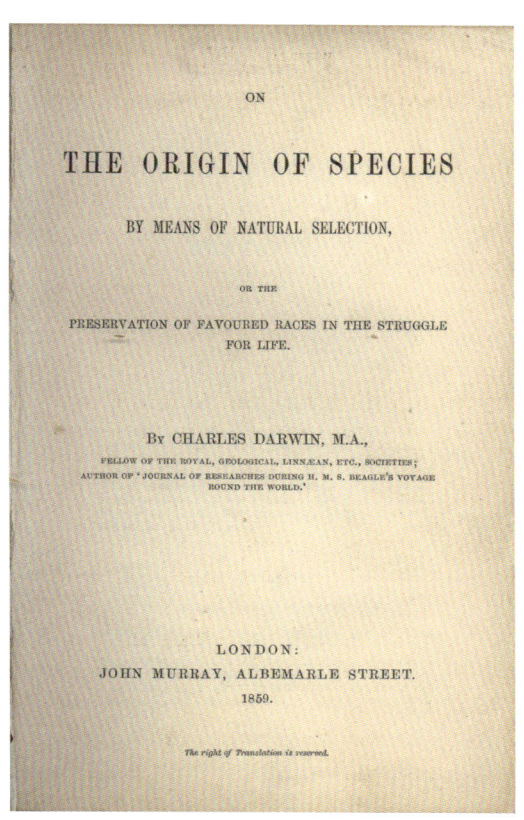

zur Hälfte von der Mutter und zur Hälfte vom Vater stammt). Der Aufbau der mitochondrialen DNA unterliegt über die Generationen betrachtet Veränderungen, aus deren Anzahl sich berechnen lässt, wann sich zwei Populationen genetisch voneinander getrennt haben beziehungsweise wie alt der letzte gemeinsame weibliche Vorfahr ist. Das Ergebnis der Studie war, dass diese menschliche „Urmutter", die „Eva der Mitochondrien", vor rund 200 000 Jahren in Afrika lebte. Damit erlebte die bereits auf Charles Darwin zurückgehende These, dass der moderne Mensch seinen Ursprung in Afrika habe, einen enormen Aufschwung.

Möglicherweise entwickelte sich aus den pleistozänen *Homo-erectus*-Populationen der in Europa verortete Neandertaler und zeitgleich in Afrika der moderne Mensch. Viele Wissenschaftler sehen in *Homo erectus* die erste homine Art, die das Feuer beherrschte und zur Nahrungszubereitung nutzte. Auf diese Weise konnten nicht nur neue Nah-

1859 erschien Darwins Hauptwerk *On The Origin Of Species By Means Of Natural Selection* (dt. *Über die Entstehung der Arten*). Die Veröffentlichung löste in Wissenschaft und Gesellschaft eine über Jahrzehnte hitzig geführte Diskussion über Darwins zentrale Thesen der Evolution aus. 1871 äußerte Darwin die Vermutung, dass der Ursprung des modernen Menschen in Afrika läge.

rungsquellen erschlossen werden, sondern die Verdauung der verzehrten Speisen wurde leichter und das Risiko einer Erkrankung durch Verunreinigung geringer. Gleichzeitig förderte der höhere Energiegewinn die Hirnentwicklung (siehe S. 260). Braten, Kochen und Räuchern waren vermutlich die ersten Konservierungsmethoden unserer Vorfahren. Vielleicht hatten sie irgendwann das Fleisch

---

Kräuter wurden vermutlich sowohl für die Konservierung als auch zur Geschmacksverbesserung verwendet.

Der moderne Mensch breitete sich von Afrika kommend über Europa, Asien und schließlich auch die anderen Kontinente – bis auf Antarktika – aus (rot). Dabei traf er auf die Nachfahren der ersten Auswanderer, den *Homo erectus* (gelb) und den Neandertaler (ockerfarben). Die Menschenarten des südostasiatischen Raums sind aufgrund der unklaren Datenlage nicht dargestellt.

von Tieren, die zum Beispiel bei Buschbränden ums Leben gekommen waren, verspeist und drei Dinge festgestellt: Das Fleisch war leichter zu verzehren, es war bekömmlicher und es konnte länger aufbewahrt werden, ohne zu verderben. Die Haltbarmachung durch Trocknung entwickelte sich möglicherweise ebenfalls aus dieser Beobachtung. Stark duftende Kräuter, die Insekten, Maden und

ähnliche Tiere fernhalten sollten, verliehen den Speisen darüber hinaus einen besonderen, würzigen Geschmack. Die Konservierung durch Einsalzen ist seit dem Neolithikum ab 11 500 v. Chr. belegt, möglicherweise aber schon sehr viel älter.

Lässt man die beiden Szenarien der Out-of-Africa-Modelle I und II noch einmal Revue passieren, so fällt zwischen den beiden Migrationswellen ein entscheidender Unterschied auf. Während *Homo erectus* aus Afrika kommend in zuvor unbewohnte Territorien vorstieß, traf *Homo sapiens* bei seinem Auszug nahezu überall bereits auf die Nachkommen der Erstbesiedlung: in Europa auf den Neandertaler, im südostasiatischen Raum auf möglicherweise Unterarten des *Homo erectus*. Naheliegenderweise stellt sich die Frage, wie diese Zusammentreffen ausgingen. Kam es zu kriegerischen Auseinandersetzungen? Gingen die Frühmenschen einander aus dem Weg, oder gab es gar friedliche Koexistenzen? Wie immer die Antwort lautet, keine dieser Konstellationen hat Wissenschaftler und wissenschaftlich Interessierte so beschäftigt wie diese: das Aufeinandertreffen unserer eigenen Art mit dem *Homo neanderthalensis*.

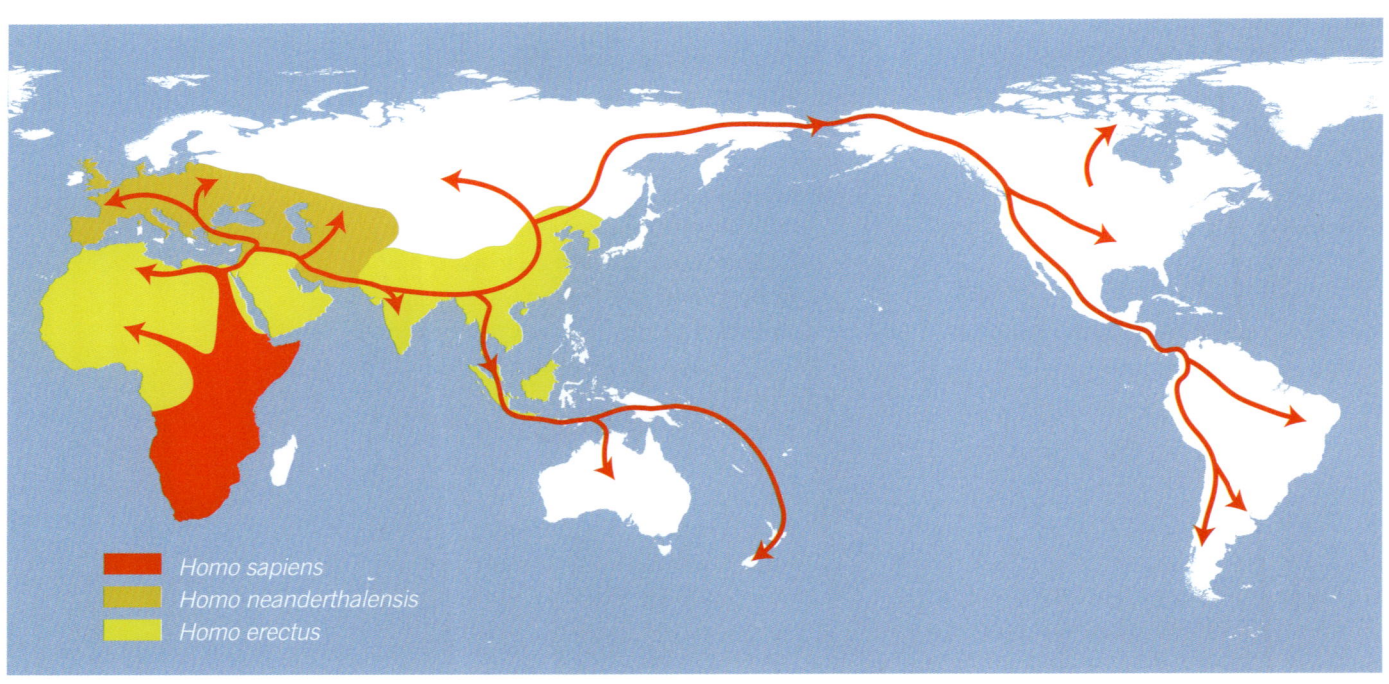

Homo sapiens
Homo neanderthalensis
Homo erectus

NEANDERTALER UND CO.

Der Neandertaler ist der heute wohl bekannteste Frühmensch. Lange galt er als grobschlächtig und dumm. Beides sollte erklären, warum der Neandertaler ausstarb, während der moderne Mensch überlebte, nachdem beide sich für mehrere Tausend Jahre überlappende Siedlungsräume geteilt hatten.

Heute zeichnet die Wissenschaft ein ganz anderes Bild unseres engsten Verwandten: das eines geschickten Jägers und Werkzeugherstellers, der noch vor dem modernen Menschen Höhlenwände mit geheimnisvollen Zeichnungen und Bildern bedeckte. Der Neandertaler betrieb schon Arbeitsteilung und hatte möglicherweise bereits eine eigene Sprache. Außerdem beerdigte er seine Verstorbenen und war vielleicht das erste Lebewesen auf diesem Planeten, das Antworten auf die Frage suchte, woher wir kommen und wohin wir gehen.

In der als „Out of Africa I" bezeichneten vermuteten Migrationswelle vor rund zwei Millionen Jahren gelangten Vertreter von *Homo erectus* nach Europa, wo sie sich erst zum *Homo heidelbergensis*, dann zum Neandertaler weiterentwickelten. Gleichzeitig entstand aus der in Afrika verbliebenen *Homo-erectus*-Population der frühe *Homo sapiens*, was sich an Fossilfunden nachvollziehen lässt.

Die Neandertaler besiedelten weite Teile Ost-, Mittel- und Südeuropas. Vermutlich während der im Alpenraum aufgetretenen Würm-Kaltzeit, die diese Region zwischen

---

Neandertaler verfügten bereits über viele Fertigkeiten, die auch den modernen Menschen auszeichnen.

---

115 000 und 10 000 Jahren vor heute prägte, drangen die Neandertaler über die heutige Türkei, die Levante, den Nordirak und Teile Zentralasiens bis in die Region des Altai-Gebirges vor. Dort trafen sie möglicherweise auf den Denisova-Menschen (siehe S. 263 f.). Sie beherrschten das Feuer, was ihnen die Besiedlung und die dauerhafte Nutzung auch kälterer Lebensräume erleichterte und zugleich Voraussetzung für die verbesserte Zubereitung von Nahrung war. Diese Fähigkeit hatten sie von *Homo heidelbergensis* übernommen, dessen erste belegte Feuerstellen in Europa etwa 400 000 Jahre alt sind. 2012 entdeckten Forscher in der Wonderwerk-Höhle in Süd-

Dieser in Syrien gefundene Doppelschaber aus Feuerstein zeigt eine für den Neandertaler typische Bearbeitungstechnik, die auf allen Seiten scharfe Kanten erzeugt. Die so hergestellten Werkzeuge sind in der Regel dünn und für präzises Arbeiten geeignet.

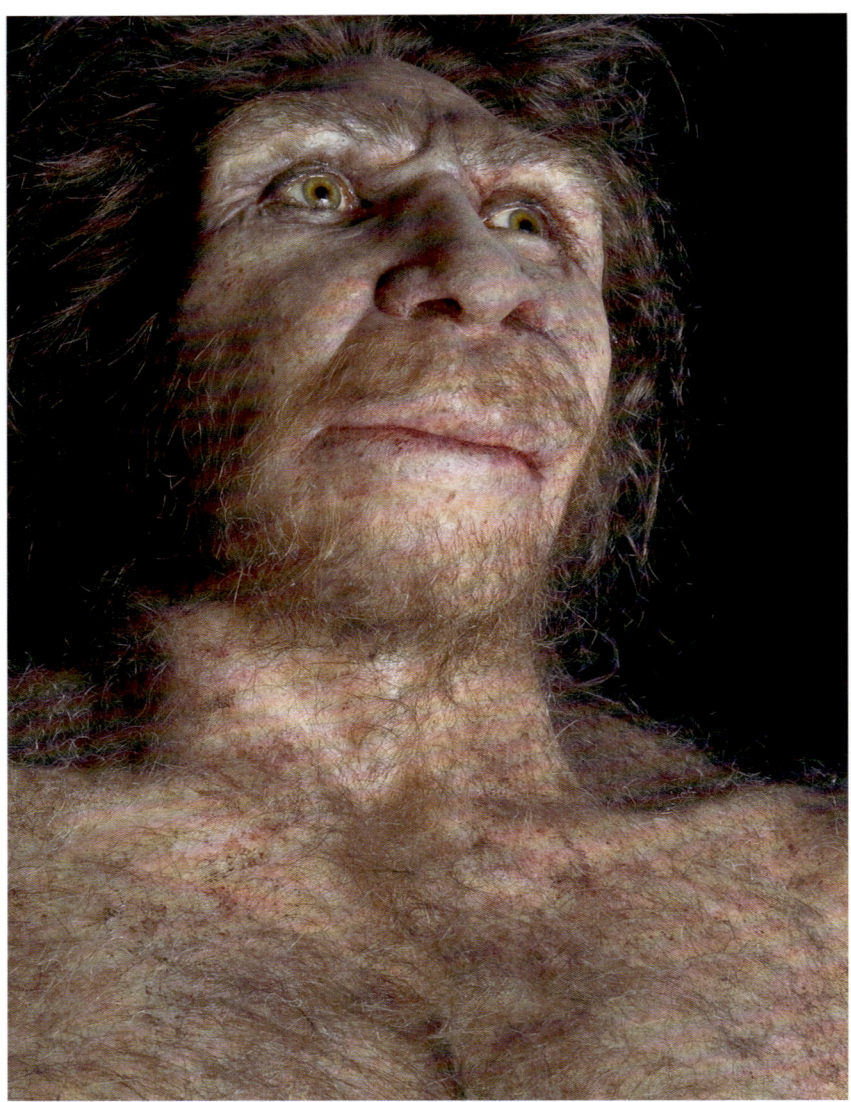

Der *Homo heidelbergensis* gilt als Bindeglied zwischen *Homo erectus* und dem Neandertaler. Bis auf wenige Merkmale, die sich aus den fossilen Schädelknochen ablesen lassen, wie Schädelform, Überaugenwülste, Stirnverlauf und ungefähre Gewebeverteilungen, sind Rekonstruktionen weitgehend künstlerisch bestimmt.

taler verschiedene Werkzeuge aus Stein und Holz herstellten (zum Schneiden, Schaben und für die Jagd) und eine gemischte Kost aus sowohl Fleisch als auch pflanzlicher Nahrung aßen. Da der Übergang vom *Homo heidelbergensis* zum Neandertaler fließend war, fällt eine exakte Datierung schwer, und es ist für viele Fundstellen schwierig zu entscheiden, ob sie noch dem Heidelbergmenschen oder schon dem Neandertaler zuzurechnen sind. Üblicherweise wird der Neandertaler ab dem Zeitraum von vor 200 000 bis 160 000 Jahren als eigene Art angesehen. Manche Forscher verlegen diesen Zeitpunkt aber auch deutlich weiter in die Vergangenheit und ordnen ihm bereits Funde aus der Zeit vor 300 000 oder sogar 500 000 Jahren zu.

Erscheinungsbild und Lebensweise des Neandertalers

Grundsätzlich würde ein entsprechend bekleideter Neandertaler im heutigen Straßenbild nicht weiter auffallen. Man könnte ihn aufgrund seines stämmigen, breiteren Körperbaus vielleicht für einen regelmäßigen Besucher eines Fitness-Studios halten. Er wäre ungefähr 1,60 Meter groß, der kräftige Kiefer und die Überaugenwülste verleihen ihm ein urtümliches Aussehen, die Nase ist breit angelegt. Die fliehende Stirn verschwindet unter einem blonden bis rötlichen Haarschopf, die Haut ist hell, wie es für Nordeuropäer typisch ist, die Augen sind vielleicht blau.

Der Lebensraum des „klassischen Neandertalers" umfasste seit der Eem-Warmzeit vor rund 125 000 Jahren große Teile Europas und

---

Die helle Hautfarbe der Europäer geht möglicherweise auf Gene des Neandertalers zurück.

---

afrika fossile Brandspuren, die auf ein Alter von rund einer Million Jahre geschätzt wurden. Verbrannte Knochen und Pflanzenreste etwa 30 Meter tief im Inneren der Höhle deuten auf eine kontrollierte Nutzung des Feuers hin. Darüber hinaus folgerten die Forscher aus der Feinstruktur der erhaltenen Ablagerungen, dass das Feuer vor Ort entzündet und nicht dorthin gebracht worden war. Dies würde bedeuten, dass bereits *Homo erectus* das Feuer (mindestens in Afrika) zu diesem frühen Zeitpunkt beherrschte. An den Fundstellen in Europa ist aus den fossilen Spuren und ihren Beifunden zu erkennen, dass die Neander-

spannte sich über die heutige Levante bis an die westlichen Ausläufer Sibiriens. Die einzelnen Gruppen lebten mitunter weit verstreut. Auch die Umwelt- und Lebensbedingungen waren sehr unterschiedlich: Klima, Gelände,

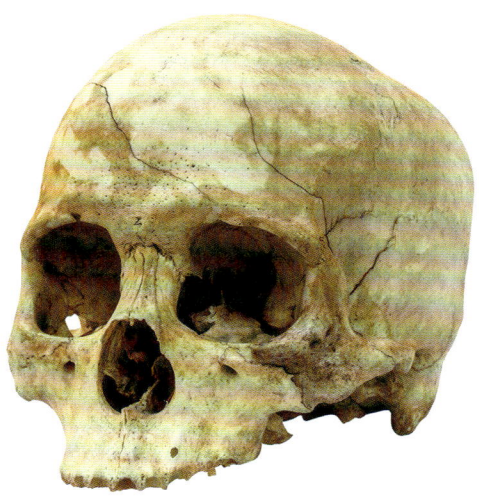 

Die Schädel eines modernen Menschen (links) und eines Neandertalers (rechts) weisen trotz der grundsätzlichen Ähnlichkeit auch deutliche Unterschiede auf. Insbesondere die längere Schädelform und der kräftige Überaugenwulst des Neandertalers fallen ins Auge.

Vorhandensein von Trinkwasser, bejagbares Wild, verzehrbare Pflanzen und Rohstoffe für die Herstellung von Werkzeugen wichen voneinander ab. Daher ist kaum von einer einheitlichen Kultur des Neandertalers auszugehen. Vielmehr wird es deutliche regionale Unterschiede gegeben haben, mit deren Hilfe sich die Gruppen jeweils an ihre Umgebung anpassten: Dies begann bei der Auswahl einer geeigneten Wohnstätte, die wahlweise eine Grotte, ein Felsüberhang oder aus Zweigen

Vermutlich entwickelten bereits Neandertaler eine „Sprache".

und Ästen errichtete Unterschlüpfe sein konnten. Grundsätzlich ist belegt, dass Neandertaler in ihren Familien- und Gruppenverbänden bereits Arbeitsteilung betrieben. Um eine solche koordinierte Aufgabenverteilung zu bewerkstelligen, scheint eine Art von differenzierter Kommunikation notwendig zu sein. Neben den raren fossilen Hinweisen auf die Sprachfähigkeit des Neandertalers gilt daher die Arbeitsteilung als wichtigster Hinweis darauf, dass *Homo neanderthalensis* bereits mindestens eine einfache Form des sprachlichen Ausdrucks entwickelt hatte.

Die Neandertaler stellten Holzspeere für die Jagd her und versahen sie mit gehärteten

Spitzen, wodurch sie eine höhere Durchschlagskraft erhielten. Für die Jagd auf Bisons, Rentiere und Mammuts war ein koordiniertes Vorgehen notwendig, was ebenfalls auf sprachliche Fähigkeiten hindeutet. Um auch in kühleren Klimazonen bestehen zu können, fertigten die Neandertaler als wahrscheinlich erste Art der Gattung *Homo* Kleidung an. Verdrillte Pflanzenfasern, die Kleidungsteile zusammenhalten konnten, wurden beispielsweise im französischen Rhône-Tal in den Lagerstätten von Neandertalern gefunden.

Ihre Verstorbenen setzten die Neandertaler entweder in Rückenlage oder auf der Seite liegend mit zur Brust hin angezogenen Beinen bei, der sogenannten Hockerstellung. Alternativ wurden die Toten auch in Höhlen abgelegt. Es lässt sich nicht mit Sicherheit sagen, ob die Neandertaler ihre Toten grund-

Nachweise von Bestattungen und von Religiosität gibt es ab etwa 120 000 Jahren v. Chr. sowohl beim *Homo sapiens* als auch beim Neandertaler.

sätzlich bestatteten. Vielleicht handelt es sich bei den entsprechenden Funden um Einzelfälle, beispielsweise im Sinn von besonders einflussreichen oder bedeutsamen

Mitgliedern einer Gruppe. Neben der anthropologischen und kulturellen Bedeutung dieser Funde sind sie darüber hinaus eine wesentliche Ursache dafür, dass der *Homo neanderthalensis* – neben *Homo sapiens* – mit mehr als 300 Skelettfunden die fossil am besten belegte Art der Hominini ist. Beifunde wie Steinwerkzeuge und Tierknochen lassen

sich nicht sicher als bewusste Grabbeigaben deuten, da sie auch zufällig in die Grabstätte geraten sein könnten. Anders verhält es sich mit Resten von Farbpigmenten, die offenbar zur Dekoration der Grabstelle verwendet wurden. Ihre Bedeutung ist bislang unklar, aber ihr Vorhandensein lässt zusammen mit der Tatsache, dass die Verstorbenen über-

VORAUSSETZUNGEN FÜR DIE SPRACHE

Sprache ist Ausdruck unserer Gedanken. Der Akt des Sprechens gilt als eines der herausragenden, einzigartigen Merkmale des modernen Menschen. Forscher vermuten, dass die Entwicklung der Sprache vor 100 000 bis 200 000 Jahren begann, das „Sprechen" in unserem heutigen Verständnis aber erst vor rund 35 000 Jahren entstanden ist. Das entspricht in etwa der Zeit, als der moderne Mensch in Europa die Vormachtstellung von dem Neandertaler übernahm. War die sprachliche Ausdrucksfähigkeit möglicherweise ein entscheidender evolutiver Unterschied zwischen den beiden Menschenarten?

Die wissenschaftliche Beweislage dazu ist uneindeutig. Anfang der 1980er-Jahre wurde im Karmelgebirge in Israel das Zungenbein eines Neandertalers gefunden. Es gleicht dem des modernen Menschen und stützt die These, dass der Neandertaler bereits die anatomischen Voraussetzungen für sprachlichen Ausdruck besaß. Die genetische Untersuchung einer aus einem Neandertaler-Knochen isolierten DNA-Probe stützt diese These, denn auch Neandertaler besaßen das als „Sprachgen" bekannt gewordene *FOXP2*-Gen: Beim Menschen steuert es entscheidend die Fähigkeit zum Spracherwerb, und auch bei einigen anderen Wirbeltieren scheint es für die Erzeugung korrekter Lautäußerungen (mit)verantwortlich zu sein. Nach Ansicht vieler Forscher kann nur die angenommene Sprachfähigkeit die Komplexität des Alltagslebens von *Homo neanderthalensis* zufriedenstellend erklären. Neben den anatomischen und genetischen Voraussetzungen bleibt die Frage nach den geistigen Erfordernissen. Eine wichtige Voraussetzung für die Entwicklung von Sprache ist die Befähigung, aus der Kombination einer endlichen

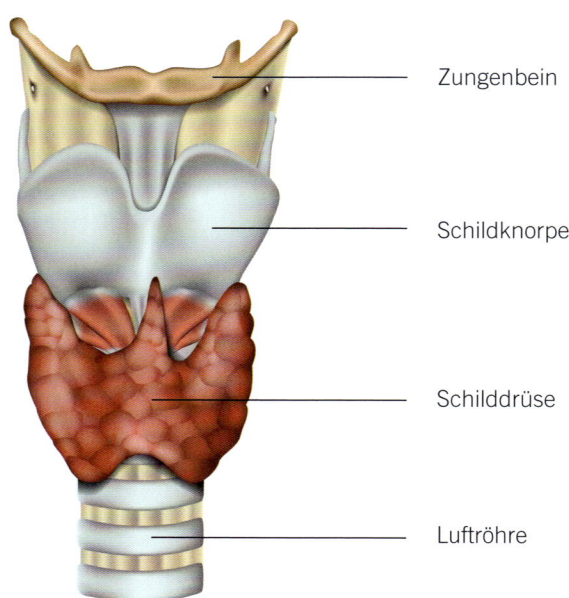

Zungenbein

Schildknorpel

Schilddrüse

Luftröhre

Das Zungenbein (ganz oben) ist ein etwa 2,5 cm großer, u-förmiger Knochen unterhalb der Zunge, an dem mehrere Muskeln und Bänder ansetzen. Sie verleihen der Zunge die zum klaren Sprechen erforderliche Beweglichkeit. Der Kehlkopf befindet sich hinter dem Schildknorpel, der von außen als „Adamsapfel" sichtbar ist.

Zahl von Lauten eine potenziell unendliche Anzahl von Bedeutungen zu entwickeln. Die meisten Forscher gehen davon aus, dass diese kognitive Fähigkeit bei *Homo neanderthalensis* mit großer Wahrscheinlichkeit weniger ausgeprägt war als beim modernen Menschen, für die Entwicklung einer einfachen Sprache jedoch vielleicht ausreichend war.

haupt bestattet wurden, vermuten, dass es eine Vorstellung davon gegeben haben muss, was – oder vielmehr dass noch etwas – nach dem Tod geschieht. Dies wären die Anfänge kultisch-religiöser Vorgänge, die versuchen, das Individuum in einen über den Tod hinausreichenden Zusammenhang zu stellen. Die Neandertaler waren damit vielleicht die ersten, die sich Gedanken über den Tod und das „Danach" gemacht haben.

Das Ende des Neandertalers

Lange Zeit hatte der Neandertaler das frühmenschliche Leben in Europa praktisch allein verkörpert, doch vermutlich in der Zeit zwischen 45 000 bis 40 000 Jahren vor heute fand ein allmählicher Wandel statt: Der aus Afrika zugewanderte *Homo sapiens* entwickelte sich zur – auch zahlenmäßig – dominierenden Art. Nach mehreren Tausend Jahren der Koexistenz verliert sich die Spur der Neandertaler schließlich vor etwa 30 000 Jahren.

Was war geschehen? Hatte *Homo sapiens* seine Vorgänger aktiv verdrängt, ihnen vielleicht sogar kriegerisch zugesetzt? Oder hatten unsere aus Afrika einwandernden Vorfahren vielleicht neue Krankheiten mitgebracht, gegen die der Neandertaler nicht gewappnet war? Waren ihm sich wandelnde Umweltbedingungen zum Verhängnis geworden?

Unterschiedliche Theorien versuchen, das Verschwinden des Neandertalers zu erklären. Grob lassen sie sich in drei thematische Gruppen unterteilen: Die erste Gruppe geht davon aus, dass die Neandertaler aufgrund sich wandelnder klimatischer Bedingungen ausstarben. Eine Untersuchung aus dem Jahr 2018 ergab, dass es innerhalb der Würm-Kaltzeit in der Zeit vor 44 000 bis 40 000 Jahren mehrfache Wechsel zwischen extrem kalten und weniger kalten Zeiten gab. Paläoanthropologische Befunde legen interessanterweise für die jeweils extrem kalten Phasen einen erheblichen Rückgang der Neandertaler-Population nahe, der sich in dem Fehlen fossiler Befunde ausdrückt. Der durch die Kälte und die damit jeweils verbundene große Trockenheit verursachte ökologische Stress könnte zu einem Ausbleiben von Nachwuchs und

damit dem allmählichen Verschwinden der einzelnen Neandertaler-Populationen geführt haben. Denkbar wäre, dass diese

---

Neben Musik und Tanz sind künstlerische Darstellungen wie Höhlenmalereien und kleine Figuren Teil des rituellen Ausdrucks früher religiös-kultischer Inhalte.

Entwicklung erste religiöse und künstlerische Ausdrucksformen, die mittlerweile für den Neandertaler nachgewiesen scheinen, zusätzlich beförderte. Viele Forscher betrachten sie als ein Beiprodukt der intellektuellen Evolution, die beim Neandertaler erkennbar stattgefunden hatte und die sich unter anderem in Dankesgesten (in Zeiten des Wohlstands) oder Bittgesuchen (in Zeiten der Bedrängnis) an eine höhere Macht manifestieren können. Kunst und Religion versuchen jede auf ihre

In der Kebara-Höhle im israelischen Karmel-Gebirge wurden 1983 die fossilen Überreste eines etwa 25- bis 35-jährigen Mannes entdeckt, der vermutlich vor rund 60 000 Jahren dort abgelegt wurde. Die Körperhaltung deutet auf einen bewussten Bestattungsakt hin. Neben dem außergewöhnlich vollständigen Skelett, dem ausgerechnet der Schädel fehlt, wurden Fragmente eines Kinderskeletts gefunden.

Die meisten bekannten Felszeichnungen stammen wie diese von *Homo sapiens*. Andere sind neuesten Datierungen zufolge jedoch deutlich älter, sodass der Neandertaler als erster Höhlenmalerei-Künstler angesehen werden muss.

Zahnstein brachte Forscher auf die Spur der Ernährungsweise des Neandertalers: Pflanzliche Mikroorganismen zeigen, dass nicht nur Fleisch, sondern auch pflanzliche Kost auf der Speisekarte des *Homo neanderthalensis* standen.

Weise, dem inneren Befinden Ausdruck zu verleihen. Beides setzt ein Mindestmaß an Abstraktionsvermögen und Vorstellungskraft voraus. Vermutlich standen sie (zunächst)

häufig in Verbindung mit rituellen Zeremonien, beispielsweise mit dem Ziel, Jagderfolg herbeizuführen.

Nach dem allmählichen Verschwinden der Neandertaler-Populationen hätten frei gewordenen Siedlungsräume von den modernen Menschen neu besiedelt werden können. Doch die These, dass ökologischer Stress das Aussterben des Neandertalers verursachte, wird durch die Annahme geschwächt, dass die Neandertaler sich im europäischen Raum aus ihrem Vorgänger, dem *Homo heidelbergensis*, entwickelt hatten. Ebenso wie dieser hätten sie in besonderer Weise an kältere Temperaturen angepasst gewesen sein müssen.

Möglicherweise greift hier die zweite Ideengruppe, die auf die Ernährungsgewohnheiten des Neandertalers blickt: In vielen Siedlungsräumen habe er sich vorrangig von Fleisch, und dabei speziell von Großwild, ernährt. Da die Anzahl dieser Tiere bei einem längeren Kälteeinbruch stark zurückgegangen sein muss, wäre denkbar, dass dem Neandertaler nicht mehr ausreichend Beutetiere zur Verfügung standen. Dem Gedanken eines überwiegenden Fleischverzehrs steht entgegen, dass es vor einigen Jahren gelungen ist, im Zahnstein von Neandertalern pflanzliche Mikroorganismen nachzuweisen. Auf diese Weise konnte gezeigt werden, dass auch zum Beispiel Hülsenfrüchte und Grassamen regel-

---

Unsere Vorfahren begannen, mithilfe des Feuers Nahrung zu erhitzen, weil sie so leichter verdaulich und mikrobiologisch sicherer wurde.

---

mäßig zur Kost des Neandertalers gehörten. Die im Zahnstein eingelagerte Stärke wies bei einigen der untersuchten Zähne Eigenschaften auf, die nur durch Erhitzung zustande kommen: Die Pflanzen waren also offenbar vor dem Verzehr gekocht worden. Hinzu kommt, dass durch die Erhitzung Substanzen, die ansonsten unverdaulich sind, zersetzt werden. Die Menge an verwertbaren Nährstoffen nimmt zu und verbessert die Ernährungssituation erheblich. Der Vergleich von Befunden aus kälteren und wärmeren Intervallen erbrachte darüber hinaus die Erkenntnis, dass die Neandertaler ihre Ernährung sehr wohl an die jeweiligen klimatischen Bedingungen anpassten. Dass ihr Aussterben auf eine zu einseitige Ernährung zurückzuführen ist, wird damit eher unwahrscheinlich.

Die dritte Thesengruppe schließlich betrachtet das Verhältnis des Neandertalers zum modernen Menschen, das vermutlich weitaus vielschichtiger war als lange vermutet. Nach einer scheinbar mehrere Jahrtausende andauernden Koexistenz endete es mit dem Verlöschen des Neandertalers, während unsere unmittelbaren Vorfahren als einzige Art der Gattung *Homo* überlebten.

DU SOLLST DIR EIN BILDNIS MACHEN: DIE ENTSTEHUNG DER KUNST

Mit einer speziellen Datierungstechnik gelang Forschern 2018 der Nachweis, dass die roten, teilweise auch schwarzen frühmenschlichen Malereien in drei spanischen Höhlen (La Pasiega, Maltravieso und Ardales), die unter anderem Tiergruppen, geometrische Zeichen, Handabdrücke und Felsritzungen umfassen, mindestens 64 800 Jahre alt sind. Damit sind sie weit mehr als 20 000 Jahre älter als die bislang ältesten Höhlenmalereien, die *Homo sapiens* in Europa geschaffen hat – als Urheber dieser frühen Kunstwerke kommen daher nur die Neandertaler infrage.

Noch weiter zurück in der Zeit geht es an einer Fundstätte in der Cueva de los Aviones, einer Küstenhöhle im Südosten Spaniens. Dort fanden die Forscher durchbohrte Muscheln, rote und gelbe Farbpigmente und Behälter mit Pigmentmischungen. Mithilfe einer neuen Datierungsmethode gelang es, das Alter der die Funde bedeckenden Kalkablagerungen zu bestimmen. Das Ergebnis: Die darunter liegenden Funde müssen mindestens 115 000 Jahre alt sein. Sie sind damit älter als vergleichbare, dem *Homo sapiens* zugeschriebene Objekte, die in Afrika gefunden wurden. Zum Vergleich: Für die berühmten Malereien in der Höhle von Lascaux wird ein Alter von 15 000 bis 36 000 Jahren angenommen.

Die Bedeutung der Malereien an all diesen Standorten ist bisher nicht verstanden. Wissenschaftler vermuten, dass in den Höhlen Initiationsriten oder andere Kulthandlungen wie Jagdzauber vorgenommen worden sein könnten. Kunst erscheint damit als ein kultisches Phänomen, das in enger (zeitlicher) Verbindung mit der Entwicklung erster religiöser Inhalte steht. Aus evolutionärer Sicht spricht viel für eine auch biologische Verankerung des Bedürfnisses, Kunst(objekte) zu schaffen. Forscher vermuten, dass mit der Vergrößerung des Gehirns und der damit verbundenen Steigerung der kognitiven Fähigkeiten Kunst als erkennbarer Ausdruck von Kreativität verstanden wurde. Vielleicht hat dies auch zu einem höheren Ansehen des Künstlers in der Gruppe geführt und ihn attraktiv bei der Partnerwahl gemacht.

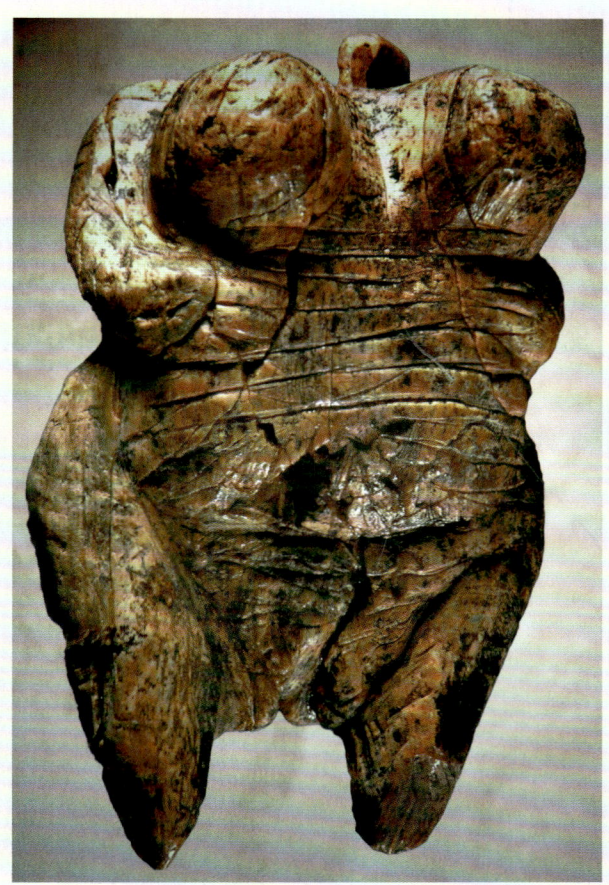

Die „Venus vom Hohle Fels" wurde 2008 bei Ausgrabungen in der Schwäbischen Alb entdeckt. Sie wird auf ein Alter von rund 35 000 Jahren geschätzt. Ähnliche Figuren wurden überall in Europa gefunden, ihre Bedeutung ist unbekannt.

DER MODERNE MENSCH

Die genaue Natur der verwandtschaftlichen Beziehung des Neandertalers zum modernen Menschen sowie deren möglicher Einfluss auf unsere Entwicklung beschäftigt die Wissenschaft seit Jahrzehnten und hat zu mitunter hitzigen Debatten geführt.

Eine Weile wurde diskutiert, beide Arten als Unterarten zu beschreiben, um ihre enge Verbundenheit zum Ausdruck zu bringen: Entsprechend wären sie als *Homo sapiens neanderthalensis* und *Homo sapiens sapiens* anzusprechen gewesen. Diese Idee wurde jedoch verworfen, da sie voraussetzt, dass es einen gemeinsamen Vorfahren, *Homo sapiens*, hätte geben müssen, von dem beide abstammen, und dies ist aus den fossilen Funden nicht abzuleiten. Stattdessen gehen die meisten Forscher davon aus, dass sich sowohl der Neandertaler als auch der moderne Mensch aus dem afrikanischen *Homo erectus* entwickelt haben. Neuen Studien zufolge stammen die ältesten Fossilien des anatomisch modernen Menschen aus Marokko und sind rund 300 000 Jahre alt. *Homo sapiens*

FUND IM NEANDERTAL

Das Neandertal bei Mettmann, etwa zehn Kilometer östlich von Düsseldorf gelegen, war im 19. Jahrhundert Schauplatz einer Entdeckung, welche die Sicht auf den Ursprung und die Geschichte der Menschheit nachhaltig verändern sollte. Im Rahmen der Industrialisierung begann in der Region ein massiver Kalkabbau. 1856 stießen Arbeiter in der Kleinen Feldhofer Grotte auf insgesamt 16 Knochenfragmente, denen aber zunächst keine weitere Aufmerksamkeit geschenkt wurde. Erst als das Bruchstück eines Schädeldaches gefunden wurde, informierten die Eigentümer des Steinbruchs den Naturforscher Johann Carl Fuhlrott und baten ihn um eine Einschätzung. Fuhlrott deutete die Funde als Teile des Skeletts eines Urzeitmenschen. Im folgenden Jahr stellte er gemeinsam mit dem Bonner Anthropologen Hermann Schaaffhausen die Knochen und seine Analyse auf der Generalversammlung des Naturhistorischen Vereins der preußischen Rheinlande vor, erntete für seine Interpretation jedoch nur Ablehnung und Häme. Fuhlrott verstarb

Das weltbekannte Neandertal befindet sich im niederbergischen Land, wo besonders im 19. Jahrhundert intensiver Kalkabbau betrieben wurde.

1877 und erlebte die spätere Anerkennung seiner These nicht mehr. Die Kleine Feldhofer Grotte existiert heute nicht mehr – sie verschwand im Schutt des Kalkabbaus. Die Umgebung des Fundortes ist heute als archäologischer Garten angelegt.

scheint dabei über eine als „archaischer *Homo sapiens*" bezeichnete evolutionäre Zwischenstufe aus einer oder mehreren in Afrika verbliebenen Populationen des *Homo erectus* hervorgegangen zu sein.

Die Frage nach dem Verhältnis von *Homo sapiens* und *Homo neanderthalensis* ist eng mit der nach den Ursachen für das Aussterben des letzteren verbunden. Während manche Erklärungsmodelle die Gründe in sich wandelnden Umweltbedingungen oder einer angeblich

Neandertaler und moderne Menschen haben lange Zeit scheinbar friedlich koexistiert.

zu einseitigen Ernährung suchen, erkennen andere eine unmittelbare Beteiligung des modernen Menschen und postulieren, dass dieser den Neandertaler verdrängt habe. Eine aktive Ausrottung des Neandertalers durch den Menschen wird heute von den meisten Forschern allerdings verworfen, da es bislang keine fossilen oder archäologischen Belege für kriegerische Auseinandersetzungen gibt. Der Übergang von der Vorherrschaft des Neandertalers zur Dominanz des modernen Menschen war vermutlich ein allmählicher Prozess. Beide Populationen haben offenbar mehrere Tausend Jahre koexistiert. Neue Datierungen legen dabei nahe, dass einige der kreativen und künstlerischen Darstellungen und Objekte, die bislang ausschließlich dem modernen Menschen zugeordnet wurden, tatsächlich auf den Neandertaler zurückgehen. Die dafür erforderliche Fähigkeit zum abstrakten Denken ist ein wesentlicher Aspekt der Wandlung hin zum modernen Menschen, scheint aber auch dem Neandertaler wenigstens grundsätzlich ebenfalls zu Eigen gewesen zu sein. Woran lag es also, dass er ausstarb? Denkbar wäre, dass *Homo sapiens* eine höhere Fortpflanzungsrate hatte als der Neandertaler und somit nach und nach zahlenmäßig überlegen war. Aus diesem Grund hätte der frühe Mensch immer mehr

Raum für sich beansprucht und den Neandertaler mehr und mehr zurückgedrängt. Forscher gehen davon aus, dass bei kleinen Gruppen die Individuenzahl und die Populationsdichte einen positiven Einfluss auf die

In der frühen Menschwerdung ist der künstlerische Ausdruck einer von mehreren Hinweisen auf die Entwicklung von Bewusstsein und abstraktem Denkvermögen.

kulturelle Komplexität einer Gruppe haben kann. Die wachsende *Homo-sapiens*-Population war daher möglicherweise mit der Zeit der schrumpfenden Neandertaler-Population überlegen, was zu Beginn der Begegnung der beiden Gruppen laut archäologischen Befunden (noch) nicht ablesbar war. Eine ähnlich positive Auswirkung könnte dann auch im Bereich der „reproduktiven Fitness" der Individuen eingetreten sein, woraus sich eine höhere Fortpflanzungsrate ableitet. Möglich wäre auch, dass die frühen Menschen aus ihrer afrikanischen Heimat neue Krank-

Höhlenforscher entdeckten in der südfranzösischen Bruniquel-Höhle rätselhafte Arrangements aus Tropfsteinbruchstücken. Die Konstruktionen werden auf ein Alter von 176 000 Jahren geschätzt und daher dem Neandertaler zugerechnet. Ihre Bedeutung ist bislang unbekannt.

heiten mitbrachten, denen das Immunsystem der Neandertaler nichts entgegenzusetzen hatte. Ein ähnlicher Vorgang war im 15. und 16. Jahrhundert in Nord- und Südamerika zu beobachten, als die europäischen Siedler und Eroberer dort Krankheiten einschleppten und die Ureinwohner daran starben.

Vermischung der Menschenarten

Moderne molekulargenetische Untersuchungen haben in den letzten Jahren den Nachweis erbracht, dass zwischen den Populationen von *Homo neanderthalensis* und *Homo sapiens* mehrfach Vermischungen

---

Unser Genom enthält Gene des Neandertalers.

---

stattfanden, also Angehörige beider Gruppen Nachkommen miteinander zeugten. Mithilfe von Genomanalysen konnte gezeigt werden, dass sich im Erbgut von heutigen Europäern ein bis vier Prozent Neandertaler-DNA befindet und im asiatischen Raum in bestimmten Bevölkerungsgruppen Gene des Denisova-Menschen auftreten, einer in dieser Region heimischen Frühmenschen-Gruppe,

die vermutlich – wie auch der Neandertaler – auf den *Homo erectus* zurückgeht. Die aus den 1980er-Jahren stammende Out-of-Africa-Theorie wurde daher modifiziert: Sie berücksichtigt nun, dass es im Rahmen der Wanderungsbewegungen der aus Afrika kommenden modernen Menschen offenbar zwischen den Arten einen wohl nicht allzu umfangreichen Genfluss gegeben hat. Genetische Informationen aus dem Erbgut der früheren Auswanderer konnten so in das der Vorfahren des modernen Menschen gelangen. 2019 wurde ein solcher Genfluss auch in afrikanischen Populationen nachgewiesen: Um die heutige genetische Vielfalt in den untersuchten Bevölkerungsgruppen südlich der Sahara erklären zu können, muss davon ausgegangen werden, dass es eine bislang unbekannte „archaische Geisterpopulation" gegeben hat, die sich mit dem modernen Menschen kreuzte und ihre genetischen Spuren hinterließ. Das Erbe des Menschen ist also deutlich vielschichtiger als lange angenommen.

Neue Studienergebnisse untermauern das Bild einer mehrfachen Vermischung von *Homo sapiens* und anderen Arten der Gattung *Homo*, etwa mit dem Neandertaler vor bereits 460 000 bis 219 000 Jahren. Dies harmoniert mit den Erkenntnissen aus dem Fund in der marokkanischen Höhlenformation Djebel Irhoud, der die Entstehung des frühen Menschen dramatisch vordatiert hatte. Es stellte sich heraus, dass die Fossilien wahrscheinlich mehr als 300 000 Jahre alt sind – und damit mehr als 100 000 Jahre älter als die bislang ältesten bekannten Funde von *Homo sapiens* aus dem ostafrikanischen Graben in Äthiopien. An der gleichen Stelle in Marokko waren bereits in den 1960er-Jahren eine ganze Reihe von Fossilienfunden gemacht worden. Die Überraschung bestand weniger darin, dort erneut auf Spuren unserer Vorfahren zu stoßen, sondern vielmehr in der neuen Datierung, die auch einige neue Thesen zur Entwicklungsgeschichte des *Homo sapiens* nach sich zogen. Die Ergebnisse sowohl der Datierung als auch der daraus abgeleiteten Folgerungen sind – wie kaum anders zu erwarten – umstritten.

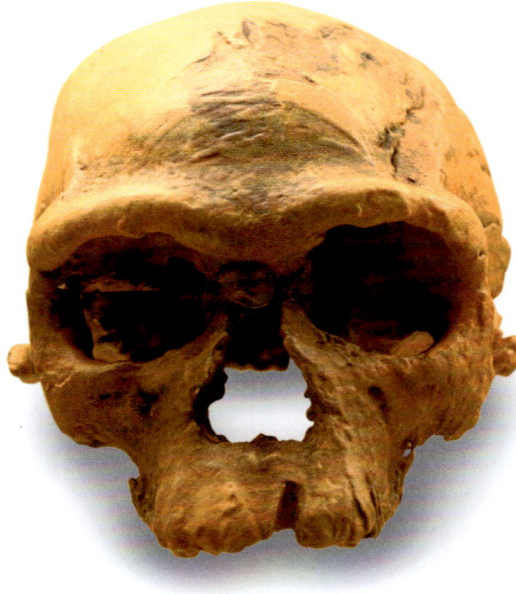

2017 verblüfften Fossilfunde im marokkanischen Djebel Irhoud Paläoanthropologen: Die auf ein Alter von 300 000 Jahren datierten Knochen sind nicht nur die bislang ältesten dem modernen Menschen zugeschriebenen Funde weltweit, sondern weisen darüber hinaus ungewöhnliche Kombinationen modern und archaisch anmutender Merkmale auf.

WOHER KOMMEN WIR UND WOHIN GEHEN WIR?
AUF DER SUCHE NACH DEN URSPRÜNGEN DER RELIGION

Eine allgemein anerkannte Definition dessen, was Religion ist oder ausmacht, existiert bislang nicht. Einigkeit besteht jedoch weitgehend darüber, dass ihre ersten greifbaren Anzeichen in der Stammesgeschichte des Menschen Bestattungen und Grabbeigaben sind. Diese sind seit dem Mittelpaläolithikum vor gut 120 000 Jahren belegt, sowohl für *Homo sapiens* als auch für seinen Zeitgenossen, den Neandertaler. Vor 40 000 bis gut 65 000 Jahren werden die Objekte, denen religiöse Funktionen zugeschrieben werden, vielfältiger und detailreicher und finden sich zunehmend auch in anderen Zusammenhängen als dem Totenkult. Erste Skulpturen entstehen, Malereien schmücken Höhlenwände.

Welche religiös-kultischen Inhalte mit diesen Darstellungen konkret verbunden wurden, erschließt sich bis heute nicht zweifelsfrei. Wissenschaftler gehen davon aus, dass das Vorhandensein von Spiritualität und Religiosität in einer Gruppe das Zusammenleben befördert: Es entsteht ein Gemeinschaftsgefühl. Umstritten ist, ob dieser soziale Fortschritt mit der Erweiterung der Denkfähigkeiten der Frühmenschen einherging oder ob das durch Religiosität gestiftete Gemeinschaftsgefühl nicht vielmehr einen Vorteil in der Evolution darstellte. Vielleicht waren Gemeinschaften, die aufgrund ihres sozial strukturierten Verbandes besser zusammenhielten, anderen Gruppen überlegen. Sicher ist, dass die Entwicklung spiritueller Gedanken die Fähigkeit zu abstraktem Denken voraussetzt und dass Religiosität nur entstehen kann,

Diese vermutlich 15 000 bis 18 500 Jahre alten Malereien in der spanischen Höhle von Altamira zeigen Steppenbisons. Bilder wie diese werden häufig als Teil von religiösen Jagdzaubern interpretiert.

wenn die geistigen Fähigkeiten ausreichend weit entwickelt sind, um die Endgültigkeit des Todes hinterfragen zu können. Die Religion bleibt in ihrer Bedeutung für die menschliche Entwicklung schwer greifbar. Sie scheint einem menschlichen Grundbedürfnis nach dem Vorhandensein einer höheren, göttlichen Instanz zu entspringen. Dabei lässt sich kaum beantworten, ob sie Beiwerk oder Triebfeder der intellektuellen Evolution ist.

Beide legen nahe, dass die typischen Merkmale unserer Art, wie das größere Gehirn, das vergleichsweise flache Gesicht und diverse Details des menschlichen Stoffwechsels, nicht in einer linearen Entwicklungslinie entstanden sind. Eher ist anzunehmen, dass evolutive Veränderungen in über längere Zeiträume voneinander getrennt lebenden Gruppen zu diesen Merkmalen geführt

haben. Beim späteren erneuten Aufeinandertreffen zeugten diese gemeinsamen Nachwuchs, der dann die jeweiligen Merkmale in sich vereinigte (siehe S. 53). Neue Thesen wie diese zeigen, dass mit jedem neuen Fund lang gehegte wissenschaftliche Überzeugungen neu überdacht und bereits bearbeitete Fossilien unter Umständen noch einmal neu bewertet werden müssen.

Aktuelle Entwicklungen

Die Evolution ist ein kontinuierlicher Prozess. Er hörte mit dem Auftreten des modernen Menschen nicht auf, sondern dauert bis heute an. Auch in der jüngeren Vergangenheit des *Homo sapiens* sind neue evolutive Trends erkennbar, deren weitere Entwicklung nur die Zukunft zeigen kann. Beispielsweise haben Forscher eine Tendenz zur Verkleinerung des Unterkiefers und zu Überbiss festgestellt, die sich bis ins Mittelalter zurückverfolgen lässt. Ein weiteres Beispiel ist die in den letzten 10 000 Jahren offenbar mehrfach unabhängig voneinander aufgetretene und mittlerweile weitverbreitete Laktosetoleranz, die vielen, aber nicht allen heutigen Abstammungsgrup-

DIE ZIVILISATION ENTSTEHT

Unter dem Begriff Zivilisation wird eine Gesellschaftsform verstanden, die eine hierarchische Struktur besitzt, technischen und wissenschaftlichen Fortschritt fördert und ein durch verbindliche Grundsätze geregeltes Zusammenleben aller Individuen ermöglicht. Hinzu kommen organisierte Wohnverhältnisse und eine gesellschaftliche Arbeitsteilung. Die Anfänge dieser Grundmerkmale einer Zivilisation lassen sich bereits beim frühen modernen Menschen und beim Neandertaler beobachten. Zwar war die Anzahl der zusammenlebenden Individuen sehr viel kleiner, doch eine konsequente Arbeitsteilung, genau geplante Jagden, eine sinnvolle Nutzung unterschiedlicher zur Verfügung stehender Räumlichkeiten und ein aktives Interesse an fortschrittlichen Arbeitsprozessen (Werkzeugherstellung, Kleidung, Nahrungszubereitung) sind unzweifelhaft bei beiden Arten zu erkennen.

Mit Menschen gefüllte Straßen in einer pulsierenden Großstadt sind ein Sinnbild dessen, was wir heute unter dem Begriff „Zivilisation" verstehen. Tatsächlich definiert das Wort jedoch zunächst einmal viel grundlegender eine bestimmte (Organisations-)Form des Zusammenlebens, deren Anfänge sich bereits in den Gruppenstrukturen der Neandertaler und des *Homo sapiens* wiederfinden.

Auch wenn unsere heutige Welt ganz anders aussieht, funktioniert sie noch immer nach ähnlichen Prinzipien. Soziale Grundregeln, Wissenschaft und Technik haben unser Leben weniger beschwerlich gemacht. Ausbildungsstätten, organisierte Freizeitangebote und zentrale Einkaufsmöglichkeiten strukturieren das Leben der Individuen innerhalb der Gemeinschaft. Kunst und Religion schaffen Identität und befriedigen das Bedürfnis nach spirituellen Inhalten. Rechte und Pflichten regeln das Zusammenleben und geben Orientierungshilfe. Materielle Errungenschaften der Zivilisation schützen die Gesellschaft vor dem, was in der Umgebung als bedrohlich empfunden wird: Ein Haus schützt vor Wind, Kälte und Regen, ebenso wie Kleidung, die darüber hinaus Auskunft über den Status ihres Trägers gibt. Zivilisation im umgangssprachlichen Verständnis, als eine vor allem von technischem Fortschritt geprägte Umgebung, ist ein noch sehr junges Phänomen der menschlichen Entwicklung: Unsere Lebensweise hat sich in den vergangenen Jahrzehnten, insbesondere in modernen Großstädten, stark verändert. Doch unter diesem Deckmantel schlummert noch immer das Erbe unserer frühen Vorfahren.

pen des Menschen die Nutzung einer zusätzlichen, wertvollen Nahrungsquelle in Form von Milch und Milchprodukten erlaubt. Eine bemerkenswerte Veränderung hat es in den vergangenen 10 000 Jahren mit Blick auf das Volumen des menschlichen Gehirns gegeben. In der vorherigen Stammesgeschichte war eine kontinuierliche Zunahme des Volumens zu beobachten gewesen: Beispielsweise verfügen heute lebende Schimpansen über ein Hirnvolumen von ungefähr einem halben Liter, beim Menschen sind es fast anderthalb Liter. Der *Homo erectus* besaß immerhin schon ein Hirnvolumen von rund einem Liter. Es entsteht folglich der Eindruck einer beständigen Volumenzunahme, die gemeinhin mit einer Steigerung der geistigen Fähigkeiten in Verbindung gebracht wird. Tatsächlich nimmt in den letzten 10 000 Jahren das Hirnvolumen des Menschen jedoch wieder ab. Dafür gibt es verschiedene Erklärungsmodelle: Erstens ist das Volumen nicht allein verantwortlich für die Leistungsfähigkeit des Gehirns. Stattdessen sind auch die Faltung

Wer wie diese Frau in den peruanischen Anden zu Hause ist, profitiert aufgrund der dünneren Luft von einer verbesserten Sauerstofftransportfähigkeit des Blutes. Dieses genetisch bestimmte Merkmal ist eine noch sehr junge evolutionäre Anpassung des modernen Menschen.

In den letzten 10 000 Jahren hat das Hirnvolumen des Menschen wieder abgenommen.

---

und Furchung von großer Bedeutung sowie die Anzahl und Vernetzung der Nervenzellen, sodass eine Abnahme des Volumens nicht automatisch mit einem Rückgang der Leistungsfähigkeit des Gehirns einhergehen muss. Zweitens hat der moderne Mensch möglicherweise ein kulturelles Entwicklungsstadium erreicht, in dem eine weitere Hirnvergrößerung keinen Vorteil mehr bedeutet. Aufgrund des gesellschaftlich-sozialen Systems, in dem wir leben, befindet sich der Mensch weitgehend in einem gesicherten Umfeld, in dem er mit dem ihm zur Verfügung stehenden Gehirnvolumen bestens zurechtkommt.

Eine Mutation der genetisch bestimmten Sauerstofftransportfähigkeit des Blutes hat sich als Selektionsvorteil bei Menschen erwiesen, die in großen Höhen leben, beispielsweise im Himalaya oder in den südamerikanischen Anden. Sie gehört zu den jüngsten evolutionären Anpassungen des Menschen.

Das vielfältige, komplexe Bild des modernen Menschen, der alle heutigen Kontinente – mit Ausnahme von Antarktika – dauerhaft besiedelt hat und in seinem Erscheinungsbild und seinen kulturellen Entwicklungen so verschieden ist, macht es uns manchmal schwer, uns unseres gemeinsamen Ursprungs bewusst zu bleiben, der für uns alle nach aktuellem Forschungsstand in Afrika liegt. Funde und Untersuchungen der vergangenen Jahrzehnte haben die Out of Africa-Theorie weitestgehend bestätigt. Obwohl es wohl vermutlich auch außerhalb des afrikanischen Kontinents noch zu dem einen oder anderen Genfluss zwischen verschiedenen Frühmenschengruppen kam, ist der Übergang von *Homo erectus* zum zunächst archaischen, dann modernen *Homo sapiens* nur in Afrika an Fossilien zu verfolgen und zu belegen. Wissenschaftler vermuten heute, dass der moderne Mensch vor rund 300 000 bis 150 000 Jahren die Bühne der Weltgeschichte betrat – ob es bei diesen Daten bleiben wird oder ob schon morgen aufgrund neuer Befunde die Geschichte des *Homo sapiens* erneut überarbeitet werden muss, bleibt ungewiss. Nur eines steht wohl fest: Der Stammbaum des Menschen wird wohl noch manche Überraschung offenbaren.

DER WEG DES STERNENSTAUBS

Das Erreichen des Heute ist nicht das Ende der Geschichte des Lebens. Aber wie es weitergeht, ist offen. Der Mensch ist in der Lage, den Lauf der Geschichte erheblich zu beeinflussen und sich und die Natur, wie wir sie kennen, zu zerstören – das langfristige Schicksal des Lebens wird er aber wohl nicht verändern.

EVOLUTION: WAS WAR, WAS BLEIBT, WAS WIRD

Betrachtet man die rund vier Milliarden Jahre lange Entwicklung des Lebens auf der Erde als einen Tag mit 24 Stunden, dann wird deutlich, wie zeitlich unbedeutend tierisches und pflanzliches Leben bislang ist – vom Menschen ganz zu schweigen.

Nach der Entstehung des Lebens um 0 Uhr wäre es um 10 Uhr morgens von der Großen Sauerstoffkatastrophe erschüttert worden. Irgendwann in der Mittagszeit entstanden die zunächst immer noch einzelligen Eukaryonten. Einfache Vielzeller bildeten sich erst am frühen Nachmittag, und zur besten Sendezeit, um 20 Uhr, entstanden die allerersten Tiere. 20 Minuten dauerte der Auftritt der Wesen des Ediacariums, bis sich um Viertel vor neun die Kambrische Explosion ereignete. Eine halbe Stunde später besiedelten die Pflanzen das Land, während einige Fische den Kiefer entwickelten und dadurch zu mächtigen Räubern wurden. Um halb zehn waren die Gliederfüßer an Land gegangen und krabbelten durch die spärliche Vegetation des Rhynie Chert (siehe S. 114 f., 124 f.). Kurz vor 22 Uhr folgten ihnen die frühen Landwirbeltiere. In der folgenden dreiviertel Stunde explodierte die Artenzahl in den Sumpfwäldern des Karbon, und die Reptilien verbreiteten sich im warm-trockenen Perm. Dann schlug die Katastrophe am Beginn der Trias zu und um halb elf Uhr abends waren fast alle Tiere und Pflanzen tot. In den verbliebenen anderthalb Stunden bis heute regenerierte sich das Leben. Wenige Minuten nach der Katastrophe betraten die Dinosaurier die Bühne des Lebens und beherrschten sie für eine Stunde. In dieser Zeitspanne entwickelten sich auch die Blütenpflanzen. Um etwa 23 Uhr erhoben sich die ersten Vögel in die Luft. Der Einschlag des Meteoriten am Ende der Kreide gab um 23 Uhr und 36 Minuten den Startschuss für den Siegeszug der Säugetiere, die sich in den verbliebenen 24 Minuten zu der Artenvielfalt entwickelten, die wir heute kennen. Die Menschenaffen sind die letzten sieben Minuten ein Teil davon, die

> Die Herrschaft der Dinosaurier dauerte nur eine Stunde, der Mensch ist erst seit Sekunden auf der Bühne des Lebens.

Linie des Menschen entstand etwa zeitgleich mit den Mammuts um zwei Minuten vor Mitternacht. Seit einer Minute vor Mitternacht gibt es die Gattung *Homo*. Unsere Art, *Homo sapiens*, ist acht Sekunden alt, wurde vor einer Viertelsekunde sesshaft und entwickelte vor einer Zehntelsekunde die Schrift, mit der wir unsere Geschichte vom Sternenstaub bis heute aufschreiben können.

Evolution ist keine zielgerichtete Entwicklung, die einem Punkt der Vollendung zustrebt, sondern vielmehr ein fortdauernder, ergebnisoffener Prozess. Evolution bedeutet ständige Wandlung: häufig für lange Zeit unmerklich, manchmal eruptiv und plötzlich. Alles Leben auf dieser Erde unterliegt dem Wirken der Evolution, auch jetzt und in diesem Moment. Als die Entwicklungslinie des Menschen sich von der der Schimpansen abspaltete, kam auch deren Entwicklung keineswegs zum Erliegen. Auch alle Menschen-

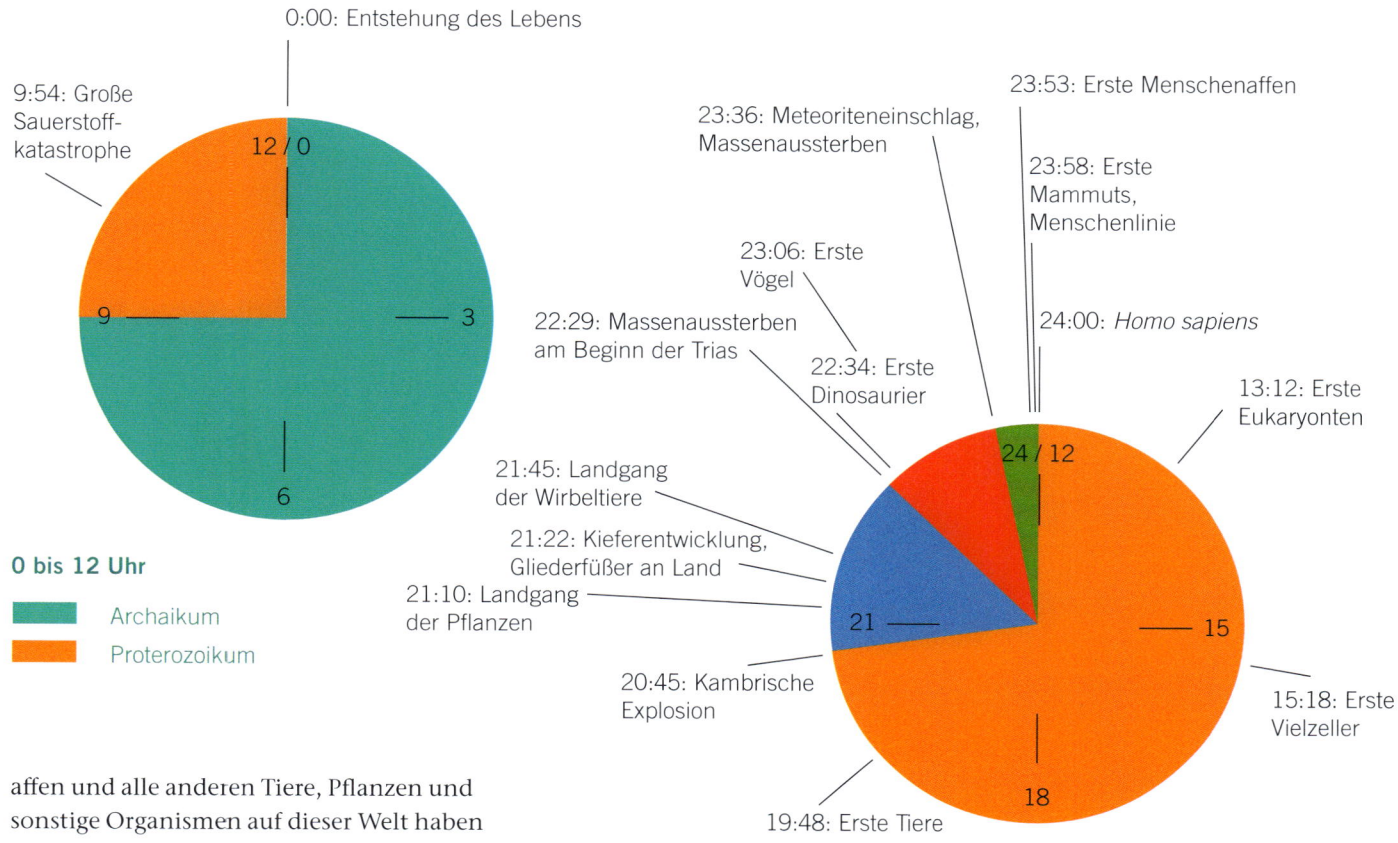

0 bis 12 Uhr

- Archaikum
- Proterozoikum

0:00: Entstehung des Lebens

9:54: Große Sauerstoffkatastrophe

13:12: Erste Eukaryonten

15:18: Erste Vielzeller

19:48: Erste Tiere

20:45: Kambrische Explosion

21:10: Landgang der Pflanzen

21:22: Kieferentwicklung, Gliederfüßer an Land

21:45: Landgang der Wirbeltiere

22:29: Massenaussterben am Beginn der Trias

22:34: Erste Dinosaurier

23:06: Erste Vögel

23:36: Meteoriteneinschlag, Massenaussterben

23:53: Erste Menschenaffen

23:58: Erste Mammuts, Menschenlinie

24:00: *Homo sapiens*

12 bis 24 Uhr

- Proterozoikum
- Erdaltertum
- Erdmittelalter
- Erdneuzeit

Die Entwicklung des Lebens als ein einziger Tag: Bis zum Mittag (links) gab es ausschließlich Bakterien und ihre Verwandten. Erst nach dem Mittag (rechts) entwickelten sich komplexere Zellen und Vielzeller. Tiere und Pflanzen entstanden in dieser Betrachtung erst abends.

affen und alle anderen Tiere, Pflanzen und sonstige Organismen auf dieser Welt haben sich über die vergangenen Millionen Jahre weiterentwickelt, ebenso wie die Vorfahren des modernen Menschen und schließlich des *Homo sapiens* selbst. Die Zukunft der Linie der Primaten, einst zwischen Nagetieren und Spitzhörnchen entsprungen, war nicht vorhersehbar. Ebenso unbekannt war der Einfluss, den ihre Nachfahren auf die Erde und alles Leben hier nehmen sollten und zukünftig nehmen werden. Es war ein zunächst schleichender Siegeszug, erst in jüngster Zeit lernten die Menschen ihre Umwelt in einem

Schafft der Mensch sein eigenes Erdzeitalter?

Maß für sich nutzbar zu machen wie keine andere Art vor und (bislang) nach ihnen. Unser Wirken verändert das Bild der Erde auf eine zuvor unbekannte Art und Weise, denn der Mensch hat dank technischer Hilfsmittel die

Möglichkeit, seine Umwelt großflächig nach seinen Vorstellungen zu formen und bewirkt damit Konsequenzen, die weit über seine Planungen hinausgehen. Vor diesem Hintergrund erwägen Wissenschaftler erstmals, ein neues Erdzeitalter nicht nach geochronologischen Kriterien zu benennen, sondern nach der diese Phase dominierenden Art: Wir befänden uns damit heute im Anthropozän, dem Zeitalter des Menschen.

Die Rolle des Menschen

Wir Menschen verfügen heute über weitreichende Möglichkeiten, unsere Umwelt zu beeinflussen. Nicht alle davon sind in der Geschichte des Lebens vollkommen neu und

Mikroplastikpartikel, also Plastikteile, die kleiner als fünf Millimeter sind, finden sich Milliardenfach in den Weltmeeren und reichern sich an deren Grund an.

nicht alle sind in ihrer Reichweite größer als alles zuvor. Die Anzahl und die schnelle Abfolge unserer massiven Einflussnahmen auf den Lebensraum der Erde sind jedoch neu und wahrscheinlich eine noch nie dagewesene Herausforderung für die Stabilität des Ökosystems, das im Laufe der Erdgeschichte schon mehrfach kollabiert ist.

Von räumlich begrenzten Beispielen aus historischer Zeit abgesehen, produziert die Menschheit seit einigen Jahrzehnten in großem Stil chemische Substanzen, die sich – von unerwünschten Nebenprodukten ganz

Die Effekte vieler vom Menschen eingesetzer Substanzen lassen sich kaum abschätzen.

abgesehen – nach ihrer Verwendung zum großen Teil in der Umwelt verteilen. Die Liste an Auswirkungen ist lang und niemandem vollständig bekannt. Plastikteile beispielsweise

zerfallen zu Mikroplastik. Aus Sicht der Natur zählt es zu neuen, bislang nicht vorhandenen Substanzen, die – ähnlich wie im Karbon das Lignin der Bäume – bislang praktisch nicht biologisch abgebaut werden können. Neben vielen anderen Effekten reichert es sich daher in der Nahrungskette an. Hormonartig wirkende Substanzen haben direkte biologische Effekte und beeinflussen zum Beispiel durch die Verschiebung von Geschlechterverhältnissen bei vielen Fischarten erheblich deren Fortpflanzungserfolg. Darüber hinaus haben sie weitere gesundheitliche Auswirkungen auf viele Arten inklusive des Menschen. Andere Substanzen wie Pflanzenschutzmittel werden in riesigen Mengen bewusst in der Umwelt freigesetzt, um bestimmte Organismen zu schädigen. Dies kann zu weitreichenden, manchmal mehr, manchmal weniger vorhersagbaren Konsequenzen führen, wie die aktuelle Diskussion um das Bienen- und Insektensterben zeigt. Die Effekte beschränken sich nicht nur auf direkte biologische Wirkungen. Das Beispiel der Treibhausgase zeigt eindrücklich, wie auf indirektem Weg über das Klima und die damit einhergehenden Lebensraumveränderungen wie Ausdehnung von Wüsten und Verlust von Regenwald die evolutive Zukunft von Millionen von Arten beeinflusst wird. Diese Veränderungen wirken dann auch auf das Klima zurück, wie beispielsweise der Einfluss der Pflanzen auf das Klima im Laufe der Erdgeschichte deutlich gezeigt hat. Zudem hängen Ursachen oft zusammen: So wird Regenwald in großem Umfang direkt abgeholzt und wie viele andere Lebensräume in Kulturland umgewandelt. Für Beton, bei dessen Entstehung viel Kohlendioxid als Treibhausgas frei wird, muss Sand abgebaut werden, was großflächige Lebensräume im Meer zerstört.

Ob es sich bei den von Menschen eingesetzten Mitteln um „chemische" oder „biologische" Substanzen handelt, macht keinen grundsätzlichen Unterschied, denn auch der Einsatz eines Naturstoffes kann unkalkulierbare Folgen haben: Wenn er nicht mehr nur in einem bestimmen Organismus existiert, sondern großtechnisch hergestellt in plötzlich sehr viel größeren Mengen an Stellen ausgebracht wird, wo er in der bisherigen Evolution noch keine Rolle gespielt hat, kann er gänzlich andere Folgen hervorrufen. Eines von vielen Beispielen ist Nikotin aus der Tabakpflanze, dessen Nutzung im Pflanzenschutz aufgrund seiner Giftigkeit seit den 1970er-Jahren verboten ist. Auch die chemisch abgewandelten Neonikotinoide werden aufgrund ihrer Rolle beim Insektensterben zunehmend verboten. Ähnliches gilt für die mit der Mobilität des Menschen einhergehende, immer häufiger vorkommende Verschleppung von Arten in Regionen, die sie aus eigener Kraft kaum erreicht hätten: Manche dieser Arten finden in ihrem neuen Lebensraum so ideale Bedingungen vor, dass sie sich als invasive Arten massiv vermehren und die betroffenen Ökosysteme aus den Fugen geraten: Beispielsweise haben eingeschleppte Ratten die Tierarten und ausgesetzte Ziegen die Pflanzenarten, die auf vielen Inseln einzigartig sind, ausgerottet oder stark dezimiert. Schadinsekten aus anderen Kontinenten bedrohen heimische und wirtschaftlich bedeutende Pflanzen, und ein aus Afrika verschleppter Pilz ist eine Hauptursache für das Amphibiensterben in Amerika und Australien.

Bewusste Eingriffe

Andere Beispiele für den Einfluss des Menschen sind seine direkten Einwirkungen auf die Evolution. Dazu gehört die klassische Züchtung, bei der die Auslesekriterien bewusst festgelegt werden und auf diese Weise sogar Organismen entstehen können, die sich ohne menschliche Hilfe gar nicht mehr fortpflanzen können, wie manche Zierblumen, deren Blüten aus optischen Gründen steril gezüchtet wurden. Ein anderes Extrembeispiel sind Apfelsorten, die im Grunde nur als ein einziger Baum existieren, der durch gepfropfte Aststücke weltweit verbreitet wurde.

In jüngerer Zeit sind mehr und mehr Techniken entwickelt worden, um das Erbgut von Organismen direkt und gezielt zu verändern. Auch hier können die Folgen für die weitere Evolution bestenfalls abgeschätzt werden. Diese Erbgutveränderungen sind mittlerweile auch beim Menschen möglich. Sobald diese Veränderungen in der Keimbahn (siehe S. 61) vorgenommen werden, werden sie an alle Nachkommen vererbt. Dies wirft nicht nur ethische Fragen auf, sondern hat auch

Von Landwirten ausgebrachte Gülle zur Düngung von Feldern ist zwar ein Naturstoff, der noch nicht einmal künstlich hergestellt wurde, kann aber dennoch zu erheblichen Veränderungen des Ökosystems führen.

direkte evolutive Auswirkungen. Ein aktuell praktisch weltweit geltendes Verbot dieser Art von Genveränderung am Menschen ist in China möglicherweise vor Kurzem gebrochen worden.

Alles Handeln des Menschen ist unverändert Teil der Evolution und der evolutiven Weiterentwicklung des Lebens auf der Erde. Kaum etwas ist gänzlich neu – neue Substan-

---

Die Evolution wird vom Zufall bestimmt, der Mensch jedoch handelt bewusst und zielgerichtet.

---

zen entstanden schon immer (siehe S. 128 f.), Organismen wanderten, das Klima und die Kontinente veränderten sich und auch Änderungen im Erbgut gehören zum Repertoire der Biologie und werden von einigen Organismen gezielt genutzt. Während die Evolution jedoch vom Zufall bestimmt wird, versucht der Mensch durch sein bewusstes Handeln, bestimmte Ziele zu erreichen. Obwohl eines der häufigsten Ziele, eine Verbesserung der Lebensbedingungen, sicherlich wünschenswert ist, müssen wir uns doch eingestehen, dass wir noch nicht in der Lage sind, die komple-

xen Folgen unseres Handelns abzusehen. Wir wissen beispielsweise nicht, ob unser energieintensiver Lebensstil über Kohlendioxidausstoß und Klimaerwärmung zu einer tödlichen Katastrophe wie am Übergang zur Trias führt, obwohl einige Rahmenbedingungen ähnlich, vielleicht sogar noch extremer sind (siehe S. 156). Wir laufen daher Gefahr, trotz bester Absichten den Lauf der Evolution so zu verändern, dass wir in der Welt von morgen nicht mehr überleben können.

Wir wissen trotz all unserer Erkenntnisse nicht, welchen Weg die Evolution mittelfristig einschlagen wird. Aber unser Wissen ermöglicht es uns immerhin schon, manche Dinge abzuschätzen und vor allem eine Reihe von Gefahren zu erkennen. Wenn wir die damit einhergehende Verantwortung zur Abwägung von Mittel und Zweck annehmen, gelingt es uns vielleicht, im evolutiven Roulette länger zu überleben, was in der Geschichte des Lebens bislang vermutlich tatsächlich einmalig wäre.

Die Zukunft der Erde

Wie wird sich langfristig der Sternenstaub weiterentwickeln, aus dem die Erde und wir gemacht sind? In geologischen Zeiträumen gedacht, wird der Kohlendioxidgehalt der Atmosphäre ungeachtet starker zwischenzeit-

Wir Menschen beeinflussen die Umwelt nicht nur durch unsere mittlerweile große Anzahl, sondern vor allem durch unsere technische Nutzung. Dadurch haben wir nicht nur profitiert, sondern sehen uns steigenden Zukunftsrisiken gegenüber.

Unser blauer Planet – die Farbe ist besonders, denn flüssiges Wasser existiert nicht auf jedem Planeten. Es ermöglicht das, was wir als „Leben" bezeichnen. Aber auch diese Phase ist vergänglich: In einigen Milliarden Jahren wird die Erde ihr Wasser ins Weltall verloren haben.

licher Schwankungen aller Voraussicht nach fallen. Die Fotosynthese wird daher irgendwann aufgrund von Rohstoffmangel zum Erliegen kommen, sodass der grundlegende Stoff- und Energiekreislauf des Lebens, wie wir es bisher kennen, zum Erliegen kommen wird. Die Temperaturen auf der Erde werden trotz des schwächeren Treibhauseffektes ansteigen, denn die Strahlungsintensität der Sonne wird weiter zunehmen. Die lebensfreundliche Zone unseres Sonnensystems wandert dadurch weiter nach außen, und die Erde wird diesen Bereich schließlich verlassen. Ihre Ozeane, die Wiege und Quelle des Lebens, werden in den Weltraum verloren gehen.

Vermutlich liegt es nicht in unserer Hand, ob das Leben bis zu diesem Punkt in vielleicht zwei Milliarden Jahren weiterexistiert. Sollten wir in naher Zukunft eine alles vernichtende Katastrophe auslösen oder dies bereits getan haben, so werden in irgendeinem Winkel wie so oft zuvor einige Organismen überleben, mit denen das Spiel der Evolution erneut beginnt. Es bleibt noch Zeit, sogar die Ent-

wicklung vom ersten Tier bis zum Menschen mehrfach – natürlich in anderer Form – zu wiederholen. Sollte nur der Mensch aussterben, könnten ähnliche Nachfolger schnell bereitstehen, denn die Evolution benötigt offenbar nur wenige Millionen Jahre für eine solche Entwicklung.

Wenn unsere Entwicklungslinie jedoch nicht enden soll und wir als Art überleben und uns weiterentwickeln wollen, stehen wir vor der größten Herausforderung überhaupt: Wir müssten nicht nur den Folgen unseres eigenen Handelns entkommen, sondern auch die unwägbaren Kapriolen der Evolution und Geologie überstehen. Um dies nicht zu einem hoffnungslosen Glücksspiel werden zu lassen, müssten wir – anders als die Evolution – unser Verhalten langfristig sinnvoll planen. Dazu ist es erforderlich zu verstehen (und dann auch zu berücksichtigen), was aus welchem Grund um uns herum passiert. Bislang ist uns das noch nicht gelungen, aber wir kennen die Geschichte des Lebens vom Sternenstaub zum Menschen immer besser. Und wer die Geschichte versteht, ist für die Zukunft gerüstet.

ZEITSTRAHL

Präkambrium		
Zeitstrahl	**Evolutive Ereignisse**	**Geologische und klimatische Ereignisse**
(Mio. Jahre vor heute)		

Zeitstrahl	Evolutive Ereignisse	Geologische und klimatische Ereignisse
4 600		4600 Erdentstehung
Hadaikum		4500 Mondentstehung
4 000	~4000 * Leben	
Archaikum	~3900 * Fotosynthese	
2 500	~2700 * sauerstoffproduzierende Fotosynthese	~2400 bis
Siderium		~2050 Huronische Eiszeit
2 300		2350 Große
Rhyacium		Sauerstoffkatastrophe
2 050		~2000 * Ozonschicht
Orosirium	~1800 * Eukaryonten	
1 800		
Statherium		
1 600		
Calymmium	~1400 * Chloroplasten	
1 400	in späterer Pflanzenlinie	
Ectasium	(~1700 bis)	
1 200	~1200 * geschlechtliche Fortpflanzung	
Stenium	* Vielzeller	
1 000	~1000 * zelluläre Verteidigungsstrukturen	~800 Superkontinent
Tonium	~800 Linie der Tiere entsteht	Rodinia zerfällt
720	~700 * Tiere,	717 bis 660 Sturtische Eiszeit
	* Schwämme	
Cryogenium	~675 * Scheibentiere	
	~670 * Nesseltiere	
	* Rippenquallen	
	~660 * Würmer	650 bis 635 Marinoische Eiszeit
635	~600 * Weichtiere	~600 Superkontinent
	* Gliederfüßer	Pannotia
		~600 Ozonschicht
		ausreichend für
		Landleben
Ediacarium	~590 * Stachelhäuter	~590 * Gondwana
	575 „Avalon-Explosion" (* große Fossilien)	~580 Gaskiers-Eiszeit
	570 * Wirbeltiere	
	~550 * grabende Tiere	
	~541 Kambrische Explosion	
541		

*   erstmaliges Auftreten
~   ungefähr

Paläozoikum (Erdaltertum)

Zeitstrahl (Mio. Jahre vor heute)		Evolutive Ereignisse	Geologie und Klima	Aussterbeereignisse & Fossilienlagerstätten	Blütezeiten	Existenzdauern
541		~541 Kambrische Explosion				
	Kambrium			508 Burgess-Schiefer		
485		~500 Landgang frühe Pflanzen, Tierspuren an Land?				
	Ordovizium					
444				444 Massenaussterben †		
	Silur	~450 * Pfeilschwanz-krebse	~430 *Großkontinent Laurussia			
419		~410 * Quasten-flosser		396 Rhynie Chert		
	Devon		~390 Halbierung der Sauerstoffmenge ~370 starke Klima-schwankungen	372 Massenaussterben †† (v. a. im Meer)	~380 bis 359 Fleischflosser	~430 bis 359 Panzerfische
359			~360 bis ~260 Karoo-Eiszeit ~350 starker Kohlendioxid-abfall	359 Massenaussterben †		
	Karbon		~330 bis ~260 Sauerstoffhoch ~310 bis ~160 Superkontinent Pangaea			~530 bis 252 Trilobiten
299						~410 bis 66 Ammoniten
	Perm	~270 * *Triops cancriformis* (Urzeitkrebs)	~270 Klima wird trockener	252 Massenaussterben †††	~270 bis 100 Nacktsamer	
252						

†   Massenaussterben
††   schweres Massenaussterben
††† extremes Massenaussterben

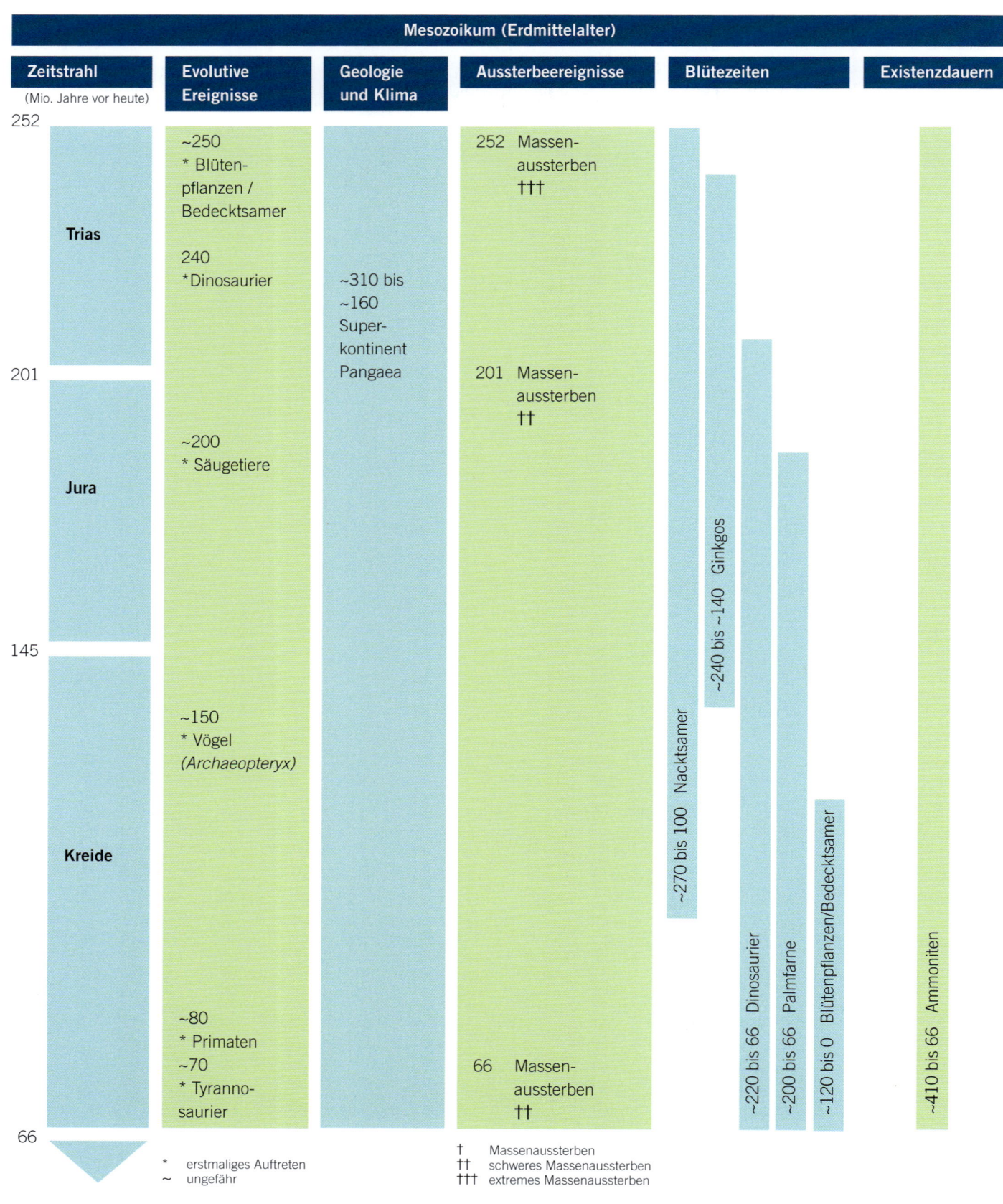

Mesozoikum (Erdmittelalter)

Zeitstrahl	Evolutive Ereignisse	Geologie und Klima	Aussterbeereignisse	Blütezeiten	Existenzdauern

Zeitstrahl (Mio. Jahre vor heute)

252

Trias

201

Jura

145

Kreide

66

Evolutive Ereignisse

~250
* Blüten-
pflanzen /
Bedecktsamer

240
*Dinosaurier

~200
* Säugetiere

~150
* Vögel
(Archaeopteryx)

~80
* Primaten
~70
* Tyranno-
saurier

Geologie und Klima

~310 bis
~160
Super-
kontinent
Pangaea

Aussterbeereignisse

252 Massen-
aussterben
†††

201 Massen-
aussterben
††

66 Massen-
aussterben
††

Blütezeiten

~270 bis 100 Nacktsamer

~240 bis ~140 Ginkgos

~220 bis 66 Dinosaurier

~200 bis 66 Palmfarne

~120 bis 0 Blütenpflanzen/Bedecktsamer

Existenzdauern

~410 bis 66 Ammoniten

*   erstmaliges Auftreten
~   ungefähr

†   Massenaussterben
††   schweres Massenaussterben
††† extremes Massenaussterben

Kanäozoikum (Erdneuzeit)

Zeitstrahl (Mio. Jahre vor heute)	Evolutive Ereignisse	Geologie und Klima	Fossilien-lagerstätten	Blütezeiten	Existenzdauern
66		56 kurzzeitiger Temperatur-anstieg			
Paläogen	50 * Ginkgo biloba	~50 heutige Konti-nentanordnung ungefähr erreicht	48 Grube Messel		
	40 * Nautilus				
	~30 Gräser breiten sich aus				
23					
Neogen	~17 * Menschenaffen	~17 Klima trockener und instabiler			
	~15 *Orang-Utan-Linie verlässt Afrika	9,6 Abkühlung in Nordafrika und Europa			
	~8 * Gorilla-Linie				
	~6 * Schimpansen-Linie				
	* Hominini-Linie				
	~4 * Zweibeiniger Gang (Hominini)				
	~3,3 * Steinwerkzeuge (Hominini)				
3	~2,5 * Gattung Homo	~3 * Landbrücke zwischen Nord- und Südamerika			
	~2 Out-of-Africa I				
Quartär	~0,3 * Homo sapiens	~2,5 Abkühlung in Afrika			
	~0,15 Out-of-Africa II				
	~0,15 bis ~0,035 Sprachentwicklung (Homo sapiens)				
	0,12 * Kunstfunde (Homo)				
	* Hinweise auf Religiösität (Homo)				
	~0,04 * Homo sapiens dominiert in Europa	0,11 bis 0,012 letzte Kaltzeit			
0					

Blütezeiten: ~120 bis 0 Blütenpflanzen/Bedecktsamer

Existenzdauern: ~6 bis 0,004 Mammute — ~4 bis ~2 Australopithecus — ~2,5 bis 0 Homo

STAMMBÄUME

D ie Äste von Stammbäumen zeigen, wie Organismen sich evolutiv auseinanderentwickelt haben. Die folgenden Stammbäume geben eine Übersicht über alle im Buch besprochenen Organismengruppen. Sie sind vor allem als Orientierungshilfe für den Überblick über die besprochenen Entwicklungslinien gedacht. Im Interesse der Übersichtlichkeit sind nur die Gruppen dargestellt und gegebenenfalls genauer aufgeschlüsselt, die für das Buch von Bedeutung sind. Ein Kreuz kennzeichnet Gruppen, die heute komplett ausgestorben sind. Einige Äste tragen Kästen mit Gruppennamen, die alle folgenden Organismengruppen umfassen.

Der erste Stammbaum ist eine grobe Übersicht über alles Leben auf der Erde, abgesehen von den Viren, die vielleicht eine Schwesterlinie aller heutigen Zellen sind. Die darauffolgenden Stammbäume sind „Ausschnittsvergrößerungen" wichtiger Teiläste. Die biologische Systematik hat Organismen früher in strikte formale Überkategorien wie Stämme, Klassen und Ordnungen gruppiert. Dieses System wird aktuell durch Gruppennamen abgelöst, die in kein vorgegebenes Raster passen. Daher entsprechen auch die hier aufgeführten Gruppennamen keinen einheitlichen Hierarchieebenen, obwohl sie im Druckbild einheitlich erscheinen.

Gesamtübersicht

Nach der Entstehung des Lebens entwickelten sich aus den Urzellen die Linien der Archaeen und der Bakterien, die gemeinsam die Prokaryonten bilden (graues Feld). Eine Symbiose, bei der ein aerobes Bakterium in einer Archaeenzelle zu einem Mitochondrium wurde, führte zur Entstehung der Eukaryonten. Diese spalteten sich in eine Vielzahl von Linien auf, von denen die aus menschlicher Sicht auffälligsten die nah verwandten Tiere und Pilze sowie die Pflanzen sind. Auf dem Weg zu den Pflanzen kam es zu einer weiteren Symbiose, bei der ein Cyanobakterium zum Chloroplasten wurde, dem Ort der eukaryontischen Fotosynthese.

Die Welt der Eukaryonten

Die Eukaryonten bestehen nicht nur aus Tieren, Pilzen und Pflanzen, sondern noch aus etwa 70 weiteren Entwicklungslinien. Die meisten sind im Buch nicht erwähnt, sodass sie hier der Übersichtlichkeit halber nicht beschriftet wurden. Amöben wurden aufgrund ihrer speziellen Fortbewegungsweise früher als eine einheitliche Entwicklungslinie angesehen. Tatsächlich ist dieses spezielle Verhalten in vielen Linien entstanden, die hier im Bereich der gestrichelten Linie dargestellt sind.

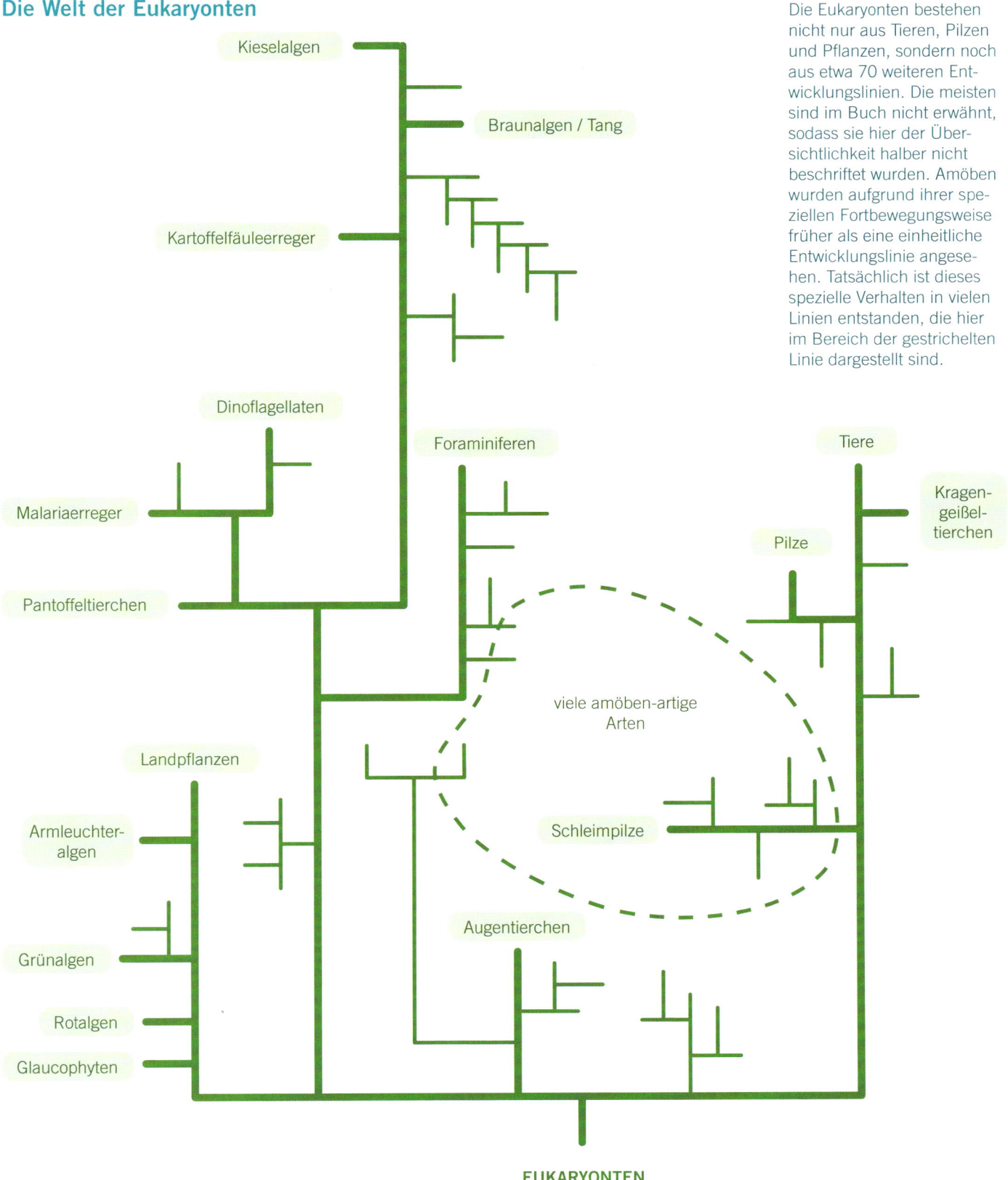

Kieselalgen

Braunalgen / Tang

Kartoffelfäuleerreger

Dinoflagellaten

Foraminiferen

Tiere

Kragen-
geißel-
tierchen

Malariaerreger

Pilze

Pantoffeltierchen

viele amöben-artige Arten

Landpflanzen

Armleuchter-
algen

Schleimpilze

Grünalgen

Augentierchen

Rotalgen

Glaucophyten

EUKARYONTEN

Pflanzen und verwandte Algen

Aus der Linie der Grünalgen entwickelten sich die Landpflanzen, wie die Pflanzen zur Verdeutlichung auch genannt werden. Sie alle sind Nachfahren der Zelle, die zuerst eine Symbiose (Pfeil) mit einem Cyanobakterium einging. Mit den Augentierchen und Braunalgen sind zwei Beispiele weiterer Algenlinien dargestellt, die nicht dieser Linie entspringen, sondern ihre Chloroplasten durch die Aufnahme einer anderen Alge (Grünalge bzw. Rotalge, Pfeile) erhalten haben.

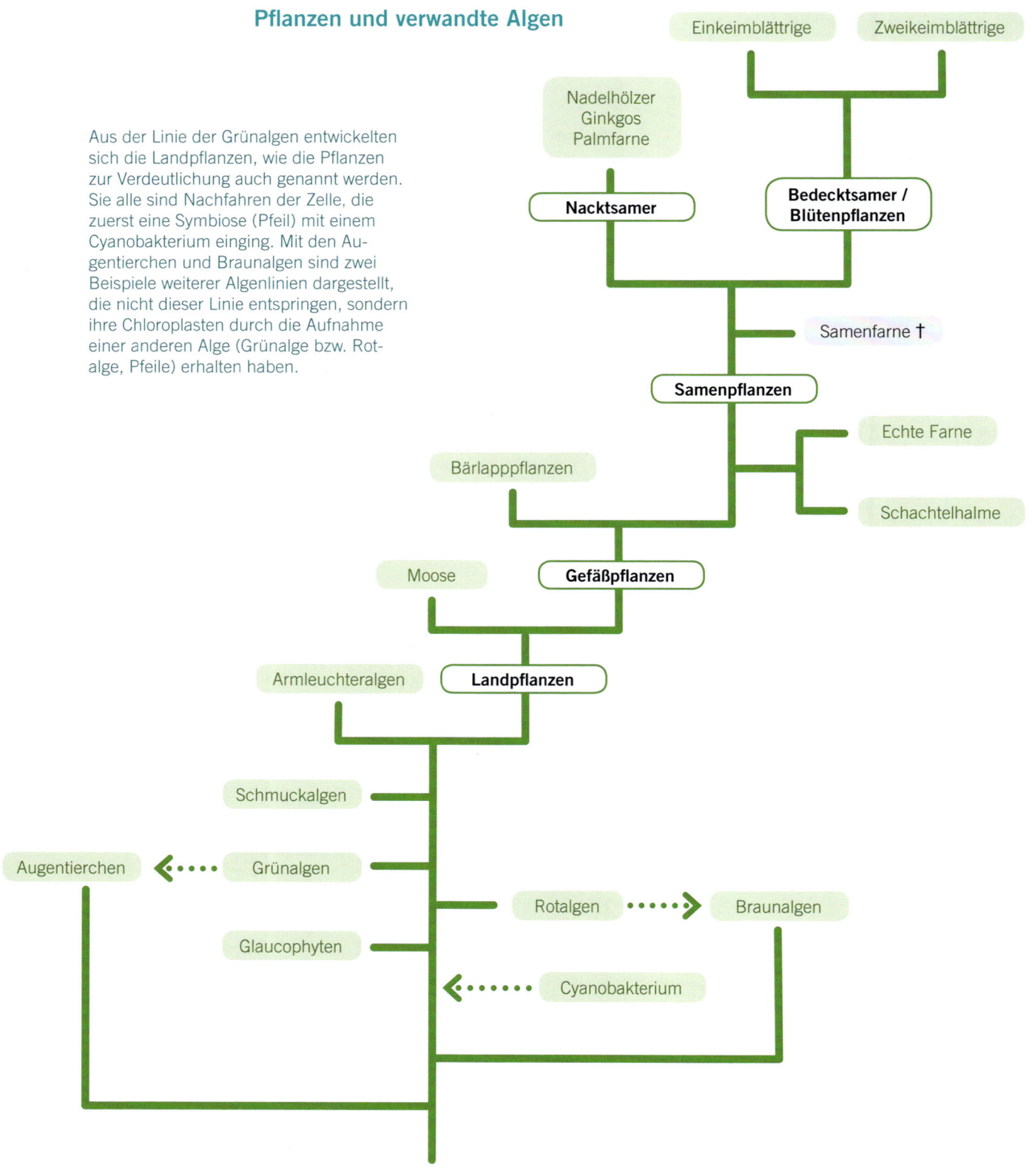

Einkeimblättrige · Zweikeimblättrige

Nadelhölzer Ginkgos Palmfarne

Nacktsamer

Bedecktsamer / Blütenpflanzen

Samenfarne †

Samenpflanzen

Echte Farne

Bärlapppflanzen

Schachtelhalme

Moose

Gefäßpflanzen

Armleuchteralgen

Landpflanzen

Schmuckalgen

Augentierchen

Grünalgen

Rotalgen · · · ·> Braunalgen

Glaucophyten

Cyanobakterium

EUKARYONTEN – PFLANZENAST

Die Entwicklung der Tierstämme

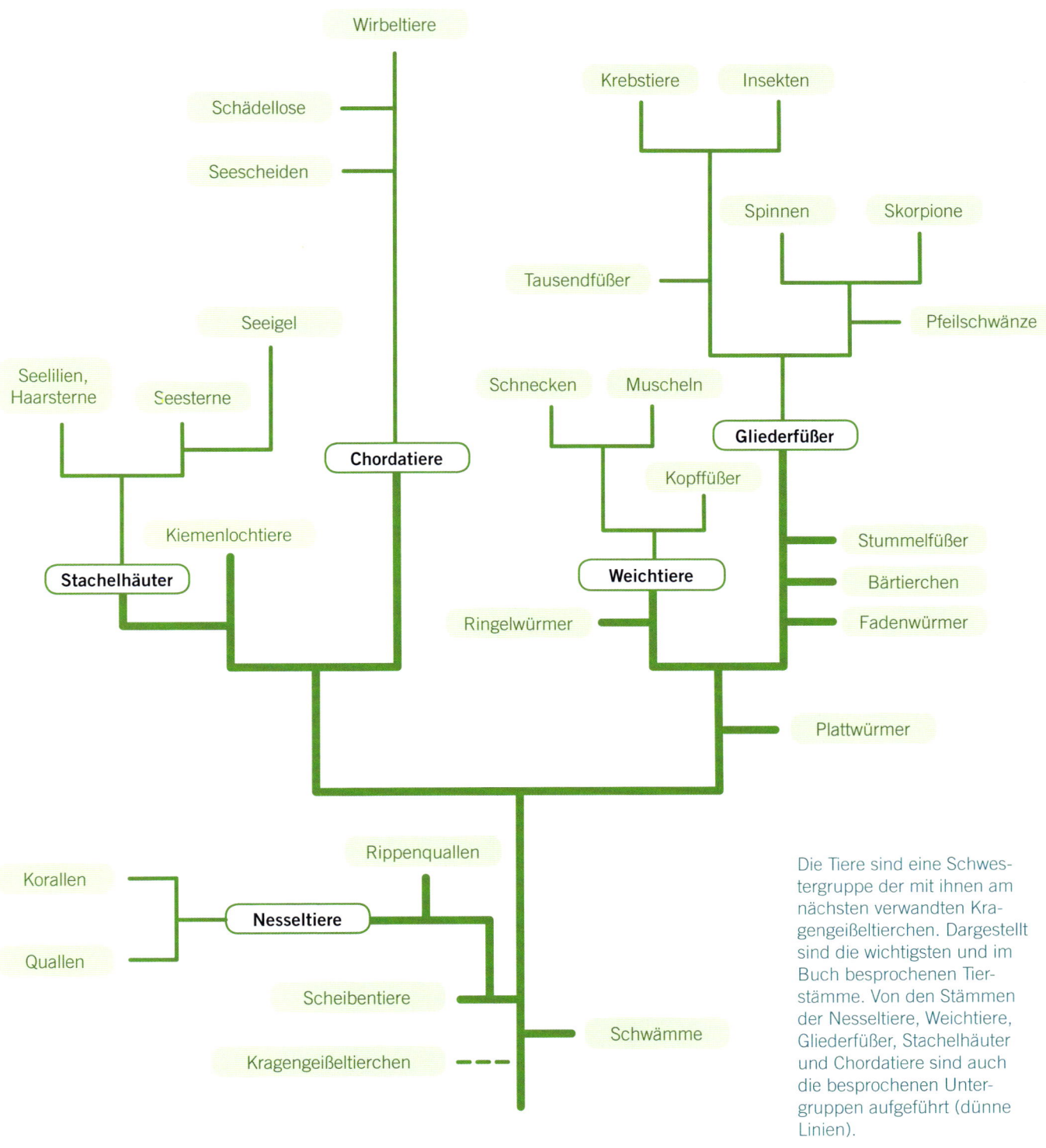

Wirbeltiere

Schädellose

Seescheiden

Krebstiere

Insekten

Spinnen

Skorpione

Tausendfüßer

Pfeilschwänze

Seeigel

Seelilien, Haarsterne

Seesterne

Schnecken

Muscheln

Gliederfüßer

Chordatiere

Kopffüßer

Stummelfüßer

Kiemenlochtiere

Stachelhäuter

Bärtierchen

Weichtiere

Fadenwürmer

Ringelwürmer

Plattwürmer

Rippenquallen

Korallen

Nesseltiere

Quallen

Scheibentiere

Schwämme

Kragengeißeltierchen

EUKARYONTEN – TIERAST

Die Tiere sind eine Schwestergruppe der mit ihnen am nächsten verwandten Kragengeißeltierchen. Dargestellt sind die wichtigsten und im Buch besprochenen Tierstämme. Von den Stämmen der Nesseltiere, Weichtiere, Gliederfüßer, Stachelhäuter und Chordatiere sind auch die besprochenen Untergruppen aufgeführt (dünne Linien).

Die Entwicklung der Wirbeltiere – im Wasser und an Land

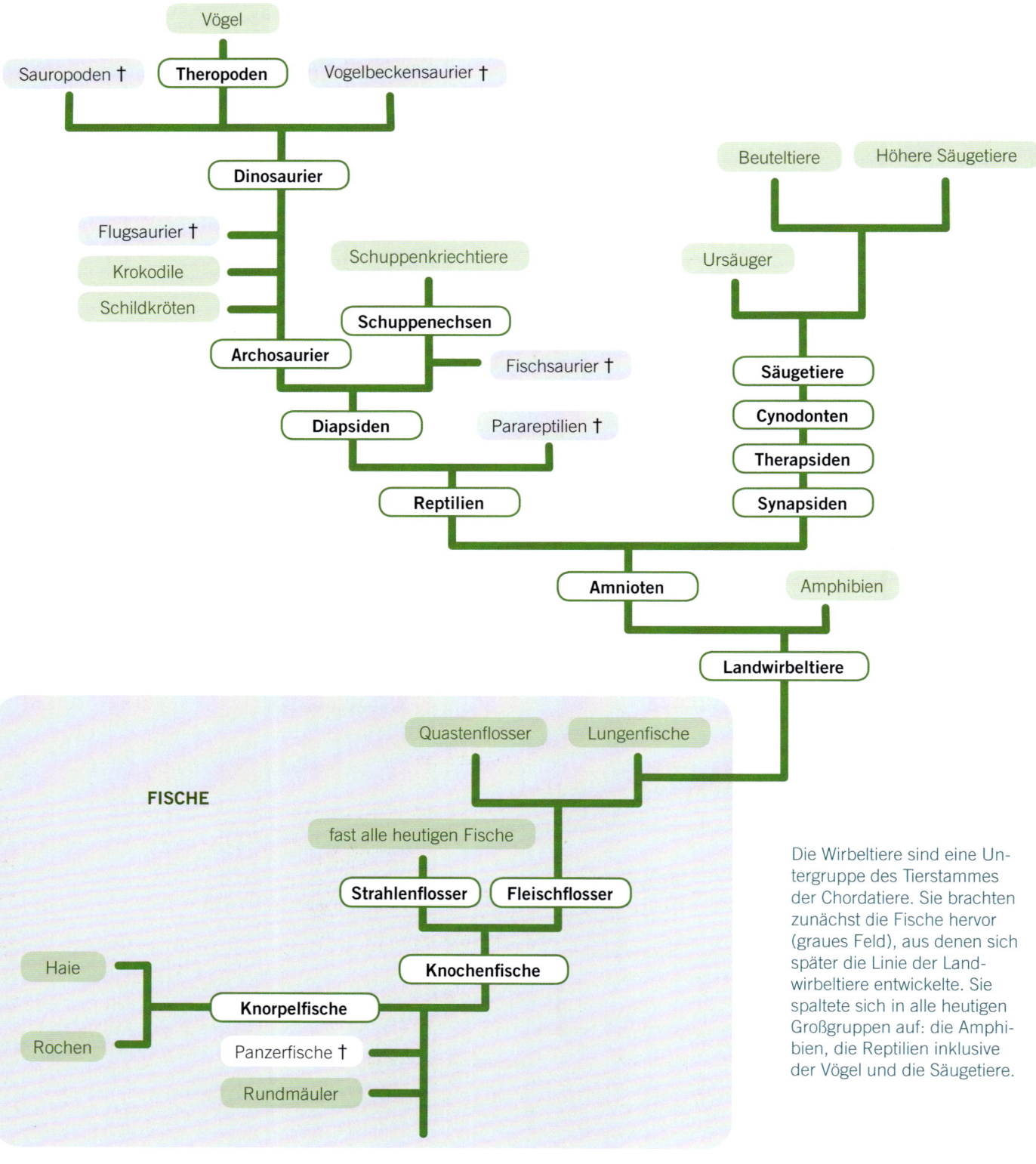

Die Wirbeltiere sind eine Untergruppe des Tierstammes der Chordatiere. Sie brachten zunächst die Fische hervor (graues Feld), aus denen sich später die Linie der Landwirbeltiere entwickelte. Sie spaltete sich in alle heutigen Großgruppen auf: die Amphibien, die Reptilien inklusive der Vögel und die Säugetiere.

WIRBELTIERE

Primaten und die Entwicklung des Menschen

Die Primaten sind eine Entwicklungslinie der Höheren Säugetiere. Sie brachte unter anderem die Affen und innerhalb derer den Menschen hervor. Innerhalb der Menschenarten der Gattung *Homo* sind die Verwandtschaftsverhältnisse unklar. Es ist daher von unten nach oben ein zeitlicher Verlauf dargestellt und nahe verwandte Arten stehen dicht beieinander.

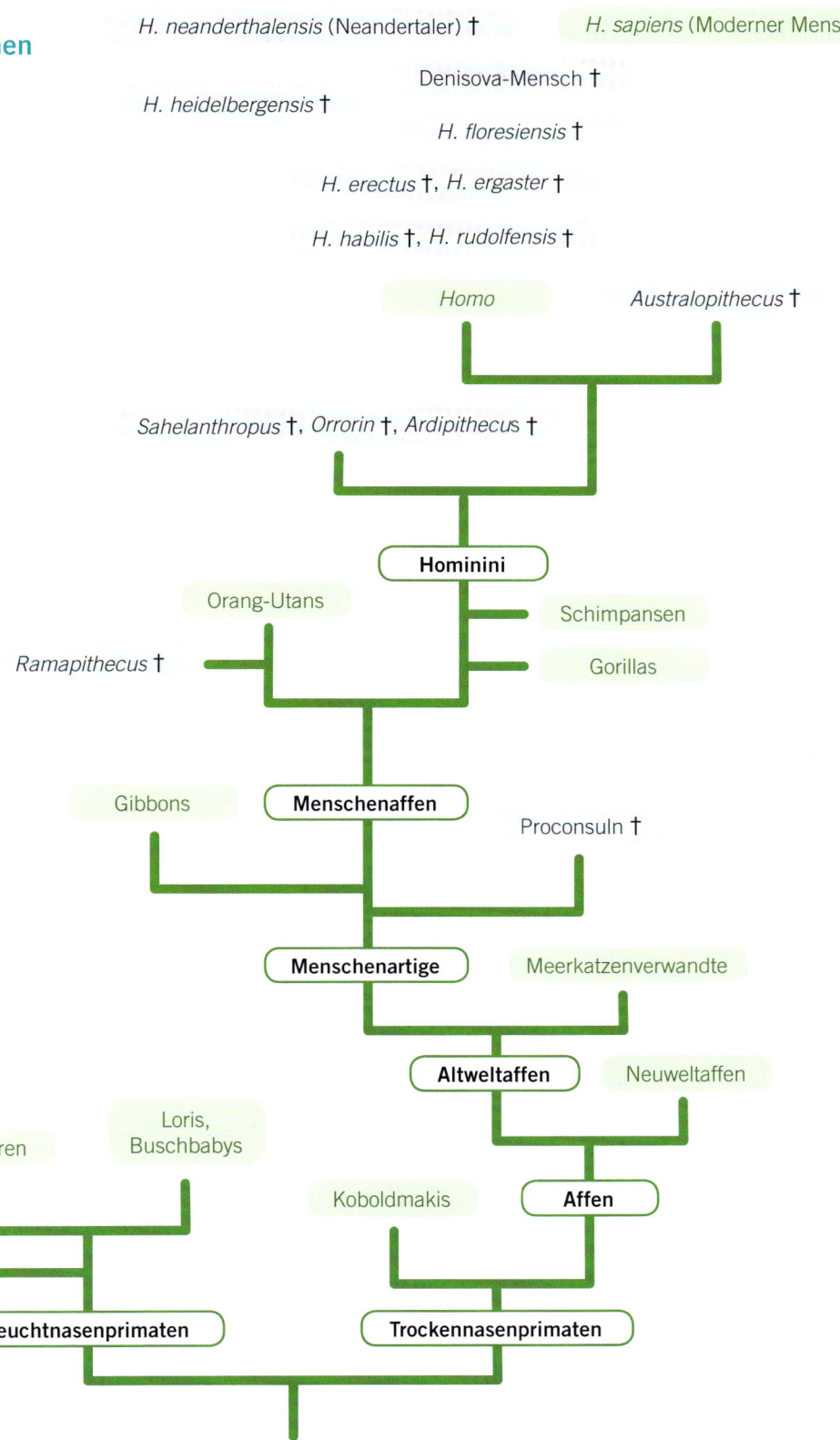

H. neanderthalensis (Neandertaler) †   *H. sapiens* (Moderner Mensch)

Denisova-Mensch †

H. heidelbergensis †

H. floresiensis †

H. erectus †, *H. ergaster* †

H. habilis †, *H. rudolfensis* †

Homo   *Australopithecus* †

Sahelanthropus †, *Orrorin* †, *Ardipithecus* †

Hominini

Orang-Utans   Schimpansen

Ramapithecus †   Gorillas

Gibbons   Menschenaffen   Proconsuln †

Menschenartige   Meerkatzenverwandte

Altweltaffen   Neuweltaffen

Loris, Buschbabys

Lemuren   Koboldmakis   Affen

Adapiformes †

Feuchtnasenprimaten   Trockennasenprimaten

PRIMATEN

REGISTER

Impressum

Sonderausgabe für Reader's Digest Deutschland, Schweiz, Österreich
© 2019 Elsengold Verlag GmbH, Berlin
© 2019 Reader's Digest Deutschland, Schweiz, Österreich
Verlag Das Beste GmbH Stuttgart, Appenzell, Wien

Gestaltung und Satz: Goscha Nowak, Berlin

Umschlaggestaltung: Peter Waitschies, Reader's Digest Deutschland

Produktion: arvato distribution: Thomas Kurz

Druck und Binden: Neografia, Martin

Printed in Slovakia

ISBN 978-3-95619-360-6
Besuchen Sie uns im Internet
readersdigest-verlag.de | readersdigest-verlag.ch | readersdigest-verlag.at